Springer-Lehrbuch

Springer
Berlin
Heidelberg
New York
Barcelona
Hongkong
London
Mailand
Paris
Singapur
Tokio

Harald Dyckhoff

unter Mitarbeit von Dieta Lohmann, Uwe Schmid,
Mario Schmidt und Rainer Souren

Umweltmanagement

Zehn Lektionen in umweltorientierter
Unternehmensführung

Mit 35 Abbildungen
und 13 Tabellen

 Springer

Professor Dr. Harald Dyckhoff
Lehrstuhl für Unternehmenstheorie,
insb. Umweltökonomie und industrielles Controlling
Rheinisch-Westfälische Technische Hochschule Aachen
Templergraben 64
D-52062 Aachen

E-Mail: lut@lut.rwth-aachen.de

ISBN 3-540-66966-3 Springer-Verlag Berlin Heidelberg New York

Die Deutsche Bibliothek – CIP-Einheitsaufnahme
Dyckhoff, Harald: Umweltmanagement: zehn Lektionen in umweltorientierter Unternehmensführung / Harald Dyckhoff. Unter Mitarb. von D. Lohmann... – Berlin; Heidelberg; New York; Barcelona; Hongkong; London; Mailand; Paris; Singapur; Tokio: Springer, 2000
(Springer-Lehrbuch)
ISBN 3-540-66966-3

Springer-Verlag ist ein Unternehmen der Fachverlagsgruppe BertelsmannSpringer
© Springer-Verlag Berlin Heidelberg 2000
Printed in Italy

SPIN 10756750   43/2202-5 4 3 2 1 0 – Gedruckt auf säurefreiem Papier

Vorwort

Auch wenn zur Zeit andere Fragen die politische Diskussion dominieren, bin ich der festen Überzeugung, dass dem Schutz der Umwelt und der natürlichen Grundlagen im 21. Jahrhundert weltweit gesehen eine fundamentale, wenn nicht sogar existenzielle Bedeutung zukommen wird. Unsere Nachkommen werden uns dereinst vorwerfen, dass wir nicht früher und stärker gegengesteuert haben. Die Politik scheint hier weitgehend zu versagen, indem sie keine geeigneten Rahmenbedingungen schafft – anscheinend strukturell bedingt auf Grund der „Kurzsichtigkeit" der Wahlperioden und der nationalen Grenzen. Insbesondere mangelt es im Zeitalter der Globalisierung an einer international hinreichend abgestimmten Umweltpolitik. Deshalb kommt den Unternehmungen im Rahmen ihrer marktwirtschaftlichen Ordnung eine Verantwortung zur Legitimation ihrer Unternehmensführung bezogen auf den Umweltschutz zu.

Fragen der umweltorientierten Unternehmensführung werden von der Betriebswirtschaftslehre als wissenschaftliche Disziplin ernsthaft erst seit dem Ende der 1980er Jahre angegangen. Seitdem hat sich das betriebliche Umweltmanagement jedoch in Forschung und Praxis so stürmisch entwickelt, dass selbst Spezialisten kaum noch die Übersicht behalten können. Der Versuch, den *State of the Art* umfassend auf einem einigermaßen detaillierten und ausführlichen Niveau darzustellen, würde zu einem wissenschaftlichen Werk mit kaum weniger als tausend Seiten führen. Ein solcher Versuch ist meines Wissens noch nicht unternommen worden. Daran ändert auch das hier neu vorgestellte Lehrbuch nichts, was optisch allein schon sein Umfang verdeutlicht.

Lehrbücher, zumal jene, die in ein wissenschaftliches Teilgebiet einführen und seine Grundzüge darstellen wollen, konzentrieren sich deshalb üblicherweise auf den „harten Kern". Das Problem mit dem betrieblichen Umweltmanagement ist jedoch, dass ein derartiger Kern noch nicht zu existieren scheint. Vielmehr gibt es ein unverbundenes Nebeneinander mehrerer zum Teil scheinbar konkurrierender Forschungsansätze. Dies bestätigt ein tieferer Blick in die bislang erschienenen Lehr- und Handbücher. Ein Anliegen des vorliegenden Werkes besteht deshalb darin, einen umfassenden Rahmen vorzustellen, in den die meisten bisherigen Ansätze eingeordnet werden können. Er ist einerseits Gegenstand der dritten Lektion, wird aber schon in der ersten Lektion verwendet, um ihn eigenständig mit einer in sich schlüssigen, ganzheitlichen Konzeption für die umweltorientierte Unternehmensführung auszufüllen. Auf dieser Grundlage modular aufbauend, vertiefen die weiteren Lektionen folgende ausgewählte Aspekte:

– Relevanz des Umweltschutzes für die Betriebswirtschaft sowie Perspektiven einer ökologisch nachhaltigen Unternehmenspolitik

– Stoffstrommanagement in der Kreislaufwirtschaft mit Schwerpunkten bei Produktentwicklung und Logistik
– Management umweltbezogener Beziehungen zu den Stakeholdern Staat, Wettbewerber, Kunden und Mitarbeiter.

Neben der inhaltlichen Beschränkung auf bestimmte Themenschwerpunkte konzentrieren sich die Ausführungen darüber hinaus auf die *grundsätzlichen* Fragestellungen einer umweltorientierten Unternehmensführung. Die weit gehende Abkopplung
von aktuellen, spezifisch deutschen Problemen und Rahmenbedingungen erleichtert
den Blick auf das Wesentliche und vermittelt somit Wissen, das auch noch in
Zukunft sowie in anderen Ländern Bestand hat. Zielgruppe des Buches ist eine
breite, akademisch interessierte Leserschaft ohne besondere wirtschaftswissenschaftliche Kenntnisse. Grundlage dafür sind Erfahrungen, die ich an der RWTH
Aachen mit einer seit 1994 regelmäßig im Sommersemester abgehaltenen Lehrver-
anstaltung vor Hörern aus mindestens sechs verschiedenen Studiengängen mehrerer
Fakultäten gewonnen habe.

Mit dem modularen Aufbau des Buches soll es dem Leser ermöglicht werden,
gezielt bestimmte Lektionen studieren zu können, ohne unbedingt auf die vorangehenden zurückgreifen zu müssen. Lediglich eine grobe Kenntnis der ersten Lektion
mit ihrem Überblick über das betriebliche Umweltmanagement wird für die anderen
Lektionen vorausgesetzt. Dabei wird der Inhalt jeder Lektion zu Beginn kurz
zusammengefasst und in Bezug zur ersten und gegebenenfalls auch zu weiteren
Lektionen gesetzt. Ausnahmen bilden die Lektionen IX (Marketing) und X
(Personalmanagement), die außerdem die Kenntnis des Anhangs über die Umweltorientierung menschlichen Verhaltens benötigen. Mehrere Lektionen sind von
anderen Spezialisten auf der Basis der ersten Überblickslektion und in enger
Abstimmung mit ihr verfasst worden. Auf diese Weise werden die Vorteile einer
homogenen Lehrbuchdarstellung mit denen eines vertieften Fachwissens (wie sonst
in Handbüchern üblich) verbunden.

Für ihre spontane Bereitschaft, an diesem Buch mitzuarbeiten, und ihre gute
Kooperation danke ich Frau Dr. *Dieta Lohmann* sowie den Herren Dr. *Rainer
Souren*, Dr. *Uwe Schmid* und Prof. *Mario Schmidt* herzlich. Dass das Buch trotz
eines engen Zeitrahmens rechtzeitig zum Milleniumswechsel fertig gestellt werden
konnte, ist das Verdienst der für die redaktionelle Bearbeitung zuständigen Mitarbeiter meines Lehrstuhls, Frau *Monika Andreas*, Frau *Christine Rüdiger* und Herr
Dieter Stollenwerk. Ohne ihr Engagement, ihre Sorgfalt und ihre Geduld bei meinen
häufigen Änderungswünschen würde mein schon seit längerem gehegter Wunsch,
meine Konzeption eines betrieblichen Umweltmanagements Studierenden und
sonstigen Interessierten in Gestalt eines Lehrbuchs verfügbar zu machen, weiterhin
ein Projekt mit ungewisser Zukunft geblieben sein.

Aachen, im Dezember 1999   *Harald Dyckhoff*

Inhaltsübersicht

Inhaltsverzeichnis

Harald Dyckhoff

Betriebliches Umweltmanagement im Überblick

Betriebliches Umweltmanagement umfasst alle auf die natürliche Umwelt bezogenen Aspekte der Unternehmensführung. Um seine Anforderungen, Möglichkeiten
und Grenzen einschätzen zu können, bedarf es eines vertieften Verständnisses der
natürlichen sowie der künstlichen (insbesondere rechtlichen und gesellschaftlichen)
Grundlagen und Rahmenbedingungen. Die normative Unternehmensführung bestimmt daraufhin die Grundhaltung der betrieblichen Umweltpolitik. Ausdruck dieser
Grundhaltung sind die gewählte Umweltstrategie – verbunden mit einer adäquaten
Ausrichtung aller Managementfunktionen – sowie deren entsprechende Umsetzung
auf den taktischen und operativen Ebenen der verschiedenen Geschäftsbereiche.

Die Ausführungen der Lektion geben einen in sich geschlossenen Überblick über
die umweltorientierte Unternehmensführung und schaffen so die Grundlage für die
nachfolgenden Lektionen, welche ausgewählte Aspekte vertiefen und über diese
Basis auch untereinander abgestimmt sind. Bei der Lektion handelt es sich um die
aktualisierte Fassung des Beitrags „Umweltmanagement" zu Springers Handbuch
der Betriebswirtschaftslehre (Dyckhoff 1998a).

1 Umweltmanagement als Teil der Betriebswirtschaft

Die Erkenntnis der Grenzen des Wachstums zu Beginn der 1970er Jahre hat in den entwickelten Industrienationen zu einer breiten Aufmerksamkeit für den Schutz der natürlichen Umwelt vor ungezügelter Ausbeutung ihrer Ressourcen und vor unkontrolliertem Ausstoß schädlicher Emissionen und Reststoffe geführt. In Westdeutschland wurde seitdem zur Bewältigung der dringenden Umweltprobleme eine große Zahl gesetzlicher Regelungen erlassen, die – vornehmlich mit Bezug auf die Umweltmedien Boden, Wasser und Luft – die gesellschaftlichen Akteure zu einem umweltverträglicheren Verhalten anleiten sollen. Da Unternehmungen in die natürliche Umwelt eingebettet sind und auf diese in vielfältiger Weise einwirken, sind sie unmittelbar von den Veränderungen des Umweltrechts betroffen. Darüber hinaus haben aber in der Zwischenzeit in manchen konsumnahen oder besonders im Blickpunkt der Öffentlichkeit stehenden Branchen andere Einflüsse zum Teil eine noch größere Bedeutung gewonnen. Zum einen bietet das gestiegene Umweltbewusstsein der Verbraucher wichtige Ansatzpunkte, um über das Angebot umweltfreundlicher Produkte und ein gezieltes, umweltorientiertes Marketing die Wettbewerbsfähigkeit zu steigern. Zum anderen werden Unternehmungen mit den Ansprüchen von Umwelt- und Naturschutzverbänden konfrontiert, die über die Öffentlichkeit und die Kommunikationsmedien Druck auf sie ausüben. Nicht unterschätzt werden darf außerdem der Einfluss einer umweltorientierten Einstellung der Unternehmensleitung, die besonders bei solchen Unternehmungen anzutreffen ist, in denen ein einzelner Haupteigentümer als Unternehmer eine langfristig orientierte, umweltverträgliche Vision verfolgt.

1.1 Betriebliche Umweltökonomie und Umweltmanagement

Um die aus dem Umweltschutz erwachsenden Anforderungen in geeigneter Weise zu bewältigen, bedarf es einer umweltorientierten Unternehmensführung bzw. eines betrieblichen Umweltmanagements. Beide Begriffe werden oft synonym verwendet. Will man jedoch einen Unterschied machen, so kennzeichnet die *umweltorientierte Unternehmensführung* ein offensives Umweltmanagement, das die an die Unternehmung herangetragenen bzw. auf sie zukommenden Umweltprobleme durch geeignete Abwehr- oder Anpassungsaktivitäten nicht nur bewältigt, sondern die Schonung der natürlichen Umwelt aktiv in das unternehmerische Zielsystem aufnimmt und Umweltaspekte möglichst frühzeitig und umfassend in alle betriebliche Bereiche integriert (vgl. Töpfer 1993).

Management im Allgemeinen sowie Umweltmanagement im Besonderen umfassen verschiedene Aspekte der Unternehmensführung, neben den eigentlich ökonomischen, d.h. auf die Einkommenserzielung ausgerichteten, auch juristische, psychologische, technische und andere nicht ökonomische, insbesondere auch ökologische Aspekte. Es gibt verschiedene Auffassungen darüber, inwieweit die Betriebswirtschaftslehre als wissenschaftliche Disziplin sich auf eine spezifisch ökonomisch geprägte Perspektive beschränken oder aber auch andere Gesichtspunkte in ihren ursprünglichen Erkenntnisgegenstand integrieren soll. Die engere Sichtweise kann als betriebswirtschaftliche oder (verkürzt) *betriebliche Umweltökonomie* bezeichnet werden. Sie beinhaltet „die konzeptionelle wissenschaftliche wie praktische Durchdringung des Verhältnisses zwischen unternehmerischem, d.h. vom Wirtschaftlichkeitsprinzip geleiteten Denken, Entscheiden und Handeln auf der einen sowie ökologischen Bedingungen und Herausforderungen dieses Denkens, Entscheidens und Handelns auf der anderen Seite. Im Zentrum des Interesses stehen dabei die umweltbezogenen Wirkungen des unternehmerischen Entscheidens und Handelns mit ihren effektiven und potenziellen einzelökonomischen Rückwirkungen" (Wagner 1997, S. 11). Innerhalb dieses Konzepts wird der Terminus 'Betriebswirtschaftliches Umweltmanagement' dann lediglich zur besonderen Betonung umweltbezogener unternehmerischer Dispositionsweisen verwendet und hat damit keine besondere Bedeutung. In Abgrenzung zur betrieblichen Umweltökonomie wird *(betriebliches) Umweltmanagement* deshalb hier weiter verstanden, um so noch andere relevante Aspekte erfassen zu können. Auch wenn damit betriebswirtschaftliches Terrain im engeren Sinn verlassen wird, erweist sich eine solche Öffnung als notwendig, weil sich Umweltprobleme nur in einer engen transdisziplinären Zusammenarbeit lösen lassen. In der Lehre ist ein breiteres Verständnis, das über die engeren Disziplingrenzen hinausgeht, für die zukünftige Berufsfähigkeit der Studierenden ohnehin förderlich. In der Forschung erfordert dies neben Wissenschaftlern, die nach wie vor im Kernbereich ihrer Disziplin arbeiten, außerdem solche, die ihren Schwerpunkt in den Grenzbereichen verschiedener Disziplinen besitzen, gleichzeitig jedoch ausreichend in einer traditionellen Disziplin verwurzelt sind.

Die – großenteils noch ausstehende – Diskussion in der Betriebswirtschaftslehre über die fachlichen Begrenzungen bei der Beschäftigung mit Fragen des Umweltschutzes findet ihr Pendant in der Volkswirtschaftslehre. Die volkswirtschaftliche Umweltökonomie übernimmt theoretisch und methodologisch die Grundsätze und Ziele der traditionellen Ökonomie und unterstellt, dass der Selbststeuerungsmechanismus des ökonomischen Systems im Prinzip funktioniert (vgl. etwa Weimann 1996). Korrekturbedarf bei Vorliegen von Marktversagen wird durch gezielte Umweltschutzpolitik befriedigt. Weil dieser Ansatz aber in mehrfacher Hinsicht zu kurz greift, ist seit etwa Mitte der 1980er Jahre als Ergänzung oder auch als Neuorientierung der traditionellen Umwelt- und Ressourcenökonomie eine neue Wissenschaftsrichtung unter dem Titel „Ökologische Ökonomie" entstanden, die sich gegenüber den Natur- und Sozialwissenschaften sowie den ethischen Grundlagen stärker öffnet. Ihr Paradigma lässt sich ganz allgemein als überdisziplinäres, systemtheoretisches und evolutorisches Entwicklungsmodell zur Analyse der Interdepenzen zwischen den ökonomischen, ökologischen und sozialen Systemen kennzeichnen.[1]

---

[1] Vgl. Bartmann 1998, Faber/Manstetten/Proops 1996 und Costanza u.a. 1997; ein ökonomisches Verständnis der Ökologie vermitteln dagegen Stephan/Ahlheim 1996.

1.2 Perspektiven umweltorientierter Unternehmensführung

Nach ersten Anfängen in den 1970er Jahren gilt 1988 als das „Jahr, in dem die Betriebswirtschaftslehre sich dem Ökologiethema so richtig zugewandt hat" (Stitzel
1994, S. 96). Seitdem ist in Wissenschaft und Praxis eine stark wachsende Zahl an
Publikationen erschienen, die es schwierig macht, die Übersicht zu bewahren und
die einzelnen Beiträge richtig einzuordnen. Auch die bislang erschienenen Lehrbücher[2] reichen dazu noch nicht aus, so wertvoll ihre Beiträge im Einzelnen auch
sind. Lehrbücher stellen in der Regel die Teile eines Fachgebietes dar, die als
gefestigter Erkenntnisstand gelten, was gewisse Schwerpunktsetzungen oder Unterschiede in der Präsentation nicht ausschließt. Vergleicht man jedoch die bisher
existierenden Werke, so gehen die bestehenden Unterschiede über solche normalen
Differenzierungen bei weitem hinaus. Dabei sind es nicht nur die sich meistens in
der Sache kaum überschneidenden Inhalte, sondern viel mehr noch die verschiedenen
eingenommenen Perspektiven und Auffassungen über den zu behandelnden Gegenstand, welche deutlich werden lassen, dass es so etwas wie einen Fundus an
gesicherter, breit akzeptierter Erkenntnis für das – noch sehr junge – Fachgebiet
der betrieblichen Umweltökonomie bzw. des betrieblichen Umweltmanagements
bislang nicht zu geben scheint.

Die Unterschiede in den Konzeptionen zum Umweltmanagement lassen sich zu
einem großen Teil mit der fachlichen Herkunft ihrer Autoren erklären. Der gewählte Zugang gründet regelmäßig auf den inhaltlichen und methodischen Kenntnissen und Erfahrungen des Autors in seinem früheren Fachgebiet. Die Mehrheit
der wissenschaftlichen Publikationen zum Umweltmanagement muss sogar als eine
bloße Erweiterung des 'business as usual' des jeweiligen traditionellen Fachgebietes auf aktuelle Fragen des Umweltschutzes angesehen werden. Es gibt vergleichsweise wenige Ansätze, die darüber hinaus reichen und so mithelfen, die Grundlagen
für ein eigenständiges Fachgebiet Umweltökonomie oder Umweltmanagement zu
schaffen. Historisch gesehen lassen sich nach Pfriem (1995) grob vier Zugänge
zum Umweltschutz unterscheiden, drei traditionell betriebswirtschaftliche und ein
ethisch-normativer:[3]

– der produktionswirtschaftliche
– der marketingorientierte
– der managementorientierte und
– der sozial-ökologische Ansatz.

---

[2]   Für den deutschen Sprachraum sind hier vor allem zu nennen: Freimann 1996, Haasis 1996,
      Hansmann 1998, Matschke/Jaeckel/Lemser 1996, Meffert/Kirchgeorg 1998, Michaelis
      1999, Schreiner 1996, Stahlmann 1994, Steger 1993, Wagner 1997, Wicke u.a. 1992.
      Auch international scheint es trotz mehrerer empfehlenswerter Bücher (z.B. Hutchinson/
      Hutchinson 1997 und Welford 1996) noch keine breit anerkannten Werke zu geben, wobei
      der angloamerikanische Sprachraum beim betrieblichen Umweltmanagement keineswegs
      den State of the Art bestimmt.
[3]   Stärker differenzieren Meffert/Kirchgeorg 1998, S. 37ff.

Diese Ansätze werden in Lektion III näher charakterisiert (vgl. insbes. Abb. III.7). Ein Versuch, unter ihnen den allein Richtigen zu bestimmen, wäre unangemessen. Vielmehr ergänzen und befruchten sie sich gegenseitig, weil sie verschiedene Schwerpunkte setzen und jeder für sich das gesamte Spektrum des betrieblichen Umweltmanagements nicht komplett abzudecken vermag. Grundlage eines Zusammenwachsens der verschiedenen Ansätze ist eine konzeptionelle Gesamtsicht, wie sie ähnlich zu dem später in Lektion III vorgestellten Integrationskonzept auch von Meffert und Kirchgeorg (1998, S. 72ff.) mit ihrer Grundkonzeption einer „fortschrittsfähigen und evolutionären Managementlehre" vorgeschlagen wird. Nach ihrer Auffassung erfordert die Sicherstellung einer relativen Verbesserung der Umweltverträglichkeit unternehmerischer Betätigung (ebenda, S. 76):

- eine längerfristige, strategische Ausrichtung unter Markt- und Wettbewerbsaspekten
- eine prozessorientierte und vernetzte Betrachtungsweise
- die ganzheitliche Erfassung der durch stofflich-energetische Umwandlungsprozesse in der Produktions-, Konsum- und Re(pro)duktionsphase hervorgerufenen Umwelteinwirkungen
- die Bezugnahme auf interdisziplinäre Erkenntnisse
- eine Synthese instrumenteller und wertorientierter Betrachtungsweisen
- Innovationen unter ökologischer und gesellschaftlicher Verantwortung
- lernfähige bzw. evolutionäre Konzepte als Grundlage.

1.3 Aufgaben und Strukturen des betrieblichen Umweltmanagements

Betriebliches Umweltmanagement bezieht sich auf alle für die Schonung der natürlichen Umwelt relevanten Aspekte der Führung einer Unternehmung. *Führung* kann dabei verstanden werden als „zielorientierte soziale Einflussnahme zur Erfüllung gemeinsamer Aufgaben" (Wunderer/Grunwald 1980, S. 62). Durch geeignete Spezifizierung der allgemeinen Aussagen zur Unternehmensführung im Hinblick auf ihre umweltrelevanten Aspekte kann gemäß der linken Hälfte der Abbildung 1 das betriebliche Umweltmanagement gedanklich als umweltbezogenes Subsystem des allgemeinen Führungs- bzw. Managementsystems ausgegrenzt werden. Auf diese Weise lassen sich Träger, Funktionen, Prozess, Ebenen und Bereiche des Umweltmanagements grundsätzlich analog zu denen der generellen Unternehmensführung strukturieren. Sie werden deshalb nachfolgend allgemein skizziert.

1.3.1 Träger, Funktionen und Prozess

Institutioneller Träger der Führung sind alle mit Führungsaufgaben betrauten und dementsprechend autorisierten und verantwortlichen Personen auf den verschiedenen Hierarchieebenen, an der Spitze die Geschäftsführung oder der Vorstand der

Unternehmung. Als wesentliche Führungsaufgaben oder *Managementfunktionen* gelten:

- Planung (einschließlich Wertenormierung, Zielsetzung und Entscheidung)
- Kontrolle
- Organisation
- Personalleitung (Führung i.e.S.)
- Informationsversorgung.

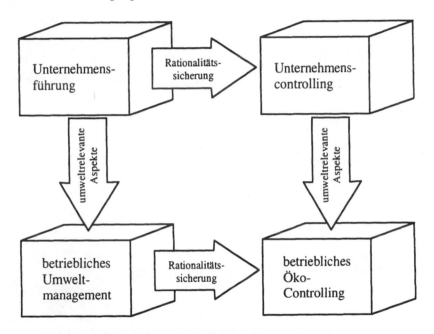

Abb. 1: Zweistufige Ableitung des Öko-Controllings (abgewandelt nach Rüdiger 1998, S. 282)

Die Festlegung autorisierter Wertvorstellungen (Wertenormierung), das Setzen von Zielen für die Unternehmensmitglieder sowie das Treffen einer Entscheidung werden teilweise als eigenständige Funktionen genannt, hier aber vereinfachend der Planung zugeordnet. Dagegen wird die Versorgung mit führungsrelevanten Informationen wegen ihrer zunehmenden Bedeutung erst neuerdings explizit zu den Managementfunktionen gezählt. Im Hinblick auf das Zusammenspiel und die Ausrichtung der verschiedenen Führungsträger und Managementfunktionen auf die gesamthafte Gestaltung und Lenkung des Wertschöpfungsprozesses der Unternehmung kommt darüber hinaus dem Controlling eine unterstützende Aufgabe bei der Sicherstellung der Rationalität der Führung zu (vgl. Weber 1999), insbesondere bei der Koordination der Führungsteilsysteme (vgl. Küpper 1997). *Öko-Controlling* kann gemäß Abbildung 1 somit sowohl als umweltbezogener Teil des Unternehmenscontrollings als auch als rationalitätssichernde Unterstützungsfunktion des Umweltmanagements aufgefasst werden.

Das Zusammenspiel der Managementfunktionen im *Führungsprozess* ist in der Realität äußerst komplex. Im Falle des stark vereinfachenden Idealtyps der „plandeterminierten Unternehmensführung" (Steinmann/Schreyögg 1997, S. 123) haben die anderen Managementfunktionen nachrangige Bedeutung, indem sie für die Umsetzung und Realisation der Pläne sorgen müssen. Planung bedeutet dabei die Willensbildung durch Setzung zu verfolgender Ziele, Aufdeckung von Handlungsalternativen, Prognose ihrer zielbezogenen Wirkungen und vergleichende Bewertung der Alternativen. Sie mündet in einen Planentscheid durch Auswahl einer umzusetzenden Alternative als Sollvorgabe. Der Vollzug des Planentscheids wird durch eine entsprechende Steuerung realisiert, d.h. durch die Festlegung und Initiierung der Aufgabendurchführung veranlasst, durch die Überprüfung der Aufgabenerfüllung überwacht und durch das Ergreifen geeigneter Maßnahmen bei Planabweichungen gesichert. Dabei sorgen die Organisation durch die Aufstellung genereller Regeln und die Personalleitung durch laufende Anweisungen für ein zieladäquates Verhalten der Unternehmensmitglieder, während die Kontrolle das tatsächliche oder abschbare Geschehen über die Rückmeldung erreichter Ergebnisse mit dem Plan vergleicht und bei größeren Planabweichungen im Falle einer unvorhersehbaren Störung eine Plankorrektur und im Falle eines systematischen Planungsfehlers eine Revision des gesamten Planungs- und Steuerungssystems auslöst. Die anderen Managementfunktionen sind so über die Kontrolle mit dem Wertschöpfungsprozess rückgekoppelt und bilden Komponenten (Phasen) eines sich ständig wiederholenden Managementprozesses.

1.3.2 Ebenen, Bereiche und Systeme

Der Führungs- oder Managementprozess verläuft parallel zum eigentlichen Wertschöpfungs- oder Leistungsprozess und soll diesen ganzheitlich gestalten und lenken. Beide Prozesse sind Ausdruck einer groben Einteilung des Systems Unternehmung in zwei wesensmäßig verschiedene Hauptsubsysteme, das Führungssystem einerseits und das Ausführungs- oder Leistungssystem andererseits (vergleichbar dem Regler und der Regelungsstrecke in der Regelungstechnik). Im Führungssystem werden zielorientiert sämtliche Freiheitsgrade des Leistungsprozesses festgelegt, sodass dieser im Ausführungssystem planmäßig vollständig determiniert abläuft, sofern keine unerwarteten Störungen eintreten. Einer solchen Unterscheidung kommt in der Realität am ehesten eine vollautomatische Produktionsanlage nahe. Menschliche Arbeitskräfte haben jedoch anders als Industrieroboter stets noch einen gewissen Handlungsspielraum, sodass eine eindeutige Zuordnung von Personen zum Führungs- bzw. Ausführungssystem letztlich nur graduell nach dem Ausmaß ihres Entscheidungsspielraums erfolgen kann.

Entsprechend handelt es sich bei der weiter gehenden Einteilung des Führungssystems in verschiedene Führungs- oder *Managementebenen* ebenfalls um eine idealtypische Vorstellung. Die Abbildung 2 zeigt eine Hierarchie von vier einander untergeordneter Managementebenen, deren Inhalte und inneren Zusammenhang man plakativ durch die folgenden vier Grundfragen der Unternehmensführung kennzeichnen kann, welche sich die jeweiligen Entscheidungsträger zu stellen und zu beantworten haben:

- *normativ:*   Was sind die Gründe unseres Tuns?
- *strategisch*:   In welche Richtung führen uns diese Gründe?
- *taktisch*:   Welchen Weg dahin wollen wir gehen?
- *operativ*:   Welche einzelnen Schritte sind auf diesem Weg vorzunehmen?

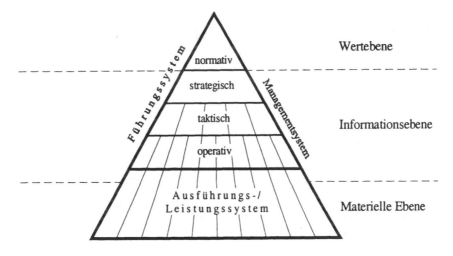

Abb. 2: Hierarchie der Managementebenen (Quelle: Dyckhoff 1998b, S. 87)

Üblich in der Betriebswirtschaftslehre ist die Unterscheidung in strategisches und operatives Management. Eine taktische Ebene wird seltener gesondert hervorgehoben (wohl regelmäßig beim Produktionsmanagement). Die Einführung der normativen Ebene ist angelehnt an das St. Galler Modell eines „integrierten Managements" (Bleicher 1996). Ihre Hauptaufgabe wird in der Entwicklung von Nutzenpotenzialen gesehen, die sinnstiftend und wertsteigernd für die Zielgruppen der Unternehmung sind. Auf dieser Ebene ist festzulegen, inwieweit das Unternehmenshandeln nicht nur legal, sondern auch legitim ist und berechtigten Ansprüchen so genannter Stakeholder genügt. Auf Grund von Visionen werden die Grundsätze der Unternehmenspolitik bestimmt. Im Hinblick auf die Umweltorientierung der Unternehmensführung ist insbesondere zu klären, welchen Stellenwert der Umweltschutz im Rahmen des Zielsystems der Unternehmung genießt. Auf der Basis der so autorisierten Wertvorstellungen werden vom strategischen Management Grundsatzentscheide über die Gestaltung des Wertschöpfungsprozesses und der Umfeldbeziehungen getroffen. Die Strategien haben den Zweck, die Wettbewerbsfähigkeit der Unternehmung zu entwickeln und zu sichern. Dazu sind Erfolgspotenziale aufzubauen und zu pflegen sowie umgekehrt Schadenspotenziale abzubauen und zu vermeiden.

Während die normative und die strategische Ebene sich auf die Unternehmung als Ganzes beziehen, setzen die beiden unteren Ebenen die Unternehmensstrategien in konkretisierte und spezifizierte Teilentscheide und Maßnahmenbündel für die einzelnen Unternehmungsbereiche um. In der Abbildung 2 ist dies durch vertikale, quer zu den horizontalen Ebenen verlaufende Segmente angedeutet. Je nach dem organisatorischen Gliederungsprinzip handelt es sich dabei beispielsweise (objektorientiert) um Regionen oder Sparten für verschiedene Geschäftsfelder bzw. (verrichtungsorientiert) um die Geschäftsbereiche:

- Forschung und Entwicklung (F&E)
- Beschaffung und Absatz bzw. Marketing
- Produktion und Reduktion bzw. Entsorgung
- Logistik.

Die unteren drei Managementebenen bilden zusammen das *Managementsystem* der Unternehmung. Dabei sinken von der strategischen über die taktische und die operative bis hin zur konkreten Ausführungsebene sukzessiv die Ausdehnung des zugeordneten Unternehmungsbereichs, die Tragweite der Entscheidungen und die Weisungsbefugnis der Personen. Mit der Hierarchie der Managementebenen geht von oben nach unten ein abnehmender Planungshorizont einher, verbunden mit einer wachsenden Vollständigkeit, Detailliertheit und Sicherheit der Informationen.

2 Grundlagen des betrieblichen Umweltmanagements

Bevor in den späteren Abschnitten 3 bis 5 nacheinander die normative, die strategische sowie die taktische und die operative Ebene behandelt werden, ist es notwendig, einige für den Umweltschutz essenzielle Grundlagen der Unternehmensführung vorzustellen.

2.1 Natürliche Grundlagen und Rahmenbedingungen

Die natürlichen Grundlagen haben für die Unternehmensführung lange Zeit eine unbedeutende Rolle gespielt. Nur dort, wo Ressourcen knapp zu werden drohten oder Emissionen die Menschen in der Umgebung zu sehr schädigten, wurden sie zu einem nicht vernachlässigbaren (Produktions-)Faktor. Mit der Produktion und der Konsumtion von Gütern ist aber regelmäßig eine Vielzahl *externer Effekte* verbunden; das sind Nebenwirkungen bei Unbeteiligten, welche nicht in der Preisbildung der Güter auf den Märkten berücksichtigt werden. Besonders deutlich wird es beim Verbrauch erschöpfbarer Energieträger wie Mineralöl oder Kohle. Einerseits werden irdische Vorräte, die in Hunderten von Jahrmillionen entstanden sind, innerhalb weniger Jahrzehnte oder Jahrhunderte weitgehend ausgebeutet, sodass sie zukünftigen Generationen nicht mehr zur Verfügung stehen. Andererseits wird bei der Verbrennung fossiler Energieträger – neben anderen schädlichen Gasen – unvermeidlich Kohlendioxid als Kuppelprodukt erzeugt, das wegen der anfallenden Mengen das Erdklima möglicherweise dramatisch verändern kann. Weil die externen Effekte nicht in den Preisen *internalisiert* sind und diese somit nicht die ökologische Wahrheit sagen, bleiben die nachteiligen Wirkungen auf die Umwelt als externe Kosten im Rahmen einzelwirtschaftlicher Kalküle unberücksichtigt. Aus dieser Diskrepanz resultiert ein grundlegender Konflikt zwischen Ökonomie und Ökologie.

Beide Begriffe gehen aus dem griechischen Wort 'oikos' für Haus oder Haushaltung hervor. Im ursprünglichen Sinn bedeutet *Ökologie* „die Lehre vom Haushalt der Natur. Um diesen analysieren und verstehen zu können, müssen die gegenseitigen Beziehungen und Abhängigkeiten zwischen den Organismen untereinander und zu ihrer unbelebten Umwelt bekannt sein. Die Ökologie wird daher häufig auch als die Wissenschaft von den Wechselwirkungen der Organismen untereinander und mit ihrer Umwelt bezeichnet" (Wittig 1993, S. 233).

Ökologische Systeme bestehen aus weitgehend geschlossenen Stoffkreisläufen, bei denen die Stoffe nahezu vollständig rezykliert sowie Sonnenenergie genutzt und Abwärme an die Umgebung abgegeben werden. Erreicht wird die Schließung der Stoffkreisläufe dadurch, dass im Prinzip drei Gruppen von Lebewesen existieren, denen jeweils eine andere Rolle zukommt: die Produzenten, die Konsumenten und die Reduzenten (oder Destruenten). Stark vereinfacht handelt es sich bei den Produzenten um die grünen Pflanzen, welche mit Hilfe des Sonnenlichtes bei der Fotosynthese organische Substanzen erzeugen. Diese werden dann von den Tieren und Menschen in einer Nahrungskette konsumiert. Die bei der 'Produktion' und 'Konsumtion' anfallenden, abgestorbenen organischen Stoffe pflanzlicher oder tierischer Herkunft werden von Mikroorganismen in ihre Grundsubstanzen abgebaut, welche den Pflanzen nach dieser 'Reduktion' wieder als Baumaterial für einen erneuten Zyklus zur Verfügung stehen (vgl. Haber 1995, insbes. Abb. 1).

In frühen Zeiten seiner Entwicklung war der Mensch noch Teil solch geschlossener Öko-Systeme. Spätestens seit Beginn der Industrialisierung – und in Zukunft noch verstärkt durch die Globalisierung – ist er es aber nicht mehr. Auf Grund der mit der Arbeitsteilung verbundenen lokalen Spezialisierung und Massenproduktion sowie durch das Entstehen von Ballungsräumen fallen die Emissionen menschlicher Produktion und Konsumtion örtlich und zeitlich konzentriert an. Die Natur ist von sich aus immer weniger in der Lage, die daraus resultierenden Immissionen zu verkraften. Aber auch bisherige Entsorgungskonzepte, zum einen die gezielte Deponierung im Boden an abgelegenen Orten (Konzentration) und zum anderen die gezielte Verteilung in Luft und Wasser (Verdünnung), stoßen an ihre Grenzen. Damit wird deutlich, dass es nicht genügt, nur die Produktion von Gütern für den Konsum industriell zu organisieren und den Abbau der Rückstände allein der Natur zu überlassen. Vielmehr erscheint es notwendig, auch die *Reduktion* bewusst in das Wirtschaftssystem zu integrieren und den Wirtschaftskreislauf durch den

Übergang von Beseitigungs- zu Verwertungskonzepten nicht nur monetär, sondern auch real so weit wie möglich in Richtung auf eine *Kreislaufwirtschaft* zu schließen.

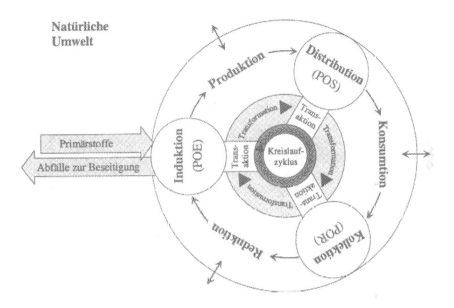

Abb. 3: Ein einfaches Stoffkreislaufmodell (in Anlehnung an Dyckhoff 1993, S. 90, und Kirchgeorg 1999, S. 81)

Die Abbildung 3 skizziert diesen Gedanken anhand eines einfachen Kreislaufmodells, das idealtypisch den Stofffluss von der Ressourcenentnahme aus der Natur über die gegebenenfalls mehrfache Erzeugung, Nutzung und Verwertung von Produkten und Abfällen mittels dieser Primär- bzw. dann Sekundärrohstoffe bis hin zur Beseitigung nicht weiter verwertbarer Reste durch Rückgabe an die Natur darstellt. Gemäß der vorgenommenen Einteilung handelt es sich bei Produktion, Konsumtion und Reduktion um Transformationsprozesse. Sie werden miteinander durch Transaktionen zwischen Wirtschaftssubjekten zu einem oder mehreren Kreislaufzyklen verbunden. Die drei Schnitt- bzw. Nahtstellen kennzeichnen die Distribution der Produkte (POS: point of sale), die Kollektion oder Retrodistribution der Altprodukte und Abfälle (POR: point of return) sowie die (Re-)Induktion der Primär- oder Sekundärstoffe (POE: point of entry, reentry or exit). Letztere ist damit gleichzeitig die Schnittstelle zur Natur: Es werden nicht nur Primärstoffe dem Wirtschaftssystem als Input zugeführt (Induktion), sondern darüber hinaus Abfälle zur Beseitigung als Output des Wirtschaftssystems abgegeben (Abduktion).

Eine vollständige Kreislaufführung ist aus naturgesetzlichen Gründen praktisch ausgeschlossen. Dem stehen weniger die Gesetze der Physik als biologische Erkenntnisse entgegen. Zwar sind mit dem ersten und dem zweiten Hauptsatz der

Thermodynamik klare Grenzen gesetzt: Sie besagen, dass in einem isolierten System zum einen die Energie weder zu- noch abnimmt (Energieerhaltungssatz) und zum anderen der Gehalt an arbeitsfähiger und damit nutzbarer Energie grundsätzlich abnimmt (Entropiegesetz). Sämtliches Leben beruht auf der Umwandlung hochwertiger in geringwertige Energie, ist also auf Energie mit niedrigem Entropiegehalt angewiesen. Allerdings ist der Planet Frde kein isoliertes System: Er erhält mit dem Sonnenlicht hochwertige Energie (niedriger Entropiegehalt) und gibt über die Wärmeabstrahlung in den Weltraum geringwertige Energie ab (hoher Entropiegehalt). Die Energiebilanz ist dabei ausgeglichen, nicht jedoch die Entropiebilanz. Der Entropiesaldo bildet somit auf lange Sicht eine *Grenze des wirtschaftlichen Wachstums*. Durch die momentane Ausbeutung fossiler Energievorräte in Gestalt von Kohle, Mineralöl und Erdgas kann diese Grenze lediglich kurzfristig umgangen werden. Die Kernenergie bietet derzeit nur um den Preis katastrophaler Gefahren eine längerfristige Perspektive. Aber selbst wenn die Entwicklung einer dauerhaft nutzbaren, ungefährlichen Energietechnik gelänge (Kernfusion?), würde sich mit der Überwindung der Entropiegrenze ein neues irdisches Energiegleichgewicht einstellen, das voraussichtlich mit gravierenden Klimaveränderungen verbunden wäre.

Da die Erde mit dem sie umgebenden Weltraum Stoffe nur in vernachlässigbaren Mengen austauscht, bilden Wirtschaft und Natur weltweit gesehen ein (stofflich nahezu) geschlossenes System. Von daher ist eine Kreislaufführung im Rahmen der Entropiegrenze unter Einschluss der Natur grundsätzlich nicht ausgeschlossen. Bislang wird eine Durchflusswirtschaft praktiziert, welche die Natur als hauptsächliche Quelle und Senke für die materiellen Objekte ihrer Aktivitäten nutzt. Probleme resultieren dabei aus den unterschiedlichen zeitlichen Dimensionen: Während seit Beginn der Industrialisierung innerhalb von zweihundert Jahren das Wirtschaftssystem sich hinsichtlich Umfang, Qualität und Dynamik drastisch verändert hat, finden natürliche Veränderungen im Rahmen der Evolution meist kontinuierlich innerhalb großer Zeiträume statt. Viele irdische Kreisläufe dauern Tausende oder Millionen von Jahren. Ein ökologisch kompatibles Wirtschaftssystem verlangt deshalb eine Harmonisierung wirtschaftlicher Aktivitäten und natürlicher Reaktionen. Eine mangelhafte Anpassung der Wirtschaft an die Natur kann umgekehrt zu Anpassungsreaktionen der Natur führen, die buchstäblich katastrophale Ausmaße annehmen.

Aus diesem Grunde wird die Forderung nach einer *ökologisch nachhaltigen* Bewirtschaftung der Natur erhoben (vgl. Lektion IV). Kriterien ökologischer Nachhaltigkeit sind:

– Abbau erschöpfbarer Rohstoffe nur so weit, wie sie zukünftig durch andere ersetzt werden können
– Nutzung erneuerbarer Ressourcen nur bis zu ihrer Regenerationsrate
– Emissionen nur unterhalb der Aufnahmekapazität der Natur.

Unterschiedliche Auffassungen bestehen insbesondere darüber, inwieweit natürliche Bestände (Naturkapital) durch (künstliches) Kapital substituiert werden dürfen (*strong* versus *weak sustainability*; vgl. Neumayer 1999). Einigkeit besteht dahingehend, dass Nachhaltigkeit kein rein ökologisches Konzept ist, sondern untrennbar mit ökonomischen und sozialen Gesichtspunkten verknüpft ist und darüber hinaus ethische und philosophische Überlegungen erfordert (vgl. Manstetten 1996).

2.2 Künstliche Grundlagen und Rahmenbedingungen

Versucht man die Frage, was Umweltschutz eigentlich bedeutet, nicht nur anhand konkreter und breit als solcher anerkannter Umweltprobleme, sondern grundsätzlich zu beantworten, so wird schnell klar, dass hierfür außer natürlichen Kategorien auch subjektive Wertmaßstäbe eine fundamentale Rolle spielen. Insbesondere sind folgende Teilfragen zu klären (näher dazu Lektion II.2):

– Wessen Umwelt soll geschützt werden?
– Was alles gehört zu der Umwelt, die geschützt werden soll?
– Wovor soll die Umwelt geschützt werden?

Je nachdem, wie die Antworten auf diese Fragen ausfallen, stellen sich die Probleme anders dar oder sind gar keine: Gehören (höher entwickelte) Tiere zu den Geschöpfen der Mitwelt, deren Umwelt es zu schützen gilt, oder wird ein rein anthropozentrischer Standpunkt eingenommen? Wie weit dehnt sich die Umwelt sachlich, räumlich und zeitlich aus? Gehören dazu alle Regionen der Erde sowie alle zukünftigen Generationen? Soll der Status quo erhalten werden? Welche Veränderungen der Umwelt sind erlaubt? Wer entscheidet darüber?

Die Entscheidungsträger einer Unternehmung wären überfordert, wenn sie im täglichen Geschäft diese Fragen immer wieder neu bedenken müssten. Es bedarf eines weit gehenden Konsenses über gültige gesellschaftliche Werte und Rahmenbedingungen, bei deren Berücksichtigung die Unternehmung nach vornehmlich ökonomischen Kriterien geführt werden kann. Durch den Wettbewerb der Unternehmungen innerhalb des – geeignet zu gestaltenden! – Rahmens einer (gegebenenfalls weltweiten öko-sozialen) Marktwirtschaft werden die Verschwendung knapper Ressourcen vermieden und Innovationskräfte freigesetzt. Die eigennützigen Motive der Wirtschaftssubjekte sollen so kanalisiert werden, dass sie über ihr eigenes Erfolgsstreben zum Nutzen aller beitragen: „Nicht vom Wohlwollen des Metzgers, Brauers und Bäckers erwarten wir das, was wir zum Essen brauchen, sondern davon, dass sie ihre eigenen Interessen wahrnehmen" (Adam Smith 1776, S. 17). Der systemimmanente Selektionsmechanismus der Marktwirtschaft ist so beschaffen, dass Unternehmungen, um selbstständig zu überleben, langfristig Gewinne erzielen müssen. Andernfalls gehen sie in Konkurs oder müssen subventioniert werden: „Unternehmungen werden nicht gegründet, um Umweltschutzpreise zu erringen, sondern um nachhaltig ökonomische Erträge zu erwirtschaften" (Staehle/Nork 1992, S. 80). Der hierdurch zum Ausdruck kommende wirtschaftsethische Standpunkt lautet: *„Der systematische Ort der Moral in einer Marktwirtschaft ist die Rahmenordnung"* (Homann/Blome-Drees 1992, S. 35). Ziel ist es, den Wettbewerb zum Wohle aller zu instrumentalisieren, indem moralische Motivationen für Unternehmungen überflüssig gemacht werden. Dazu sind die Regeln so zu gestalten, dass Gewinnerzielung automatisch auch zu umweltfreundlichem Verhalten führt.

Zunächst stellt sich allerdings die umgekehrte Frage, ob nicht schon durch umweltfreundliches Verhalten an sich Gewinne erzielt werden können. In der Tat findet man in der Literatur zur Praxis des Umweltmanagements eine Fülle von Beispielen, in denen Unternehmungen erhebliche Kosten eingespart haben – z.B. beim Wasser- oder Energieverbrauch im Zusammenhang mit der Aufstellung von Stoff- und Energiebilanzen oder der Durchführung eines Öko-Audits – oder neue Marktanteile mit umweltfreundlichen Produkten gewinnen konnten. Umweltschutz hilft also, vorhandene ökonomische Schwachstellen und ökologische Marktnischen aufzudecken. Aber spätestens dann, wenn alle Schwachstellen beseitigt sind und die Konkurrenz mit eigenen Öko-Produkten nachgezogen hat, „sind die Gratiseffekte ökonomisch-ökologischer Schnittmengen ... abgegriffen, gerade bei jenen Unternehmen, die mit gutem Recht als ökologische Pioniere charakterisiert werden können" (Gellrich/Karczmarzyk/Pfriem 1998, S. 30). Ein darüber hinausgehendes umweltfreundliches Verhalten hat dann regelmäßig höhere Kosten zur Folge, eben deshalb, weil bislang externalisierte Kosten nunmehr internalisiert werden. Die internalisierten Kosten schmälern den Gewinn und damit die Ausschüttung an die Eigenkapitalgeber, falls sie nicht an andere überwälzt werden können. Es ist aber zumindest fraglich, ob die Kunden, die Lieferanten, die Arbeitnehmer, die Kreditgeber, der Staat oder andere gesellschaftliche Gruppen bereit sind, für das umweltfreundliche Verhalten der Unternehmung finanziell aufzukommen.

Wenn sich allerdings alle Bürger umweltfreundlicher verhalten, beispielsweise vom privaten PKW in öffentliche Transportmittel umsteigen würden, könnten die damit verbundenen persönlichen Nachteile (private Kosten) durch die allgemeinen Vorteile einer besseren Umwelt (öffentlicher Nutzen) unter Umständen – insbesondere einen entsprechenden Ausbau des öffentlichen Transportnetzes vorausgesetzt – mehr als ausgeglichen werden. Die Forderung nach einem solchermaßen freiwilligen umweltfreundlichen Verhalten sieht sich dem so genannten *sozialen Dilemma* ausgesetzt, auch Schmarotzerdilemma genannt. Es stellt eine Verallgemeinerung des Gefangenendilemmas der Spieltheorie dar (Poundstone 1992). Das Dilemma besteht darin, dass die für alle beste, d.h. kollektiv rationale Lösung und die für den jeweils Einzelnen beste, d.h. individuell rationale Lösung auseinanderfallen. Dabei ist unterstellt, dass jeder sich selbstsüchtig verhält sowie keiner das Verhalten der anderen unmittelbar beeinflussen und vorhersehen kann. Um die Spieler unter diesen Voraussetzungen doch zu einem kollektiv rationalen Verhalten zu veranlassen, bedarf es einer Änderung der Spielregeln, d.h. der Rahmenordnung (vgl. Homann/Pies 1991).

Soweit die Umwelt ein *öffentliches Gut* ist, d.h. keiner von ihrer kostenlosen Nutzung ausgeschlossen werden kann, kommt jeder Einzelne in den Genuss einer besseren Umweltqualität, wenn (fast) alle anderen sich umweltfreundlich verhalten, ohne dass er selbst dazu beitragen muss (Trittbrettfahrer). Der Beitrag des einzelnen für oder gegen die Umwelt ist in der Regel so gering, dass er nicht ins Gewicht fällt. Dennoch finden sich in der Realität Beispiele freiwilligen sozialen Verhaltens ohne private Vorteile, die sich unter anderem mit historisch erlernten und über Generationen vererbten Verhaltensweisen (Frank 1992) oder mit bestimmten gruppendynamischen Effekten (Glance/Huberman 1994) erklären lassen. Sie treten am ehesten innerhalb kleiner, homogener Gruppen mit engen sozialen Kontakten und Transparenz über das Verhalten der Gruppenmitglieder auf. Solche Voraussetzungen sind aber in den heutigen großen, anonymen Gesellschaften nicht gegeben. Die Alltagserfahrung sowie empirische Untersuchungen zeigen, dass viele Mitbürger freiwillig höchstens dann zu umweltfreundlicherem Verhalten bereit sind, wenn es sie nicht viel kostet (*Low Cost-Hypothese*; Diekmann 1998). Selbst wenn sie grundsätzlich bereit wären, größere persönliche Nachteile in Kauf zu nehmen, so wollen sie doch sicher sein, dass auch alle anderen mitmachen, damit der Effekt einer besseren Umweltqualität tatsächlich eintritt.

Um alle Mitglieder einer Gruppe oder Gesellschaft zu einem bestimmten Verhalten zu veranlassen, gibt es direkte und indirekte Ansatzpunkte, nämlich *Vorschriften* in Form von Ver- und Geboten einerseits sowie *Anreize* extrinsischer oder intrinsischer Art andererseits. Beispiel für ein Gebot ist die Einbaupflicht für Katalysatoren in PKWs. Beispiel für einen extrinsischen Anreiz ist die Erhöhung des Mineralölpreises über Öko-Steuern. Die Gesamtheit aller Vorschriften und Anreize eines Wirtschaftssystems bestimmt seine Rahmenordnung. Sie wird festgelegt durch allgemeine Grundsätze, Gesetze, Verordnungen, aber auch ungeschriebene Regeln (z.B. über ehrbares Verhalten von Kaufleuten). Eine Rahmenordnung ist unverzichtbar für jegliches Wirtschaften in einer Gemeinschaft, insbesondere um Vertragstreue zu garantieren und Anarchie zu vermeiden. Sie ist eingebettet in die allgemeinen Normen und Sitten der jeweiligen Gesellschaft.

In Deutschland ist der Umweltschutz 1994 als *Staatsziel* in das Grundgesetz aufgenommen worden (Art. 20a): „Der Staat schützt auch in Verantwortung für die künftigen Generationen die natürlichen Lebensgrundlagen im Rahmen der verfassungsmäßigen Ordnung durch die Gesetzgebung und nach Maßgabe von Gesetz und Recht durch die vollziehende Gewalt und die Rechtsprechung." Die öffentliche Umweltpolitik folgt dazu bestimmten *Handlungsprinzipien*, in erster Linie dem Verursacherprinzip, das die Kosten des Umweltschutzes nach Möglichkeit dem Schädiger aufbürdet. In Fällen, in denen kein Schädiger zur Verantwortung gezogen werden kann, etwa bei Altlasten, kommt ergänzend das Gemeinlastprinzip zum Tragen. In Sonderfällen greift das Nutznießerprinzip, bei dem der (potenzielle) Schädiger durch finanzielle Entschädigung von seinem Tun abgehalten werden soll, etwa bei Grundwasserverunreinigungen durch die Landwirtschaft oder bei der Lösung internationaler Umweltprobleme. Konkretisiert wird die staatliche Umweltpolitik in der Wahl geeigneter *Instrumente*. Sie reichen vom Ordnungsrecht über Subventionen, Abgaben, handelbare Emissionszertifikate und Haftungsregeln bis hin zu moralischer Überzeugung in Form freiwilliger Selbstverpflichtungen und Branchenabkommen.[4] Seit dem Umweltprogramm der Bundesregierung von 1971 dominiert nach wie vor das Ordnungsrecht mit einer Vielzahl an Gesetzen, Verordnungen und Ausführungsbestimmungen (nach Angaben des Umweltbundesamtes 1993 insgesamt ca. 9000 umweltrelevante Regelungen). In jüngerer Zeit wird weniger auf Vorschriften als auf Anreize gesetzt (vgl. Kloepfer 1996), so etwa beim Umwelthaftungsgesetz, das eine Gefährdungs- an Stelle einer Verschuldenshaftung eingeführt und die Beweislast im Schadensfall bei Auflagenverstoß praktisch umgekehrt hat. Im Kreislaufwirtschafts- und Abfallgesetz kommt außerdem der Gedanke der Schaffung von Stoffkreisläufen gemäß Abbildung 4 in Prioritätsvorgaben wie „Vermeiden vor Verwerten vor Beseitigen" und in der Forderung nach Produktverantwortung zum Ausdruck. Für die Zukunft ist beabsichtigt, den Wildwuchs umweltrelevanter Regelungen durch ein einheitliches, schlankes Umweltgesetzbuch auf eine gemeinsame systematische Basis zu stellen.

Die Gratwanderung einer marktwirtschaftlichen Ordnung in einer Demokratie besteht darin, einerseits möglichst wenig in den Wettbewerb einzugreifen, um die freie Entfaltung der Kräfte im Hinblick auf Produktivität, Effizienz, Qualität und Innovation zu fördern, andererseits doch den Wettbewerb im Sinne gesellschaftlicher Ziele wie soziale Gerechtigkeit und Umweltschutz zu beeinflussen und wenn nötig zu reglementieren, ohne ihn jedoch durch ein verstricktes soziales Netz zu strangulieren. Eine solche Gratwanderung hat zwangsläufig Defizite in der Rahmenordnung zur Folge. Zum Teil sind es mangelndes Wissen über die nachteiligen Folgen wirtschaftlicher Aktivitäten (z.B. Asbest, FCKW, CO_2) oder überraschende dynamische Entwicklungen (z.B. Gentechnik). Selbst wenn die Notwendigkeit einer Anpassung der Rahmenordnung erkannt ist, erfordert dies einigen Aufwand (Transaktionskosten), wenn nicht sogar der Einfluss mächtiger Interessenverbände eine Anpassung verhindert. Besonders solche Änderungen, von denen erst künftige Generationen, die meisten lebenden Mitglieder einer Gesellschaft aber nur wenig profitieren und durch die eine mehr oder minder kleine Gruppe sogar starke Nachteile in Kauf nehmen muss, sind in einer parlamentarischen Demokratie oft kaum durchsetzbar. Das ist ein Hauptgrund dafür, dass die Rahmenordnung nie vollständig und lückenlos ist. Im Zeitalter der Globalisierung wird die Problematik noch dadurch verschärft, dass viele Umweltprobleme international abgestimmte Lösungen erfordern und damit den Handlungsrahmen einer nationalen Umweltpolitik sprengen.

Vor diesem Hintergrund muss die frühere Feststellung über die moralische Motivation der Unternehmensführung relativiert werden. Bei Versagen der Rahmenordnung braucht ein rein ökonomisch motiviertes Unternehmensverhalten nicht mehr

---

[4] Vgl. Weimann 1996, Rennings et al. 1997 sowie Lektion VIII.

unbedingt ethisch begründet zu sein, d.h. die implizite „ethische Richtigkeitsvermutung für gewinnmaximierendes Handeln" ist in Frage zu stellen. Wie die geplante Versenkung der Ölplattform Brent Spar in der Nordsee beispielhaft gezeigt hat, wird dann von der Unternehmensführung eine explizite Auseinandersetzung mit moralischen Ansprüchen erwartet: *„Die in der klassischen Konzeption an die Rahmenordnung delegierte Legitimationsverantwortung wirtschaftlichen Handelns fällt bei Defiziten in der Rahmenordnung an die Unternehmen zurück"[5]*. Die Wahrnehmung der Legitimationsverantwortung im Rahmen der Unternehmensführung ist Aufgabe der normativen Ebene (vgl. Abb. 2). Insbesondere ist hier die grundlegende Ausrichtung der Unternehmenspolitik im Hinblick auf den Umweltschutz zu bestimmen.

3 Umweltorientierung der Unternehmenspolitik

Das St. Galler Konzept eines integrierten Managements stellt einen Bezugsrahmen mit darauf abgestimmtem Vorgehensmodell dar, um so insbesondere Managern „ein kontext- und situationsbezogenes Problemverständnis zu vermitteln und Wege zur Lösung zu weisen"[6]. Ausgehend von einer unternehmerischen Vision beschäftigt sich die normative Ebene mit den generellen Zielen der Unternehmung sowie mit Prinzipien und Normen, die darauf ausgerichtet sind, die Lebens- und Entwicklungsfähigkeit der Unternehmung sicherzustellen, und die in ihrer Gesamtheit die *autorisierten Wertvorstellungen* als Führungsgröße für das nachgelagerte strategische Management bestimmen. Institutioneller Träger normativer Führung sind die Mitglieder des politischen Systems der Unternehmung, im Besonderen die von der Unternehmensverfassung bestimmten Personen (Kernorgane). Unterstützung findet die normative Führung in einem die Unternehmenskultur prägenden adäquaten Verhalten aller Unternehmensmitglieder. Inhalt der Aktivitäten normativer Führung ist die *Unternehmenspolitik*. Dazu gehören die Formulierung von Leitsätzen zur Beschreibung der unternehmerischen Missionen ebenso wie alle Handlungen, die auf die Entwicklung von Nutzenpotenzialen für Zielgruppen gerichtet sind. *Nutzenpotenziale* definieren die Zwecke der Unternehmung in Bezug auf alle oder auch nur bestimmte – als relevant erachtete – Gruppen der Gesellschaft, einschließlich der Wirtschaft selber; sie vermitteln den Unternehmensangehörigen Sinn und Identität. Normative Führung wirkt so begründend und soll einem daraus abgeleiteten Unternehmensverhalten Legitimität verleihen.

Beim St. Galler Konzept eines integrierten Managements (nach Bleicher 1996) wird nicht zwischen den Begriffen Zielgruppe und Anspruchsgruppe unter-

---

[5] Homann/Blome-Drees 1992, S. 126. Etwas abweichende unternehmensethische Standpunkte nehmen Steinmann/Löhr 1996 sowie Ulrich 1996 ein. Generell zum Verhältnis von Umweltschutz und Wirtschaftsethik vgl. Steinmann/Wagner 1998.

[6] Bleicher 1996, S. 1.12; vgl. nachfolgend ebenda, S. 1.13.

schieden. Versteht man unter einer Anspruchsgruppe oder einem Stakeholder jedoch „any group or individual who can affect or is affected by the achievement of a corporation's purpose" (Freeman 1984, S. 46), so ist es nicht selbstverständlich, dass jeder Anspruch eines Stakeholders unbedingt auch einen Zweck der Unternehmung im Sinne des oben genannten Nutzenpotenzials darstellt. Darüber zu entscheiden, ist gerade eine Hauptaufgabe der normativen Führung. So gesehen sind unter den Anspruchsgruppen einer Unternehmung diejenigen als *Zielgruppe* zu kennzeichnen, deren Anspruch zu einem Zweck der Unternehmung erhoben wird.

Aus der Einbettung des betrieblichen Umweltmanagements in die allgemeine Unternehmensführung folgt, dass die *betriebliche Umweltpolitik* Ausdruck der Unternehmenspolitik in Bezug auf alle für die Schonung der natürlichen Umwelt relevanten Aspekte ist. Je nachdem, welche Wertvorstellungen im Rahmen der normativen Führung autorisiert werden, welche Missionen formuliert werden und für welche Zielgruppen Nutzenpotenziale zu entwickeln sind, resultieren dementsprechend unterschiedliche Ausprägungen betrieblicher Umweltpolitik.

3.1 Grundhaltungen betrieblicher Umweltpolitik

Aus der in Abschnitt 2.2 dargestellten Rolle der Unternehmungen in einer Marktwirtschaft ergibt sich eine prinzipiell zweistufige Legitimationsstruktur des Unternehmensverhaltens:

1. Legitimation der Wirtschaftsordnung (→ Ordnungspolitik)
2. Legitimation der Unternehmenshandlungen (→ Unternehmenspolitik)

Genügt die Rahmenordnung hinsichtlich des Umweltschutzes hohen Standards, ist diesbezüglich also nahezu vollkommen, so ist systemkonformes, d.h. legales Verhalten regelmäßig moralisch gerechtfertigt und damit auch legitim (*Legitimität = Legalität*). Umweltorientiertes Handeln hat gesetzestreu zu erfolgen, d.h. die Rahmenbedingungen zu beachten, und sieht sich keinem Konflikt mit dem Streben nach dauerhafter Gewinnerzielung ausgesetzt.

Allerdings ist die Rahmenordnung heute selten vollkommen und weist mehr oder minder große Defizite auf, wozu ein schwindendes ordnungspolitisches Bewusstsein und die Internationalisierung der Wirtschaft wesentlich beitragen. Legales Verhalten ist dann aber nicht mehr unbedingt auch moralisch (*Legitimität ≠ Legalität*). Um das Management zu entlasten, kann die Unternehmung dennoch – außer in offensichtlichen Situationen – von der *ethischen Richtigkeitsvermutung* gewinnmaximierenden Handelns als Normalfall ausgehen. Im Falle eines deutlich werdenden Konfliktes zwischen ökonomischen Zielen und moralischen Ansprüchen fällt die Legitimationsverantwortung jedoch wieder an die Unternehmung zurück.

Geht man davon aus, dass illegales Verhalten kaum legitim ist, können in Bezug
auf die Legalität und die Legitimität des Verhaltens drei *Grundhaltungen* betrieblicher Umweltpolitik unterschieden werden:

- kriminell: illegal (und illegitim)
- defensiv: legal, aber illegitim
- offensiv: (legal und) legitim.

Auf die kriminelle und die defensive Umweltpolitik wird hier nur kurz eingegangen. Allerdings dürfen beide nicht ignoriert werden, weil sie das in der Realität
beobachtbare Verhalten vieler Unternehmungen am ehesten erklären können.

Kriminelle Umweltpolitik

Kriminell ist eine (bewusst) systemwidrige Unternehmenspolitik, die auf ein illegales Verhalten abstellt. Für 1997 registriert die polizeiliche Kriminalstatistik nach
einer Studie des Umweltbundesamtes ca. 46000 Umweltstraftaten in Deutschland,
von denen die umweltgefährdende Abfallbeseitigung mit etwa drei Vierteln den
höchsten Anteil und den stärksten Anstieg in jüngerer Zeit aufweist. Man muss
befürchten, dass die entdeckten Straftaten nur die Spitze eines Eisbergs unentdeckt
bleibender Umweltvergehen darstellen. Ein Großteil entdeckter Straftaten kann
nicht aufgeklärt werden, und nicht alle aufgeklärten Delikte werden geahndet. Für
den Zeitraum von 1978 bis 1982 wird die Wahrscheinlichkeit, dass ein Verstoß
gegen Umweltauflagen entdeckt, aufgeklärt und auch sanktioniert worden ist, auf
5% bis 50% bei leichten und auf 4% bis 12% bei schweren Verstößen geschätzt;
die Höhe der verhängten Sanktionen betrug dabei in ca. 90% der Fälle weniger als
3000 DM (vgl. Terhart 1986). Bei derart geringen Werten für die Sanktionswahr-
scheinlichkeiten und -höhen sind die zu erwartenden Sanktionskosten in vielen
Fällen wohl deutlich niedriger als die Kosten einer Befolgung der Umweltauflagen. Selbst für risikoscheue Entscheider wäre es nach diesem Kostenkalkül opti-
mal, gegen Auflagen zu verstoßen (vgl. Terhart 1986). Das mag erklären, warum
es eher kleinere, unbekannte Unternehmungen sind, vor allem solche im Entsor-
gungsbereich, deren Geschäftsleitung Umweltstraftaten begeht. Für größere, in der
Öffentlichkeit sichtbare Unternehmungen kann nämlich schon die Entdeckung eines
eventuellen Umweltvergehens, ohne dass es eindeutig aufgeklärt oder sogar gericht-
lich sanktioniert werden muss, mit gravierenden Imageeinbußen verbunden sein
(Prangerwirkung), deren ökonomische Folgen die umgangenen Umweltkosten bei
weitem übersteigen. Außerdem tragen mehrere rechtliche Veränderungen der jüngeren Zeit dazu bei, dass die zu erwartenden Sanktionskosten gestiegen sind – hier
vor allem die durch die Gefährdungshaftung bewirkte Umkehr der Beweislast – und
dass bestimmte Mitglieder der Geschäftsleitung persönlich für die Einhaltung von
Umweltschutzvorschriften verantwortlich gemacht werden können.

Defensive Umweltpolitik

Auch auf Grund dieser Entwicklungen dürfte ein legales Unternehmensverhalten die Regel sein. Ein derart systemkonformes Verhalten ist normalerweise darüber hinaus moralisch gerechtfertigt. Eine defensive Unternehmenspolitik ist dadurch gekennzeichnet, dass Gesetzestreue und Gewinnstreben auch dann noch die alleinigen Maximen unternehmerischen Handelns bilden, wenn an die Unternehmung berechtigte moralische Ansprüche erhoben werden. Durch Stakeholder formulierte moralische Ansprüche werden bei dieser Politik grundsätzlich ignoriert (Vogel Strauß-Politik) und selbst dann, wenn sie berechtigt zu sein scheinen, abgewehrt, solange nicht die Legalität des Handelns in Frage gestellt und die Gewinnentwicklung wesentlich beeinträchtigt wird.

3.2 Offensive Umweltpolitik

Die Unternehmenspolitik ist offensiv, wenn sie über die Legalität hinaus bewusst ebenso die Legitimität unternehmerischen Handelns anstrebt. Dafür sind im Hinblick auf den Umweltschutz die Nutzenpotenziale der Zielgruppen sowie geeignete Verhaltensgrundsätze festzulegen.

3.2.1 Prinzipien und Zielgruppen

Jede offensive Umweltpolitik muss von der unternehmerischen Vision eines nachhaltigen Wirtschaftens ausgehen und sollte durch eine umweltorientiert erweiterte Unternehmensverfassung und eine ökologisch ausgerichtete Unternehmenskultur getragen sein (vgl. Dyllick/Hummel 1997). Offensive Umweltpolitik entspricht deshalb in letzter Konsequenz einer ökologisch nachhaltigen Unternehmenspolitik. Nachhaltiges Wirtschaften (*Sustainable Development*) wird üblicherweise definiert als „Entwicklung, die die Bedürfnisse der Gegenwart befriedigt, ohne zu riskieren, dass zukünftige Generationen ihre eigenen Bedürfnisse nicht befriedigen können"[7]. Sich gegenseitig ergänzende Ansatzpunkte zur Erreichung von Nachhaltigkeit sind die Beschränkung auf genügsame Bedürfnisse (*Suffizienz*), die Vermeidung der Verschwendung der Natur durch Steigerung der Ressourcenproduktivität (*Öko-Effizienz*) sowie die Eröffnung neuer industrieller Entwicklungspfade durch ökologisch verträgliche Basisinnovationen (*Konsistenz*). Die Idee des nachhaltigen Wirtschaftens vermittelt der Unternehmensführung allerdings noch kein einzigartiges Leitbild, sondern nur globale Prinzipien, wobei folgende vier Grundsätze als Kernelemente herausgestellt werden:[8]

– *Kreislaufprinzip:* Es knüpft an der Vorstellung einer Stoffkreislaufwirtschaft an, wie sie in der Abbildung 3 als idealtypisch dargestellt ist; es erfordert zur Umsetzung noch weit reichende technologische Fortschritte.

---

[7] Hauff 1987; vgl. Harborth 1993 sowie Lektion IV.
[8] Vgl. Meffert/Kirchgeorg 1998, S. 448ff., sowie Lektion IV und die dort genannten Quellen.

- *Verantwortungsprinzip*: Es stellt zum einen das Wohlstandsgefälle zwischen Industrie- und Entwicklungsländern in den Mittelpunkt (*intragenerative Gerechtigkeit*); zum anderen fordert es die Berücksichtigung der Bedürfnisse der zukünftigen Generationen (*intergenerative Gerechtigkeit*).
- *Kooperationsprinzip*: Es verdeutlicht die Notwendigkeit, den lokalen und globalen Umweltproblemen mit abgestimmten Verhaltensweisen aller Beteiligten zu begegnen, auch und gerade dann, wenn sich wegen externer Effekte keine marktwirtschaftlichen Anreiz/Beitrags-Gleichgewichte ergeben.
- *Funktionsprinzip*: Es fordert die Orientierung an den immateriellen Funktionen bzw. Nutzen bei der Entwicklung und Herstellung physischer Produkte (z.B. bei einem Fahrzeugbauer der Verkauf von Mobilität an Stelle der Fahrzeuge selber).

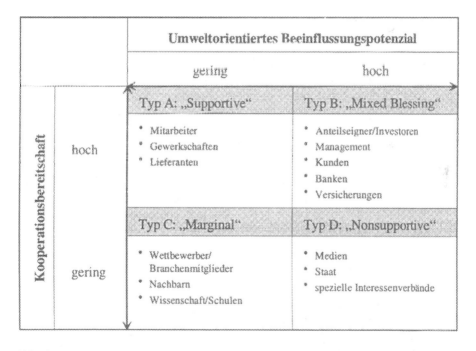

Abb. 4: Umweltbezogene Typologie wichtiger Stakeholder (modifiziert nach Gröner/Zapf 1998, S. 55)

Die Übernahme der Legitimationsverantwortung bei einer offensiven Unternehmenspolitik zeigt sich insbesondere dadurch, dass Frühinformationssysteme eingerichtet werden, um aktiv gegenwärtig oder zukünftig an die Unternehmung gerichtete moralische Anforderungen zu erkennen. Durch den Dialog mit kritischen Anspruchsgruppen öffnet sich die Unternehmensführung für moralische Argumente und einen moralischen Diskurs. Die Abbildung 4 zeigt eine grobe Typisierung verschiedener Stakeholder anhand zweier Merkmale mit je zwei Ausprägungen. Zum einen kommt mit dem umweltorientierten Beeinflussungspotenzial eine Einschätzung zum Ausdruck, die auf den jeweiligen ökologiebezogenen Gründen eines Stakeholder und den ihm zur Verfügung stehenden Beeinflussungsmitteln beruht. Zum anderen bezieht sich die Kooperationsbereitschaft auf die Motivation eines Stakeholders, seine jeweilige Macht auch tatsächlich einzusetzen. Die daraus resultierenden vier Typen sind im Anwendungsfall bei Bedarf situations- und problemspezifisch sowie unternehmensbezogen weiter zu konkretisieren (z.B. der Stakeholder Staat nach Bund, Land, Kommune zu differenzieren). Außerdem ist das Beziehungsgeflecht zwischen den verschiedenen Anspruchsgruppen zu analysieren und zu beachten (vgl. Gröner/Zapf 1998). Für die normative Führungsebene wesentlich ist zunächst nur der Punkt, inwieweit der an die Unternehmung herangetragene Anspruch zur eigenen Sache erklärt wird. Die Frage, wie mit den einzelnen Stakeholdern umzugehen ist, betrifft eher die strategische Ebene.

3.2.2 Unternehmensethischer Entscheidungsprozess

Gemäß der Logik einer marktwirtschaftlichen Rahmenordnung wird selbst bei einer offensiven Umweltpolitik im Vordergrund des Tagesgeschäfts einer privaten Unternehmung regelmäßig das Gewinnstreben stehen. Umweltorientierte Frühinformationssysteme und Dialoge mit kritischen Anspruchsgruppen dienen deshalb auch dazu, rechtzeitig zu erkennen, dass die ethische Richtigkeitsvermutung gewinnmaximierenden Handelns nicht mehr zutrifft. Dann ist zu entscheiden, wie der erkannte moralische Anspruch proaktiv – gegebenenfalls aber auch reaktiv – zu behandeln ist. Dafür schlagen Homann und Blome-Drees (1992, S. 156ff.) folgenden unternehmensethischen Entscheidungsprozess vor:

1. *Prüfung der moralischen Berechtigung.* Hilfreich dazu ist die Universalisierbarkeit als zentraler ethischer Grundsatz: Gibt es gute Gründe, den Anspruch zu einer allgemeinen Norm zu erheben (und nicht zu einer Forderung nur an die betreffende Unternehmung, etwa im Hinblick auf die Versenkung von Ölplattformen im Meer)? Welche ökologischen, sozialen, aber auch ökonomischen Konsequenzen hat die allgemeine Befolgung des erhobenen Anspruchs (z.B. alle Menschen als naturverbundene Einsiedler)? Falls die Prüfung negativ ausfällt, kann der Anspruch zurückgewiesen werden; andernfalls folgt als nächster Schritt die

2. *Prüfung der Legitimation durch die Rahmenordnung.* Ist die moralisch berechtigte Forderung (z.B. die Natur vor den negativen Folgen des Mineralölverbrauchs zu schützen) schon durch die Spielregeln der Gesellschaft hinreichend abgedeckt, die insbesondere für eine Internalisierung externer Kosten sorgen (z.B. über eine ausreichend hoch veranschlagte Ökosteuer auf den Einsatz fossiler Brennstoffe)? Falls die Prüfung positiv ausfällt, kann der Anspruch mit dem Hinweis auf die Rahmenordnung ebenfalls abgelehnt werden; andernfalls folgt als letzter Schritt die

3. *Situative Analyse und Auswahl legitimer Handlungsmöglichkeiten.* Als Konsequenz muss im Sinne des Konzepts eines integrierten Umweltmanagements der Anspruch zu einem Zweck der Unternehmung und damit der betreffende Sta-

keholder zu einer Zielgruppe erklärt werden. Um dem Zweck genügen zu können, werden die in der Abbildung 5 dargestellten *situativen Handlungsnormen* vorgeschlagen.

Die Abbildung 5 zeigt vier Handlungsfelder mit den ihnen zugeordneten Verhaltensnormen (nach Homann/Blome-Drees 1992, S. 131ff.): Die Quadranten I und III bilden die klassischen Fälle der Kompatibilität von Ökonomie und Moral ab, wie sie die theoretische Grundlegung der Marktwirtschaft nach Adam Smith vorsieht. Bei positiver Kompatibilität können ökonomische und ökologische Ziele simultan realisiert werden. Offensive Umweltpolitik eröffnet neue Chancen im Wettbewerb, wie dies zumindest für viele Umweltpioniere in den Anfangsjahren der Umweltbewegung der Fall war. Dagegen legen bei negativer Kompatibilität allein schon die wirtschaftlichen Aussichten den Marktaustritt nahe, sodass sich von daher auch keine Konflikte mit Umweltzielen mehr ergeben können. Die Quadranten II und IV stehen für die Konfliktmöglichkeiten, in denen Gewinnstreben und moralische Akzeptanz auseinander fallen. Im moralischen Konfliktfall ist die Situation angesprochen, in der durch das Gewinnstreben berechtigte moralische Anforderungen unterschritten werden. Durch wettbewerbsorientiertes Verhalten mittels 'moralischer Innovationen' soll die Unternehmung zunächst versuchen, in den I. Quadranten zu gelangen. Dabei ist sogar zu erwägen, ob die Unternehmung

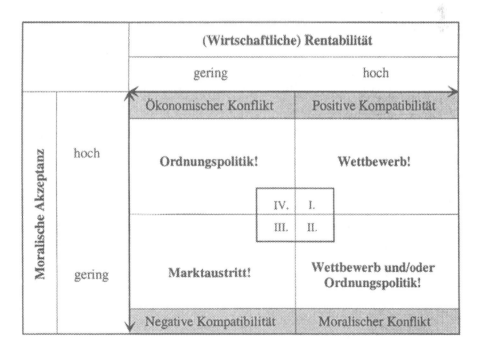

Abb. 5: Handlungsfelder und Handlungsnormen offensiver Unternehmenspolitik (in Anlehnung an Homann/Blome-Drees 1992, S. 133 und 141)

zeitweise (!) bis zur Erreichung dieser Position wirtschaftliche Einbußen zu Gunsten moralischer Akzeptanz in Kauf nimmt, d.h. einen (produktiven) Umweg über den IV. Quadranten nimmt. Erweist sich die Erreichung positiver Kompatibilität durch wettbewerbsorientiertes Verhalten als unmöglich – sei es ausgehend vom moralischen oder auch vom ökonomischen Konfliktfall –, so bleiben nur ordnungspolitische Ansätze übrig (vgl. Lektion VIII). Durch eine Behebung der Defizite in der Rahmenordnung soll das Verhalten nicht nur der Unternehmung selber, sondern auch aller Wettbewerber verändert werden, entweder indem die Unternehmung im Rahmen ihrer Möglichkeiten unmittelbar auf eine Änderung der Rahmenordnung hinwirkt (politischer Lobbyismus, Verbandspolitik) oder indem sie durch Kooperation mit ihren Wettbewerbern eine kollektive Selbstbindung eingeht (Branchenabkommen). Letztlich zielen alle Handlungsnormen darauf ab, dass sich die Unternehmung mit allen ihren Produkten und Aktivitäten möglichst weit 'nordöstlich' im I. Quadranten befindet. Um die damit verbundenen Nutzenpotenziale tatsächlich entwickeln zu können, bedarf es geeigneter Strategien, die die Handlungsnormen konkretisieren.

4 Strategisches Umweltmanagement der Unternehmung

Das strategische Management leitet sich auf der Grundlage der autorisierten Wertvorstellungen aus den Missionen und Handlungsnormen der Unternehmenspolitik ab. Die zu entwickelnden Nutzenpotenziale für die Zielgruppen begründen Strategien der Unternehmung als sachbezogene Grundsatzentscheide, durch welche die Handlungen aller Unternehmensmitglieder auf die angestrebten Unternehmensziele ausgerichtet werden sollen. Dazu sind über die Bereitstellung und den Einsatz geeigneter materieller, personeller, finanzieller und sonstiger Ressourcen Erfolgspotenziale aufzubauen, zu pflegen und zu nutzen sowie umgekehrt Schadens- oder Misserfolgspotenziale zu vermeiden bzw. abzubauen. Versteht man unter Erfolg allgemein die Erreichung selbstgesteckter Ziele, so ist mit einem *Erfolgspotenzial* der Unternehmung eine bestimmte, zur Verwirklichung einer Unternehmensmission bedeutsame Fähigkeit der Unternehmung gemeint.

Für das Überleben einer in einer Marktwirtschaft agierenden Unternehmung sind ökonomische Erfolgspotenziale besonders bedeutsam; das sind solche Fähigkeiten, mit denen Wettbewerbsvorteile errungen werden können. Ein Wettbewerbsvorteil ist eine vergleichsweise überlegene Leistung, die ein für den Kunden wichtiges Leistungsmerkmal betrifft, vom Kunden als solche auch tatsächlich wahrgenommen wird und von der Konkurrenz nicht schnell einholbar ist (vgl. Simon 1988). Ökonomisch motivierte Unternehmensstrategien sind daher auf die Erlangung möglichst dauerhafter Wettbewerbsvorteile gerichtet.

Für ökologische – und analog auch für soziale – Unternehmensmissionen, die im Rahmen der normativen Führung formuliert werden, soll das strategische Management dementsprechend *ökologische* Erfolgspotenziale entwickeln. Darauf gerichtete Unternehmensstrategien sind ökologisch motiviert. Davon zu unterscheiden ist der Umweltbezug einer Strategie, womit alle Aspekte gemeint sind, die die Schonung der natürlichen Umwelt betreffen. Auch rein ökonomisch motivierte Strategien können (in Teilen) umweltbezogen sein.

4.1 Typen umweltbezogener Unternehmensstrategien

Zur Begegnung der Umweltprobleme in ihrer ökologischen, aber auch ihrer gesellschaftlichen und wettbewerbsbezogenen Relevanz ist eine Vielfalt an Strategietypologien vorgeschlagen worden, und zwar überwiegend in Analogie zu bekannten gesellschaftsbezogenen Einteilungen. Sie lassen sich anhand von fünf allgemein strategiebezogenen Merkmalen systematisieren und zu fünf Basistypen verdichten (vgl. Meffert/Kirchgeorg 1998, S. 195ff.), die durch Widerstand, Passivität, Rückzug, Anpassung sowie Innovation (und Antizipation) gekennzeichnet sind. Die ersten vier sind Ausdruck defensiver Umweltpolitik; der fünfte kann einer offensiven Umweltpolitik entsprechen.

Den folgenden Ausführungen wird eine andere (von Jacobs 1994 vorgestellte) Typologie zu Grunde gelegt, die explizit auf den Umweltschutz Bezug nimmt und folgende vier Basistypen umweltbezogener Unternehmensstrategien unterscheidet, kurz als *Umwelt(basis)strategien* bezeichnet: [9]

- abwehrorientiert: „Kein Umweltschutz!"
- outputorientiert: „Additiver Umweltschutz!"
- prozessorientiert: „Produktionsintegrierter Umweltschutz!"
- zyklusorientiert: „Produktintegrierter Umweltschutz!"

Die Typologie setzt unmittelbar an dem Ausmaß und der Intensität der Umweltschutzaktivitäten der Unternehmung an. Prinzipiell existiert diesbezüglich ein Kontinuum von Ausprägungen zwischen den beiden Extremen „Keine Maßnahmen für den Umweltschutz!" und „Alle erdenklichen Maßnahmen für den Umweltschutz!". Aus diesem Kontinuum werden die vier Basisstrategien so herausgegriffen, dass sie die gesamte Spannweite in diskreten Stufen sukzessive zunehmender Umweltschutzaktivitäten repräsentieren, und zwar durch die Differenzierung nach zwei Merkmalen mit je zwei Ausprägungen:

1. *direkter versus indirekter Umweltschutz.* Im ersten Fall beziehen sich die Maßnahmen auf diejenigen Umweltbelastungen, welche unmittelbar von der Unternehmung ausgehen (z.B. Verminderung der Produktionsemissionen). Im zweiten Fall dienen die Maßnahmen zum Schutz vor Umweltschäden, welche nur mittelbar von der Unternehmung verursacht, aber von ihr wesentlich mit beeinflusst

---

[9] Beispiele aus der Praxis des produktions- bzw. produktintegrierten Umweltschutzes finden sich bei Eversheim u.a. 1999.

werden (z.B. Entwicklung von Produkten mit umweltverträglichen Gebrauchs-
und Entsorgungseigenschaften).

2. *nachgeschalteter versus präventiver Umweltschutz.* Maßnahmen der ersten Art
setzen an schon vorhandenen Umweltbelastungen an und können als Beseiti-
gungs- oder Verwertungsaktivitäten generell der Entsorgung zugeordnet werden
(z.B. Einbau eines Schadstofffilters in einen Abgasschornstein). Die anderen
Maßnahmen versuchen, Belastungen schon vor ihrem Entstehen zu vermeiden
(z.B. Einsatz einer Anlage mit integriertem Umweltschutz).

Abwehrorientierte Strategie

Durch den Grundgedanken: „Wir tun möglichst nichts!" repräsentiert dieser Basistyp
das eine Ende des Kontinuums, in dem keine oder zumindest keine nennenswerten
Maßnahmen für den Umweltschutz ergriffen werden. Er ist gekennzeichnet durch
Ignoranz gegenüber umweltbezogenen moralischen Ansprüchen und durch ein Festhalten an gewohnten Verhaltensweisen, sodass unter Umständen sogar die Einhaltung
gesetzlicher Auflagen nicht gewährleistet ist. Stattdessen werden von außen herangetragene Ansprüche abgewehrt, sei es durch Kommunikationsaktivitäten wie
Lobbyismus und Verhandlungen mit Behörden oder durch die Überwälzung der
Ansprüche an andere, also etwa an Zulieferer oder an Versicherungen. Dadurch
können kurzfristig zwar umweltschutzbedingte Kosten vermieden werden. Längerfristig wird durch den möglichen Verlust sozialer Akzeptanz aber die Existenz der
Unternehmung gefährdet, sei es durch Imageverlust gegenüber Öffentlichkeit und
Marktpartnern auf Grund mangelnder Legitimität oder aber sogar wegen Betriebs-
verbotes durch die Behörden auf Grund mangelnder Legalität. Ein der abwehrorientierten Strategie entsprechendes Verhalten war bis in die 1970er Jahre in Deutschland
noch weit verbreitet und kommt auch heute zumindest noch in Einzelfällen vor, wie
die Erfahrung lehrt. Es ist Ausdruck einer defensiven, wenn nicht sogar kriminellen
Umweltpolitik.

Outputorientierte Strategie

Einer defensiven Grundhaltung entspricht auch der Gedanke: „Wir tun nur so viel
wie nötig!". Um die gesetzlichen Auflagen einhalten zu können, stellt dieser Strategietyp schwerpunktmäßig auf direkte, nachgeschaltete Umweltschutzmaßnahmen
ab. Ansatzpunkt sind die bei der Produktion – und gegebenenfalls auch in anderen
Unternehmensbereichen – anfallenden Rückstände und Emissionen. Sie sollen
durch die Anwendung so genannter additiver Techniken (end of pipe-technology)
beherrscht und vorschriftsmäßig beseitigt werden. Bisherige Prozessabläufe bleiben davon weitgehend unberührt. Durch die Überwachung und Wartung der addi-
tiven Techniken sowie durch die Prüfung und Dokumentation der Emissionslage
ergeben sich zusätzlich umfangreiche Kontrollaufgaben. Die outputorientierte Strategie ist kurzfristig vorteilhaft, weil sie relativ einfach und schnell sowie ohne
großen Änderungsaufwand implementiert werden kann und dabei kaum technische
Risiken birgt. Langfristig sind aber Wettbewerbsnachteile möglich, wenn die

Rahmenbedingungen oder die Konkurrenz zu stärkeren Umweltschutzanstrengungen zwingen. Vermutlich repräsentiert dieser Basistyp die Mehrheit umweltbezogener Unternehmenstrategien in der heutigen Praxis (noch?) am ehesten.

Prozessorientierte Strategie

Der Grundgedanke: „Wir tun bei uns so viel wie möglich!" signalisiert den Übergang von einer defensiven zu einer offensiveren Umweltpolitik. Rechtsnormen werden freiwillig übererfüllt. Die prozessorientierte Strategie ergreift dazu hauptsächlich direkte präventive Umweltschutzmaßnahmen, vor allem im Produktionsbereich. Zur Verminderung von Rückständen und Emissionen werden die überkommenen Prozessabläufe durch den Einsatz so genannter integrierter Techniken (clean technology) grundlegend modifiziert. Daraus resultieren kurzfristig ein großer Änderungsaufwand wegen umfangreicher Planungs- und Realisationsaufgaben sowie hohe Investitionsausgaben verbunden mit erheblichen technischen Risiken. Langfristig führen Prozessinnovationen für den Umweltschutz dagegen zu größeren Wettbewerbschancen, unter anderem auf Grund von Kostenvorteilen gegenüber der Konkurrenz wegen eines geringeren Entsorgungsaufwandes bei sich verschärfenden Umweltschutzanforderungen. Nicht zuletzt wegen der veränderten gesetzlichen Rahmenbedingungen, hier besonders wegen des Umwelthaftungsgesetzes, scheint eine größere Zahl fortschrittlicher Industriebetriebe in Deutschland zu Strategien diesen Typs überzugehen.

Zyklusorientierte Strategie

Das Maximum an Umweltschutzanstrengungen im Sinne einer offensiven Umweltpolitik wird aber erst mit Unternehmensstrategien erreicht, die über die direkten Maßnahmen hinaus auch indirekte präventive Aktivitäten vorsehen: „Wir tun bei uns und bei anderen so viel wie möglich!" Die Grundsätze eines ökologisch nachhaltigen Wirtschaftens erfordern nämlich die Kooperation mit allen beteiligten Akteuren zur Realisierung möglichst geschlossener Stoffkreisläufe (Zyklen). Umweltschutz bedeutet dann eine echte Querschnittsaufgabe, die sämtliche inner- und überbetrieblichen Prozesse betrifft, auf welche die Unternehmung durch ihr Verhalten Einfluss nimmt oder nehmen kann. Die Verwirklichung der zyklusorientierten Strategie hat somit umfangreiche Planungs- und Realisationsaufgaben in allen Unternehmensbereichen zur Folge und macht auch nach der Einführung eine enge Kooperation mit den Zykluspartnern notwendig. Kurzfristig führt die Strategie zu sehr hohen Kosten und Änderungsrisiken und auch langfristig zu einer generellen Komplexitätssteigerung. Die Vorteile einer hohen ökologischen Qualität können diese Nachteile nur dann kompensieren oder übertreffen, wenn sie über große Wettbewerbschancen auf Dauer mit ökonomischem Erfolg verbunden sind, da andernfalls über Arbeitsplatzverluste auch die soziale Akzeptanz leidet. Auch wenn sich dieser Strategietyp in der Praxis in Einzelfällen ansatzweise andeutet, so hat er zukünftig nur in Verbindung mit einer adäquaten Rahmenordnung Aussichten auf Verbreitung. Erste Schritte in diese Richtung unternimmt das 1996 in Kraft getretene deutsche Kreislaufwirtschaftsgesetz, indem es von denjenigen, die Erzeugnisse entwickeln, herstellen, be- oder verarbeiten oder vertreiben, die *Produkt-verantwortung* zur Erfüllung der Ziele der Kreislaufwirtschaft fordert. Danach sind Erzeugnisse im Hinblick auf ihren *ökologischen Produktlebenszyklus* so zu gestalten, dass bei Herstellung und Gebrauch das Entstehen von Abfällen vermindert wird und die umweltverträgliche Verwertung und Beseitigung der nach Gebrauch entstandenen Abfälle sichergestellt ist (vgl. Lektion V).

4.2 Aufgaben und Dimensionen des strategischen Umweltmanagements

Die vier skizzierten Umweltstrategien sind in der Realität kaum in Reinform vorzufinden, wohl näherungsweise als Mischtypen. Welche Strategie letztlich gewählt wird, hängt nicht nur von den Vorgaben der normativen Ebene ab, sondern auch von den situativen Gegebenheiten, in denen sich die Unternehmung gegenwärtig und zukünftig befindet. Um dies herauszufinden und die Unternehmensstrategie in ihren verschiedenen Dimensionen weiter konkretisieren zu können, bedarf es einer Umfeldanalyse zur frühzeitigen Erkennung zukünftiger Chancen und Risiken sowie einer Unternehmensanalyse zur Ermittlung der eigenen Stärken und Schwächen. Auf der Basis der so gewonnenen Erkenntnisse formuliert das strategische Management Handlungsprogramme, legt Strukturen aus und wirkt verhaltensleitend auf die Mitarbeiter. Institutionell verantwortlich dafür sind die Geschäftsführung (Vorstand) sowie die oberen Hierarchieebenen der Unternehmung.

4.2.1 Analyse und Gestaltung der Umfeldentwicklungen und -beziehungen

Bei der Umfeldanalyse gilt es vor allem jene dauerhaften Veränderungen in natürlichen, technologischen, sozialen, politischen, rechtlichen und wirtschaftlichen Umfeldern zu prognostizieren, welche gravierende Auswirkungen auf den wirtschaftlichen Erfolg, die soziale Akzeptanz oder die ökologische Qualität des Unternehmenshandelns haben.[10] Hilfreich und im Rahmen einer offensiven Umweltpolitik unabdingbar ist die Beachtung relevanter Anspruchsgruppen sowie die Klärung der Frage, wie mit ihnen umgegangen werden soll. Für die in der Abbildung 4 formulierten vier Stakeholdertypen werden typabhängig verschiedene Umgangsformen empfohlen (vgl. Gröner/Zapf 1998):

- *Einbeziehung von Typ A* (z.B. Mitarbeiter bei Fragen des Umweltschutzes am Arbeitsplatz), um ihn durch Teilnahme an Unternehmensentscheidungen zu größtmöglicher Kooperationsbereitschaft zu ermuntern
- *Zusammenarbeit mit Typ B* (z.B. Banken bei wichtigen umweltrelevanten Investitionsentscheidungen), um die ohnehin hohe Kooperationsbereitschaft dieser über ein hohes Beeinflussungspotenzial verfügenden Stakeholder durch gemeinsames Erarbeiten von Problemlösungen zu stabilisieren oder noch zu erhöhen

---

[10] Zur Antizipation ökologisch motivierter Marktveränderungen vgl. Steger/Winter 1996.

– *Beobachtung von Typ C* mit geringem Aufwand, um ihn themenbezogen bei Bedarf näher zu analysieren und anzusprechen (z.B. Aufklärung von Nachbarn über Störfallrisiken)

– *„Verteidigung" gegenüber Typ D*, um die Abhängigkeit von seinem Verhalten durch Reduzierung der Basis für eine Auseinandersetzung zu vermindern (z.B. durch Vorwegnehmen gesetzlicher Entwicklungen oder durch Lösung ökologischer Probleme vor Aufdeckung durch Medien oder Umweltverbände).

Ziel dieser Normstrategien für den Umgang mit einem Stakeholder ist es zum einen, sein Verhalten vorhersehbar und somit eher kontrollierbar zu machen, um auf mögliche Aktionen und Beeinflussungsmöglichkeiten besser vorbereitet zu sein. Zum anderen wird durch die solchermaßen erhöhte Kooperationsbereitschaft die Gefahr einer unerwünschten Einflussnahme durch den Stakeholder verringert. Dabei beinhalten die Normstrategien nur eine Tendenzaussage, die im Einzelfall zu prüfen und gegebenenfalls zu modifizieren ist. Insbesondere sollte mit einem Stakeholder, der im Rahmen der normativen Führung zur Zielgruppe erklärt wird, stets eine Zusammenarbeit angestrebt werden (z.B. Kooperation eines pharmazeutischen Konzerns mit einem Öko-Institut für die ökologische Beurteilung ihrer Geschäftsfelder).

4.2.2 Entwicklung von Programmen, Strukturen und Verhaltensweisen

Entscheidend für eine rasche und zielstrebige Anpassung an wichtige Umfeldentwicklungen ist die Lernfähigkeit der Unternehmung als Gesamtsystem. Sie wird wesentlich durch die grundsätzliche Auslegung der organisatorischen Strukturen und Management(teil)systeme sowie durch das Problemlösungsverhalten der Unternehmensmitglieder bestimmt. Im Mittelpunkt strategischer Überlegungen steht die Entwicklung von Kernkompetenzen zu Erfolgspotenzialen. Dazu werden die generelle Unternehmensstrategie in untereinander abgestimmte Bereichsstrategien und Handlungsprogramme heruntergebrochen und dann einzelnen Bereichen bzw. Handlungsträgern der Unternehmung zugeordnet. Bereichsstrategien äußern sich in Geschäftsfeldstrategien (z.B. für Sparte X oder Produktgruppe Y) oder in Funktional- bzw. Geschäftsbereichsstrategien (für F&E, Marketing, Produktion u.a.).

Eine weitere, selbstbezügliche Hauptaufgabe des strategischen Managements besteht in der Gestaltung des (in Abb. 2 abgegrenzten) Managementsystems der Unternehmung durch Bildung geeigneter Führungsteilsysteme und Strukturierung ihrer Wechselwirkungen. Dazu gehört auch das *Umweltmanagementsystem*. Analog zu Abbildung 1 kann es als das auf die Umweltaspekte bezogene Teilsystem verstanden werden, also als derjenige „Teil des übergreifenden Managementsystems, der die Organisationsstruktur, Planungstätigkeiten, Verantwortlichkeiten, Methoden, Verfahren, Prozesse und Ressourcen zur Entwicklung, Implementierung, Erfüllung, Bewertung und Aufrechterhaltung der Umweltpolitik umfasst" (DIN EN ISO

14001 §3.5). Die Festlegung der Umweltpolitik selber gehört zur normativen Führung und ist damit der Bildung des Umweltmanagementsystems vorgelagert.

Der Begriff Managementsystem(e) bezeichnet nicht nur im weiteren Sinn das gesamte Managementsystem einer Unternehmung, welches dann auch alle informalen, intuitiven Führungshandlungen umfasst. Geläufiger in der Praxis ist die engere Fassung als spezifisches, herausgebildetes und in der Regel stärker formalisiertes Führungs*teil*system, z.B. Planungs- oder Kontrollsystem bzw. Personal- oder eben Umweltmanagementsystem. Damit sind allerdings informale und intuitive Managementmechanismen, beispielsweise die Selbstabstimmung, weitgehend aus der Betrachtung ausgeklammert, wie sie schon heute – und zukünftig noch stärker – im Zusammenhang mit flachen Hierarchien, Teams und Netzwerkstrukturen die Unternehmenspraxis prägen. Von daher wird verständlich, dass Versuche, Umweltmanagementsysteme zu prüfen oder gar zu normieren, nur begrenzt sinnvoll sind, besonders dann, wenn sie einen hohen Grad an Formalismus zur Dokumentation des Systems voraussetzen und sich an überholten, starren Führungsstrukturen orientieren.[11]

4.3 Strategieadäquate Ausrichtung der Managementfunktionen

Die angesprochenen Umweltmanagementsysteme orientieren sich außerdem hinsichtlich ihrer Annahmen über den Managementprozess stark an dem üblichen – aber nicht immer geeigneten – Phasenschema einer plandeterminierten Unternehmensführung: Zielsetzung, Planung, Implementierung und Durchführung, Kontrolle und ggf. Korrektur (z.B. DIN EN ISO 14001; vgl. Abschn. 1.3.1). Unabhängig vom tatsächlichen Ablauf des Managementprozesses und der etwaigen Bildung eines (formalen) Umweltmanagementsystems hat das strategische Management für eine mit der umweltbezogenen Basisstrategie kompatible Ausrichtung der einzelnen Managementfunktionen zu sorgen.

4.3.1 Organisation des betrieblichen Umweltschutzes

Für die Implementierung und Durchführung einer Strategie sind vor allem die Organisation und die Personalleitung zuständig. *Organisation* wird als die Gesamtheit aller generellen Regelungen zur Steuerung des Verhaltens eines arbeitsteiligen Handlungssystems verstanden. Wesentliche Gestaltungselemente sind die Arbeitsteilung durch die Bildung von Aufgabenkomplexen und ihre Zuordnung zu organisatorischen Einheiten (Stellen, Abteilungen) sowie deren Verknüpfung über Weisungsrechte und Entscheidungsbefugnisse und eine geeignete hierarchische Einordnung (Aufbauorganisation). Neben dieser statischen Sichtweise hat in jüngerer

---

[11] Vgl. die schwer wiegende Kritik an der EU-Öko-Audit-Verordnung (EMAS 1993) im Rahmen des Schwerpunktthemas „Umweltmanagement auf dem Prüfstand" in Heft 1/1998 der Zeitschrift UmweltWirtschaftsForum, insbesondere Hartmann 1998.

Zeit mit dem (auf Nordsieck 1934 zurückgehenden) „Prinzip der Prozessgliederung" die dynamische, raum-zeitliche Gestaltung stark an Bedeutung gewonnen (Ablauf- oder Prozessorganisation).

Dass die Organisation eines der wesentlichen Steuerungsinstrumente des betrieblichen Umweltmanagements darstellt, kommt auch in mehreren Gesetzen, Verordnungen und internationalen Normen zum Ausdruck (z.B. EMAS 1993, DIN EN ISO 14001). Mit gewissen Ausnahmen, etwa der Bestimmung eines für den Umweltschutz verantwortlichen Mitglieds der Geschäftsleitung und der Bestellung von Betriebsbeauftragten für Umweltschutz in bestimmten Fällen, werden allerdings im Allgemeinen keine konkreten Vorschriften über die organisatorische Gestaltung des betrieblichen Umweltschutzes gemacht. Verlangt wird dagegen wohl Transparenz und Dokumentation gegenüber den Behörden. Vor diesem Hintergrund bestehen weit gehende Freiheitsgrade in der Ausgestaltung organisatorischer Lösungen. Entscheidend für ihre *Effektivität und Effizienz* ist die Frage, inwieweit sie helfen, die durch die Umweltpolitik angestrebten Missionen bzw. Umweltziele zu realisieren. Diesbezüglich liegen einige konzeptionelle Vorschläge und empirische Erkenntnisse vor,[12] aus denen sich Organisationsstandards für das Umweltmanagement in der Praxis entnehmen lassen. Für das grundsätzliche Verständnis im Sinne eines groben Orientierungsmusters nützlich sind die von Jacobs (1994) entwickelten drei Gestaltungskonzepte passend zur jeweiligen Basisstrategie. Während für die outputorientierte Strategie lediglich spezielle Umweltschutzeinheiten zur bestehenden Organisationsstruktur (additiv) hinzugefügt zu werden brauchen, verlangen die prozess- und die zyklusorientierte Strategie die Integration des Umweltschutzes in die Produktionseinheiten bzw. die Durchdringung sämtlicher Unternehmensbereiche der (primären) Organisationsstruktur und darüber hinaus die Erweiterung um (sekundäre) interdisziplinäre, variable Teamstrukturen (vgl. Jacobs 1994).

4.3.2 Umweltorientiertes Personalmanagement

Die unternehmenspolitische Grundhaltung und die gewählte Basisstrategie sollen sich auch im Personalmanagement widerspiegeln.[13] Die Wahrnehmung der Legitimationsverantwortung durch die Unternehmung wird getragen von der Unternehmenskultur. Auch wenn Umweltschutz strategisch gesehen Chefsache ist, hängt sein Gelingen auf der operativen Ebene wesentlich von der Identifikation möglichst aller Mitarbeiter mit den angestrebten Umweltzielen ab, besonders im Falle einer zyklusorientierten Strategie. In engem Zusammenhang damit hat das Personalmanagement zwei Aufgabenbereiche. Zum einen ist es Aufgabe der *Personalleitung*, die Mitarbeiter durch einen adäquaten Führungsstil und geeignete Anreize für den Umweltschutz zu motivieren. Beachtet werden sollte, dass vorhandene intrinsische

---

[12] U.a. Antes 1996, Jacobs 1994, Matzel 1994, von Werder/Nestler 1998.

[13] Vgl. grundlegend Hopfenbeck/Willig 1995 sowie Remer/Sandholzer 1992; ausführlich dazu Lektion X.

Motive nicht durch extrinsische Anreize verdrängt werden (vgl. Frey/Osterloh 1997). Über die allgemeine Managementfunktion der Personalleitung hinaus ist zum anderen auch die *Personalplanung* betroffen. Mit zunehmender Umweltorientierung wachsen die Anforderungen an die Planung des Bedarfs, der Beschaffung und Freisetzung, der Ausbildung und Entwicklung sowie des Einsatzes von Personal. Reicht hinsichtlich der Ausbildung und Entwicklung bei einer defensiven Umweltpolitik noch die Vermittlung von Faktenwissen für die Umweltschutzspezialisten aus, so erfordert eine offensive Politik im Hinblick auf ein verantwortliches, umweltverträgliches Handeln die Schärfung des Umweltbewusstseins und die Erweiterung der Umweltkompetenz möglichst aller Mitarbeiter.

Im Extremfall einer zyklusorientierten Strategie werden besonders durch die wachsende Komplexität sowie den disziplin- und funktionsübergreifenden Querschnittscharakter vieler neuer Aufgaben hohe Anforderungen an die Mitarbeiter gestellt. Viel verspricht als Lösungsansatz das Konzept der *lernenden Organisation*, welches Organisation und Personal gleichzeitig anspricht (vgl. Stitzel/Kirschten 1997). Wesentliches Kennzeichen einer lernenden Organisation ist die Speicherung sowohl individuellen als auch organisationalen Wissens. Ökologisch relevantes Wissen kann Prozeduren oder Fakten betreffen. Ziel ist die Befähigung zur interdisziplinären, umweltorientierten Problemlösung, vor allem dadurch, dass die umweltbezogenen Lernprozesse selber zum Gegenstand der Organisation und des Personalmanagements werden (vgl. Pfriem 1995 sowie Kreikebaum 1996).

4.3.3 Öko-Controlling

Die Bildung geeigneter Führungsteilsysteme und die Strukturierung ihrer Wechselwirkungen sind allgemeine Aufgaben des (strategischen, aber auch taktischen und operativen) Managements, die mit dem Controlling zur Herausbildung einer darauf spezialisierten Managementfunktion geführt haben. *Controlling* wird hier (mit Weber 1999) als Sicherstellung der Rationalität der Führung verstanden. Eine zentrale Aufgabe ist die Koordination der verschiedenen Führungsteilsysteme durch geeignete Struktur- und Ablaufgestaltung. Vor allem werden die Teilsysteme auf die generellen Unternehmensziele ausgerichtet und ihre Anpassungs-, Reaktions- und Innovationsfähigkeit ausgebildet. Im Vordergrund der Betrachtung stehen typischerweise die Teilsysteme der Planung, der Kontrolle und der Informationsversorgung. Das Öko-Controlling konzentriert sich auf die relevanten Umweltschutzaspekte der Unternehmensführung und stellt damit sowohl ein Subsystem des Umweltmanagements als auch des Unternehmenscontrollings dar (Abb. 1).

Zur ziel- und problemorientierten Unterstützung des Umweltmanagements entwickelt das Öko-Controlling geeignete Methoden und Instrumente, und zwar sowohl durch ökologiebezogene Anpassung und Weiterentwicklung schon bekannter allgemeiner Controllinginstrumente als auch durch die Schaffung vollkommen neuer Instrumente. Eine eindeutige Zuordnung zur strategischen, taktischen oder operativen Ebene ist oft nicht möglich, allenfalls nach ihrem Anwendungsschwerpunkt.[14] Auch die Unterscheidung in isolierte und übergreifende Koordinationsinstrumente (nach Küpper 1997, S. 25) lässt keine klare Einteilung zu.

Isolierte Instrumente beziehen sich hauptsächlich auf ein bestimmtes Führungsteilsystem, also üblicherweise auf die Planung, Kontrolle, Organisation, Personalleitung oder Informationsversorgung. So wird die Kosten- und Leistungsrechnung zum Informationssystem gezählt, obwohl Kosteninformationen natürlich für Planungs-, Steuerungs- und Kontrollzwecke genutzt werden. Entsprechendes gilt für die Zuordnung der *Umweltkostenrechnung* als Instrument des Öko-Controllings zum internen Umweltinformationssystem (vgl. die Übersicht bei Kloock 1993). Ihr Adressatenkreis sind die Geschäftsleitung, die Umweltabteilung und andere Unternehmensmitglieder. Dagegen ist die *Umweltberichterstattung* (vgl. z.B. Keller 1996 und Steven/Schwarz/Letmathe 1997) als Teil des externen Umweltinformationssystems an Kunden, Behörden, Öffentlichkeit und andere Außenstehende gerichtet und damit kein unmittelbarer Gegenstand des Öko-Controllings. Aber auch wenn Informationen zweckorientiertes Wissen sind, bestehen enge Verbindungen zwischen den nach innen und nach außen gerichteten Umweltinformationen, weil sie letztlich auf den gleichen Daten und Grundrechnungen beruhen. Eine solche Grundrechnung stellt die *Stoff- und Energiebilanz* mit der darauf aufbauenden *Ökobilanzierung* dar.[15] Aus ihr lassen sich Informationen für verschiedene Zwecke ableiten, unter anderem auch für die übergreifenden Koordinationsinstrumente. Dazu zählen *Umweltkennzahlensysteme* (vgl. Clausen 1998), die *Umwelt-Budget-Rechnung* (vgl. Janzen 1996) sowie *umweltorientierte Verrechnungs- und Lenkpreissysteme*.[16]

5 Taktisches und operatives Umweltmanagement der Bereiche

Ein Hauptzweck übergreifender Koordinationsinstrumente des Öko-Controllings im Rahmen des strategischen Umweltmanagements besteht darin, die verschiedenen Managementsysteme und Unternehmensbereiche auf die umweltbezogenen Unternehmensziele hin auszurichten, um so über untereinander abgestimmte Bereichsstrategien die angestrebte Umweltpolitik ganzheitlich verwirklichen zu können. Das taktische Umweltmanagement eines jeden Bereiches hat dann die betreffende Bereichsstrategie umweltbezogen umzusetzen und zu realisieren, insbesondere durch den Auf- und Ausbau ökologischer Erfolgspotenziale. Dazu wird die Strategie in Gestalt detaillierterer Maßnahmenbündel bereichsspezifisch konkretisiert. Das

---

[14] Vgl. die Übersichten bei Günther 1994, Janzen 1996 und Rüdiger 1998.
[15] Vgl. Schmidt/Häuslein 1997 und Souren/Rüdiger 1998; siehe dazu auch Lektion VI.
[16] Zu einer umfassenden kritischen Würdigung der Umweltorientierung unternehmerischer Rechnungsbereiche vgl. Wagner 1997, Kapitel 6.

operative Umweltmanagement ist darauf aufbauend für die bereichsbezogene Ausschöpfung der vorhandenen Erfolgspotenziale zuständig, wobei die jeweiligen
Zuständigkeitsbereiche in der Regel noch weiter untergliedert werden. Institutioneller Träger des taktischen und operativen Managements sind die weisungs- und
entscheidungsbefugten Personen auf den mittleren und unteren Hierarchieebenen.

Unternehmensbereiche, auf die sich das taktische Management bezieht, können aus
einer objekt- oder verrichtungsbezogenen Gliederung resultieren. Üblich für eine
objektbezogene Einteilung großer Konzerne sind nach Regionen und Produktgruppen unterschiedene Produkt/Markt-Kombinationen, die auf diese Weise
bestimmte strategische Geschäftseinheiten definieren. Für das taktische Umweltmanagement einer strategischen Geschäftseinheit ergeben sich hinsichtlich der
verschiedenen Managementfunktionen keine neuen Anforderungen, die grundsätzlich
über die obigen Aussagen zur normativen und strategischen Ebene hinausgehen.
Anders sieht es allerdings in Bezug auf die verrichtungsorientierte Gliederung der
Unternehmung nach den verschiedenen Geschäftsfunktionen in *Geschäftsbereiche*
aus (vgl. Abschn. 1.3.2). In den Abschnitten 5.1 bis 5.4 werden spezifische Anforderungen an das taktische und operative Umweltmanagement verschiedener Geschäftsbereiche vorgestellt.

5.1 Umweltorientiertes F&E-Management

Der wichtigste Ansatzpunkt eines Herstellers, um seine Produktverantwortung
wahrzunehmen, ist die *Produktdefinition* im Rahmen des Produktentstehungsprozesses (vgl. Lektion V). Gleichzeitig schafft die Unternehmung mit der Entwicklung neuer Produkte die Voraussetzung zum langfristigen Überleben am Markt.
Ökologische Produktinnovationen ermöglichen es der Unternehmung, einerseits
ihre Legitimationsverantwortung wahrzunehmen und andererseits im Wettbewerb
erfolgreich zu sein (positive Kompatibilität im I. Quadranten der Abb. 5). Umweltschutz muss demnach bei einer offensiven Umweltpolitik für die Forschung und
Entwicklung (F&E) ein gleichrangiges Ziel neben den traditionellen Zielen Zeit,
Qualität, Kosten sein.[17]

Produkte durchleben schon vor ihrer eigentlichen physischen Existenz bis nach
ihrem 'Tod' unterschiedliche Phasen bzw. Funktionen. Je nach Sichtweise lassen
sich ein technischer, ein ökonomischer und ein ökologischer Produktlebenszyklus
unterscheiden, deren integrative Sicht für die Produktentstehung von besonderer
Bedeutung ist.[18] Neben den positiven, von den Kunden erwünschten Eigenschaften
eines Produktes legt die Produktkonzeption auch einen Großteil aller negativen,
insbesondere ökologisch unerwünschten Aspekte während des gesamten Lebens-

---

[17] Vgl. Ahn 1998; zu empirischen Erkenntnissen über die Stellung des Umweltschutzes im
unternehmerischen Zielsystem vgl. u.a. Fritz 1995.

[18] Vgl. Dyckhoff/Gießler 1998 und Wagner 1997, S. 145ff.

zyklus fest, und zwar sowohl den Verbrauch natürlicher Ressourcen als auch die Emissionen. Gründe für das Entstehen ökologisch schädlicher Ausbringungsstoffe können sein:

- keine Beachtung des Outputs infolge unzureichender Kenntnis der Schädlichkeit bzw. mangelnden Interesses am Umweltschutz (z.B. CO_2 als unbeachteter Output)
- direkte Erzeugungsabsicht wegen überwiegend anderer, besonders ökonomischer Interessen an dem Output (z.B. FCKW oder Asbest als Hauptprodukt)
- ohne direkte Erzeugungsabsicht anfallender und prinzipiell vermeidbarer, aber bei der Verfolgung eines bestimmten anderweitigen Zwecks aus wirtschaftlichen Gründen in Kauf genommener Output (z.B. Ausschuss)
- ohne direkte Erzeugungsabsicht bei der Verfolgung eines bestimmten Zwecks zwangsläufig anfallender, beachteter Output (z.B. CO_2 als unvermeidbares Nebenprodukt bei Kohlekraftwerken).

Die ersten drei Gründe haben sicherlich in der Vergangenheit eine große Rolle gespielt. In einer auf Umweltverträglichkeit ausgerichteten Kreislaufwirtschaft sollten sie aber gegenüber dem vierten Grund an Bedeutung verlieren. Ein umweltorientiertes F&E-Management hat sich deshalb nicht nur mit der Schaffung von Hauptprodukten, sondern zugleich mit der Entstehung von Kuppelprodukten zu befassen, die zwangsläufig während des gesamten Produktlebenszyklus anfallen (*Gut- und Übelabwägung*; Dyckhoff 1996). Hinsichtlich der Ansatzpunkte, Umsetzungsmöglichkeiten und Instrumente eines solchen F&E-Managements liegen schon einige konzeptionelle und praktikable Vorschläge,[19] allerdings noch kaum empirische Erkenntnisse vor. Beispiele für ökologische Produktkonzepte sind Langzeitgüter (z.B. Energiesparlampen), Produktdauerverlängerung (z.B. technisches Hochrüsten durch Modulaustausch) und Nutzungsintensivierung (z.B. Sharing, Pooling).[20]

5.2 Umweltorientiertes Marketingmanagement

Derartige ökologische Produktkonzepte sehen sich dem Problem ausgesetzt, dass sie nur dann ihr Ziel erreichen, wenn sie von den potenziellen Konsumenten bzw. Nutzern auch akzeptiert werden. So ist die Entwicklung eines Drei-Liter-Automobils weder ökologisch noch ökonomisch Erfolg versprechend, wenn es keine Käufer findet und über seinen Gebrauch keine anderen, umweltschädlicheren PKWs aus dem Markt verdrängt: Das Angebot umweltfreundlicher Produkte muss auch eine Nachfrage finden, weil sich der moralische Innovator ansonsten schnell im ökonomischen Konfliktfall befindet (IV. Quadrant der Abb. 5)!

---

[19] Behrendt u.a. 1996, Bennauer 1994, Brinkmann/Ehrenstein/Steinhilper 1996, Türck 1991; ausführlicher dazu Lektion V.

[20] Vgl. Hillemacher 1998 sowie die Ausführungen zum *LPNI*-Schema in Lektion V.

Eine solche Nachfrage zu wecken, entsprechende Bedürfnisse zu ermitteln und die Umweltschutzmaßnahmen der Unternehmung dem Kunden transparent zu machen, sind wesentliche Aufgaben des umweltorientierten Marketings (ausführlich dazu Lektion IX). Um mit umweltfreundlichen Produkten neben ökologischen außerdem ökonomische Erfolgspotenziale zu erschließen, sind bestimmte Voraussetzungen zu beachten.[21] Das Kriterium der Dauerhaftigkeit eines Wettbewerbsvorteils verlangt, dass die ökologische Produktqualität durch die Konkurrenz nicht leicht imitierbar ist. Weiterhin müssen die ökologischen Produkteigenschaften dem Kunden wichtig sein, d.h. ihm einen subjektiven Nutzenzuwachs versprechen. Eine solche objektiv vorhandene und für den Kunden grundsätzlich wichtige Produkteigenschaft kann aber erst kaufwirksam werden, wenn sie von der anvisierten Kundengruppe auch wahrgenommen wird. Den Nachfragern fällt die Beurteilung der ökologischen Qualität oft schwer. Ursache dafür sind asymmetrische Informationsverteilungen zwischen den Marktseiten sowie die ihr immanenten Möglichkeiten für opportunistisches Verhalten unseriöser Anbieter (vgl. Kaas 1993 und Hüser 1996). Nachfrager sind vielfach auf die nicht immer glaubhaften Informationen der Anbieter angewiesen, besonders wenn es jene Phasen des ökologischen Produktlebenszyklus betrifft, an denen sie selber nicht beteiligt sind. Nur wenn es seriösen Anbietern gelingt, die Informations- und Unsicherheitsprobleme zu überwinden und sich von Trittbrettfahrern glaubwürdig abzugrenzen, lassen sich durch eine umweltorientierte Produktpolitik ökonomische Vorteile erzielen. Außer dieser Informationsbarriere gibt es allerdings noch weitere psychisch bedingte oder situative Faktoren, z.B. Gewohnheiten oder Zeitdruck, welche die in der Praxis zu beobachtende große Diskrepanz zwischen vorhandenem *Umweltbewusstsein* und tatsächlichem *Umweltverhalten* bedingen. Durch entsprechende taktische Ansätze und ein geeignetes Instrumentenmix kann das Marketing zur Schließung dieser Lücke und damit zur Behebung des sozialen Dilemmas beitragen (vgl. Balderjahn/Will 1997). Dabei kommt dem Handel als Mittler zwischen Hersteller und Konsument die Schlüsselrolle eines 'Türöffners' zu (vgl. Hansen 1992).

In einer erweiterten Sichtweise befasst sich das Marketing nicht nur mit den Transaktionsrelationen auf den Absatzmärkten, sondern auch mit denen auf anderen Märkten, hier besonders den Beschaffungs- und Entsorgungsmärkten. Mit Blick auf die Abbildung 3 versteht sich das umweltorientierte Marketing dann als „marktorientiertes Umweltmanagement" (Meffert/Kirchgeorg 1998), dessen Gegenstand die verschiedenen Interaktionen an den Schnittstellen der Transformationen der Stoffkreisläufe sind (points of sale, return and reentry). In dieser Perspektive bildet es Erklärungs- und Gestaltungsansätze für umweltschutzrelevante Interaktions- bzw. Transaktionsrelationen, erforscht diesbezügliche Einstellungen und Verhaltensweisen von Marktteilnehmern und versteht sich als Realisator des Kreislauf- und des Kooperationsprinzips im Hinblick auf die *beteiligten Akteure*.[22]

---

[21] Vgl. Kaas 1992 sowie nachfolgend Schmitz/Schmieden 1998.
[22] Gemäß Abschnitt 3.2.1; vgl. Wagner 1997, Kap. 5, sowie Lektion IX.

5.3 Umweltorientiertes Produktions- und Reduktions- management

Zur Realisation beider Prinzipien tragen auch das Produktions- und das Redukti-
ons- sowie das Logistikmanagement bei. Sie betrachten die Stoffkreisläufe und
Produktlebenszyklen im Hinblick auf die dabei vollzogenen *Transformationsprozesse*. Es sind die Transformationen (welche die logistischen Raum-Zeit-Transfers
umfassen), in denen die Umweltbelastungen entstehen. Bis auf die Konsumtion
bzw. Nutzung der Produkte durch Haushalte und Staat sind Unternehmungen regelmäßig direkt an den verschiedenen Phasen bzw. Prozessen der Produktlebenszyklen bzw. Stoffkreisläufe beteiligt. Von *Erzeugung* oder Produktion (im engeren
Sinn) kann man sprechen, wenn der wesentliche Zweck des Transformationsprozesses in der Hervorbringung bestimmter Güter als Outputobjekte (Hauptprodukte)
liegt; bei der Reduktion handelt es sich um einen Prozess, dessen Hauptzweck in der
Vernichtung (Beseitigung, Entledigung, Umwandlung) bestimmter Übel als Input-
objekte (Redukte) besteht. Verwertungs- und Recyclingprozesse haben den Zweck
einer simultanen Reduktion und Erzeugung (Reproduktion), indem unerwünschte
Redukte in erwünschte Produkte umgewandelt werden (z.B. bei einem Mehrweg-
flaschenreinigungsbetrieb oder einem Müllheizkraftwerk).

Tab. 1: Ergebniskategorien von Transformationsprozessen (Quelle: Dyckhoff 2000, Tab. 4.1)

Ergebnis-kategorien / Prozeß-bezug		Input	Output
Realer Ertrag	Zweckertrag	**(Haupt-)Redukt**	**(Haupt-)Produkt**
	Nebenertrag	**Reduktfaktor**	**gutes Nebenprodukt**
Realer Aufwand		**(Haupt-)Faktor**	**Abprodukt**
Ergebnisneutraler Input bzw. Output		**Beifaktor**	**Beiprodukt**

Legende: ▨ Gut   ▨ Übel   ☐ Neutrum

Einer vollständigen Umwandlung von Übeln nur in Güter ohne den Einsatz anderer Güter als Produktionsfaktoren und ohne den Anfall neuer Übel als Abprodukte stehen außer technischen und wirtschaftlichen Restriktionen letztlich die

Naturgesetze, insbesondere das Entropiegesetz, entgegen, d.h. es gibt keinen Ertrag ohne Aufwand („Kein Schlaraffenland!"). Dabei stellen der reale *Ertrag* und der reale *Aufwand* die als positiv bzw. als negativ beurteilten und regelmäßig mehrdimensional in ihren jeweiligen physikalischen Mengeneinheiten gemessenen Ergebnisse eines Transformationsprozesses dar. Die Tabelle 1 zeigt eine Systematik der verschiedenen Ergebniskategorien hinsichtlich ihres Prozessbezuges und ihrer Zweckbedingtheit bzw. ihrer Erwünschtheit. Die Hauptprodukte und die Redukte bilden den Haupt- oder Zweckertrag. Nebenerträge resultieren aus Güterausbringung (gute Nebenprodukte) und Übelvernichtung (Reduktfaktoren), die nicht unmittelbar dem eigentlichen Prozesszweck entsprechen. Reale Aufwendungen sind mit dem Einsatz von Gütern (Faktoren), aber auch mit der Entstehung von Übeln (Abprodukte) verbunden. Außerdem kann es noch aufwands- und ertragsneutrale Veränderungen geben (Beifaktoren und -produkte), die durch einen Transformationsprozess bewirkt werden. Auf der Outputseite bilden sämtliche Erzeugnisse, die anfallen, ohne dass der Zweck der Handlung hierauf gerichtet ist, die Nebenprodukte. Im Falle beweglicher Sachen bezeichnet das deutsche Kreislaufwirtschafts- und Abfallgesetz sie als Abfall.

Für die Gestaltung und Lenkung von Erzeugungsprozessen ist das betriebliche Produktionsmanagement zuständig. Damit zusammenhängende Fragen einer umweltorientierten Produktion hat die Betriebswirtschaftslehre vergleichsweise früh (insbesondere Strebel 1980) und auch theoretisch fundiert behandelt.[23] Trotz einer Fülle an Fortschritten zu Einzelfragen des umweltorientierten Produktionsmanagements mangelt es aber noch an einer umfassenden Einbeziehung in Konzepte für Produktionsplanungs- und -steuerungssysteme. Bestehende Vorschläge können nur als 'additiv' und nicht als 'integrativ' angesehen werden. Insbesondere die Problematik der Kuppelproduktion wird zu wenig aufgegriffen (vgl. Dyckhoff 1996 sowie Oenning 1997). Dennoch ist das betriebliche Umweltmanagement in Bezug auf die Produktion wohl am weitesten entwickelt.

Das lässt sich hinsichtlich der Reduktionsprozesse zur Aufbereitung, Verwertung und Beseitigung von Übeln im Rahmen der Entsorgung nicht behaupten. Hier gilt immer noch die Feststellung des US-amerikanischen Vizepräsidenten: „Im Grunde kann man sagen, dass die Technologie der Entsorgung von Müll sich mit jener zu seiner Herstellung noch lange nicht messen kann" (Gore 1992). Notwendig ist ein betriebliches Reduktionsmanagement, das erst in Grundzügen existiert (vgl. Souren 1996).

5.4 Umweltorientiertes Logistikmanagement

In der Regel werden die Begriffe Produktion (Erzeugung) und Reduktion enger gefasst und nur auf solche Transformationsprozesse bezogen, in denen eine quali-

---

[23] Z.B. Dinkelbach/Rosenberg 1997, Dyckhoff 1994, Houtman 1998.

tative Veränderung der Zweckobjekte (Redukte oder Hauptprodukte) stattfindet. Die so ausgeklammerten Transformationen, deren Zweck in einer räumlichen oder zeitlichen Veränderung bestimmter Objekte besteht, werden speziell als Transferprozesse bezeichnet und der Logistik zugeordnet. Demnach ist es Aufgabe eines umweltorientierten Logistikmanagements, auf umweltverträgliche Objektflüsse hinzuwirken, insbesondere indem der Gegenstandsbereich der Logistik von den Versorgungs- auf die Entsorgungsprozesse erweitert wird (vgl. Stölzle 1993).

Möglichkeiten zur Einflussnahme auf Umweltbelastungen existieren sowohl bei der Gestaltung als auch bei der Lenkung der logistischen Subsysteme Transport, Lagerhaltung, Lagerhaus, Verpackung und Auftragsabwicklung. Beispielsweise beziehen sich beim Transport Gestaltungsmaßnahmen auf die Bereitstellung einer Verkehrsinfrastruktur sowie von Verkehrsmitteln und Antriebsenergien, Lenkungsmaßnahmen auf die Auswahl unter den vorhandenen Transportmitteln und Routen sowie deren optimale Nutzung. Charakteristisch für die Logistik ist dabei das Systemdenken, welches an Stelle isolierter Teillösungen ganzheitliche Lösungen anstrebt, welche die Interdependenzen zwischen den verschiedenen logistischen Subsystemen berücksichtigen. So lassen sich etwa über eine integrierte Lagerbestands- und Tourenplanung nicht nur erhebliche Kosten einsparen, sondern ebenso die notwendigen Fahrleistungen und damit die zugehörigen Energieverbräuche und Emissionen deutlich reduzieren. Insofern gehen hier das ökonomische Ziel der Kostenminimierung und das ökologische Ziel der Umweltschonung Hand in Hand. Das traditionelle Leistungsziel eines möglichst guten Lieferservice beinhaltet bei einer offensiven Umweltpolitik auch die ökologische Qualität der Versorgung und der Entsorgung. Abhängig von der gewählten Umweltstrategie (gemäß Abschn. 4.1) konzentriert sich das betriebliche Umweltmanagement bei Outputorientierung auf die Entsorgungslogistik und bei Prozessorientierung auf die innerbetriebliche Logistik (Beschaffung, Produktion, Distribution, Entsorgung), während es bei Zyklusorientierung auch alle überbetrieblichen Transferprozesse entlang der Stoffkreisläufe der von der Unternehmung zu verantwortenden Produkte in ihre Überlegungen einbezieht.

Das (in Lektion VII ausführlicher behandelte) umweltorientierte Logistikmanagement ergänzt auf diese Weise die anderen Bereiche des taktischen und operativen Umweltmanagements: Während das F&E-Management über die Produktgestaltung den gesamten ökologischen Produktlebenszyklus und alle damit verbundenen Stoffkreisläufe mittelbar betrachtet – wenngleich dabei schon weitgehend festlegt –, legen das Marketing-, das Produktions- und Reduktions- sowie das Logistikmanagement ihr Augenmerk jeweils unmittelbar auf spezifische Aspekte der Stoffkreisläufe. Zusammen realisieren sie somit die gewählte Umweltstrategie im Sinne der Prinzipien einer offensiven Umweltpolitik.

Harald Dyckhoff

Umweltschutz: Ein Thema für die Betriebswirtschaftslehre?

Ausgehend von der Problematik, was unter „Umweltschutz" eigentlich präzise verstanden werden kann, wird grundlegend der Frage nachgegangen, inwieweit Umweltschutz ein Thema für die Betriebswirtschaftslehre als wissenschaftliche Disziplin ist. Dabei wird deutlich, dass die Antwort in mehrfacher Hinsicht relativ ist. Einmal hängt sie von der Auffassung über den Gegenstand des Fachs ab, also beispielsweise „Einzelwirtschaftslehre der Institutionen" versus „Unternehmensführungskunde". Des Weiteren muss zwischen Forschung, Lehre und Praxis differenziert werden. Letztlich kann die Frage nicht losgelöst davon gesehen werden, welche Bedeutung dem Umweltschutz nicht nur in der Wirtschaft sondern darüber hinaus auch in der ganzen Gesellschaft und für jedes einzelne Individuum zukommt.

Ziel der Ausführungen ist die Bestimmung des Stellenwerts der umweltorientierten Unternehmensführung und damit eine Einordnung des in Lektion I entwickelten Konzepts in den betriebswirtschaftlichen Kanon. Der Beitrag basiert auf einem Vortrag des Autors im Rahmen der Ringvorlesung „Ökonomie contra Ökologie?" im Wintersemester 1993/1994 an der RWTH Aachen (Dyckhoff 1995). Der persönliche Tenor des damaligen Vortrags wurde bewusst beibehalten und der Text nur so weit wie nötig an die zwischenzeitliche Entwicklung angepasst. Das eine oder andere verwendete Beispiel ist deshalb aus der Sicht und den Umständen des Jahres 1993 zu verstehen.

1 Einführung

Ist Umweltschutz ein Thema für die Betriebswirtschaftslehre? Diese Frage wird weithin bejaht. Viele sind sogar der Auffassung, dass Umweltschutz ein Thema für jede Realwissenschaft ist, d.h. für jede wissenschaftliche Disziplin, welche sich mit der Realität auseinander setzt, und die Betriebswirtschaftslehre gehört zweifellos zu den Realwissenschaften (im Unterschied etwa zu der Strukturwissenschaft Mathematik).

Nachfolgend möchte ich meine eigene Antwort auf die gestellte Frage geben und zugleich eine Einschätzung darüber vornehmen, wie die Gemeinschaft der betriebswirtschaftlichen Wissenschaftler hierzu Stellung bezieht. Dabei geht es weniger um objektive wissenschaftliche Aussagen als um die subjektive Meinung eines Wissenschaftlers bzw. einer wissenschaftlichen Gemeinschaft, ob und inwieweit ein realer Erfahrungstatbestand zum Erkenntnisobjekt einer wissenschaftlichen Disziplin gehört. Kritik an den Ausführungen kann sich deshalb kaum an der Frage „wahr oder falsch?" entzünden, sondern eher/im Hinblick auf solche Kategorien wie „zweckmäßig oder unzweckmäßig" bzw. „wünschenswert oder unerwünscht".

„Umweltschutz ist ein Thema für die Betriebswirtschaftslehre!" Dieser von mir eingenommene Standpunkt wird vermutlich niemanden überraschen. Allerdings fällt mir die Aussage auch nicht so leicht, handelt es sich doch hier um eine Frage, die nicht einfach mit „Ja" oder „Nein" zu beantworten ist. Ich möchte zwar bei einem klaren „Ja" bleiben, es allerdings um ein deutliches „aber" ergänzen und den Schwerpunkt des Beitrags auf die Begründung des „aber" legen. Gründe dafür, dass Umweltschutz ein Thema für die Betriebswirtschaftslehre ist, scheinen nämlich auf der Hand zu liegen und dürften durch die inzwischen in grosser Fülle vorhandene Literatur zum betrieblichen Umweltmanagement offensichtlich sein. Wichtiger erscheint es mir vielmehr, die *Schwierigkeiten* der Betriebswirtschaftslehre mit dem Thema Umweltschutz zu verdeutlichen und damit implizit auch die Grenzen dessen aufzuzeigen, was die Betriebswirtschaftslehre für den Umweltschutz tun kann. Dazu werde ich folgende **fünf Thesen** einzeln begründen:

1. *Umweltschutz ist ein allgemein gültig kaum definierbarer Begriff!*
2. *Umweltschutz ist ein Thema, dessen Stellenwert für die Betriebswirtschaftslehre abhängig ist von dem jeweiligen (Selbst-)Verständnis des Faches!*
3. *Umweltschutz hat für die universitäre Lehre noch mehr Bedeutung als für die Forschung!*
4. *Umweltschutz ist für die Betriebswirtschaftslehre ein noch junges Thema!*
5. *Umweltschutz ist in erster Linie ein Thema für die gesamte Gesellschaft und für jeden Einzelnen!*

2 Probleme einer allgemein gültigen Definition

Was heißt „Umweltschutz": Bewahrung der Natur vor Schäden durch den Menschen? Schon im Deutschunterricht der Schule lernt man, dass zunächst einmal die wichtigen Begriffe geklärt werden müssen, bevor man sich mit einer Frage sachlich auseinandersetzen kann. Das gilt natürlich noch mehr für wissenschaftliche Arbeiten. In der mangelnden Klärung des Begriffs Umweltschutz scheint mir die Ursache für manche unfruchtbare Auseinandersetzung nicht nur in der Wissenschaft, sondern mehr noch in der Politik und in der Praxis zu liegen.

Natürlich existiert eine Fülle realer Situationen, in denen niemand Zweifel daran hat, dass die Umwelt vom Menschen geschädigt worden ist. Stichworte, die einem dabei sofort einfallen, sind: Waldsterben, Smogalarm, Seveso, Tschernobyl, Exxon Valdez und viele andere mehr. In jüngerer Zeit werden in der Öffentlichkeit die Überflutungsschäden als Folge der Versiegelung der Böden diskutiert. Vermeidung solcher Schäden hieße nach breiter Überzeugung Umweltschutz.

Daneben gibt es aber auch viele reale Situationen, in denen nicht ohne weiteres klar ist, was Umweltschutz bedeutet. Wie anders soll man es beispielsweise verstehen, wenn Umweltschutz noch vor wenigen Jahrzehnten darin bestand, Schornsteine höher zu bauen, damit die Abgase nicht in der näheren Umgebung niederkamen. Dafür wurden dann allerdings die Böden und Seen in Skandinavien geschädigt. Oder ein anderes Beispiel: Wird die Umwelt dadurch geschützt, dass man Kunststoffabfälle als Müll unter Gewinnung von Nutzenergie verbrennt, das ursprünglich eingesetzte Rohöl künftigen Generationen aber nicht mehr zur Verfügung steht?

Mit der Unschärfe des Begriffs Umweltschutz meine ich hier nicht das mangelnde Wissen über Wirkzusammenhänge in der Realität, etwa die Frage, inwieweit der CO_2-Ausstoß in Zukunft zu einem Klimawechsel und insbesondere zu einem Ansteigen der Weltmeere führen wird. Die Unkenntnis über die Wirkzusammenhänge verschärft vielmehr diejenige Problematik noch, welche ich hier anspreche. Sie lässt sich in drei Fragen kleiden. Die *erste Frage* lautet:

Wessen Umwelt soll geschützt werden?

Das ist die Frage nach dem Bezugssubjekt. Daecke[1] stellt fest, dass Umweltschutz als Selbstschutz anthropozentrisch ist, und diskutiert die Frage, ob Umweltschutz nur als Menschenschutz zu verstehen sei. Man muss ja nicht so weit gehen und der gesamten Natur einen Wert in sich oder sogar ein eigenes Recht auf Bewahrung zumessen, also etwa auch jedem Stein oder Wassertropfen. Wie sieht es mit dem Gänseblümchen am Wegesrand aus, hat es ein Recht auf Unversehrtheit, dürfen wir es nicht für einen Blumenstrauß pflücken? Während diese Frage die meisten

---

[1] Daecke 1995, S. 15f. und S. 20ff.; vgl. dazu auch Wagner 1990, S. 301, und die dort genannte Literatur. Zu verschiedenen Typen ökologischer Ideale siehe Hitzler 1992.

vor keine großen Probleme stellen wird, sieht es schon anders aus, wenn das Bezugssubjekt ein Säugetier ist, besonders ein relativ intelligentes wie ein Hund, ein
Wal oder ein Affe. Haben etwa Delphine ein Recht auf Bewahrung auch gegen die
Interessen japanischer Fischer? Hat ein Orca, ein Schwertwal, ein Recht auf Be-
freiung aus einem engen Becken in einem Freizeitpark?

Denjenigen Teil der Natur, dem man ein eigenes Recht[2] auf Bewahrung, und zwar
sowohl seiner eigenen Existenz (und Würde) als auch seiner eigenen Umwelt,
zumisst, kann man als *Mitwelt* bezeichnen. Umweltschutz dient dann der Mitwelt.
Zur Mitwelt zählt zweifellos der Mensch. Ich meine, dass zur Mitwelt auch große
Teile der nicht-menschlichen Natur gezählt werden sollten. Das ist auch nicht die
kritische Frage. Diese stellt sich nämlich erst im Konfliktfall, wenn es um die Abwägung der Interessen bzw. Rechte verschiedener Bereiche der Mitwelt geht. Die
kritische Frage lautet dann nämlich, wie stark die Rechte eines Mitgeschöpfes im
Vergleich zu denen eines anderen sind, und wer entscheidet darüber: wir Menschen (der heutigen „Ersten Welt")? Die Beantwortung dieser Fragen für sich
selbst kann einen Menschen zum Vegetarier machen. Zum Vegetarier kann man im
Übrigen natürlich auch aus völlig eigennützigen Gesundheitsmotiven werden.

Aber auch, wer Umweltschutz als reinen Menschenschutz begreift, wird mit der
Frage der Abwägung von Interessen verschiedener Gruppen der Bevölkerung
konfrontiert. In Deutschland wird Umweltschutz immer dann klein geschrieben,
wenn die Interessen bestimmter Gruppen oder Verbände berührt werden. Beispiele
sind die Autofahrer und die Automobilindustrie im Hinblick auf Tempo 100 auf
den Autobahnen oder Steuererhöhungen beim Benzin. Oder ein weiteres Beispiel:
Wie kommt es, dass der öffentliche Protest bei der Errichtung moderner, relativ
umweltfreundlicher Müllverbrennungsanlagen groß ist, während von der in Zei-
tungsmeldungen 1993 verbreiteten Tatsache, dass die Eisenhütte von Hoesch in
Dortmund dreimal so viel Dioxin ausstiess wie alle deutschen Müllverbrennungsanlagen zusammen, kaum jemand Notiz zu nehmen schien, geschweige denn die
sofortige Schließung dieser Anlage forderte?

Zeigen die letztgenannten Beispiele auf, wie schwierig schon die Interessenabwä-
gung innerhalb der Bevölkerung der heutigen Industrieländer ist, so dürften die
aktuelle Umweltpolitik und das Verhalten vieler Menschen sogar Zweifel daran
nähren, ob im öffentlichen Bewusstsein der Industrieländer zur Mitwelt auch die
Bevölkerung der Zweiten und Dritten Welt sowie die der Nachwelt, d.h. die künftigen Generationen, gehören. Diese Problematik leitet über zu der eng mit dem

---

[2]   Der Frage nach den Rechten der Natur ist der Schwerpunkt des Heftes Nr. 572 der
      Zeitschrift Universitas, Jg. 49, im Februar 1994 gewidmet. Ein Umdenken scheint sich
      hier anzubahnen, wie ohnehin ja auch das Tierschutzgesetz Tiere nicht mehr als
      „Sachen", sondern dezidiert als „Mitgeschöpfe" kennzeichnet.

jeweiligen Bezugssubjekt zusammenhängenden *zweiten Frage* nach der Art und der Ausdehnung der zu schützenden Umwelt:

Was alles gehört zu der Umwelt, die geschützt werden soll?

Einsteins Definition: „Umwelt ist alles außer mir" (zitiert nach Rivett 1991, S. 326) ist dafür zu pauschal. Nach ihrer Art kann die Umwelt des Menschen grob in die natürliche und in die „künstliche", also soziale und technische Umwelt eingeteilt werden. Wenn von Umweltschutz die Rede ist, ist üblicherweise die natürliche Umwelt gemeint. Die Ausdehnung der zu schützenden Umwelt kann sich dabei auf räumliche und zeitliche Dimensionen erstrecken und insoweit unterschiedliche Bezugssubjekte erfassen. Eine räumliche Begrenzung der Umwelt und ihrer Subjekte hat früher zu der schon erwähnten Strategie hoher Schornsteine geführt und ist dann noch aktuell, wenn Müll aus Industrieländern in die Dritte Welt exportiert wird. Eine zeitliche Begrenzung der zu schützenden Umwelt und ihrer Subjekte liegt bei allen Umweltschutzmaßnahmen vor, die Probleme auf nachfolgende Generationen verlagern, wie im Fall der Ausbeutung erschöpfbarer Rohstoffe oder der Endlagerung radioaktiver Abfälle.

Selbst wenn aber Bezugssubjekt, Art und Ausdehnung der zu schützenden Umwelt klar sind, bleibt noch die Zielsetzung der Schutzmaßnahmen offen. Daher lautet die *dritte Frage*:

Wovor soll die Umwelt geschützt werden?

In Deutschland haben wir heute keine Naturlandschaft mehr, sondern überwiegend eine Kulturlandschaft. Wenn unter Umweltschutz häufig die Bewahrung der Natur verstanden wird, so stellt sich unmittelbar die Frage, in welchem Zustand sie bewahrt werden soll. Heißt das die Erhaltung des Status-quo oder die Wiederherstellung früherer Zustände? Was sind erlaubte Veränderungen, die wir in der Natur vornehmen dürfen? Andererseits ist es „natürlich", dass die Natur sich ständig verändert: Die Dinosaurier beispielsweise sind völlig ohne Zutun des Menschen ausgestorben.

Betrachtet man die bisher vorherrschenden Umweltschutzaktivitäten kritisch, so geht es eigentlich um den Schutz des Menschen vor sich selbst. Wollte man radikal die Natur vor der Veränderung durch den Menschen schützen, so müsste man in letzter Konsequenz die Menschheit abschaffen (vgl. auch Wagner 1990, Fn. 26). Zumindest seit der Mensch dem Status der Naturvölker entwachsen ist, und verstärkt seit Beginn der Industrialisierung, hat er stets die Natur verändert. Umweltschutz kann somit eigentlich nie absoluten Schutz, sondern selbst bei „nachhaltigem Wirtschaften" immer nur relative *Umweltschonung* bedeuten.

Eine Klärung des Begriffs Umweltschutz setzt also u.a. voraus, dass Bezugssubjekt, Art und Ausdehnung der Umwelt sowie die Zielsetzung ihres Schutzes bzw. ihrer Schonung offengelegt werden. Je nachdem, wie dazu Stellung bezogen wird, fallen die Antworten darauf, was Umweltschutz ist bzw. wie die Umwelt zu schützen ist, verschieden aus. Diese Fragen muss nicht nur jeder Wissenschaftler, sondern letztlich jeder Mensch für sich selbst beantworten.[3]

Die bisherigen Aussagen zur ersten These gehören weitgehend in den Bereich der Philosophie und angrenzender Gebiete und sollten eigentlich eher von entsprechend vorgebildeten Personen getroffen werden (vgl. etwa Honnefelder 1993). Mit den weiteren vier Thesen betrete ich als Betriebswirt aber vertrauten, nämlich wirtschaftswissenschaftlichen Grund.

3 Abhängigkeit des Stellenwertes vom Fachverständnis

Auch der zweiten These liegt eine Begriffsklärung zu Grunde. Nunmehr geht es darum, was die Betriebswirtschaftslehre ausmacht, genauer: Was ist ihr Erkenntnisobjekt? Leider gibt es auch hier wieder an Stelle einer eindeutigen Antwort viele verschiedene Ansichten. Da es an dieser Stelle nicht darum geht, die verschiedenen Schattierungen im Verständnis dessen, was Betriebswirtschaftslehre ist, ausführlich darzulegen, möchte ich lediglich zwei extreme Sichtweisen einander gegenüberstellen. Dabei überzeichne ich bewusst, um so die unterschiedlichen Konsequenzen für den Stellenwert, den dann jeweils der Umweltschutz einnimmt, besser hervortreten zu lassen. Über das wesentliche Erfahrungsobjekt, den Betrieb, herrscht dagegen weit gehende Einigkeit, wobei darunter nicht nur private Betriebe wie Unternehmungen fallen, sondern auch öffentliche Betriebe wie beispielsweise Krankenhäuser oder auch Müllverbrennungsanlagen.

Betriebswirtschaftslehre als Unternehmensführungskunde

Die heute dominierende Sichtweise der Betriebswirtschaftslehre dürfte die einer angewandten *Managementlehre* sein, insbesondere die einer Lehre über die Führung von Unternehmungen.[4] Sie ist insofern dominierend, als vermutlich die Mehrheit aller Betriebswirte, möglicherweise auch die der betriebswirtschaftlichen Hochschullehrer, dies so sehen.

Eine solche Lehre von der Unternehmensführung, die sowohl für die Vorstandsmitglieder multinationaler Konzerne wie auch für die Inhaber von Handwerksbetrieben

---

[3] In diesem Sinne müsste jeder seriöse Gutachter, der zu Umweltschutzaspekten konkrete wertende Aussagen macht, zuvor eigentlich die Position offen legen, von der aus er seine Wertung vornimmt (vgl. dazu auch Küpper 1988, S. 325). Für die Zwecke meiner eigenen, mehr allgemein gehaltenen Ausführungen zu den Thesen 2 bis 5 in den nachfolgenden Abschnitten reicht allerdings das übliche, nicht näher präzisierte Verständnis des Begriffs Umweltschutz aus.

[4] Vgl. kritisch hierzu Schneider 1985, S. 30ff.

gelten soll, braucht Kenntnisse unterschiedlichster Art, neben kaufmännischem Sachwissen nämlich auch technisches Sachwissen, Wissen um die Menschenführung
sowie sonstige Kenntnisse über Recht, Politik usw. (vgl. Schneider 1985, S. 31f).
Von daher gibt es große interdisziplinäre Überlappungen zu anderen Wissensgebieten. Dies äußert sich heute in einer starken Spezialisierung in verschiedene
betriebswirtschaftliche Teilgebiete, die als spezielle Betriebswirtschaftslehren bezeichnet werden: Das externe Rechnungswesen und die betriebliche Steuerlehre
haben enge Beziehungen zur Rechtswissenschaft; das Marketing, die Organisation
und die Personalwirtschaft zu den Sozialwissenschaften, besonders zur Psychologie
und Soziologie; das Technologiemanagement und die Produktionswirtschaft zu den
Ingenieurwissenschaften; die Wirtschaftsinformatik und die Unternehmensforschung
zur Informatik und zur Mathematik, um nur einige markante Beispiele zu nennen.

Bei einem solch weiten Verständnis von Betriebswirtschaftslehre handelt es sich
eher um eine Kunstlehre als um eine Wissenschaft. Zu der Kunst der Unternehmensführung zählen insbesondere die Managementfunktionen Planung, Kontrolle,
Organisation, Personalleitung und Informationsversorgung. Sofern auch nur eine
dieser Führungsaufgaben durch den Umweltschutz berührt wird, ist Umweltschutz
automatisch ein Thema für eine so verstandene Betriebswirtschaftslehre. Oder
anders formuliert: Bei dieser Sichtweise ist Umweltschutz dann ein Thema für die
Betriebswirtschaftslehre, wenn er ein Thema für die Unternehmensführung ist.
Und an letzterem wird heute wohl kaum jemand zweifeln! Denn auch Unterneh-
mungen, die Umweltschutz nicht aus freien Stücken betreiben würden, werden
durch die in großer Vielfalt existierenden staatlichen Reglementierungen auf dem
Gebiet des Umweltschutzes sowie durch die öffentliche Meinung und die der Kunden
dazu gezwungen, den Umweltschutz bei ihren Entscheidungen zu berücksichtigen.
Darüber hinaus gibt es eine große Zahl an Unternehmungen, die proklamieren,
Umweltschutz als eigenständiges Ziel zu verfolgen. So hat beispielsweise der
Weltkonzern Siemens als einen von sechs Leitsätzen seiner Geschäftspolitik formuliert: „Wir sehen uns als integrierten Bestandteil der nationalen Volks-
wirtschaften und fühlen uns der Gesellschaft und der Umwelt verpflichtet." Und in
den Leitsätzen des Daimler-Benz-Konzerns stand ebenfalls schon zu Beginn der
1990er Jahre: „Umweltschutz ist ein wesentliches Ziel der Unternehmenspolitik
und eine herausragende Aufgabe der Unternehmensführung" (vgl. UmweltMagazin
5/1993, S. 114).

Betriebswirtschaftslehre als Einzelwirtschaftslehre der Institutionen

Dem sehr weiten Verständnis von Betriebswirtschaftslehre als einer interdisziplinär orientierten, angewandten Managementwissenschaft entgegen steht die enge
Sichtweise einer Betriebswirtschaftslehre, welche allein auf den wirtschaftlichen
Aspekt menschlichen Handelns abstellt und sich als eine wissenschaftliche Disziplin neben und im Verbund mit ihrer Schwesterdisziplin Volkswirtschaftslehre
begreift. Ihre Grundlage bildet die einzelwirtschaftliche Theorie in Fortführung

und Weiterentwicklung der volkswirtschaftlichen Mikroökonomik (vgl. Schneider 1985, S. 30ff.). Sie soll den originären Kern aller speziellen Betriebswirtschaftslehren bilden und wird als Allgemeine Betriebswirtschaftslehre bezeichnet.

Als Exponent einer solchen Sichtweise definiert der Bochumer Betriebswirtschaftler Dieter Schneider (1993, S. 23): „Allgemeine Betriebswirtschaftslehre heißt die Erforschung und Lehre der Institutionen zur Verringerung von Einkommensunsicherheiten für einzelne Menschen oder Gruppen von Menschen innerhalb einer Gesellschaft." Und er führt weiter aus (S. 26): „In Kurzfassung lässt sich *Allgemeine Betriebswirtschaftslehre als Einzelwirtschaftslehre der Institutionen* bezeichnen. ... Eine so verstandene Betriebswirtschaftslehre untersucht menschliches Handeln in beliebigen Gemeinschaften (Organisationen) nur unter *einer von mehreren beobachtbaren Folgen* menschlichen Handelns: dem Einkommensaspekt." Bei dieser Sichtweise erforscht die Betriebswirtschaftslehre demnach viele Institutionen unter einem einzigen Gesichtspunkt und nicht einige wenige Institutionen unter mehreren Aspekten: also neben dem als „wirtschaftlich" bezeichneten etwa noch unter einem verhaltenswissenschaftlichen, einem über den Einkommensaspekt hinausreichenden sozialwissenschaftlichen, juristischen oder ingenieurtechnischen Blickwinkel (vgl. ebenda).

Unter Einkommen versteht Schneider (1993, S. 4) dabei den Reinvermögenszugang während eines Zeitraums, d.h. den Nettozugang an Sachen, Diensten und Verfügungsrechten (inklusive des Konsumierten), bewertet anhand einer gemeinsamen Messskala, z.B. in Geldeinheiten. Er bezieht den Begriff stets auf einen Menschen bzw. einen Haushalt, den mehrere Menschen gemeinsam bilden: „Ein Mensch, der anderen nicht zur Last fallen will oder es nicht darauf abstellt, andere auszubeuten, wird versuchen, das was er wünscht, selbst zu erstellen oder gegen eigene Leistungen einzutauschen. In diesem Fall erstrebt er eigenverantwortlich den Erwerb von Einkommen. *Eigenverantwortlicher Einkommenserwerb* ist nötig, um zu überleben und kulturelle Ziele zu verwirklichen, aber auch, um *ethisch* handeln zu können, also sich in moralischer Verantwortung gegenüber anderen Menschen zu verhalten; denn der Einkommenserwerb über Märkte durch Arbeitsverträge, Kaufverträge, Finanzierungsverträge usw. oder über Selbsterzeugung vermeidet, anderen Menschen zur Last zu fallen und ermöglicht, Bedürftigen zu helfen. Eigenverantwortlicher Einkommenserwerb wahrt zugleich Selbstachtung, weil dann ein Mensch nicht davon leben muss, das Einkommen anderer Menschen zu verwenden." (ebenda, S. 5f.)

Als Folge unvollständigen und ungleichverteilten Wissens geschieht eigenverantwortlicher Einkommenserwerb jedoch immer unter Unsicherheit. Derartige Einkommensunsicherheiten existieren in großer Vielfalt. Durch geeignet gestaltete Institutionen lassen sie sich verringern. Dazu gehören Organisationen, in denen mehrere Menschen gemeinsam Einkommen erwerben wollen, also z.B. Unternehmungen. Das Einkommen einer solchen Organisation nennt Schneider (1993, S. 5) den *Gewinn*.

Bei dieser engen Sichtweise ist demnach für die Betriebswirtschaftslehre als fundamentales Ziel einer Unternehmung nur die Gewinnerzielung relevant. Umweltschutz ist so gesehen nur indirekt von Bedeutung, nämlich insoweit, wie er Einfluss auf den Gewinn hat. Wie wir vorher schon gesehen haben, ist dies heute aber in der Regel der Fall, sei es mit negativer Wirkung, weil staatliche Reglementierungen zu erhöhten Kosten oder Umsatzeinbußen führen, oder mit positiver Wirkung, weil durch eine erhöhte Nachfrage nach Umweltschutzgütern und umweltfreundlichen Produkten Gewinne erzielt werden können. Dabei kann es durchaus im Sinne einer Verringerung der Einkommensunsicherheiten der Eigentümer wie auch der Arbeitnehmer einer Unternehmung sein, für den Umweltschutz kurzfristig auf Gewinne zu verzichten, um dadurch langfristig die Gewinne zu sichern oder sogar zu erhöhen.

Resümiert man die Überlegungen zu den beiden extremen Sichtweisen, so lässt sich festhalten, dass Umweltschutz auf jeden Fall dann ein Thema für die Betriebswirtschaftslehre zu sein hat, wenn er die Gewinnerzielung beeinflusst (und somit natürlich auch für die Unternehmensführung wesentlich ist). Da die Beeinflussung des Gewinns durch den Umweltschutz heute für die Unternehmungen nicht nur die Ausnahme, sondern der Regelfall ist, kann die eingangs gestellte Frage im Sinne eines ersten Fazits insofern positiv beantwortet werden, als Umweltschutz heute eigentlich ein Thema für die Betriebswirtschaftslehre sein müsste. Inwieweit die Realität dem auch entspricht, wird in Abschnitt 5 erörtert.

Zunächst sei allerdings nochmals betont, dass bei einer engen Sichtweise Umweltschutz kein Thema von *eigenständiger* Bedeutung für die Betriebswirtschaftslehre ist. Umweltschutz bekommt hier nur mittelbar über die Verringerung von Einkommensunsicherheiten eine Bedeutung.[5]

Zwischen einer weiten und einer engen Sichtweise der Betriebswirtschaftslehre sind natürlich viele weitere Abstufungen möglich und auch Realität. Darüber hinaus scheint es mir wichtig, zwischen der Forschung und der Lehre zu unterscheiden.

4 Bedeutung für Lehre und Forschung

Die dritte eingangs formulierte These folgt unmittelbar aus den vorangehenden Überlegungen, wenn man die folgende Behauptung als Prämisse akzeptiert: Für die Betriebswirtschaftslehre als *universitärer Studiengang* mit dem Ziel der Berufs-

---

[5] Ein unmittelbarer Einfluss auf den Gewinn bzw. das Einkommen im Sinne der Definition wäre übrigens dann gegeben, wenn die Bewertung der Sachen, Dienste und Verfügungsrechte bei der Berechnung des Einkommens anhand einer gemeinsamen Messskala nicht nur auf den auf Märkten erzielbaren Tauschrelationen, sondern auch auf ihrer Relevanz für die natürliche Umwelt beruhen würde. Ein betriebswirtschaftlicher Wissenschaftler muss nämlich nicht unbedingt ein Zyniker sein. Ein Zyniker ist nach Oskar Wilde ein Mensch, der von allem nur den Preis und von nichts den Wert kennt.

fähigkeit der Absolventen ist eine umfassendere Sichtweise in Richtung einer angewandten Managementlehre eher relevant als für eine *universitäre Forschungsdisziplin* Betriebswirtschaftslehre.

Diese Prämisse sollte eigentlich leicht zu akzeptieren sein. Denn betriebswirtschaftliche Forschung wird sich stets stärker auf das ureigene Fachgebiet zu konzentrieren haben, also auf die Allgemeine Betriebswirtschaftslehre und auf die wirtschaftlichen Aspekte der mehr interdisziplinär orientierten speziellen Betriebswirtschaftslehren. Andernfalls unterliegt sie entweder der Gefahr des wissenschaftlichen Dilettantismus oder aber findet im interdisziplinären Raum statt, meist in Kooperation mit Fachleuten der anderen beteiligten Disziplinen. Der erste Fall sollte möglichst ausgeschlossen und der zweite zwar angestrebt werden, wäre aber keine rein betriebswirtschaftliche Forschung mehr.

Demgegenüber fällt es wesentlich leichter, fremdes Wissen aus anderen Disziplinen in die eigene Lehre zu importieren als neue Erkenntnisse auf fremden Wissensgebieten selbst zu erforschen. In den speziellen Betriebswirtschaftslehren findet sich deshalb regelmäßig ein großer Wissensanteil, der von Wissenschaftlern anderer Disziplinen erforscht worden ist. Dieses Wissen dient der Fundierung und Abrundung der Ausbildung der Studierenden im Hinblick auf ihre Berufsfähigkeit. Oft wird solches Wissen sogar durch Lehrkräfte der anderen Disziplinen vermittelt, so etwa, wenn ein Jurist im Fach Betriebliche Steuerlehre steuerrechtliche Grundlagen lehrt. Von daher ist es grundsätzlich eher als bei der Forschung möglich, die Lehre der Betriebswirtschaft interdisziplinär durchzuführen, um damit dem Anspruch einer angewandten Managementwissenschaft gerecht zu werden.[6]

Dies verdeutlicht, dass die weitere Sichtweise der Betriebswirtschaftslehre (Unternehmensführungskunde) im Vergleich mit der engeren (Einzelwirtschaftslehre der Institutionen) für die Lehre eine höhere Bedeutung als für die Forschung besitzt. Wie wir bei der zweiten These gesehen haben, sollte der Umweltschutz aber bei einer weiteren Sichtweise einen höheren Stellenwert genießen als bei einer engeren. Folglich sollte entsprechend der Umweltschutz auch für die Lehre (noch) mehr Bedeutung haben als für die Forschung.

---

[6] Allerdings bezweifle ich, dass eine breit angelegte, fundierte Lehre im Sinne einer interdisziplinär orientierten, angewandten Managementwissenschaft, die dann auch unbedingt den Umweltschutz einbeziehen muss, im Rahmen eines einzelnen Universitätsstudiengangs geleistet werden kann, unabhängig davon, ob ein solcher Studiengang Betriebswirtschaftslehre oder (besser) anders heißen würde. Auf jeden Fall bedürfte er des Einsatzes von Fachleuten aller beteiligten Disziplinen.
Im Übrigen vertritt der bekannte, kanadische Managementforscher Henry Mintzberg die Auffassung, dass die universitäre Grundausbildung Wissen vermitteln und im Denken schulen solle; eine Managementausbildung sollte erst später erfolgen, berufsbegleitend sein und von den Unternehmen finanziert und unterstützt werden (wiedergegeben nach *Blick durch die Wirtschaft* vom 2. März 1994).

Die so begründete dritte These ist eine vergleichende Tendenzaussage über Forschung und Lehre, also keine Aussage, die in jedem Einzelfall in gleichem Ausmaß zutreffen muss. Allerdings kann man sagen, dass einige spezielle Betriebswirtschaftslehren vom Umweltschutz stärker betroffen sind als andere, so etwa die Industriebetriebslehre stärker als die Bankbetriebslehre, das Marketing stärker als das Wirtschaftsprüfungswesen und die Unternehmenspolitik stärker als die Unternehmensforschung. Letztlich gibt es aber kaum ein Teilgebiet, das nicht in irgendeiner Weise vom Umweltschutz berührt wird. Das hat natürlich damit zu tun, dass der Umweltschutz eine Querschnittsfunktion der Unternehmung ist.

Wie weit reichen aber die Konsequenzen für die Allgemeine Betriebswirtschaftslehre als dem eigentlichen Kerngebiet? Und sollte die Betriebliche Umweltökonomie als neue spezielle Betriebswirtschaftslehre in den Kanon der Wahlpflichtfächer aufgenommen werden, oder sollte der Umweltschutz jeweils nur in den betreffenden bisherigen Spezialisierungen behandelt werden?

Meines Erachtens hat die Berücksichtigung des Umweltschutzes einige weit reichende Konsequenzen für die Allgemeine Betriebswirtschaftslehre, selbst bei einer engen Sichtweise. Einige Theorien sind grundlegend zu erweitern, da sie bislang die nachteiligen Folgen menschlicher Aktivitäten nur ungenügend beachten, manchmal selbst dann nicht, wenn diese sich längerfristig auch auf den Gewinn auswirken. Ein Beispiel hierfür ist die traditionelle Produktions- und Kostentheorie. Die Vernachlässigung des Umweltschutzes beginnt schon bei den Grundbegriffen. So ist beispielsweise dem Begriff Gut als erwünschtes Objekt systematisch der Begriff Übel (oder „Ungut") als unerwünschtes Objekt, z.B. als Abfall menschlicher Produktion und Konsumtion, gegenüber zustellen. Der Begriff Gut ist fundamental für die gesamte Wirtschaftswissenschaft, der Begriff Übel müsste es eigentlich auch sein. Da Begriffe das Denken prägen – insbesondere natürlich auch das der Studierenden –, erscheint es mir notwendig, solche Begriffe frühzeitig in die Lehre zu integrieren.[7]

In denjenigen speziellen Betriebswirtschaftslehren, in denen die Sichtweise einer angewandten Managementlehre verbreiteter ist, halte ich die Integration relevanter Umweltschutzaspekte für selbstverständlich. Das trifft etwa auf das Marketing, die Unternehmenspolitik, das Technologie- und Innovationsmanagement und die Industriebetriebslehre zu. Sofern eine solche (organische) Integration in die bestehenden Fächer erfolgt, erscheint die Einführung der betrieblichen Umweltökonomie als zusätzlicher spezieller Betriebswirtschaftslehre auf breiter Front nicht zwingend notwendig. Zumindest einige wirtschaftswissenschaftliche Fakultäten sollten aber ein solches Fach anbieten. Das entspräche sogar dem Wunsch der Wirtschaft. In einer Umfrage des Instituts der deutschen Wirtschaft unter Personalmanagern in

---

[7] Praktiziert in Dyckhoff 1994 und 2000. Zur umweltorientierten Erweiterung der Produktionswirtschaft vgl. auch Dyckhoff 1993 sowie 1999a, S. 118ff.

206 westdeutschen Unternehmungen Ende 1992 haben immerhin 37 Prozent der Personalchefs die Einführung eines Wahlpflichtfaches „Unternehmensökologie" als weitere betriebswirtschaftliche Spezialisierung für die Studenten empfohlen.[8] Dies leitet über zu der generellen Frage, ob und inwieweit Umweltschutz tatsächlich ein Thema für die Betriebswirtschaftslehre ist. Auf diese Frage gibt die vierte These eine Antwort.

5 Thematisierung in der Betriebswirtschaftslehre

Im Unterschied zu den bisherigen, normativen Feststellungen, welche fordern, wie es eigentlich sein sollte, geht es nunmehr um empirische Fakten. Ein solches Faktum ist, dass 1972 die allerersten betriebswirtschaftlichen Schriften zum Umweltschutz erschienen sind,[9] wohl in Folge der Thesen des Club of Rome über die Begrenztheit des Wachstums wegen der Erschöpfbarkeit wichtiger Rohstoffe. Bis etwa Mitte der 1980er Jahre war die Publikationstätigkeit weiterhin nur sporadisch, sieht man von einigen wenigen Betriebswirten ab, die damit die Pioniere der betrieblichen Umweltökonomie bilden. Zu ihnen gehört zweifellos Heinz Strebel, dessen 1980 erschienenes Buch „Umwelt und Betriebswirtschaft" als Klassiker dieses neuen Gebiets bezeichnet werden kann.

Seit der zweiten Hälfte der 1980er Jahre – des Öfteren wird 1988 als entscheidendes Jahr genannt – ist nicht nur die Zahl der betriebswirtschaftlichen Publikationen zum Umweltschutz so stark angeschwollen, dass man schon versucht sein kann, von einer Springflut zu sprechen; vielmehr haben sich auch sonst Aktivitäten auf breiter Front gezeigt, von der Praxis bis zur theoretischen Forschung. Hierzu gehören:

– das Erscheinen spezialisierter Zeitschriften und sonstiger Publikationsorgane (z.B. GAIA, Umweltwirtschaftsforum, Handbücher des Umweltmanagements bzw. der Umweltökonomie)
– eine große Zahl spezieller Tagungen und Konferenzen (die oft durch entsprechende Tagungsbände dokumentiert sind)
– die Gründung einer Reihe spezieller Arbeitskreise, Vereine, Kommissionen oder sonstiger Initiativen von Personengruppen aller Bereiche, so u.a. Unternehmer, Manager, Studenten und Hochschullehrer

---

[8] Informationsdienst des Instituts der deutschen Wirtschaft Nr. 45 vom 11.11.1993, S. 7. Eine empirische Studie über „Anforderungsprofile für Umweltmanager und Umweltökonomen" beschreiben Kirchgeorg et al. 1993, sowie dieselben 1994.

[9] Siehe die Quellenangaben bei Dyckhoff 1993, insbesondere S. 81. Zur früheren stiefmütterlichen Behandlung des Umweltschutzes durch die Betriebswirtschaftslehre siehe beispielsweise auch den „Meinungsspiegel" (auf S. 82 ff.) des sich auf Umweltschutz beziehenden Themenheftes 1/1989 der Zeitschrift Betriebswirtschaftliche Forschung und Praxis.

– die Einführung spezieller Studienrichtungen oder -schwerpunkte an mehreren
Fachhochschulen und Universitäten sowie sogar

– die Umwidmung bzw. Neuwidmung einiger spezieller Professuren und Lehrstühle.

Es ist selbst Spezialisten kaum noch möglich, den Überblick über alle Aktivitäten
zu behalten oder überhaupt erst zu gewinnen, sogar dann, wenn sie sich allein auf
dieses Gebiet konzentrieren (vgl. auch Lektion III). Die Betriebswirtschaftslehre
hat damit ihre Schwesterdisziplin Volkswirtschaftslehre überholt, die zwar eine
wesentlich ältere Tradition auf dem Gebiet der Umweltökonomik hat, dieses aber
erst neuerdings stärker zu betonen beginnt. Als wichtiges Indiz für den Stellenwert,
der dem Gebiet von Seiten der wissenschaftlichen Disziplin Betriebswirtschaftslehre eingeräumt wird, kann angeführt werden, dass der Verband der Hochschullehrer für Betriebswirtschaft 1990 eine eigene Kommission für Umweltwirtschaft
eingerichtet hat, der etwa 80 Hochschullehrer angehören.

Angesichts der Flut an Aktivitäten auf dem Gebiet des betrieblichen Umweltmanagements kann man durchaus von einem Thema sprechen, das in den 1990er Jahren
in Mode gewesen ist. Da Moden im Zeitablauf starken Schwankungen unterliegen,
muss man davon ausgehen, dass die Flut auch wieder abebbt. Sofern es sich auf
einem normalen Niveau stabilisiert, wäre das grundsätzlich zu begrüßen. Steht
aber zu befürchten, dass das Thema demnächst wieder völlig in der Versenkung
verschwindet? Die Frage lässt sich leichter beantworten, wenn man zuvor die
Gründe für die lange Zurückhaltung und das ab Ende der 1980er Jahre plötzlich
einsetzende Engagement der Betriebswirtschaftslehre auf dem Gebiet des Umweltschutzes untersucht.

Ein Hauptgrund liegt nach meinen Ausführungen zur zweiten These auf der Hand.
Man muss sich dazu nur vergegenwärtigen, seit wann die Unternehmungen in der
Bundesrepublik Deutschland mit dem Umweltschutzthema ernsthafter konfrontiert
werden. Von gesetzlicher Seite begann dies etwa Anfang der 1970er Jahre und
steigerte sich erst langsam, ab den 1980ern aber immer schneller zu einer heute für
die Unternehmungen kaum noch überschaubaren Zahl an Gesetzen und Verordnungen, die, obwohl gut gemeint, wegen dieser Unübersichtlichkeit und Fülle
mitunter kontraproduktiv wirken.[10] Noch stärker als die gesetzlichen Restriktionen
beeinflussen in einigen Branchen die öffentliche Meinung und die Nachfrage der
Kunden, manchmal vielleicht auch die Einstellung der eigenen Mitarbeiter, direkt
oder aber indirekt die Unternehmensführung. Neben den indirekten Auswirkungen
über die langfristige Gewinnerzielung ist nämlich auch eine direkte Einflussnahme
der genannten Anspruchsgruppen auf das Verhalten der Manager als Entscheidungsträger möglich.

---

[10] Ein besonderes Problem stellen die langwierigen, aufwändigen Zulassungs- und Geneh-
migungsverfahren dar; siehe z.B. das Plädoyer des Leiters der Forschungsplanung in der
BASF-Gruppe gegen diese Verfahren (vgl. ZEIT Nr. 51 vom 17. Dezember 1993, S. 28).

Vergleicht man die zeitliche Entwicklung der Bedeutung, die dem Umweltschutz von den verschiedenen Bereichen zuteil geworden ist, insbesondere vom Staat, der Öffentlichkeit, den Verbrauchern und den Unternehmungen, so lässt sich eine gewisse Parallelität erkennen, wenngleich sie manchmal mit einiger Zeitverzögerung auftritt. Diese Parallelität spiegelt sich mehr oder minder auch bei der Behandlung des Themas Umweltschutz durch die Betriebswirtschaftslehre wider. Ich möchte deshalb die Hypothese aufstellen, dass die faktische Bedeutung des Umweltschutzes für die Betriebswirtschaftslehre auch in Zukunft in etwa parallel zu der Bedeutung des Umweltschutzes für die Gewinnerzielung und damit auch für die Führung der Unternehmungen verlaufen wird. Mit anderen Worten: *Die Betriebswirtschaftslehre nimmt das Thema Umweltschutz im Rahmen ihres jeweiligen Selbstverständnisses grundsätzlich an und wird dies auch in Zukunft tun!* Wie breit die Basis derjenigen ist, die sich mit dem Umweltschutz auseinander setzen, wird – bei realistischer Betrachtung – wohl zu einem großen Teil davon abhängen, inwieweit der Umweltschutz ein Thema für die Unternehmungen bzw. für die Institutionen zur Verringerung von Einkommensunsicherheiten ist und bleibt. Diesbezüglich bin ich der Meinung, dass das Gewicht des Umweltschutzes auf lange Sicht eher noch zunehmen wird. Das schließt nicht aus, dass sich zeitweise andere Themen, wie etwa die Arbeitslosigkeit, zu Lasten des Umweltschutzes in den Vordergrund drängen.

Es ist zwar richtig, wenn besonders von Seiten der Wirtschaft verlangt wird, dass der Umweltschutz im Interesse der Wettbewerbsfähigkeit unserer Industrie nicht nur national, sondern besonders auch international forciert werden muss. Andererseits zeugt es selbst bei rein ökonomischer Betrachtung von einer Kurzsichtigkeit einiger Vorstände großer deutscher Industriekonzerne, wenn sie eine Pause bei den deutschen Umweltschutzbemühungen einfordern. Sie setzen damit ihre umwelttechnische und -marktliche Vorreiterrolle aufs Spiel. Henzler und Späth (1993) sehen die Chancen für die zukünftige Entwicklung der deutschen Gesellschaft insbesondere in einer ökologisch orientierten sozialen Marktwirtschaft, bei der die gesamte Wirtschaft durch geeignete Rahmenbedingungen zu einem umweltfreundlichen Verhalten angehalten wird. Nach ihrer Meinung bildet die Umweltschutztechnologie eine der Schlüsseltechnologien der Zukunft (ebenda, S. 95 und 195f.). Sie führen den Erfolg der deutschen Umweltschutzgüterindustrie gerade auf die vergleichsweise hohen Umweltschutzanforderungen in Deutschland zurück und sehen dies als eine Stärke der deutschen Wirtschaft, die es weiter zu fördern gilt. Dabei sind die Autoren unverdächtig, zu den Sympathisanten der Grünen zu gehören. Herbert Henzler ist Chairman von McKinsey & Co. in Deutschland, und Lothar Späth, ehemaliger Ministerpräsident von Baden-Württemberg, ist heute Vorsitzender der Geschäftsführung der JENOPTIK GmbH in Jena. McKinsey, weltweit wohl die bekannteste Unternehmensberatungsgesellschaft, hat im Übrigen in einer 1993 gelaufenen, großen Anzeigenkampagne den schwierigen Übergang unserer hochkomplexen Industriegesellschaft in ein ökologisch ausbalanciertes, leistungsfähiges Wirtschaftssystem als „eine gewaltige Aufgabe [bezeichnet], die uns in den kommenden Jahrzehnten in Atem halten wird. ... Das Unternehmens-Management der Zukunft ist auch Umwelt-Management. ... Als führende Managementberatung kann sich McKinsey nicht damit zufrieden geben, lediglich mit dieser Entwicklung Schritt zu halten. Wir werden sie vielmehr mit allem Nachdruck vorantreiben."[11] Seit Mitte der 1990er Jahre ist es jedoch wieder deutlich ruhiger im Hinblick auf Bekenntnisse der Wirtschaft zum Umweltschutz geworden. Für die Umweltschutzgüterindustrie besteht darüber hinaus längerfristig eher ein Absatzpotenzial in angepassten Umwelttechnologien für die Entwicklungsländer, da in den Industrieländern Umweltschutz produktionsintegriert erfolgen und damit von herkömmlichen Investitionsgüterherstellern übernommen wird.

Als Fazit der vierten These lässt sich festhalten, dass die Betriebswirtschaftslehre den Umweltschutz als eines ihrer Themen anerkannt hat, wenn auch erst seit relativ kurzer Zeit, dafür jedoch umso intensiver und wohl auch auf Dauer. Allerdings steht die Bemühungen noch am Beginn, nicht nur bei der Forschung, sondern mehr noch bei der Lehre. Die fünfte und letzte These soll die Bedeutung des Themas Umweltschutz für die Unternehmungen und die Betriebswirtschaftslehre zusätzlich in eine weitere Perspektive stellen.

6 Relevanz für Gesellschaft und Individuen

In der öffentlichen Diskussion ist immer wieder zu hören, dass die Industrie der Hauptverursacher aktueller und potenzieller künftiger Umweltschäden sei. Wegen dieser Gefährdungen und Risiken trage sie die eigentliche Verantwortung.[12] Es ist nicht zu bestreiten, dass die Industriebetriebe einen sehr großen Einfluss auf die natürliche Umwelt haben, und zwar sowohl direkt bei der Produktion über den Ressourcenverbrauch und die Emissionen als auch mittelbar über die Entwicklung und das Angebot umweltfreundlicher Produkte. Aber gemäß dem Spruch: „It takes two for tango!" müssen die Anstrengungen einer Unternehmung zur Schonung der Umwelt auch von den Kunden honoriert werden. Im Regelfall wird die erhöhte Umweltfreundlichkeit einer Unternehmung nämlich zu erhöhten Kosten der Produkte führen. Nur wenige Unternehmungen können es sich auf Dauer leisten, diese Kosten nicht über die Produktpreise an die Kunden weiterzugeben.

Sicherlich gibt es Fälle, bei denen Unternehmungen durch ein umweltfreundlicheres Verhalten sogar ohne Leistungseinbuße ihre Kosten senken können – wenn man Praxisberichten Glauben schenken darf, soll das tatsächlich des Öfteren vorkommen. Falls das aber wirklich so ist, dann hätte eine solche Unternehmung ihr

---

[11] Erschienen in mehreren auflagenstarken Zeitungen und Zeitschriften im Oktober 1993; vgl. auch den Kommentar in der ZEIT Nr. 42 vom 15. Oktober 1993, S. 40, in der Rubrik „Manager und Märkte".

[12] Vgl. dazu die Diskussion unternehmerischer Verantwortung in Steinmann/Zerfaß 1993.

Verhalten eigentlich schon vorher allein aus wirtschaftlichen Gründen ändern müssen. Außer Schlampigkeit der Manager verhindert die Komplexität der Realität, insbesondere die Unvollständigkeit der Information bei den einzelnen Aufgabenträgern einer Organisation, dass Unternehmungen „zu hundert Prozent" effizient wirtschaften. Deshalb können über den Umweltschutz möglicherweise Anstöße zu einer Effizienzverbesserung erfolgen, welche ansonsten übersehen worden wären.

Für Unternehmungen, die schon bislang effizient gewirtschaftet haben, gilt dagegen, dass ein stärker umweltfreundliches Verhalten *bei unveränderten Leistungen* (zwangsläufig) zu höheren Kosten führt. Volkswirtschaftlich spricht man davon, dass externe Kosten der Produktion internalisiert werden. Und diese nunmehr internalisierten Kosten müssen von irgendjemandem getragen werden. Wenn sie nicht auf die Kunden der Unternehmung überwälzt werden, so trifft es stattdessen etwa die Lieferanten, die Arbeitnehmer, den Staat – d.h. alle Bürger (z.B. mittels Subventionen) – oder aber letztlich die Unternehmenseigner durch einen verringerten Gewinn.

Nun sind aber die Spielregeln einer Marktwirtschaft der Art, dass die Unternehmungen, um im Wettbewerb zu bestehen, auf Dauer Gewinne erzielen müssen, und zwar möglichst hohe. In diesem Sinne nicht erfolgreiche Unternehmungen können auf Grund des systemimmanenten Selektionsmechanismus nicht überleben. Wie Theorie und Praxis beweisen, verspricht die Marktwirtschaft unter allen bekannten Wirtschaftssystemen die höchste ökonomische Effizienz. Der systematische Ort der Moral in der Marktwirtschaft liegt demnach in der Formulierung der konkreten Spielregeln, d.h. der Ausgestaltung der Rahmenordnung, etwa durch eine geeignete Umweltschutzgesetzgebung. Homann (1992, S. 80f.) hat dies so formuliert: „Der Sinn der Unterscheidung zwischen der Rahmenordnung und den Handlungen innerhalb der Rahmenordnung besteht genau darin, moralische Forderungen auf der Ebene der Rahmenordnung abzugelten und moralische Motivationen bei den Handlungen innerhalb der Rahmenordnung überflüssig zu machen, um hier den Wettbewerb nutzen zu können. Unternehmensethik kommt paradigmatisch erst mit dem Gedanken ins Spiel, dass die Rahmenordnung aus praktischen und systematischen Gründen niemals ... vollständig und lückenlos ausgestaltet ist ... In einer Welt, die von Unsicherheit, Unwissenheit, Transaktionskosten, Macht und dynamischen Entwicklungen gekennzeichnet ist, erweist es sich als notwendig, die entstehenden Probleme ... 'vor Ort' anzugehen, allerdings ... nicht auf Dauer, sondern nur solange, bis sie von einer entsprechend angepassten Rahmenordnung dauerhaft geregelt sind."[13]

Bei Defiziten in der Rahmenordnung fällt die ansonsten an die Rahmenordnung delegierte Legitimationsverantwortung wirtschaftlichen Handelns an die Unter-

---

[13] Ausführlicher Homann/Blome-Drees 1992. Kritisch zur Rolle der Unternehmensethik siehe Hax 1993.

nehmungen zurück (vgl. Homann/Blome-Drees 1992, S. 125ff.). Dieses Verständnis lässt durchaus Platz für ein ethisch begründetes, umweltfreundliches Verhalten der Unternehmungen[14] zu Lasten ihres Gewinns, jedoch nur, falls die Rahmenordnung versagt, und nur vorübergehend! Um es mit anderen Worten zu sagen: „Unternehmungen werden nicht gegründet, um Umweltschutzpreise zu gewinnen, sondern um nachhaltig ökonomische Erträge zu erwirtschaften" (Staehle/Nork 1992, S. 80), und: „Umweltschutz wird dann weniger aus höherer Einsicht in gesellschaftliche bzw. ökologische Verantwortlichkeiten des Unternehmens, sondern mehr aus einzelwirtschaftlicher Rationalität, um nicht zu sagen Opportunität, betrieben (oder lediglich propagiert)" (Wagner 1990, S. 303).

Für den Umweltschutz entscheidend ist lediglich, *dass* Unternehmungen sich tatsächlich umweltfreundlich verhalten, nicht die Frage, *warum* sie es tun. Um die wirklichen Motive zu ergründen, müsste man außerdem letztlich in die Köpfe der handelnden Personen schauen können, und das ist bei Managern ebenso schwierig wie bei den früher erwähnten Vegetariern.

Bei einer Marktwirtschaft brauchen wir aber auch gar nicht in die Köpfe der Unternehmensführer zu schauen. Es genügt, wenn die Spielregeln von der Gesellschaft so gestaltet werden, dass Gewinnerzielung automatisch auch zu umweltfreundlichem Verhalten der Unternehmungen führt. Darüber nachzudenken ist innerhalb der Wirtschaftswissenschaft weniger die Aufgabe der Betriebswirtschaftslehre als die der Volkswirtschaftslehre. Und es ist in erster Linie eine Aufgabe anderer, nicht-wirtschaftlicher Disziplinen – wie beispielsweise der Politologie, der Soziologie, der Psychologie, der Erziehungswissenschaften oder eventuell auch der Theologie – sich zu überlegen, wie die Öffentlichkeit und insbesondere die Verbraucher davon überzeugt werden können, sich selbst auch umweltfreundlich zu verhalten, insbesondere durch eine entsprechende Nachfrage nach den Produkten umweltfreundlicher Unternehmungen. „Sind unsere Bedürfnisse umweltverträglich?", so lautet die berechtigte Frage von Zinn (1995).

Damit die Umwelt wirksam geschützt wird, muss sich jeder Einzelne umweltfreundlich verhalten. Solange es nur eine Minderheit tut, wird die Umwelt weiterhin massiv geschädigt. Mit anderen Worten: Den Nachteilen, die der Einzelne bei umweltfreundlichem Verhalten durch erhöhte Kosten, verringerten Komfort u.a.m. in Kauf nehmen muss, steht nur dann ein Nutzen gegenüber, wenn (fast) alle anderen Mitbürger auch mitmachen. Man nennt diese Situation ein soziales Dilemma, in Verallgemeinerung des bekannten Gefangenendilemmas der Spieltheorie.[15] Dies näher auszuführen, würde einen eigenen Beitrag erfordern. Ich möchte deshalb

---

[14] Siehe dazu auch Pies/Blome-Drees 1993 sowie Hansen 1993. Zur Notwendigkeit der Verbindung von Ethik und Betriebswirtschaftslehre siehe auch Schauenberg 1991.
[15] Vgl. hierzu Weimann 1991 sowie Poundstone 1992. Siehe auch Homann/Pies 1991 und Krelle 1992.

abschließend nur eine Idee davon anhand der folgenden Parabel vermitteln (zitiert nach Hopfenbeck 1990, S. 397):

Whose Job is it?

This is a story about four people named *Everybody*, *Somebody*, *Anybody*, and *Nobody*. There was an important job to be done, and *Everybody* was asked to do it. *Everybody* was sure *Somebody* would do it. *Anybody* could have done it, but *Nobody* did it. *Somebody* got angry about that because it was *Everybody*'s job. *Everybody* thought *Anybody* could do it but *Nobody* realized that *Everybody* wouldn't do it. It ended up that *Everybody* blamed *Somebody* when *Nobody* did what *Anybody* could have done.

Lektion III

Harald Dyckhoff

Ein Integrationsrahmen für das betriebliche Umweltmanagement

Forschung und Praxis des betrieblichen Umweltmanagements haben sich während der letzten Dekade so stürmisch entwickelt, dass man leicht die Übersicht verlieren kann, zumindest aber den Eindruck gewinnt, die einzelnen Entwicklungslinien seien unzusammenhängend, wenn nicht widersprüchlich. Mit dem hier vorgestellten Rahmen sollen die Entwicklungslinien in einen Gesamtzusammenhang eingeordnet werden, sodass sie sich als verschiedene Sichtweisen ein und desselben Erkenntnisobjekts begreifen lassen. Die so beschriebene Forschungslandkarte verdeutlicht die grundsätzliche Komplementarität der vorherrschenden Ansätze, aber auch „weisse Flecken".

Gleichzeitig liefert diese Lektion mit dem vorgestellten Integrationsrahmen eine Begründung für die in Lektion I dargelegte umfassende Konzeption eines betrieblichen Umweltmanagements. Der Rahmen ist vom Autor an anderer Stelle entwickelt und ausführlicher erläutert worden.[1]

---

[1] Siehe ausführlich Dyckhoff 1998b; dort finden sich auch detailliertere Literaturhinweise; vgl. zur vorliegenden Fassung auch Dyckhoff 1999a.

1 Einführung

Angesichts hoher Arbeitslosenquoten und eines harten internationalen Wettbewerbs ist der Stellenwert des Umweltschutzes in Deutschland am Ende des ausgehenden 20. Jahrhunderts zurückgegangen. Dies darf aber nicht darüber hinwegtäuschen, dass die bislang erreichten Erfolge im Umweltschutz, so erheblich sie im Einzelnen sein mögen, auf Dauer nicht ausreichen. Der wirtschaftliche Nachholbedarf der unterentwickelten Länder sowie das immer noch starke Bevölkerungswachstum in vielen Regionen werden die Belastungsgrenzen des Öko-Systems Erde so weit strapazieren, dass die technologisch fortgeschrittenen Länder ihr bisheriges Niveau der Umweltbelastung nicht aufrecht erhalten werden können. Der Umweltschutz wird deshalb zu einem zentralen Thema des 21. Jahrhunderts werden.

Es mag sein, dass noch zehn, zwanzig oder vielleicht sogar fünfzig Jahre vergehen werden, bis sich die Erkenntnis der Notwendigkeit einer weltweit auf Nachhaltigkeit (sustainability) angelegten und durchgreifenden Umweltpolitik breit in der Gesellschaft durchgesetzt hat und die Leitlinie sowohl für die Politik als auch für die Wirtschaft bildet. An der Tatsache, dass ein solcher Zeitpunkt früher oder später kommen wird, kann jedoch eigentlich kein Zweifel bestehen. Angesichts dieser Zukunftserwartungen ist es Aufgabe der Wissenschaft, so früh wie möglich Erkenntnisse zu gewinnen und Konzepte auszuarbeiten, welche bei der Lösung der heute oder künftig anstehenden Umweltprobleme helfen können. Das gilt für die Betriebswirtschaftslehre ebenso wie für jede andere wissenschaftliche Disziplin. Auch wenn – oder gerade weil – Wirtschaftsverbände aus einem kurzsichtigen oder vermeintlichen Interesse mancher ihrer Mitglieder (oder Funktionäre) oft eine eher ablehnende Haltung gegenüber einem verschärften Umweltschutz zeigen, sollte die Betriebswirtschaftslehre nicht zögern, sich ihrer diesbezüglichen Verantwortung zu stellen. Die Erfahrung lehrt, dass öffentlich geäußerte Meinungen in Politik und Wirtschaft häufig taktisch bedingt sind und sich innerhalb kurzer Zeit gravierend ändern können. Hier besteht für die Betriebswirtschaftslehre die Chance (und die Pflicht), frühzeitig aufklärend zu wirken, anstatt wie in vielen anderen Fällen den immer wieder in der Praxis aufkommenden Modewellen hinterherzulaufen.

Wie es scheint, nimmt die deutsche Betriebswirtschaftslehre die sich aus dem Umweltschutz ergebende Aufgabenstellung nach zögerlichen Anfängen in den siebziger und achtziger Jahren seit etwa zehn Jahren ernst. Seitdem ist ein breites Spektrum von Aktivitäten und Institutionen auf dem Gebiet des betrieblichen Umweltmanagements entstanden. Die diesbezügliche wissenschaftliche wie auch praxisnahe Literatur hat sich sogar so stürmisch entwickelt, dass man auch als Spezialist kaum noch den Überblick über alle Aspekte des betrieblichen Umweltmanagements behalten kann. Neben der überwältigenden Zahl an Veröffentlichungen spielt hierbei außerdem die Verschiedenartigkeit der von einzelnen Strömungen verfolgten methodischen und inhaltlichen Ansätze eine wesentliche Rolle. Es fällt daher schwer, die einzelnen Beiträge richtig einzuordnen und noch schwerer, die Spreu vom Weizen zu trennen. Wegen der mangelnden Übersichtlichkeit wird des Öfteren quasi „das Rad neu erfunden" bzw. fallen Beiträge hinter dem *State of the Art* zurück, einfach deshalb, weil er den Betreffenden unbekannt ist. Umgekehrt gehen innovative Beiträge möglicherweise in der Masse an Veröffentlichungen unter. Dringend nötig ist eine seriöse und breit angelegte Dokumentation der bislang erreichten Fortschritte.

Die in letzter Zeit in steigender Zahl erscheinenden Lehrbücher sind ein wichtiger, wenn nicht sogar der wichtigste Weg, dieses Wissen zu dokumentieren. Lehrbücher stellen in der Regel die Teile eines Fachgebietes dar, die als gefestigter Erkenntnisstand gelten, was gewisse Schwerpunktsetzungen oder Unterschiede in der Präsentation nicht ausschließt. Vergleicht man jedoch die bisher existierenden Werke, so gehen die bestehenden Unterschiede über solche normalen Differenzierungen bei weitem hinaus. Dabei sind es nicht nur die sich meistens in der Sache kaum überschneidenden Inhalte, sondern viel mehr noch die verschiedenen eingenommenen Perspektiven und Auffassungen über den zu behandelnden Gegenstand, welche deutlich werden lassen, dass es so etwas wie einen Fundus an gesicherter, breit akzeptierter Erkenntnis bislang nicht zu geben scheint. Ein von allen relevanten Strömungen getragenes, aktuelles Hand(wörter)buch des betrieblichen Umweltmanagements könnte zwar zur besseren Übersicht beitragen und wäre deshalb als Ergänzung zu den verschiedenen Lehrbüchern wünschenswert. Letztlich würden aber nach wie vor die unterschiedlichen Ansätze und Zugänge zum betrieblichen Umweltmanagement losgelöst nebeneinander stehen, sodass es jedem einzelnen Leser überlassen bleibt, Beziehungen zwischen den Erkenntnissen der verschiedenen Ansätze herzustellen und so für sich selbst eine Integration des vorhandenen Wissens vorzunehmen. Gesucht ist deshalb ein eingängiger Integrationsrahmen, der eine Einordnung der verschiedenen Ansätze des betrieblichen Umweltmanagements mit ihren jeweiligen Untersuchungsschwerpunkten sowie eine Erfassung ihrer gegenseitigen Beziehungen ermöglicht.

An anderer Stelle habe ich den Versuch unternommen, einen solchen Integrationsrahmen ausführlich zu begründen (vgl. Dyckhoff 1998b). In dem vorliegenden Beitrag soll er in seinen wesentlichen Zügen vorgestellt werden. Der nachfolgende Abschnitt 2 präsentiert den Integrationsrahmen in Gestalt eines schlichten Weltbildes. Spezifische, ausschnitthafte, d.h. nur auf bestimmte Aspekte bezogene Teilsichten ermöglichen es, das abstrakte Weltbild auszubauen und zu verfeinern. Die so vertieften, jedoch jeweils nur partiellen Einsichten werden in Abschnitt 3 mit den Hauptströmungen des betrieblichen Umweltmanagements bzw. Ansätzen der betriebswirtschaftlichen Umweltökonomie in Zusammenhang gebracht. Ein kurzes Resümee beschließt den Beitrag.

2 Ein schlichtes Weltbild und seine Perspektiven

2.1 Das Gesamtbild

Bei der wissenschaftlichen Auseinandersetzung mit dem betrieblichen Umweltmanagement geht es im Kern um folgende Fragen:

1. Wie lassen sich das (unterschiedliche) Verhalten von Unternehmungen und ihren Mitgliedern in Bezug auf den Umweltschutz sowie die beobachtbare Praxis der Unternehmensführung in ihren Wechselwirkungen mit der natürlichen Umwelt erklären oder sogar prognostizieren?
2. Wie könnte ein allgemeiner Bezugsrahmen aussehen, aus dem sich situativ konkrete Gestaltungsempfehlungen für das betriebliche Umweltmanagement ableiten lassen?

Um diese Fragen beantworten zu können, ist es im ersten Anlauf hilfreich, ein grob vereinfachendes Bild für das Verhalten der Wirtschaftseinheiten und die Beziehungen zwischen ihnen zu zeichnen, seien es einzelne Individuen oder Organisationen (wie Unternehmungen). Dazu werden sämtliche Aktivitäten der Wirtschaftseinheiten in lediglich zwei Kategorien eingeteilt: die Transformationen einerseits sowie die Interaktionen andererseits. Transformationen und Interaktionen beziehen sich auf bestimmte Objekte und betreffen drei wesentliche Eigenschaftsdimensionen, nämlich materielle (d.h. stofflich-energetische), informationelle oder wertgeladene Aspekte.

Mit *Transformationen* sind solche Aktivitäten gemeint, die durch eine qualitative, räumliche oder zeitliche Veränderung von Objekten bzw. ihrer Eigenschaften gekennzeichnet sind. Aus Inputobjekten entstehen Outputobjekte. Diese Vorgänge dienen der Versorgung der Gesellschaft mit nützlichen Objekten (Güterproduktion) sowie der anschließenden Entsorgung von schädlichen und störenden Objekten (Übelreduktion), welche bei der Nutzung oder dem Verbrauch der Güter als Abfälle oder Altprodukte regelmäßig unvermeidbar anfallen (Güterkonsumtion *und* Übelentstehung). Logistische Prozesse wie Transport, Lagerung, Sortierung und Umschlag stellen raum-zeitliche, auch als Transfers bezeichnete Transformationen dar. Wirtschaftlich relevante Transformationen finden immer im Verfügungsbereich einer verantwortlichen Wirtschaftseinheit statt. Davon zu unterscheiden sind die *Interaktionen*, bei denen Objekte materieller oder immaterieller Art (wie Sachen, Dienste, Informationen und Rechte) den Verfügungsbereich von Wirtschaftseinheiten wechseln (z.B. durch Kauf, Miete, Schenkung oder Raub) bzw. aus der natürlichen Umwelt in ihn gelangen (Ressourcenabbau) oder ihn in Richtung Natur verlassen (Emission). Interaktionen verändern die Objekte an sich nicht, d.h. weder ihre Qualität noch ihre räumliche oder zeitliche Verfügbarkeit, sondern lediglich die Verfügungsmacht über sie. Speziell als *Transaktion* wird üblicherweise der Prozess der Klärung und Vereinbarung eines Austausches von Leistungen zwischen Wirtschaftseinheiten bezeichnet.

Wirtschaftliche Aktivitäten haben in der Regel Beziehungen zu bzw. Auswirkungen auf alle drei oben genannten Eigenschaftsdimensionen, im Folgenden auch als Ebenen bezeichnet. Die *materielle Ebene* ist insofern fundamental, als alle Aktivitäten physisch auf Stoffwechsel und Energieumwandlung beruhen. Im Hinblick auf den Umweltschutz bildet die materielle Ebene somit die Basis für alle weiter gehenden Überlegungen. Auch die *Informationsebene* baut darauf auf. Informationen werden von einer Wirtschaftseinheit verarbeitet (Transformation) und mit anderen Einheiten ausgetauscht (Transaktion). Informationen bilden ihrerseits eine unverzichtbare Grundlage für die *Wertebene*, wobei unter Werten hier umfassend alle Bedürfnisse, Motive, Interessen, Einstellungen, Regeln, Normen, Rechte oder Pflichten verstanden werden.

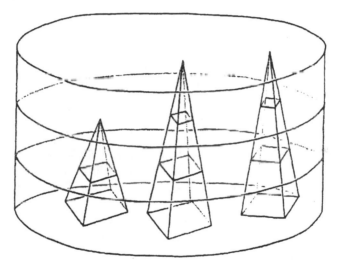

Abb. 1: Skizze eines schlichten Weltbildes

Die Abbildungen 1 und 2 stellen den Versuch dar, die zuvor geschilderte, abstrakte Vorstellung visuell zu unterstützen. Allerdings reichen dafür zwei räumliche Dimensionen nicht aus. In der Abbildung 1 wird eine tortenförmige Modellwelt dargestellt, mit den Wirtschaftseinheiten als pyramidenförmige Gestalten. Diese Welt besteht vertikal von unten nach oben aus drei Schichten, welche die materielle, die Informations- und die Wertebene repräsentieren. Die beiden anderen horizontalen Dimensionen sind nicht näher gekennzeichnet und dienen dazu, die in dieser Welt existierenden Einheiten in ihren Beziehungen untereinander sowie in ihrer inneren Struktur erfassen zu können.

Die Abbildung 2 zeigt eine solche Wirtschaftseinheit als einzelne Pyramide, mit ihrer Basis in der unteren materiellen Schicht und mit ihrer Spitze nach oben bis in die Wertebene hineinragend.

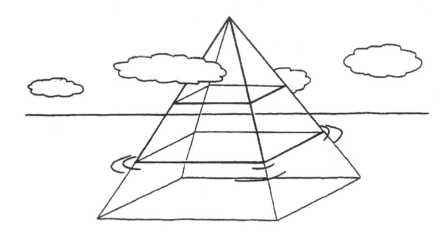

Abb. 2: Eine Wirtschaftseinheit der abstrakten Welt

2.2 Die transformationsorientierte Sicht

Bei der *transformationsorientierten* Perspektive werden einzelne Wirtschaftseinheiten im Hinblick auf den Durchfluss und die Verarbeitung von Stoffen und
Energie, Informationen bzw. Werten untersucht. In einer Input/Output-Analyse werden Zugang und Abgang während definierter Zeiträume erfasst und in einen inneren Zusammenhang zu bringen versucht. Die Abbildung 3 illustriert den Prozess
der Transformation des Input in den Output, indem ein pyramidenförmiges Wesen
der Modellwelt in einer Seitenansicht sowie der Zu- und Abfluss an Objekten in
den drei Ebenen dargestellt werden.

In der unteren Ebene bezeichnen die ein- und ausgehenden Pfeile den Stoffwechsel
und die Energieumwandlung, also beispielsweise auf der Inputseite den Einsatz an
Rohstoffen aus der Natur oder an Strom aus einem nahe gelegenen Kraftwerk bzw.
auf der Outputseite den Ausstoß an Produkten für den Konsum oder an Abwärme
in die Natur. Auf der mittleren Ebene beschreibt das Transformationsmodell die
Verarbeitung wertneutraler Informationen durch die Wirtschaftseinheit. Der In-
formationsoutput kann dabei sowohl ein Hauptprodukt sein (bspw. der Inhalt des
Projektberichts einer Unternehmensberatungsgesellschaft für ihren Klienten) als
auch einen nachgeordneten Zweck erfüllen (bspw. der Inhalt des Umweltberichts
eines Industriebetriebs für die Öffentlichkeit). Input auf der oberen Ebene sind
wertgeladene Informationen wie Gesetzesvorschriften oder moralische Normen der
Gesellschaft, Output etwa nach außen kommunizierte Unternehmensleitbilder. Die
Transformation auf dieser Ebene bezieht sich danach auf die Werteverarbeitung
durch die betrachtete Wirtschaftseinheit.

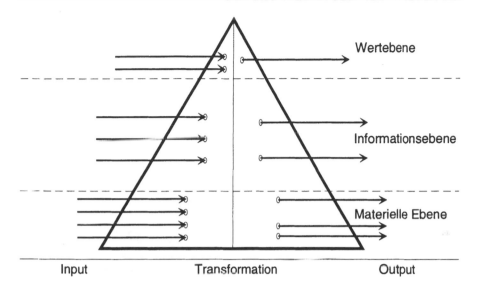

Abb. 3: Die Wirtschaftseinheit als Transformationssystem

Die sich in den drei Ebenen vollziehenden Transformationen können nicht isoliert voneinander gesehen werden. Vielmehr greifen die Prozesse aller drei Ebenen ineinander: Informationsprozesse setzen begleitende stofflich-energetische Prozesse voraus, Werteverarbeitungsprozesse entsprechende Informationsprozesse. Umgekehrt steuern Informationsprozesse geleitet von zuvor festgelegten Werthaltungen die stofflich-energetische Transformation. Auf diese vertikalen Zusammenhänge geht die später erläuterte vertikal-integrierende Perspektive ein. Das Transformationsmodell selbst konzentriert sich auf eine horizontale Betrachtung der Modellwelt.

2.3 Die interaktionsorientierte Sicht

Die *interaktionsorientierte* Perspektive betrachtet die Welt der Abbildung 1 ebenfalls in erster Linie horizontal. Im Unterschied zur transformationsorientierten Sicht konzentriert sie sich jedoch auf die Beziehungen zwischen den Wirtschaftseinheiten. Derartige Beziehungen resultieren im Wesentlichen aus Austauschprozessen auf allen drei Ebenen. Die Abbildung 4 stellt die Beziehungen in einer Draufsicht der Tortenwelt dar, sodass hinsichtlich der drei Ebenen keine Unterscheidung gemacht wird.

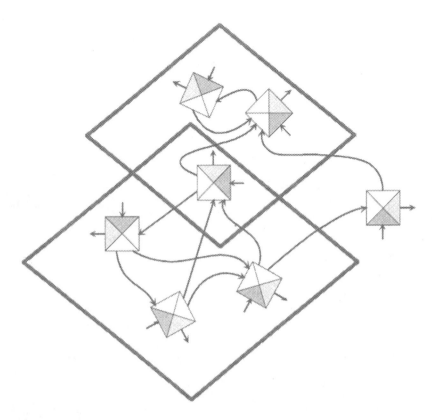

Abb. 4: Interaktionen zwischen Wirtschaftseinheiten und mit der Natur

Die zweidimensionale Draufsicht einer pyramidenförmigen Wirtschaftseinheit ist rautenförmig. Transformationsbezogen lassen sich zwei Input- und zwei Outputseiten identifizieren. Auf den Inputseiten werden Stoffe, Energie, Informationen und Werte empfangen, auf den Outputseiten dagegen abgegeben. In Flussrichtung sind somit jeweils eine linke und eine rechte Input- bzw. Outputseite einer Pyramide bzw. Raute unterscheidbar. Die linken Seiten betreffen die Beziehungen zwischen den Einheiten innerhalb des Wirtschaftssystems (i.d.R. Transaktionen); die rechten (schattierten) Seiten kennzeichnen demgegenüber die Beziehungen zur Ökosphäre, d.h. die Aneignung von Stoffen, Energie und Informationen aus der Natur bzw. umgekehrt ihre Überlassung an die Natur.

Die Austauschbeziehungen sind nicht in einem physischen Sinn zu verstehen. So gehören etwa Transporte als Raum-Zeit-Veränderungen zu den Transformationen, d.h. stellen selbst keine Interaktionen (bzw. Transaktionen) dar. Eine Interaktion oder Transaktion findet statt, wenn Objekte den Verfügungsbereich einer Wirtschaftseinheit verlassen oder in sie gelangen. Im Rahmen wirtschaftlicher Aktivitäten ist damit regelmäßig die Übertragung von Verfügungsrechten und Verfügungspflichten zwischen verschiedenen Einheiten verbunden (linke Seiten der Rauten).

Bei der Ressourcenentnahme aus der Natur handelt es sich um eine Aneignung von Verfügungsrechten, bei der Emission in die Natur um eine Entledigung von Verfügungspflichten (rechte Seiten der Rauten). Die Pfeile zwischen den Rauten in Abbildung 4 beschreiben so die Übertragung von Verfügungsrechten und dürfen nicht unmittelbar als Materialströme interpretiert werden.[2]

Interaktionen zweier Wirtschaftseinheiten beziehen sich regelmäßig auf den Austausch von Leistungen (Transaktionen). Bildlich kann dies durch Pfeile von der linken Outputseite jeder der beiden Rauten zu der linken Inputseite der jeweils anderen Raute zum Ausdruck gebracht werden, welche die ausgetauschten Leistungen kennzeichnen (z.B. Ware gegen Geld). Der monetär quantifizierte Aufwand für solche Transaktionen (Anbahnung, Vereinbarung, Abwicklung, Kontrolle und ggf. Anpassung) entspricht den Transaktionskosten.

Abhängig von Spezifität, Veränderlichkeit, Häufigkeit und weiteren Einflussgrößen der Transaktionen kann es für die Wirtschaftseinheiten Transaktionskosten sparend sein, sich stärker untereinander zu koordinieren, indem sie dauerhafte Bindungen eingehen und dadurch zu einer übergeordneten Wirtschaftseinheit zusammenwachsen. In der Abbildung 4 sind zwei solche Einheiten wieder in Gestalt von Rauten skizziert. Dabei wird deutlich, dass ein und dieselbe Einheit je nach Bindungsart verschiedenen übergeordneten Organisationen angehören kann, beispielsweise ein menschliches Individuum sowohl einer Unternehmung als auch einem Haushalt. Derartige engere Verbindungen mehrerer Individuen brauchen nicht nur durch Transaktionskosten begründet zu sein, sondern können ebenso auf anderen, insbesondere emotionalen oder moralischen Kategorien der Wertebene beruhen. Von außen betrachtet kann die organisatorische Einheit mehrerer Individuen als ein eigenständiges Wirtschaftssubjekt angesehen werden, wie beispielsweise im Falle der Rechtspersönlichkeit von Körperschaften. Bildlich wird es dann ebenfalls als Raute oder Pyramide dargestellt und von einzelnen Individuen nicht prinzipiell unterschieden. In diesem Sinne sind die Gestalten in den Abbildungen 1 bis 4 je nach Kontext wahlweise als Individuen oder als organisatorische Einheiten mehrerer Individuen interpretierbar. Durch eine sukzessive Zusammenfassung zu jeweils übergeordneten Einheiten kann so eine Hierarchie von Organisationen aufgebaut und je nach Zweck eine mehr oder minder aggregierte (Mikro- oder Makro-)Sicht verfolgt werden.

Der ökologische Produktlebensweg eines Rohstoffes „von der Wiege bis zur Bahre" entspricht in Abbildung 4 einer Kette zugehöriger Interaktionspfeile der beteiligten Wirtschaftsakteure: von der Entnahme aus der Natur bei seiner Gewinnung,

---

[2] Insofern unterscheidet sich diese Begriffsfassung von Kirchgeorg 1999, S. 78ff., der Transportprozesse den Transaktionen zuordnet. Ansonsten besteht eine enge Verwandtschaft zwischen Kirchgeorgs Ansatz und dem hier vorgestellten Modell, die insbesondere bei der Abbildung 5 zum Ausdruck kommt.

z.B. durch eine Bergbauunternehmung, seine Verarbeitung in dem Produkt eines Herstellers, seine (implizite) Nutzung durch den Käufer des Produktes, seine Verwertung bei der Altproduktentsorgung bis hin zur Rückgabe an die Natur im Falle der Beseitigung. Die Produktverantwortung eines Herstellers im Rahmen einer Kreislaufwirtschaft äußert sich in diesem Bild darin, möglichst umweltfreundliche Transaktionsketten auf den linken Seiten der Pyramiden bzw. Rauten zu bilden und diese am besten sogar zu Transaktionsringen zu schließen. Da einzelne Akteure entlang solcher Ketten oder Ringe bei diesem Konzept aber nicht mehr nur für die Transaktionen mit ihren unmittelbaren Partnern auf der Input- und Outputseite verantwortlich sind, sondern für die gesamte Kette, erhöhen sich die Transaktionskosten – bei unveränderter Organisation des Wirtschaftssystems – deutlich.

2.4 Die horizontal integrierende Sicht

Innerhalb der Modellwelt werden zwei prinzipielle Arten von Aktivitäten unterschieden: Transformationen und Interaktionen. Die getrennte Betrachtung dieser beiden Aktivitätskategorien ist für viele umweltökonomische Teilfragestellungen hilfreich und führt zu substanziellen Teilerkenntnissen. Allerdings gibt es darüber hinaus essenzielle Aspekte der zu Beginn des Abschnitts 2 formulierten Kernfragen, welche eine integrierte Sichtweise der Transformationen und Interaktionen erfordern. Zur Komplexitätsreduktion beschränken sich Analysen derartiger Fragestellungen dann in anderer Weise durch Ausblendung nicht unbedingt relevant erscheinender Gesichtspunkte. So konzentriert sich die Produktökobilanzierung auf Stoffstromanalysen entlang des ökologischen Produktlebenszyklus, d.h. auf die ausschließliche Betrachtung der materiellen Ebene oder sogar nur bestimmter Teilschichten dieser Ebene. Innerhalb dieser Schicht wird dann versucht, die Vernetzung der relevanten Akteure mit ihren Transformationen und Interaktionen herauszuarbeiten und aufzuzeigen (z.B. regionale Stoffverwertungsnetzwerke). In Erweiterung der oben genannten Transaktionsringe geht es hierbei um die simultane Betrachtung auch der Transformationsbeziehungen, um so Stoffkreisläufe vollständig beschreiben und analysieren zu können. Unter Vernachlässigung der Wirtschaftseinheiten skizziert die Abbildung 5 ein einfaches Kreislaufmodell, gewissermaßen in einer Draufsicht der Tortenwelt in Abbildung 1, wenn diese das von der Ökosphäre umgebene ökonomische System repräsentiert.[3]

Die Abbildung illustriert idealtypisch den Stofffluss von der Ressourcenentnahme aus der Natur über die gegebenenfalls mehrfache Erzeugung, Nutzung und Verwertung von Produkten und Abfällen mittels dieser Primär- bzw. dann Sekundärrohstoffe bis hin zur Beseitigung nicht weiter verwertbarer Reste durch Rückgabe an die Natur. Gemäß der vorgenommenen Einteilung handelt es sich bei Produktion, Konsumtion und Reduktion um Transformationsprozesse. Sie werden miteinander

---

[3] Mit dieser bildhaften Vorstellung werden die Grenzen einer solchen visuellen Unterstützung abstrakter Denkmodelle deutlich.

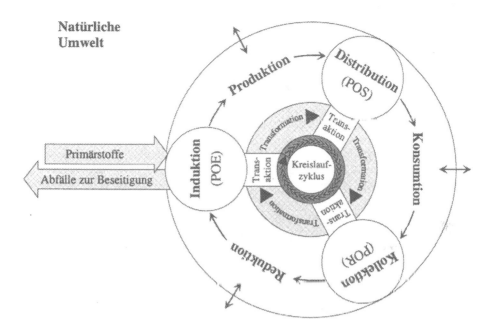

Abb. 5: Ein einfaches Stoffkreislaufmodell[4]

durch Transaktionen zwischen Wirtschaftssubjekten zu einem oder mehreren Kreislaufzyklen verbunden. Die drei Schnitt- bzw. Nahtstellen kennzeichnen die Distribution der Produkte (POS: point of sale), die Kollektion oder Retrodistribution der Altprodukte und Abfälle (POR: point of return) sowie die (Re-)Induktion der Primär- oder Sekundärstoffe (POE: point of entry, reentry or exit). Letztere ist damit gleichzeitig die Schnittstelle zur Natur: Einerseits werden dem Wirtschaftssystem über Interaktionen Primärstoffe zugeführt (Induktion), andererseits werden Abfälle zur Beseitigung und sonstige Emissionen des Wirtschaftssystems an die Natur abgegeben (Abduktion).

Die Notwendigkeit *horizontal integrierender* Teilsichten ergibt sich aus der mangelnden Separierbarkeit der Aktivitäten der einzelnen Wirtschaftssubjekte hinsichtlich ihrer umweltrelevanten Wirkungen. Prämissen für Separationstheoreme, wie etwa die in anderen betriebswirtschaftlichen Teilgebieten vielfach vorzufindende Annahme vollkommener Märkte, sind nicht einmal näherungsweise erfüllt. Vielmehr noch können sie problemimmanent systematisch nicht vorausgesetzt werden. Eine wesentliche Ursache dafür sind die externen Effekte wirtschaftlicher Aktivitäten, welche aus ökologischer Sicht nicht vernachlässigt werden können, obwohl oder gerade weil sie sich ökonomisch nicht über entsprechende Preissignale be-

---

[4] Die Darstellung ist eng an diejenige von Kirchgeorg 1999, S. 81, angelehnt, welche sich wiederum als eine weiterentwickelte 'Vorgang-Pfeil'-Version eines meiner früheren Bilder auffassen lässt (vgl. Dyckhoff 1994, S. 10).

merkbar machen. Aus diesem Grund sind rein monetär definierte Erfolgsmaßstäbe zur umweltorientierten Beurteilung von Transaktionen und Transformationen prinzipiell kaum geeignet.

Die Erfolgsbeurteilung einschließlich der Berücksichtigung ökologischer (oder sozialer) Motive ist Gegenstand der Wertebene. Hier sind zwei Fragen von besonderer Bedeutung: Wie werden Werte in Interaktionen zwischen Individuen oder Organisationen untereinander vermittelt? Und wie werden die von außen an sie herangetragenen Normen, Regeln, Rechte und Pflichten usw. von den einzelnen Individuen oder Organisationen transformiert, d.h. intern verarbeitet, in für sie gültige Werte übersetzt sowie u.U. im Rahmen der Kommunikation an die Umgebung mitgeteilt? Wertbezogene Interaktionen und Transformationen der einzelnen Akteure lassen sich dabei ebenfalls nicht immer separieren, sodass auch auf der Wertebene eine horizontal integrierende Sichtweise erforderlich ist. Ursache dafür sind insbesondere die für Umweltprobleme typischen sozialen Dilemmata, bei denen individuell rationales und kollektiv rationales Verhalten auseinander fallen.

2.5 Die vertikal integrierende Sicht

Die bislang vorgestellten Sichtweisen sind in erster Linie horizontal orientiert und konzentrieren sich in der Regel auf nur eine der drei Hauptebenen, ohne die Interdependenzen zwischen der materiellen, der Informations- und der Wertebene zu beachten. Dabei wurde schon darauf hingewiesen, dass die einzelnen Ebenen letztlich nicht losgelöst voneinander analysiert werden können, wenn realistische Vorschläge zur Lösung von Umweltproblemen unterbreitet werden sollen. Besonders in gestalterischer Absicht, aber auch in erkenntnisorientierten Untersuchungen, ist deshalb die *vertikal integrierende* Perspektive unverzichtbar. Diese lässt sich gemäß Abbildung 6 in dem Aufriss einer der pyramidenförmigen Gestalten der Abbildungen 1 und 2 veranschaulichen. Im Unterschied zu Abbildung 3 wird die Unternehmung nicht in einer Außensicht quasi als Black Box behandelt, sondern es wird nun ihre innere Struktur verdeutlicht.

Die Abbildung 6 unterscheidet zunächst grob zwei wesentliche Subsysteme der Unternehmung: oben das Führungssystem und unten das Ausführungs- oder Leistungssystem. Das Ausführungssystem ist bei Industriebetrieben schwerpunktmäßig in der materiellen Ebene, bei Dienstleistungsunternehmungen aber auch stärker in der Informationsebene angesiedelt. Das Führungssystem befindet sich demgegenüber bei einer funktionalen Betrachtung, bei der von physischen Aspekten wie etwa informations- und kommunikationstechnischen Führungshilfsmitteln abstrahiert werden kann, ausschließlich in der Informationsebene und der Wertebene.

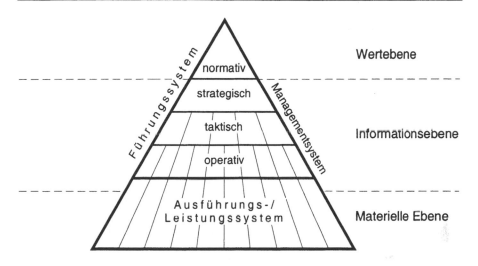

Abb. 6: Ebenen der Unternehmensführung

Für das betriebliche Umweltmanagement ist eine stärkere Differenzierung des
Führungssystems wesentlich. So ist für das Öko-Controlling der Zusammenhang
der Führungsfunktionen Planung, Kontrolle, Informationsversorgung, Organisation
und Personalleitung zentral. Hier wird mit der Abbildung 6 ein anderer Aspekt der
Unternehmensführung in den Vordergrund gerückt. Sie zeigt das System Unternehmung in einer feiner detaillierten Schichtensicht, welche die verschiedenen
Führungsebenen und ihre Verbindungen illustrieren soll. Innerhalb des Führungssystems werden so vier Hierarchieebenen unterschieden. Man kann sie plakativ
durch folgende Fragen kennzeichnen, welche sich die Entscheidungsträger auf der
jeweiligen Ebene zu stellen haben:

- *normativ:*   Was sind die Gründe unseres Tuns?
- *strategisch:*   In welche Richtung führen uns diese Gründe?
- *taktisch:*   Welchen Weg dahin wollen wir gehen?
- *operativ:*   Welche einzelnen Schritte sind auf diesem Weg vorzunehmen?

Die normative Ebene ist Bestandteil der Wertebene. Hier begründet die Unternehmung die Prinzipien ihrer Unternehmensführung, d.h. sie legt auf Grund von
Visionen die Grundsätze ihrer Unternehmenspolitik fest. Strategische, taktische
und operative Unternehmensführung zusammen bilden das Managementsystem der
Unternehmung; es befindet sich in der Informationsebene. Während das strategische
Management noch die ganze Unternehmung betrachtet, beziehen sich das taktische
und das operative Management regelmäßig nur auf bestimmte Unternehmensbereiche. In der Abbildung 6 ist dies durch vertikale, quer zu den horizontalen
Ebenen verlaufende Segmente angedeutet. Durch ein geeignetes Zusammenspiel
der verschiedenen Managementebenen und Führungsfunktionen ergibt sich eine
vertikale, aber auch horizontale Integration der Aktivitäten der einzelnen Subjekte
innerhalb einer Unternehmung.

3 Einordnung bisheriger Ansätze des betrieblichen Umweltmanagements

Der zuvor skizzierte Integrationsrahmen dient hier vornehmlich dem Zweck, die existierenden und stark voneinander abweichenden Ansätze des betrieblichen Umweltmanagements besser einordnen und aufeinander beziehen zu können. Von einzelnen Vorläufern abgesehen entwickelten sie sich erst im Laufe der 1980er Jahre. Ihre Unterschiede lassen sich zu einem großen Teil mit der fachlichen Herkunft ihrer Autoren sowie ihrer Promotoren und Anhänger erklären. Der gewählte Zugang gründet regelmäßig auf den inhaltlichen und methodischen Kenntnissen und Erfahrungen des jeweiligen Vertreters in seinem bisherigen Fachgebiet. Dabei lassen sich in der Anfangszeit vier wesentliche Zugänge zum Umweltschutz unterscheiden,[5] drei traditionell betriebswirtschaftliche und ein ethisch-normativer:

- der produktionswirtschaftliche Ansatz (PROD)
- der marketingorientierte Ansatz (MARK)
- der managementorientierte Ansatz (MGMT) und
- der sozial-ökologische (ÖKOS) Ansatz.

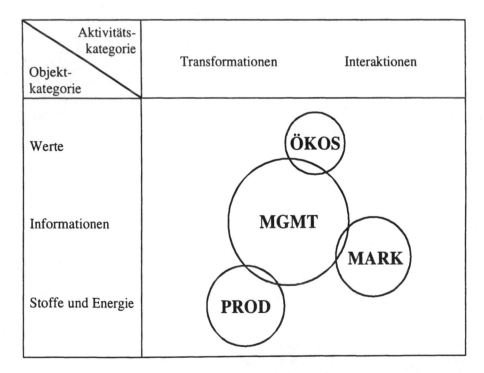

Abb. 7: Systematik der Schwerpunkte verschiedener Ansätze des Umweltmanagements

---

[5] Vgl. Pfriem 1995; stärker differenzieren Meffert und Kirchgeorg 1998, S. 37 ff.

Die Abbildung 7 ordnet die vier Ansätze systematisch in ein grobes zweidimensionales Schema ein, und zwar gemäß dem in Abschnitt 2.1 beschriebenen schlichten Weltbild mit den beiden Hauptkategorien wirtschaftlicher Aktivitäten und den drei wesentlichen Eigenschaftsdimensionen ihrer Objekte. Die Kreise beschreiben den gedanklichen Ansatzpunkt bzw. den Schwerpunktbereich des jeweiligen Ansatzes. Das schließt eine Behandlung von Fragestellungen auch außerhalb des Schwerpunktbereiches nicht aus; nur sind diese dann nicht mehr unbedingt so charakteristisch für den betreffenden Ansatz. Insofern handelt es sich bei der Abbildung 7 um die zweidimensionale „Forschungslandkarte" eines hügeligen Geländes, dessen jeweilige Höhe durch das zugehörige Aktivitätsniveau auf dem Gebiet des Umweltmanagements definiert ist; dabei sind die vier Ansätze quasi durch vier Höhenlinien verortet.

Gemäß der Abbildung ist der *produktionswirtschaftliche* Zugang transformationsorientiert und konzentriert sich auf die materielle Ebene (vgl. Abb. 3), d.h. er legt seinen Schwerpunkt eindeutig auf die Analyse und Gestaltung der stofflich-energetischen Transformationsprozesse. Dabei werden bislang hauptsächlich Prozesse der Herstellung von Sachgütern untersucht, also Produktionsprozesse im engeren Sinn, während die umweltbezogene Analyse von Dienstleistungs-, Logistik- und Reduktionsprozessen erst in ihren Anfängen steht und Konsumtionsprozesse – als Kehrseite der Haushaltsproduktion – (noch?) gänzlich ausgeblendet sind (vgl. Abb. 5). Dagegen deutet die Abbildung 7 nur an, dass die mit den stofflich-energetischen Prozessen in Verbindung stehenden Informationsverarbeitungsprozesse selbstverständlich auch Gegenstand des produktionswirtschaftlichen Ansatzes sind.

Analog ist bei den drei anderen Zugängen jeweils ebenso nur der gedankliche Ansatzpunkt dargestellt, um die Prägnanz des Bildes nicht zu beeinträchtigen. In diesem Sinn bezieht sich das *marketingorientierte* Umweltmanagement in erster Linie auf Interaktionen zwischen Wirtschaftseinheiten (vgl. Abb. 4), wobei die Information und Kommunikation im Zusammenhang mit dem Leistungsaustausch zwischen Hersteller, Händler und Verwender im Rahmen der Distribution von Produkten bisher im Zentrum standen, neuerdings aber auch die weiteren Transaktionen entlang des ökologischen Produktlebenszyklus thematisiert werden (vgl. Abb. 5).

Die beiden anderen Ansätze gehen dagegen nicht von der materiellen Ebene aus, verlegen sich dafür aber auch nicht so einseitig auf die Transformations- bzw. die Interaktionsperspektive. Der Bezugsschwerpunkt des *managementorientierten* Ansatzes, d.h. des eigentlichen Umweltmanagements, liegt in der Informationsebene, mit einem größeren Gewicht auf der Informationsverarbeitung der verschiedenen Managementebenen innerhalb der Unternehmung als auf dem Informationsaustausch zwischen der Unternehmung und anderen Akteuren. In der erweiterten Sicht des „integrierten Umweltmanagements" im Rahmen des St. Galler Management-Konzeptes erstreckt sich der Ansatz allerdings durch die Einbeziehung normativer Elemente originär auch auf die Wertebene (vgl. Abb. 6).

Dort findet die „Unternehmenspolitik in *sozial-ökologischen* Perspektiven" ihren Zugang, indem sie die Notwendigkeit einer Abkehr von engen ökonomischen Wertmaßstäben betont, die zu sehr auf monetäre Aspekte abstellen und zu wenig „realökonomisch" sind. In der realökonomischen Sicht trifft sich der von den Werten ausgehende sozial-ökologische Ansatz mit dem auf die stofflich-energetische Basis konzentrierten produktionswirtschaftlichen Zugang in dem Bemühen, die materiellen Umweltschäden nicht allein in Geldeinheiten aufzurechnen. Konzepte betrieblicher Umweltkostenrechnungen sind so gesehen zwar von diesen beiden Ansätzen beeinflusst. Man kann sie aber auch als Ausdruck eines *informationsökonomischen* und risikobezogenen Ansatzes ansehen, welcher im Unterschied zu den vier zuvor genannten erst in den neunziger Jahren entstanden und in der Abbildung 7 am besten oberhalb des marketingorientierten Ansatzes, stark mit diesem überlappend, einzuordnen ist.

Die vorgenommene Kennzeichnung der Ansätze ist wie gesagt sehr grob und beschreibt nur ihre Schwerpunkt- bzw. Ausgangsbereiche. In der Behandlung konkreter Fragestellungen sind regelmäßig alle drei Betrachtungsebenen sowie beide Kategorien wirtschaftlicher Aktivitäten angesprochen, sodass diesbezüglich nach dem Schema der Abbildung 7 keine trennscharfe Abgrenzung der Ansätze möglich ist. Darüber hinaus ist in einigen jüngeren Weiterentwicklungen eine gewisse systematische Ausdehnung des Selbstverständnisses einzelner Ansätze bzw. eine Integration mit anderen Ansätzen erkennbar. So treffen sich Vertreter des produktionswirtschaftlichen und des marketingorientierten Ansatzes in dem Vorhaben, Stoffkreisläufe entsprechend der Abbildung 5 vollständig zu analysieren und zu gestalten: die einen über eine Erweiterung des Betrachtungsgegenstandes auf alle Transformationsprozesse entlang der ökologischen Produktlebenszyklen (PROD), die anderen über eine Einbeziehung aller Transaktionspartner und sonstiger umweltrelevanter Akteure (MARK). Des Weiteren wird der managementorientierte Ansatz (MGMT) durch seine Ausdehnung auf die normative Führung gemäß dem St. Galler-Modell mit dem sozial-ökologischen Ansatz (ÖKOS) verknüpft.

Eine noch weiter gehende Integration aller vier Ansätze scheint Meffert und Kirchgeorg (1998, S. 72 ff.) mit ihrem Konzept eines *integrierten und fortschrittsfähigen* Umweltmanagements vorzuschweben. Sie erweitern das St. Galler-Modell um einen stofflich-energetischen Kern sowie um den Kreislaufgedanken, damit die besondere Bedeutung der realökonomischen Sphäre hervorgehoben wird.[6] Der auf diese Weise durch eine sukzessive Ausdehnung und Zusammenführung vorhandener Ansätze induktiv entwickelte Bezugsrahmen umfasst alle drei Betrachtungsebenen und beide Kategorien wirtschaftlicher Aktivitäten des in Abschnitt 2.1 präsentierten Weltbildes und deckt damit prinzipiell alle Bereiche des Schemas der Abbildung 7 ab. Insoweit entwerfen Meffert und Kirchgeorg (1998,

---

[6] Vgl. die gelungene Visualisierung durch die Abbildung 20 bei Meffert/Kirchgeorg 1998, S. 74, welche hier einer Integration der Abbildungen 5 und 6 nahe kommt.

S. 76) mit ihrer umfassenden „Grundkonzeption einer fortschrittsfähigen und evolutionären Managementlehre" gleichzeitig einen Integrationsrahmen für das betriebliche Umweltmanagement. Er stellt hinsichtlich seiner Visualisierung und
einiger Details eine Alternative zu dem von mir eher ganzheitlich komponierten,
schlichten Weltbild und seinen deduktiv abgeleiteten partiellen Perspektiven dar,
ist in seiner Substanz aber weitgehend mit ihm kompatibel. Ein wesentlicher Unterschied besteht allerdings darin, dass Meffert und Kirchgeorg mit ihrer Grundkonzeption präskriptiv eine bestimmte, nämlich auf Umweltverträglichkeit ausgerichtete *Managementlehre* zu verfolgen scheinen,[7] während der hier vorgestellte
Bezugsrahmen (zunächst nur) deskriptiv *theoretischen* Zwecken dient und prinzipiell offen für alle Arten umweltbezogener Einstellungen und Verhaltensweisen ist.

4 Resümee

Für die praktische Bewältigung der einleitend angesprochenen Umweltprobleme
sind integrative (und darüber hinaus transdisziplinäre) Managementansätze unverzichtbar, da nur so die vielschichtigen und vernetzten relevanten Aspekte Beachtung
finden und einer Gesamtlösung zugeführt werden. Außer dieser ganzheitlichen
Betrachtung bedarf es auf Grund der beschränkten geistigen Kapazität des Menschen
aber auch partieller Sichtweisen, da nur sie die nötige Tiefe an Einsicht und
Erkenntnis garantieren (vgl. Dyckhoff 1998b, S. 89 ff.). Ein eventueller Versuch,
unter den verschiedenen partiellen Sichtweisen bzw. entsprechenden Ansätzen des
betrieblichen Umweltmanagements den allein richtigen zu bestimmen, wäre deshalb
unangemessen. Vielmehr ergänzen und befruchten sie sich gegenseitig, indem sie
eigene Schwerpunkte setzen und jeder für sich das gesamte Spektrum wichtiger
Fragestellungen nicht komplett abzudecken vermag.[8]

---

[7] Vgl. Meffert/Kirchgeorg 1998, S. 76, sowie Lektion I, S. 5, insbesondere die sieben angeführten Merkmale einer Umweltverträglichkeit unternehmerischer Betätigung. (Diese
normative Ausrichtung ist mir grundsätzlich durchaus sympathisch.)
[8] In Dyckhoff 1999a, Abschnitt 4, wird die Leistungsfähigkeit des produktionswirtschaftlichen und speziell des produktionstheoretischen Ansatzes mit seiner transformationsorientierten Sichtweise behandelt. Insbesondere werden einige aufgetretene Missverständnisse
ausgeräumt und wichtige Zusammenhänge aufgezeigt.

Lektion IV

Uwe Schmid

Ökologisch nachhaltige Unternehmenspolitik

Das Konzept einer nachhaltigen Entwicklung (Sustainable Development) prägt seit geraumer Zeit die umweltpolitische und -ökonomische Diskussion. Als Leitbild für eine ökologisch verpflichtete Wirtschaftsweise gewinnt es auch auf betriebswirtschaftlicher Ebene zunehmend an Bedeutung. Kraft ihres zukunftsweisenden, handlungsleitenden Charakters legen einzelne Nachhaltigkeitsprinzipien in erster Linie den Rahmen für ökologiegerichtete normative Managemententscheidungen fest. Das Konzept ökologischer Nachhaltigkeit findet daher insbesondere bei der Abfassung unternehmungspolitischer Grundsätze für die Gestaltung umweltverträglicher Wertschöpfungsprozesse Eingang in das betriebliche Umweltmanagement. Nach einer Klärung des Nachhaltigkeitsbegriffes werden zunächst generelle Handlungsregeln und Grundstrategien vorgestellt. Verknüpft mit einzelnen Elementen eines Gestaltungsrahmens für ein nachhaltiges Management ergeben sich daraus erste Hinweise für die Formulierung zukunftsfähiger umweltpolitischer Grundsätze. Diese gewinnen weiter an Kontur, wenn konkrete nachhaltigkeitszentrierte Leitbilder wie z.B. Dematerialisierung, Entschleunigung oder Regionalisierung in die Betrachtung einbezogen werden. Zusammengenommen formen schließlich diese Leitbilder einen Kristallisationskern, der einzelwirtschaftliche Entwicklungslinien in Richtung einer nutzenbezogenen Dienstleistungsgesellschaft kenntlich macht.

Mit der Skizzierung der Grundzüge einer ökologisch nachhaltigen Unternehmenspolitik wird die in Lektion I thematisierte offensive Ausprägung einer betrieblichen Umweltpolitik vertieft, welche über die bloße Legalität unternehmerischen Handelns hinausgeht, indem sie zugleich die Legitimität ökologiebezogener Managemententscheidungen anstrebt. Die Lektion gibt eine zusammenfassende Darstellung einer andernorts erfolgten ausführlichen Analyse (Schmid 1996).

1 Anforderungen an eine umweltorientierte Unternehmenspolitik

Unternehmenspolitische Entscheidungen sollen die Grundausrichtung und das Verhalten einer Unternehmung auf lange Sicht begründen. Sie zielen insbesondere darauf ab, das Überleben einer Unternehmung in einer durch zunehmende Komplexität und Dynamik gekennzeichneten Aufgabenumwelt dauerhaft zu sichern. Dies erfordert problem- und situationsgerechte Antworten auf die Gesamtheit aller unternehmerischen Herausforderungen, welche sich aus dem wirtschaftlichen, technologischen, sozialen und ökologischen Wandel ergeben (vgl. Zahn/Schmid 1996, S. 82ff.).

Die *Unternehmenspolitik* ist Kernelement des normativen Managements und trifft Aussagen zum Selbstverständnis, zu den obersten Unternehmenszielen und zu den Verhaltensgrundsätzen gegenüber den verschiedenen Anspruchs- bzw. Interessengruppen (Stakeholder) einer Unternehmung.[1] Abgeleitet aus der zu Grunde liegenden Unternehmensphilosophie und der bestehenden unternehmerischen Vision steht bei ihr „die Auseinandersetzung mit den Wertvorstellungen und Interessen aller an der Unternehmung beteiligten und von ihren Handlungen betroffenen Gruppen" (Ulrich/Fluri 1992, S. 77) im Mittelpunkt. Insofern sind unternehmenspolitische Entscheidungen unmittelbar Ausdruck normativer Führung, die generell auf Nutzenstiftung für die verschiedenen unternehmerischen Anspruchsgruppen abzielt und auf diese Weise strategisches und operatives Unternehmensverhalten legitimiert.

Versteht man (wie generell in diesem Buch) das betriebliche Umweltmanagement gedanklich als umweltbezogenes Subsystem des allgemeinen Führungs- und Managementsystems einer Unternehmung, so beinhaltet dessen Gegenstandsbereich sämtliche umweltrelevanten Aspekte der Unternehmensführung. *Umweltorientierte Unternehmenspolitik* respektive *betriebliche Umweltpolitik* umfasst danach all jene unternehmenspolitischen Grundsätze, welche auf den Umgang mit den aus der ökologischen Aufgabenumwelt einer Unternehmung erwachsenden Anforderungen fokussiert sind. Analog zur Unternehmenspolitik dient die betriebliche Umweltpolitik „der Festlegung der grundlegenden, allgemeinen und langfristigen Ziele und Verhaltensgrundsätze des Unternehmens im Ökologiebereich" (Dyllick/Hummel 1996, S. 19). Die darin zum Ausdruck kommende Umweltverantwortung der Unternehmung gegenüber ihren Anspruchsgruppen findet für gewöhnlich in einem verhaltensbestimmenden Umweltleitbild ihren schriftlichen Niederschlag.

Den Unternehmungszweck und die grundlegenden Ziele einer Organisation in aussagekräftigen Leitsätzen und -bildern zum Ausdruck zu bringen und diese nach außen und innen zu kommunizieren, ist eine Kernaufgabe der generellen Unternehmenspolitik. Allgemein formuliert bringen *Leitbilder* komplexe normative

---

[1] Zum Begriff Anspruchsgruppe bzw. Stakeholder sowie zu den Grundlagen des so genannten Anspruchsgruppenkonzeptes siehe Schmid 1998, S. 1062ff.

Vorstellungen über erstrebenswerte Zustände in gesellschaftlichen, wirtschaftlichen, politischen, wissenschaftlichen oder ökologischen Zukunftsfragen zum Ausdruck. Die in ihnen enthaltenen Visionen tragen unter anderem dazu bei, Neuorientierungen anzuregen, verkrustete Denkstrukturen zu überwinden und nicht zuletzt notwendige Struktur- und Verhaltensänderungen in die Tat umzusetzen (vgl. BUND/Misereor 1996, S. 287). Der Formulierung von Leitbildern wohnt daher sowohl eine sinn-stiftende als auch eine handlungsleitende Kraft inne.

Mit dem Leitbild einer *nachhaltigen Entwicklung (Sustainable Development)* erwächst einzelnen Unternehmungen eine gänzlich neue Managementherausforde-rung aus ihrer ökologischen Aufgabenumwelt. Diese geht weit über das hinaus, was bislang unter dem Schlagwort 'Umweltschutzorientierte Unternehmensführung' diskutiert und praktiziert wird. Insbesondere bei der Formulierung zukunftswei-sender unternehmenspolitischer Grundsätze für ein ökologieverträglicheres Wirt-schaften findet dieses Leitbild nach und nach Eingang in Konzepte des betrieblichen Umweltmanagements. Welche Rahmenbedingungen, Leitlinien und Zukunftsent-würfe für eine ökologisch nachhaltige Unternehmenspolitik aus dem Sustainable Development-Ansatz im Einzelnen hervorgehen, wird nach einer Klärung von Begriffsinhalt und Kennzeichen einer ökologisch nachhaltigen Wirtschaftsweise in den folgenden Abschnitten aufgezeigt.

2 Gegenstand und Kennzeichen einer ökologisch nachhaltigen Wirtschaftsweise

Die als „Umweltgipfel" apostrophierte UN-Konferenz über Umwelt und Entwick-lung Anfang Juni 1992 im brasilianischen Rio de Janeiro machte die Schlagworte „sustainability" und „sustainable development" auch einer breiten Öffentlichkeit bekannt. In einem knapp 300 Seiten umfassenden Aktionsplan für nachhaltige Entwicklung, der so genannten *Agenda 21* (vgl. o.V. 1993), wurden seinerzeit die wichtigsten Grundzüge dieses zukunftsweisenden Leitbildes niedergeschrieben. Hier zu Lande sorgte die vom Wuppertal Institut für Klima, Umwelt und Energie durchgeführte Studie mit dem Titel „Zukunftsfähiges Deutschland – Ein Beitrag zu einer global nachhaltigen Entwicklung" (vgl. BUND/Misereor 1996) für eine zum Teil kontroverse Auseinandersetzung mit dieser Themenstellung.

Eine Analyse der einschlägigen Literatur zum Thema Sustainable Development fördert allerdings bereits bei der Begriffsübertragung ins Deutsche ein heterogenes Bild zu Tage. Als die am häufigsten gebrauchten Übersetzungen für das Adjektiv „sustainable" erweisen sich die Begrifflichkeiten *nachhaltig* und *zukunftsfähig*. Darüber hinaus finden auch Kennzeichnungen wie dauerhaft, tragfähig oder zu-kunftssicher Verwendung. Ungeachtet dieser Namens- und Definitionsvielfalt im deutschsprachigen Raume hat sich der Terminus 'Sustainable Development' zu einem gleichermaßen visionären wie programmatischen Leitbild in der umweltpolitischen und -ökonomischen Diskussion entwickelt. Über dessen inhaltliche Präzisierung, vor allem aber über dessen Operationalisierung bestehen jedoch sowohl in der Theorie als auch in der Praxis noch uneinheitliche Vorstellungen.

2.1 Begriffsinhalt

Einig sind sich Befürworter und Kritiker des Konzeptes einer nachhaltigen Entwicklung in einem zentralen Punkt: die derzeit vorherrschenden *Produktions- und Konsummuster* in den modernen Industriegesellschaften und die hieraus resultierende, übermäßige Inanspruchnahme der Natur sind als *nicht-nachhaltig* zu kennzeichnen. Insofern geben sie erst recht kein Leitbild für eine zukunftsfähige Wirtschaftsweise in den so genannten Entwicklungsländern ab. Als zentrale Problemfelder entpuppen sich insbesondere:[2]

– die Überschreitung der Aufnahme- und Regenerationsfähigkeit globaler und lokaler Ökosysteme (Treibhauseffekt, Eutrophierung von Seen etc.)
– die Überbeanspruchung regenerierbarer Ressourcen (z.B. Überfischung)
– die zunehmende Erschöpfung bestimmter nicht-regenerierbarer Ressourcen
– irreversible und quasi-irreversible Folgen der wirtschaftenden Tätigkeiten des Menschen für das (globale) Ökosystem (Artensterben, Ozonloch u.ä.m.) sowie
– intra- und intergenerationelle Ungleichheiten in der Verteilung und Nutzung des Naturvermögens.

Neben der Einmütigkeit in der Problemanalyse besteht auch weit gehende Übereinstimmung in den Grundgedanken einer nachhaltigen Entwicklung, nämlich Ziele und Strategien zu formulieren, mit denen sich die immer deutlicher abzeichnenden globalen ökologischen und entwicklungspolitischen Probleme bewältigen lassen. Diese generelle Leitvorstellung zu präzisieren, war unter anderem Aufgabe der von den Vereinten Nationen eingesetzten Weltkommission für Umwelt und Entwicklung. Ihr im Jahre 1987 erschienener, vielbeachteter Bericht mit dem Titel „Our Common Future" (vgl. WCED 1987) fungiert bis zum heutigen Tage als Kristallisationskern in der Diskussion über das Konzept einer nachhaltigen Entwicklung. Die seitens der Kommission vorgenommene, richtungweisende und viel zitierte Begriffsbestimmung von Sustainable Development findet sich folgerichtig an erster Stelle der in Tabelle 1 ausgewiesenen Zusammenschau verschiedener Definitionsansätze wieder.

Bereits diese kleine Auswahl an gängigen Begriffsabgrenzungen führt die unterschiedlichen Facetten dessen, was das Konzept einer nachhaltigen Entwicklung beinhaltet, deutlich vor Augen. Sie legt zugleich offen, dass der Nachhaltigkeitsbegriff vielfach eine *anthropozentrische Verankerung* erfährt, d.h. der Umgang des Menschen mit seiner natürlichen Umwelt ethisch-normativ begründet wird

---

[2] Vgl. Kreibich 1997, S. 7, und Ekins 1994, S. 28f.

Tab. 1: Definitionsansätze von Sustainable Development (nach Renn/Kastenholz 1996, S. 88)

Sustainable Development bedeutet:
... eine Entwicklung, welche die Bedürfnisse der Gegenwart befriedigt, ohne die Möglichkeiten zukünftiger Generationen zu beschneiden, ihre eigenen Bedürfnisse zu befriedigen;
... ein positiver sozio-ökonomischer Wandel, der die ökologischen und sozialen Systeme nicht schwächt, von denen die Gesellschaft und ihre Teilgruppen abhängig sind;
... eine nachhaltige, auf Dauer angelegte wirtschaftliche und soziale Entwicklung, bei der die natürliche Umwelt und der damit verbundene Kapitalstock an natürlichen Ressourcen so weit erhalten werden müssen, dass die Lebensqualität zukünftiger Generationen gewährleistet bleibt;
... eine Konstanthaltung des natürlichen Kapitalstocks, indem ausschließlich die Zinsen des Naturkapitals aufgebraucht werden dürfen;
... eine Entwicklung, bei der die gesamte Energie von der gegenwärtigen Sonnenkraft gewonnen wird und alle nicht-erneuerbaren Ressourcen wiederverwendet werden.

(vgl. Matten 1998a, S. 63f.). Mit anderen Worten ist die natürliche Umwelt nicht um ihrer selbst willen zu bewahren, sondern soll vorrangig in ihrer lebenserhaltenden Funktion für den Menschen respektive als Mittel zum Zweck seiner Bedürfnisbefriedigung geschützt werden.

Eine Definition, die den derzeitigen Sachstand prägnant zusammenfasst, lautet wie folgt: „Nachhaltige Wirtschaftsentwicklung ist ein Leitbild, das versucht, die gesellschaftlichen Nutzungsansprüche (Wirtschaftsweisen, Lebensstile) mit den natürlichen Lebensgrundlagen (Erhaltung der Funktionsfähigkeit der Natur) so in Übereinstimmung zu bringen, dass Gerechtigkeit (Verteilungsgerechtigkeit) für alle heute und in Zukunft lebenden Menschen erreicht wird" (Majer 1995, S. 12).

Wie diese Begriffsfassung von Sustainable Development zeigt, lässt sich das Nachhaltigkeitsprinzip grundsätzlich aus einem *ökonomischen*, einem *ökologischen* und einem *sozialen* Blickwinkel heraus analysieren und interpretieren. Darauf basierend werden vielfach drei generelle Zielsetzungen einer nachhaltigen Entwicklung unterschieden: wirtschaftliche Leistungsfähigkeit, ökologische Nachhaltigkeit und sozialer Zusammenhalt (vgl. Zukunftskommission der Friedrich-Ebert-Stiftung 1998). Da es jedoch insbesondere die Aktivitäten des modernen

Homo Oeconomicus sind, welche die dauerhafte Funktions- und Überlebensfähigkeit ökologischer Systeme gefährden, beleuchtet dieses Konzept vielfach nur das Beziehungsgeflecht zwischen Ökologie und Ökonomie. Mit diesem Fokus konzentriert sich das breite Spektrum des Sustainability-Ansatzes unter anderem auf die Frage, wie ökonomische Systeme zu gestalten sind, wenn sie den Bedingungen einer ökologischen Nachhaltigkeit gerecht werden sollen. Eine solchermaßen spezifizierte *Nachhaltigkeit i.e.S.* zielt folglich auf die Sicherstellung einer dauerhaften ökonomischen Entwicklung ab, welche die Funktionen der natürlichen Umwelt nicht irreversibel beeinträchtigt. Verkürzt lässt sich dieser Sachverhalt durch die folgende Formel illustrieren: *Ecological Sustainability + Economic Development = Sustainable Development*.

Dieses Begriffsverständnis von Sustainable Development liegt auch den weiteren Ausführungen zu Grunde; der Terminus 'nachhaltige Entwicklung' ist daher stets mit *ökologischer Nachhaltigkeit* gleichzusetzen. Er repräsentiert somit eine Wortkombination, bei der die Zielsetzungen wirtschaftlicher Weiterentwicklung einerseits und dauerhafter Naturerhaltung andererseits in einer Vision vereint sind (vgl. Renn/Kastenholz 1996, S. 86).

2.2 Handlungsregeln

Um zu einer ökologisch nachhaltigen Wirtschaftsweise zu gelangen, wurden in der Vergangenheit verschiedene *postulatgleiche Handlungsregeln* formuliert, denen Huber (1995, S. 35f.) die Eigenschaft von „kategorischen Nutzungsimperativen" zuspricht. Diese fungieren zum einen als operationalisierbare Managementregeln und haben zum anderen den Charakter ökologiebezogener, die Inanspruchnahme von Natur determinierender Restriktionen. Infolgedessen lassen sich mit solchen Postulaten als Ausdruck einer Nachhaltigkeit i.e.S. sowohl ökologische Schutzziele erfüllen als auch ökologieinduzierte ökonomische Risiken wenn nicht vermeiden, so doch zumindest minimieren. Als ökologische Referenzpunkte dienen dabei die vier zentralen Funktionen, welche die Natur für den Menschen bereithält: die Versorgungs-, die Träger-, die Informations- und die Regelungsfunktion.

In Tabelle 2 sind die wichtigsten Handlungsregeln für eine ökologisch nachhaltige Entwicklung thesenartig zusammengefasst. Dabei wird deutlich, dass insbesondere die Formulierung einer Verhaltensregel für das Problemfeld der ökologisch nachhaltigen Nutzung nicht-regenerierbarer Ressourcen keineswegs leicht fällt. So erzwänge die strikte Anwendung des Kriteriums der Verteilungsgerechtigkeit zwischen den Generationen nachgerade einen Verzicht auf jedwede Inanspruchnahme erschöpfbarer Ressourcen. Solch eine Problemperspektive wäre Ausdruck des Prinzips starker Nachhaltigkeit (*strong sustainability*), wonach der so genannte natürliche Kapitalstock über die Zeit hinweg konstant zu halten ist. Dem steht das Prinzip schwacher Nachhaltigkeit gegenüber (*weak sustainability*), welches substitutive Beziehungen zwischen dem natürlichen Kapital und dem produzierten

Kapital ausdrücklich zulässt (siehe z.B. Minsch et al. 1996, S. 22ff.). Da das Prinzip starker Nachhaltigkeit als Leitmaxime weder gesellschaftlich noch ökonomisch akzeptiert würde, findet zumeist eine abgeschwächte Managementregel Verwendung, wie sie auch in Tabelle 2 ausgewiesen ist. Nutzinger und Radke (1995, S. 248ff.) sprechen in diesem Zusammenhang von Quasi-Nachhaltigkeit.

Tab. 2: Generelle Handlungsregeln einer ökologisch nachhaltigen Wirtschaftsweise (Quelle: Schmid 1999a, S. 286)

Problemfeld	Handlungsregel
Gesunderhaltung ökologischer Systeme	Die generelle Funktionsfähigkeit ökologischer Systeme darf durch die wirtschaftenden Tätigkeiten des Menschen nicht beeinträchtigt werden! Es gilt, die biologische Vielfalt zu erhalten und auf die Grundprinzipien der natürlichen Evolution Rücksicht zu nehmen!
Nutzung regenerierbarer Ressourcen	Die Nutzungs- bzw. Abbaurate der erneuerbaren Ressourcen darf deren natürliche Regenerationsrate nicht überschreiten!
Aufnahmefähigkeit ökologischer Systeme	Stoffeinträge in die natürliche Umwelt in Gestalt von Abfällen und/oder Emissionen dürfen die Assimilations- und Absorptionsfähigkeit der betroffenen ökologischen Systeme nicht übersteigen!
Nutzung nicht-regenerierbarer Ressourcen	Nicht-erneuerbare Ressourcen dürfen nur in dem Maße verbraucht werden, wie eine entsprechende Erhöhung der (gesamtwirtschaftlichen) Ressourcenproduktivität und/oder eine Substitution durch regenerierbare Ressourcen sichergestellt ist!

Diese vier zentralen Handlungsregeln werden nicht selten von weiteren Postulaten für eine ökologisch nachhaltige Wirtschaftsweise flankiert. So gilt es beispielsweise, die Zeitmaße der in den ökonomischen und den ökologischen Systemen ablaufenden Prozesse zu harmonisieren. Darüber hinaus wird vielfach eine Minimierung der durch den Einsatz von (Groß-)Technologien hervorgerufenen ökologischen Risiken gefordert. Schließlich kann mit Blick auf die erschöpfbaren Ressourcen eine ergänzende 'Finanzierungsregel' formuliert werden, wonach die ökonomischen

Renten aus dem Einsatz nicht-regenerativer Produktionsfaktoren für die Entwicklung zukunftsfähiger Technologien zu verwenden seien.[3]

Zusammenfassend lässt sich festhalten: Verglichen mit den traditionellen umweltpolitischen und -ökonomischen Leitbildern, bei denen Erfolge im Umweltschutz hauptsächlich aus 'Weniger-als'-Maximen resultierten (z.B. weniger CO_2-Emissionen als bisher freisetzen), liegen den skizzierten nachhaltigkeitsbezogenen Kernpostulaten verpflichtende 'Soviel-wie'-Bedingungen zu Grunde (z.B. nur so viel Holz in einer Zeitperiode schlagen wie wieder nachwachsen kann).[4] Auch wenn diese Verhaltensregeln auf den ersten Blick transparent und nachvollziehbar erscheinen, sind sie doch nur unter großen Schwierigkeiten operationalisierbar, und zwar sowohl auf gesamt- wie auch auf einzelwirtschaftlicher Ebene.

2.3 Grundstrategien

Um die in den einzelnen Handlungsregeln zum Ausdruck kommenden Zielsetzungen einer ökologisch tragfähigen Entwicklung auch nur annähernd erfüllen zu können und praktikabel zu gestalten, bedarf es unter anderem der Formulierung ausgewählter *Nachhaltigkeitsstrategien*. Hierzu zählen insbesondere die Strategieoptionen der Suffizienz, der Effizienz und der Konsistenz, die auf unterschiedlichen Wegen eine ökologisch nachhaltige Wirtschaftsweise zu erreichen suchen:[5]

- Die *Suffizienz-Strategie* setzt in erster Linie an den derzeit vorherrschenden Konsummustern an und besagt, freiwillig oder gezwungenermaßen Genügsamkeit zu üben. Dies bedeutet letztlich eine Änderung des Lebensstils vor allem in der industrialisierten Welt. Diese Strategieoption unterstellt, dass der materielle menschliche Güterbedarf und der damit einhergehende Ressourcenverbrauch in Raum und Zeit auf Grund der Endlichkeit des Planeten Erde nicht beliebig gesteigert werden können (Grenzen des Wachstums). Forderungen nach Wohlstandsverzicht, der nicht notwendigerweise gleichzusetzen ist mit einem potenziellen Wohlfahrtsverlust im Sinne einer Einbuße an Lebensqualität, kennzeichnen daher unter anderem diese Strategievariante.

- Mit der *Effizienz-Strategie* wird – analog dem Ergiebigkeitsprinzip in der Ökonomie – bezweckt, übermäßige(n) Ressourcenverbrauch und Umweltbelastung dadurch zu minimieren, dass eine angestrebte ökonomische Leistung mit dem geringstmöglichen Einsatz an Materie und Energie erstellt wird. Im Vordergrund

---

[3] Vgl. zu diesen ergänzenden Handlungsregeln für eine ökologisch nachhaltige Entwicklung z.B. Enquete-Kommission 'Schutz des Menschen und der Umwelt' 1994, S. 32 und S. 53, Binswanger 1994, S. 67, oder Nutzinger 1995, S. 226f.

[4] Eine ausführlichere Darlegung dieses wichtigen Unterscheidungsmerkmals zwischen bloßer Umweltschutzorientierung einerseits und einer Ausrichtung an den Managementregeln einer ökologisch nachhaltigen Wirtschaftsweise andererseits findet sich bei Matten/Wagner 1998, S. 52f., oder Matten 1998b, S. 4ff.

[5] Siehe Huber 1995, S. 39ff., oder Behrendt et al. 1998, S. 261f.

steht somit die Erhöhung der Ressourcenproduktivität bei allen Wertschöpfungsaktivitäten und auf sämtlichen Stufen des ökologischen Produktlebenszyklus. Hierfür kommen eine Steigerung der Umlaufeffizienz durch die Etablierung von Stoffkreisläufen und einer kaskadischen Stoffverwertung einerseits und/oder eine Verbesserung der Verbrauchseffizienz kraft einer Optimierung von Produkten und Wertschöpfungsprozessen andererseits in Frage. Um zu einer nachhaltigkeitskonformen Wirtschaftsweise zu gelangen, wird eine Verbesserung produktiver Input-Output-Relationen um den Faktor Vier bis Zehn für erforderlich gehalten (Stichwort: Dematerialisierung).[6]

- Die *Konsistenz-Strategie* lässt sich als eine Strategie der Umweltkompatibilität bezeichnen (vgl. Knaus/Renn 1998, S. 96). Sie zielt auf die Gestaltung umweltverträglicher Stoff- und Energieströme in der Form ab, dass sich anthropogen veranlasste und geogene Stoffströme nicht beeinträchtigen oder gar einander in unerwünschter Weise symbiotisch-synergetisch verstärken. Diese Strategieform setzt bewusst einen Kontrapunkt zu der Auffassung, anthropogene Stoff- und Energieströme seien unter Nachhaltigkeitsgesichtspunkten stets zu minimieren. Vielmehr geht es darum, diese so umzugestalten, dass eine Re-Integration in die Kreisläufe der Natur erfolgt, in denen dann auch hohe Stoffumsätze getätigt werden können. Die Funktionsweise der per Sonnenenergie angetriebenen Stoffwechselprozesse in der belebten Natur dient hier als Blaupause für eine ökonomisch effiziente und ökologisch nachhaltige Produktionsweise (Stichwort: Industrieller Metabolismus; vgl. Abschn. 4).

Der isolierten Verfolgung von nur einer der skizzierten Grundstrategien ist aus heutiger Sicht lediglich bedingte Zukunftsfähigkeit zu attestieren. Insbesondere die beiden strukturbewahrenden Strategieformen der Suffizienz und der (Öko-)Effizienz wirken in letzter Konsequenz rein zeitverzögernd, da sie das bestehende Kernproblem einer nicht-nachhaltigen Beanspruchung der Funktionen ökologischer Systeme bestenfalls in Ansätzen zu lösen vermögen. Grundlegend neue Pfade der Technik- und Produktentwicklung, die den verschiedenen Managementregeln einer ökologisch nachhaltigen Wirtschaftsweise nicht zuwiderlaufen, verspricht daher einzig die Konsistenz-Strategie (vgl. Huber 1996, S. 63ff.). Aus heutiger Sicht setzt diese allerdings weit reichende *ökologische Innovationen* in Wirtschaft und Gesellschaft voraus. Für die Phase des Übergangs stellen daher Effizienz und Suffizienz unverzichtbare, weil kurzfristig umsetzbare Strategieoptionen dar.

---

[6] Dieses Leitbild wird insbesondere von Vertretern des Wuppertal Instituts für Klima, Umwelt und Energie als zukunftsweisende Nachhaltigkeitsoption propagiert (siehe z.B. Schmidt-Bleek 1994, oder Weizsäcker/Lovins/Lovins 1995; vgl. auch Abschn. 3.2.1).

3 Rahmenbedingungen und Leitlinien für eine ökologisch nachhaltige Unternehmenspolitik

Allein die in Tabelle 2 ausgewiesenen Handlungsregeln eines ökologisch nachhaltigen Wirtschaftens lassen bereits erkennen, dass den betrieblichen Entscheidungsträgern mit dem umweltpolitischen und -ökonomischen Leitbild Sustainable Development eine neuartige ökologische Managementherausforderung erwächst. Diese geht weit über das hinaus, was bislang im Rahmen betrieblicher Umweltökonomie oder traditioneller umweltorientierter Unternehmungsführung diskutiert und praktiziert wird. Mit den Vorgaben des Kreislaufwirtschafts- und Abfallgesetzes haben hier zu Lande zwar die ersten gesetzlich induzierten 'Nachhaltigkeits-Vorboten' insbesondere diejenigen Unternehmungen erreicht, welche dem Produzierenden Gewerbe zuzurechnen sind. Die seitens der staatlichen Umweltpolitik angestrebte Umgestaltung durchflussorientierter betrieblicher Wertschöpfungsprozesse zu Stoffkreislaufsystemen nach dem Vorbild der Natur stellt allerdings bestenfalls eine notwendige, jedoch keine hinreichende Bedingung für ein ökologisch nachhaltiges Management dar. So ist insbesondere der *räumlich-zeitlichen Dimension* des Sustainable Development-Ansatzes verstärkte Beachtung zu schenken.

Grundsätzlich erfordert das Leitbild einer ökologisch nachhaltigen Entwicklung in einer immer enger zusammenrückenden Welt globale Lösungsansätze. Gleichwohl wird eine konkrete Umsetzung nur in kleinräumigen Einheiten und in dem Menschen vertrauten Zeitdimensionen erfolgen können. Unter dem Schlagwort 'Lokale Agenda 21' finden daher in zunehmendem Maße konzertierte Aktionen statt, die Kernpostulate und Grundstrategien eines ökologisch nachhaltigen Wirtschaftens auf regionaler Ebene zu verankern. *Regionale Netzwerke* – im Kern bestehend aus Unternehmungen, privaten und öffentlichen Haushalten – bilden hier auf begrenztem, überschaubarem Raum gleichsam 'Inseln der Nachhaltigkeit' (Wallner 1998, S. 84) mit dem Ziel der Etablierung dauerhaft-umweltgerechter Wertschöpfungsprozesse. Eine weiter gehende Einengung des Betrachtungsfokus auf einzelne Akteure der mikroökonomischen Ebene erweist sich indes als wenig zielführend. So ist es unmittelbar einleuchtend, dass einzelne Produzenten und Konsumenten die verschiedenen Handlungsregeln ökologischer Nachhaltigkeit für sich alleine genommen überhaupt nicht oder im besten Falle lediglich ansatzweise werden erfüllen können.

Vor diesem Hintergrund muss insbesondere bei der Formulierung unternehmenspolitischer Grundsätze für ein ökologisch nachhaltiges Wirtschaften auf eine über den jeweiligen (Stand-)Ort hinausgehende räumliche Verankerung geachtet werden. Die unter den Schlagworten 'Industrielle Ökologie', 'Industriesymbiosen' oder 'interindustrielle Verwertungs- bzw. Entsorgungsnetzwerke' derzeit in Theorie und Praxis propagierten (und in Abschnitt 4 näher erläuterten) Konzeptionen zur Gestaltung zukunftsfähiger Wertschöpfungskreisläufe sind nicht zuletzt Ausdruck dieser Erkenntnis. Somit lässt sich zusammenfassend festhalten: Zielgerich-

tete Anknüpfungspunkte für eine ökologisch nachhaltige Unternehmenspolitik
bestehen darin, betriebliche Problemlösungsansätze aus den Verhaltensregeln und
Grundstrategien des Sustainable Development-Konzeptes abzuleiten und bei der
Gestaltung dauerhaft-umweltgerechter Wertschöpfungsprozesse im Sinne partieller
Nachhaltigkeitsbeiträge offensiv zu verfolgen. Die bewusste Wahrnehmung von
Recycling- oder Entsorgungsaufgaben in einem zirkulären Stoffstromsystem gemäß dem Vorbild von Reduzenten (bzw. Destruenten) in der Natur sei exemplarisch als eine mögliche unternehmenspolitische Leitlinie auf dem Weg zu einer
nachhaltigen Wirtschaftsweise angeführt.

3.1 Gestaltungsrahmen

Zur Unterstützung betrieblicher Entscheidungsträger bei der Abfassung sustain-
ability-gerechter unternehmenspolitischer Grundsätze leistet ein allgemeiner
Gestaltungsrahmen wertvolle Dienste. Eine Zusammenschau verschiedener kon-
zeptioneller Überlegungen, wie das Leitbild Sustainable Development im System
eines betrieblichen Umweltmanagements verankert werden kann, bringt der in
Abbildung 1 ausgewiesene integrative Bezugsrahmen zum Ausdruck. Dieser sieht
insbesondere einen Rekurs auf die umweltbelastenden Wirkungen industrieller Wertschöpfungsprozesse vor und fasst die nach heutigem Erkenntnisstand wichtigsten
Referenzpunkte für eine ökologisch nachhaltige Unternehmenspolitik zusammen.

Als beeinflussbare und damit durch das betriebliche Umweltmanagement gestalt-
bare Elemente einer nachhaltigen Wirtschaftsweise weist der Bezugsrahmen den
inputbezogenen Ressourceneinsatz, die throughputbezogenen Prozesse der Güter-
transformation, die outputbezogenen Ergebnisse industrieller Wertschöpfung,
organisationale Informationsfeedbacks sowie normative Wertsetzungen und die
strategische Ausrichtung der Unternehmung aus. Diese Gestaltungsparameter
zeigen den betrieblichen Entscheidungsträgern bereits konkrete Handlungsfelder
für eine erfolgversprechende Umsetzung der in Abschnitt 2 genannten Nachhaltig-
keitsziele und -strategien auf. Für die Ableitung einer ökologisch nachhaltigen
Unternehmenspolitik als Ausdruck normativer Führung sind sie demzufolge von
nachrangiger Bedeutung.

3.1.1 Bezugsebenen

Die Formulierung unternehmenspolitischer Leitlinien für ein ökologisch nachhaltiges
Management wird erleichtert, wenn eine differenzierte Analyse der verschiedenen
Bezugs- bzw. Handlungsebenen in dem vorgestellten netzartigen Schichtenmodell
erfolgt. Diese geben erste Hinweise darauf, welche Einflusssphären in der Unter-
nehmungsumwelt für eine nachhaltigkeitsbezogene betriebliche Umweltpolitik im
Einzelnen zu beachten sind, nämlich die wirtschaftlich-politische, die technologische,

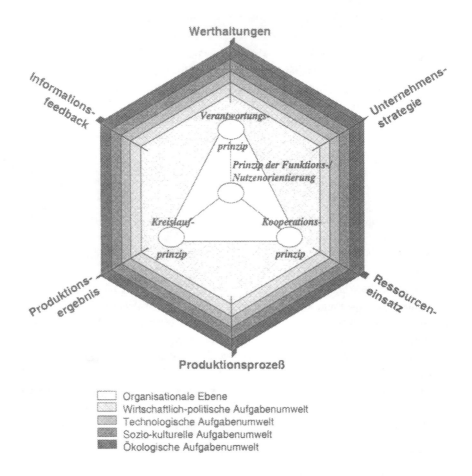

Abb. 1: Gestaltungsrahmen für eine ökologisch nachhaltige Unternehmenspolitik (Quelle: Schmid 1997, S. 24)

die sozio-kulturelle sowie – selbstredend – die ökologische Sphäre. Mit Blick auf die vielfach propagierte Öko-Effizienz-Revolution gehen beispielsweise von der wirtschaftlichen und von der technologischen Aufgabenumwelt einer Unternehmung die stärksten Impulse für eine Gestaltung ökologisch nachhaltiger Wertschöpfungsprozesse aus. Demgegenüber liegen die Wurzeln der Suffizienz-Strategie überwiegend im sozio-kulturellen Unternehmungsumfeld begründet, während sich die Konsistenz-Strategie im Wesentlichen aus der ökologischen Aufgabenumwelt der Unternehmung konstituiert.

Die Analyse der Einflussmöglichkeiten einzelner *ökologiebezogener Anspruchsgruppen* auf das betriebliche Wertschöpfungsgeschehen und die Entwicklung zielgruppenadäquater Nutzenpotenziale stehen bekanntermaßen im Mittelpunkt umweltorientierter Unternehmenspolitik (vgl. Abschn. 1). In diesem Zusammenhang erlaubt die in Abbildung 1 ausgewiesene Differenzierung unterschiedlicher betrieblicher Aufgabenumwelten zugleich eine transparente Zuordnung und Systematisierung all jener Anspruchsgruppen, welche gezielt nachhaltigkeitsbezogene Forderungen an eine Organisation herantragen. Eine hohe Bedeutung kommt hier insbesondere den Akteuren der sozio-kulturellen Sphäre zu, angefangen von lokal agierenden Interessengruppen und Bürgerinitiativen bis hin zu national oder weltweit ausgerichteten Nicht-Regierungsorganisationen (NGO = non-governmental organization). Für die unmittelbar aus der ökologischen Aufgabenumwelt erwachsenden Nachhaltigkeitsanforderungen – z.B. das Streben nach Erhalt der biologischen Vielfalt (siehe Tab. 2) – bedarf es in aller Regel einer 'Interessenvertretung der Natur' durch Anspruchsgruppen der übrigen Handlungsebenen. So wird beispielsweise das Erfordernis des Artenschutzes durch staatliche Institutionen (politische Aufgabenumwelt) oder durch Umweltschutzorganisationen (sozio-kulturelle Aufgabenumwelt) vermittelt und findet auf diese Weise Eingang in die betriebliche Umweltpolitik.

3.1.2 Grundprinzipien

Mit Blick auf die organisationale Ebene stellt sich die Frage, wie eine Unternehmung das generelle Leitbild einer ökologisch nachhaltigen Entwicklung in ihren umweltpolitischen Grundsätzen zum Ausdruck bringen kann. Hierzu lassen sich vier zentrale Ausprägungen des Nachhaltigkeitsprinzips heranziehen, die in den zurückliegenden Jahren identifiziert und in die betriebswirtschaftliche Nachhaltigkeitsdiskussion eingebracht wurden. Im Einzelnen handelt es sich dabei um das Kreislauf-, das Verantwortungs- und das Kooperationsprinzip sowie um das Prinzip der Funktions- bzw. Nutzenorientierung.[7]

– Das *Kreislaufprinzip* ist als Kernelement einer ökologisch nachhaltigen Entwicklung auf betriebswirtschaftlicher Ebene anzusehen. Dem Vorbild der Natur entsprechend hebt es auf die Schließung der zahlreichen linearen Stoffströme im bisherigen Produktionsgeschehen ab. Anzustreben ist danach eine Wirtschaftsweise in Wertschöpfungsverbunden bzw. -netzen, bei der mittels stofflicher Kreislaufführung im Sinne eines fortwährenden, dauerhaften Entstehens und Vergehens die natürliche Ressourcenbasis idealerweise weitgehend erhalten bleibt.

– Das *Verantwortungsprinzip* knüpft an die Forderung nach inter- und intragenerationeller Gerechtigkeit an und bringt die (unternehmens-)ethische Komponente betrieblicher Umweltpolitik zum Ausdruck. Hierzu zählt beispielsweise eine unternehmensübergreifende, dem Nachhaltigkeitsgedanken verpflichtete Produktverantwortung des Managements, die von der Ressourcengewinnung über die eigentliche Fabrikation bis hin zu den ökologischen Auswirkungen bei der Verwendung und der Entsorgung der gefertigten Erzeugnisse reicht ('von der Wiege bis zur Bahre'). Fichter (1998a, S. 16f.) geht noch einen Schritt weiter und

---

[7] Vgl. hierzu im Einzelnen Meffert/Kirchgeorg 1993, S. 34f., und Schmid 1996, S. 134ff.; eine andere Systematisierung wählt Fichter (1998a, S. 15ff.), indem er insgesamt sieben Handlungsprinzipien für eine nachhaltige Unternehmung identifiziert: Leistungs-, Vorsichts-, Vermeidungs-, Dialog-, Entwicklungs-, Konformitäts- und Verantwortungsprinzip.

schreibt einem ökologisch nachhaltigen Management überdies die Verantwortung für eine an der Suffizienz-Strategie auszurichtende Veränderung von Lebensstilen der Verbraucher zu.

– Das *Kooperationsprinzip* bringt die Notwendigkeit zum Ausdruck, der ökologischen Frage mit einem gemeinsam abgestimmten Verhalten aller Beteiligten bzw. Betroffenen Herr zu werden. Spezifiziert für betriebliche Belange und in Anlehnung an die Organisationsprinzipien in der Natur, bietet sich hier die Bildung von so genannten *Produzenten-Konsumenten-Reduzenten-Netzwerken* an, zumal viele Umweltprobleme nicht alleine auf der Wertschöpfungsstufe gelöst werden können, auf der sie tatsächlich entstehen. Das einleitend in Abschnitt 3 bereits thematisierte Nachhaltigkeitserfordernis der Konstituierung regionaler Netzwerke ist somit – in Verbindung mit dem Kreislaufprinzip – zugleich als Ausdruck des Kooperationsprinzips zu verstehen.

– Hinter dem *Prinzip der Funktionsorientierung* als Maxime für die Formulierung umweltpolitischer Grundsätze steht die Vorstellung, dass sich einzelne Unternehmungen in Zukunft vorrangig darum bemühen sollten, ihr Selbstverständnis in Richtung eines Nutzen- an Stelle eines Produktanbieters zu definieren. Für einen Automobilhersteller hieße dies beispielsweise, sich fortan zunächst über die Befriedigung des menschlichen Grundbedürfnisses nach Mobilität Gedanken zu machen, anstatt die bloße Vermarktung von Fahrzeugen als Sachziel der Unternehmung festzuschreiben. Das Prinzip der ökologischen Funktionsorientierung bildet zugleich den Kristallisationskern einer nutzungsorientierten Dienstleistungsgesellschaft, die ihrerseits als Ausgangspunkt für eine zukunftsgerichtete, ökologisch nachhaltige Unternehmungsentwicklung angesehen wird.

3.2 Leitlinien

Unternehmenspolitik im Allgemeinen und betriebliche Umweltpolitik im Besonderen müssen unternehmungsindividuell und zielgruppenadäquat festgelegt werden. Für die Abfassung unternehmenspolitischer Grundsätze im Zeichen des Nachhaltigkeitsprinzips lassen sich daher bestenfalls generelle Gestaltungshinweise formulieren. Ein Blick auf verschiedene zukunftsweisende Leitbilder eines ökologisch nachhaltigen Managements und die daraus ableitbaren einzelwirtschaftlichen Entwicklungspfade verdeutlicht, welche grundlegenden Tatbestände in einer ökologisch nachhaltigen Unternehmenspolitik zum Ausdruck kommen sollten.

3.2.1 Leitbilder eines ökologisch nachhaltigen Managements

Zur Vermittlung der Grundideen des Sustainable Development-Konzeptes wurden in den zurückliegenden Jahren verschiedene Modellansätze mit dem Ziel entwickelt, neben der Ableitung von Handlungsregeln auch die Identifikation von Leitbildern für eine nachhaltige Wirtschaftsweise zu erleichtern.[8] Ein ganzes Bündel konkreter sustainability-zentrierter Leitbilder unter so klangvollen Bezeichnungen wie 'Eine grüne Marktagenda', 'Gut leben statt viel zu haben' oder 'Internationale Gerechtigkeit und globale Nachbarschaft' weist auch die Studie über ein „Zukunftsfähiges Deutschland" aus (vgl. BUND/Misereor 1996, S. 149ff.). Da der räumliche Nachhaltigkeitsfokus jedoch primär national ausgerichtet ist, sind die dort genannten acht spezifischen Leitbilder einer ökologisch nachhaltigen Wirtschaftsweise nur bedingt auf die einzelwirtschaftliche Ebene übertragbar.

Aus betriebswirtschaftlicher Sicht kann den in Abbildung 1 ausgewiesenen Nachhaltigkeitsprinzipien der Kreislaufführung, der Verantwortung, der Kooperation sowie der Funktions- bzw. Nutzenorientierung zugleich Leitbildcharakter zugesprochen werden. Allerdings bleiben hierbei das (in Abschn. 2.1 konstatierte) zentrale Problem der nicht-nachhaltigen Wirtschaftsweise im Industriezeitalter sowie die Zielrichtung nachhaltigkeitsbezogener Strategien und Maßnahmen im Verborgenen. Um diesbezüglich die Aussagekraft nachhaltigkeitszentrierter Leitbilder zu erhöhen und eine stärkere Ausrichtung an den Funktionsbedingungen ökologischer Systeme zu gewährleisten, bietet sich ein Rekurs auf naturwissenschaftliche Elemente bzw. Dimensionen an. Interpretiert man beispielsweise die Natur im Sinne eines *biokybernetischen Funktionenmodells*, so lassen sich vier zentrale Elemente identifizieren: Materie, Energie, Raum und Zeit. Diese Elemente können ihrerseits als Determinanten für die Formulierung aussagekräftiger Leitbilder eines ökologisch verankerten, nachhaltigen Managements herangezogen werden.

Materie: Leitbild Entstofflichung bzw. Dematerialisierung

Diese stofflich verankerte Leitbildvorstellung geht von der Annahme aus, dass der Materialeinsatz bzw. -durchsatz pro Leistungseinheit in vielen industriellen Wertschöpfungsprozessen insbesondere für die erschöpfbaren Ressourcen als nichtnachhaltig zu kennzeichnen ist. Die sich daraus ergebende leitbildbezogene Strategie hebt folgerichtig auf eine Verbesserung der Ressourcenproduktivität (Faktor Vier bis Zehn) mit dem Ziel dematerialisierter Prozesse in zirkulären Stoffstromsystemen ab;[9] sie entspricht damit im Wesentlichen der in Abschnitt 2.3 beschriebenen nachhaltigkeitsbezogenen Grundstrategie der Öko-Effizienz. Als wichtigste zukunftsweisende Gestaltungsparameter für eine Dematerialisierung von Stoffströmen werden Langlebigkeit und Nutzungsintensivierung angesehen,[10] die zudem mit dem zeitbezogenen Leitbild Entschleunigung harmonieren.

---

[8] Einen guten Überblick vermittelt Welford 1997, S. 181ff.

[9] Das so genannte MIPS-Konzept (*Material/ntensität pro Serviceeinheit*) ist unmittelbar Ausdruck der angestrebten Entstofflichung und erlaubt eine Operationalisierung dieses Leitbildes (siehe hierzu vor allem Schmidt-Bleek 1994).

[10] Zu den Ansätzen der Schaffung von *Langzeitprodukten*, der *Produkt- bzw. Lebensdauerverlängerung* und der *Nutzungsintensivierung* siehe Lektion V sowie z.B. Fleig 1997, S. 11ff., oder Stahel 1997a, S. 67ff.

Energie: Leitbild Energieeffizienzsteigerung

Das aus energetischer Sicht maßgebende Leitbild der Energieeffizienzsteigerung folgt ebenfalls dem Ziel einer zu steigernden Ressourcenproduktivität. Verglichen mit der stofflichen Leitbildvorstellung einer Dematerialisierung kommt hier erschwerend hinzu, dass nicht wenige Prozesse der Energietransformation geringe Wirkungsgrade aufweisen. Forderungen nach einer Verbesserung der Energieeffizienz kraft Energiesparen und Erhöhung energetischer Wirkungsgrade über den gesamten ökologischen Produktlebenszyklus hinweg sind folglich für dieses Leitbild kennzeichnend. Gleiches gilt für die verstärkt zu beobachtenden Bestrebungen, zu Energieeffizienzsteigerungen zu gelangen, indem der direkte Einsatz von Primärenergieträgern durch die Bereitstellung von Energiedienstleistungen substituiert wird.

Raum: Leitbild Entflechtung bzw. Regionalisierung

Die zunehmende Entgrenzung der Wertschöpfungsprozesse von den biophysikalischen Grundlagen in einem arbeitsteiligen, funktional gegliederten, globalen Wirtschaftsraum eröffnet Unternehmungen mehr und mehr die Möglichkeit, sich der Nachhaltigkeitsforderung nach standortbezogenen, regionalen Problemlösungsbeiträgen zu entziehen. Majer spricht in diesem Zusammenhang von einem „weltweiten Vagabundieren" (Majer 1998, S. 5f.). Das raum- bzw. regionenbezogene Leitbild Entflechtung zielt daher auf die Etablierung dezentraler, selbstorganisierender Stoff- und Verantwortungskreisläufe in kleinräumiger Vernetzung ab. In ihrem Zusammenspiel sorgen regionale Wertschöpfungsringe und regionaler Konsum schließlich für die Wiederherstellung von räumlich-zeitlicher Nähe (vgl. Scherhorn/Reisch/Schrödl 1997, S. 53).

Zeit: Leitbild Entschleunigung

Sowohl die Zeitmaße- bzw. -horizonte in ökonomischen und ökologischen Systemen wie auch die Geschwindigkeiten der in ihnen ablaufenden Prozesse fallen zunehmend auseinander. Diese zeit- bzw. dynamikbezogene Problemsituation lässt sich in dem Begriffspaar 'Beschleunigung versus Dauerhaftigkeit' plastisch zum Ausdruck bringen. Folgerichtig bezweckt das Leitbild Entschleunigung eine Verlangsamung der anthropogen induzierten Stoff- und Energieumsätze mit dem Ziel einer Anpassung an die Rhythmen ökologischer Systeme. Vor diesem Hintergrund formuliert Stahel das Ziel einer nachhaltigen Wirtschaftsweise dahingehend, „mit einem gegebenen Maß an Rohstoffen und Energie einen möglichst hohen Nutzen *über einen möglichst langen Zeitraum* [Hervorhebung; d.V.] zu schaffen" (Stahel 1997a, S. 89).

3.2.2 Kristallisationskern für eine zukunftsfähige Unternehmenspolitik

Verknüpft man die biokybernetischen Determinanten Materie und Energie und führt sodann die einzelnen Leitbilder zusammen, lässt sich ein dreidimensionaler Gestaltungsraum für eine ökologisch nachhaltige Unternehmenspolitik determinieren. Dieser macht generelle Entwicklungslinien transparent, wie einzelne Unternehmungen ihre Wertschöpfungsaktivitäten ausgestalten müssten, wenn sie den Anforderungen des Sustainable Development-Ansatzes zukünftig gerecht werden wollten. Danach wären die anthropogen veranlassten Stoff- und Energieströme so umzugestalten, dass unter ausschließlicher Verwendung *regenerierbarer Ressourcen in globalem Maßstab dauerhafte, dynamische Fließgleichgewichte* entstünden. Offenkundig wird man sich einem solchen Idealzustand mit wie auch immer gearteten industriellen oder post-industriellen Wertschöpfungsprozessen bestenfalls annähern, ihn jedoch nie erreichen können.

In einer ersten inhaltlichen Näherung macht die Kubusdarstellung in Abbildung 2 deutlich, dass eine isolierte Verfolgung einzelner Leitbilder auf dem Weg zu einer ökologisch nachhaltigen Wirtschaftsweise nicht ausreichend ist. Analysiert man die zum Schutz der natürlichen Umwelt initiierten Maßnahmen einzelner Unternehmungen unter den skizzierten Nachhaltigkeitskriterien, so sind diese primär der Grundstrategie der (Öko-)Effizienz zuzuordnen und mithin Ausdruck der Leitbilder Dematerialisierung und Energieeffizienzsteigerung. Auch wenn auf diesem Wege dank material- und energiesparenderer Wertschöpfungsprozesse in den zurückliegenden Jahren zahlreiche Umweltentlastungen erreicht werden konnten, fällt die Gesamtbilanz nicht notwendigerweise positiv aus. So wurden viele unbestreitbare Erfolge im betrieblichen Umweltschutz, die zu einer verbesserten Ressourcenproduktivität geführt haben, durch die den marktwirtschaftlichen Systemen innewohnende Wachstumsdynamik aufgezehrt oder gar überkompensiert. Radermacher spricht in diesem Zusammenhang von dem 'Rebound-Effekt' bei der Realisierung eines rein effizienzgetriebenen umwelttechnischen Fortschritts, wonach „die Marktkräfte und die offenbar unbegrenzte Konsum- und Verbrauchsfähigkeit des Menschen dazu führen, dass mit der neuen Technik noch mehr Ressourcen in noch mehr Aktivitäten, Funktionen, Services [und] Produkte ... übersetzt werden" (Radermacher 1997, S. 32). Zu einer spürbaren Annäherung an das Ideal einer ökologisch nachhaltigen Wirtschaftsweise kann es demzufolge erst dann kommen, wenn der biokybernetischen Determinante Zeit und dem Leitbild Entschleunigung sowohl auf gesamt- als auch auf einzelwirtschaftlicher Ebene verstärkte Aufmerksamkeit zuteil werden.

Zusammengenommen formen die Einzelleitbilder Entstofflichung, Energieeffizienzsteigerung, Entflechtung und Entschleunigung einen Kristallisationskern für die Ableitung nachhaltigkeitsbezogener unternehmenspolitischer Grundsätze in Gestalt eines *4E-Konzepts*. Die Darstellung in Abbildung 2 bringt diesen Tatbestand plastisch zum Ausdruck, wobei das Leitbild der Entflechtung aus Gründen einer stimmigeren Terminologie für die Dimension Raum durch den Begriff der Regionalisierung ersetzt wurde. Dieser Kristallisationskern kommt inhaltlich in etwa dem gleich, was derzeit unter der Nachhaltigkeitsdevise „Entwicklung hin zu einer *nutzenorientierten Dienstleistungsgesellschaft*" schlagwortartig zusammengefasst werden kann. Einzelne Ausprägungen offenbaren sich in Forderungen nach 'Dienstleistung statt Absatz', 'Leistungs- statt Produktabsatz bzw. -verkauf' oder 'Öko(effizienten) Dienstleistungen'.[11] Als gemeinsamer Referenzpunkt für diese Leitvorstellungen fungiert das Nachhaltigkeitsprinzip der Funktions- bzw. Nutzenorientierung respektive dessen konsequente Ausgestaltung und Umsetzung.

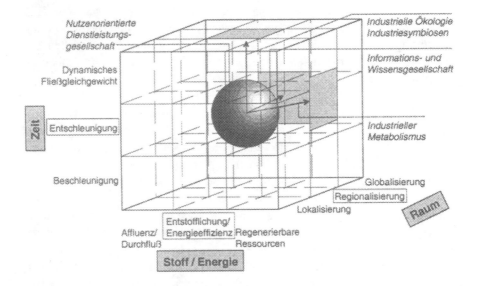

Abb. 2: Dimensionen einer ökologisch nachhaltigen Unternehmenspolitik (Quelle: Schmid 1999b, S. 216)

Unter einer *ökologischen Funktionsorientierung* werden für gewöhnlich all jene Bemühungen subsumiert, „die menschlichen Bedürfnisse nachhaltig mit weniger Stoff- und Energieeinsatz und durch Verminderung der human- und ökotoxikologischen Risikopotenziale zu befriedigen" (Bierter 1997, S. 562). Hierzu ist es erforderlich, besagte menschliche Bedürfnisbefriedigung nicht mehr länger nur auf den Erwerb von (materiellen) Produkten zu reduzieren. Maßgebend für die Konsumenten – so die gängige Argumentation – sind vielmehr die *Dienste*, welche ein Sachgut zu leisten vermag, und nicht die physischen Erzeugnisse an sich. Mit anderen Worten: Die Verbraucher verlangen nach angenehm beheizten und beleuchteten Räumen und nicht nach Strom oder Fernwärme, nach Mobilität an Stelle von Fahrzeugen und Benzin, nach Abfallbeseitigung an Stelle von Mülltonnen u.ä.m. (vgl. Loske 1996, S. 75).

---

[11] Siehe hierzu in der genannten Reihenfolge Loske 1996, S. 75ff., Hansen/Schrader 1997, S. 87ff., Stahel 1997b, S. 6, Bierter 1997, S. 567ff., und Teichert 1997, S. 124 ff.

Aus nachhaltigkeitsbezogener Sicht verspricht ein solcher Wandel eine Substitution material- und energieintensiver Produkte durch ökologisch effizientere, funktions-orientierte Dienstleistungen, wobei ein gleichbleibender Kundennutzen vorausge-setzt wird. Welche ökologischen Entlastungspotenziale im Einzelnen mit einer verstärkten Hinwendung zu einer unternehmenspolitischen Maxime Nutzenverkauf einhergehen, muss allerdings für jede Dienstleistungsoption unternehmensindividuell analysiert werden.[12] Auf unternehmenspolitischer Ebene erfordert der in ökologi-scher Absicht propagierte Wandel von der Industrie- zur Dienstleistungsgesellschaft ferner ein sich änderndes Selbstverständnis bei der Festschreibung wertschöpfungs-bezogener Sachziele einer Unternehmung. Der bewährte (marketing-)strategische Fokus eines Produktverkaufes hat danach einer Ausrichtung an den Erfordernissen eines *Leistungsverkaufes* zu weichen. Mit anderen Worten: Die als Kristallisations-kern eines ökologisch nachhaltigen Managements apostrophierte nutzenorientierte Dienstleistungsgesellschaft konstituiert sich (erst) in dem Maße, wie es einzelnen Organisationen gelingt, in ihren unternehmenspolitischen Grundsätzen eine Meta-morphose vom Produkt- zum Nutzenanbieter zu vollziehen.

4 Zukunftsentwürfe für eine ökologisch nachhaltige Unternehmensentwicklung

Ausgehend von dem im Zentrum des Würfels symbolisierten, leitbildfokussierten 4E-Konzept für eine ökologisch nachhaltige Unternehmenspolitik, zeigt der in Abbildung 2 skizzierte Gestaltungsraum überdies zukunftsweisende Pfade einer dauerhaft-umweltgerechten Unternehmungsentwicklung auf. Welche sustainability-zentrierten Zukunftsentwürfe einzelnen Unternehmungen aus heutiger Sicht zu einer visionären Richtschnur gereichen können, ist ebenfalls ausgewiesen und mit den entsprechenden Schlagworten versehen.

Industrielle Ökologie/Industriesymbiose

Eine evolutorische Weiterentwicklung von entschleunigten Wertschöpfungprozes-sen hin zur Konstituierung immer während zirkulärer Stoffstromsysteme gemäß dem Vorbild *dynamischer ökologischer Fließgleichgewichte* kennzeichnet diesen Nachhaltigkeitspfad. Angestrebt wird eine dauerhafte, abfallminimierende Kreis-laufführung von Stoffen in kleinräumigen Wirtschaftseinheiten. Bezogen auf die einzelwirtschaftliche Ebene erfordert dies eine zielgerichtete Zusammenarbeit mehrerer Unternehmungen aus unterschiedlichen Branchen und Wertschöpfungs-stufen, bei der Rückstände aus Produktion und Konsum innerhalb regionaler Ver-

---

[12] Erste empirische Untersuchungen des IZT Institut für Zukunftsstudien und Technologie-bewertung Berlin haben mit Blick auf die ökologische Relevanz von produkt- und nut-zungsbezogenen Dienstleistungen ein heterogenes Bild ergeben (siehe z.B. Behrendt/ Pfitzner 1999, S. 66ff.).

wertungsnetze als Rohstoffersatz und/oder Primärenergieträger eingesetzt werden. Mit Blick auf die praktische Umsetzung können die Industriesymbiose Kalundborg sowie das Verwertungsnetz Obersteiermark als Referenzprojekte 'der ersten Stunde' benannt werden.[13]

Informations- und Wissensgesellschaft

Die sich bereits heute abzeichnende Herausbildung einer Informations- und Wissensgesellschaft birgt eine Vielzahl nachhaltigkeitsbezogener Potenziale in sich. Grundsätzlich bewirkt der Einsatz moderner Informations- und Kommunikationstechnik tief greifende Veränderungen in den Raum-, Zeit-, Informations- und Entscheidungsstrukturen der bestehenden Wirtschaftssysteme. Insbesondere die *Überwindung bestehender Raumgrenzen* und die dadurch induzierten ökologischen Entlastungen bieten die Chance zur Gestaltung ökologisch nachhaltiger Wertschöpfungsprozesse. Schlagworte wie Electronic Commerce, Virtuelle Unternehmen oder Telearbeit und Teleshopping wecken dabei Erwartungen, die Leitbilder Entstofflichung und Energieeffizienzsteigerung auch in globalem Maßstabe umsetzen zu können. In diesem Zusammenhang wäre beispielsweise an die Substitution des Transports materieller Güter durch den immateriellen Austausch von Informationen zu denken (vgl. Behrendt et al. 1998, S. 1).

Industrieller Metabolismus

Von den drei genannten Zukunftsentwürfen hat das Konzept eines Industriellen Metabolismus den größten visionären Gehalt. Der Begriff Metabolismus – abgeleitet aus dem griechischen Wortstamm metabol: veränderlich, mit ständig wechselnder Körpergestalt – hebt dabei in seiner originären biologischen bzw. physiologischen Bedeutung auf die Stoffwechselprozesse in lebenden Organismen ab. Er umfasst somit den gesamten Komplex und das Zusammenspiel aller biochemischen Vorgänge, die dem dauerhaften Substanzerhalt und der Aufrechterhaltung sämtlicher Funktionen der Organismen dienen. Der Ablauf einzelner *Stoffwechselvorgänge* erfolgt dabei nach den Prinzipien der Selbstorganisation und auf der Grundlage von (kybernetischen) Regelkreismechanismen.

Es ist das Verdienst von Ayres und Simonis (1994), physiologische Stoffwechselvorgänge respektive den Metabolismus der Natur auf deren Eignung als Modell- oder Referenzsysteme für dauerhaft-umweltgerechte industrielle Wertschöpfungsprozesse hin untersucht zu haben. Ein industrieller Metabolismus lässt sich danach als die Gesamtheit aller physikalisch-chemischen Prozesse charakterisieren, durch die Rohstoffe und Energie unter Einsatz menschlicher Arbeit (und technischer Hilfsmittel) in marktfähige Produkte und rezyklierbare Abfallstoffe umgewandelt werden. Im

---

[13] Eine Beschreibung beider Konzeptionen findet sich in dem von Strebel und Schwarz (1998) herausgegebenen Sammelband zum Thema Kreislauforientierte Unternehmenskooperationen.

Gegensatz zum Konzept einer Industriellen Ökologie ist hier ein dezidierter Übergang von erschöpfbaren zu *regenerierbaren Ressourcen* gefordert. Dies betrifft insbesondere den Einsatz erneuerbarer Energieträger.

Ohne Zweifel ist die unternehmerische Realität von den skizzierten Zukunftsentwürfen für eine ökologisch nachhaltige Unternehmensentwicklung noch weit entfernt. Sie sind bislang weder gelebte Realität in größerem Stile noch Königsweg und schon gar kein 'ökologisch korrekter Selbstläufer'. So müssen beispielsweise auch in einer Informations- und Wissensgesellschaft die so genannten Information Highways im übertragenen Sinne erst einmal geteert werden, was dem angestrebten Ziel einer Dematerialisierung zunächst entgegensteht.

Gleichwohl lässt sich konstatieren, dass die in Abschnitt 3.2.1 vorgestellten Leitbilder eines ökologisch nachhaltigen Managements – betrachtet man sie integrativ – den betrieblichen Entscheidungsträgern wichtige Orientierungspunkte für die Abfassung einer zukunftsfähigen Unternehmenspolitik vermitteln können. Eine bloße sprachliche Anpassung bereits bestehender umweltpolitischer Grundsätze, bei der lediglich eine Begriffsumwandlung von Umweltorientierung zu Nachhaltigkeit erfolgt, wird dabei den vorgestellten Handlungsregeln, Grundstrategien und Grundprinzipien einer ökologisch nachhaltigen Wirtschaftsweise nicht einmal ansatzweise gerecht. Für eine ökologisch nachhaltige Unternehmenspolitik in der beschriebenen Form ist vielmehr eine grundlegende Anpassung und Erweiterung traditioneller umweltpolitischer Leitbilder einer Unternehmung unerlässlich.

Lektion V

Harald Dyckhoff [*]

Kreislaufgerechte Produktentwicklung

Die Produktdefinition im Rahmen der frühen Phasen eines Produktentwicklungsprozesses bildet den wohl wichtigsten Ansatzpunkt eines Herstellers, um seine
Verantwortung zur Realisierung des Kreislaufprinzips einer ökologisch nachhaltigen
Unternehmenspolitik wahrzunehmen. Höchste Priorität, auch gemäss dem Kreis-
laufwirtschafts- und Abfallgesetz, geniessen vermeidungsorientierte Produktkonzepte. Für den Bereich langlebiger Gebrauchsgüter wird eine geeignete Systematik
vorgestellt. Nach einer Skizzierung des Produktentwicklungsprozesses werden
verschiedene Aspekte einer Einbindung der Ziele der Kreislaufwirtschaft in den
Entwicklungsprozess erörtert.

Die Lektion vertieft und konkretisiert den Abschnitt 5.1 der Lektion I zum um-
weltorientierten F&E-Management im Sinne des in Abbildung I.3 dargestellten
Stoffkreislaufmodells. Dies geschieht im Hinblick auf die in Lektion IV entfalteten
Perspektiven einer ökologisch nachhaltigen Unternehmensführung.

[*] Ich danke meinem Mitarbeiter Herrn Dipl.-Ing. Dipl.-Wirt. Ing. *Christian Meyer* für die
tatkräftige Unterstützung bei der Erstellung der Lektion.

1 Produktentwicklung und Umweltschutz

Produktentwicklung heisst derjenige Prozess, der auf die Schaffung eines neuen oder auf die Veränderung eines bestehenden Produktes gerichtet ist (vgl. Siegwart 1974, S. 29). Aus technischer Sicht gehören hierzu nur die Tätigkeiten der Forscher und Entwickler einer Unternehmung. Zum weiteren Begriffsverständnis von Produktentwicklung zählen darüber hinaus solche Tätigkeiten in anderen Bereichen der Unternehmung, wie etwa der Marktforschung, der Produktion und dem Vertrieb, die unmittelbar mit der Entstehung des Produktes zusammenhängen. Unter Produktentwicklung (auch: Produktentstehung) werden aus betriebswirtschaftlicher Sicht demnach alle unternehmerischen Aktivitäten verstanden, die mit dem Ziel durchgeführt werden, aus einer Idee ein gewerblich vertreibbares Produkt bzw. Leistungspaket zu entwickeln. Eine Idee repräsentiert dabei eine vage Vorstellung dessen, was zukünftig zur Erreichung der langfristigen Unternehmensziele als Leistung (Produkt und Service) auf Märkten angeboten werden kann bzw. was in absehbarer Zeit einer solchen Leistungsentwicklung dienlich sein kann.

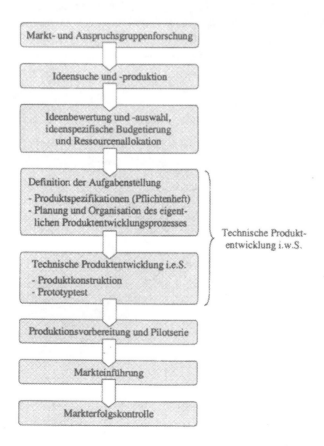

Abb. 1: Phasen des Produktentstehungsprozesses (nach Bennauer 1994, S. 23)

Die Abbildung 1 beschreibt idealtypisch den Verlauf des gesamten Produktentstehungsprozesses. Die konkrete ablauforganisatorische Anordnung der Tätigkeiten ist stark branchen- bzw. produktabhängig. Ein typisches Phasenschema für den Automobilbau zeigt Abbildung 2. Ausgehend von der Produktidee, die im Rahmen der Definitionsphase mit der Produktstrategie in Einklang gebracht wird, erfolgt eine erste Festlegung des Produktkonzepts. Basierend auf diesem Produktkonzept werden einzelne Entwicklungsstufen durchlaufen, sodass nach einer so genannten Vorserienphase mit dem eigentlichen Serienanlauf die Markteinführung beginnen kann.

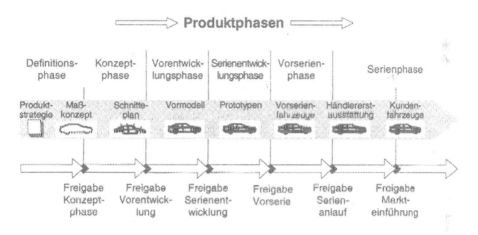

Abb. 2: Typisches Phasenschema der Produktentwicklung im Automobilbau (Quelle: Ehrlenspiel 1995, S. 133)

Mit der Entwicklung ihrer Produkte schaffen Unternehmungen einerseits die Voraussetzung zum langfristigen Überleben im Wettbewerb am Markt. Andererseits werden durch die Gestaltung eines Produktes wesentliche Umweltbelastungen festgelegt, welche während des ökologischen Lebenszyklus von der Gewinnung der Rohstoffe aus der Natur über die Produktion und die anschliessende Nutzung des Erzeugnisses bis hin zur Verwertung oder Beseitigung des Altproduktes anfallen. Eine solchermaßen „zyklusorientierte", d.h. *kreislaufgerechte* Produktentwicklung erfordert die Berücksichtigung der Grundprinzipien und die Ausrichtung an den Leitbildern einer ökologisch nachhaltigen Unternehmenspolitik (im Sinne der Lektion IV), insbesondere die Beachtung der Anforderungen einer Kreislaufwirtschaft (vgl. Kirchgeorg 1999).

2 Kreislaufwirtschaft langlebiger Gebrauchsgüter

In Abschnitt 2.1 der Lektion I ist ein einfaches Stoffkreislaufmodell vorgestellt worden,[1] das im Wesentlichen aus den drei Transformationsphasen Produktion, Konsumtion und Reduktion besteht, die durch die drei Transaktionsschnittstellen Distribution, Kollektion und Induktion verbunden sind. Da eine vollständige Kreislaufführung aus naturgesetzlichen Gründen ausgeschlossen ist, werden dem Wirtschaftssystem ebenso Primärstoffe zugeführt, wie umgekehrt Abfälle zwecks umweltverträglicher Beseitigung abgeführt werden. Eine solche ideale *Kreislaufwirtschaft* scheint auch das in Deutschland seit 1996 gültige Kreislaufwirtschafts- und Abfallgesetz (KrW-/AbfG) anzustreben. Es zielt insbesondere darauf ab, kreislaufbezogene Veränderungen in der Produktpolitik der Industriebetriebe zu erwirken.

2.1 Anforderungen der Kreislaufwirtschaft[2]

Eine Kreislaufwirtschaft im Sinne des Gesetzes umfasst Abfallvermeidung und Abfallverwertung, hingegen nicht die Beseitigung von Abfällen. Verwertung und Beseitigung sind unter dem Begriff Entsorgung zusammengefasst. Dabei ist der Abfallbegriff mit dem Krw-/AbfG gegenüber früher wesentlich ausgeweitet worden. Etwas verkürzt formuliert werden als Abfall alle beweglichen Sachen angesehen, „deren sich ihr Besitzer entledigt, entledigen will oder entledigen muss" (§ 3 Abs. 1); mit anderen Worten: „Abfall ist alles, was nicht (oder nicht mehr) Produkt ist."[3] Damit werden alle stofflichen und beweglichen Neben- und Altprodukte erfasst:

– Produktions-, Konsumtions- und Reduktionsabfälle, d.h. Sachen, die bei der Erzeugung und Nutzung von Gütern oder der Behandlung von Übeln anfallen, ohne dass der Zweck der Handlung hierauf gerichtet war, und
– Produktabfälle, d.h. Sachen, deren ursprüngliche Zweckbestimmung entfällt, ohne dass ein neuer Verwendungszweck unmittelbar an deren Stellen tritt.

Das Gesetz postuliert das *Primat der Abfallvermeidung*. Sie ist grundsätzlich der Verwertung und diese der Beseitigung vorzuziehen. Eine solche starre Prioritätenfolge ist jedoch mit Nachteilen verbunden, weil sie den Weg zur Erreichung eines Ziels vorschreibt, obwohl eigentlich nur die Erreichung des abfallpolitischen Ziels einer geringen Umweltbelastung von Interesse ist. Im Hinblick auf den Vorrang der Verwertung vor der Beseitigung wird dem vom Gesetz zwar durch die Formulierung verschiedener Bedingungen in gewisser Weise Rechnung getragen. Nach den Buchstaben des Gesetzes gilt jedoch der Vorrang der Vermeidung uneingeschränkt.[4] Dazu sind u.a. folgende Maßnahmen zu rechnen (§ 4 Abs. 2):

---

[1] Siehe Abbildung I.3, vgl. auch Lektion III sowie Kirchgeorg 1999, S. 81.
[2] Vgl. zu diesem Abschnitt Hillemacher 1998, S. 244ff.
[3] Wagner/Matten 1995, S. 46; vgl. Dyckhoff 1996, Fn. 34.
[4] Kritisch dazu Dyckhoff 1996, S. 179f.

- anlageninterne Kreislaufführung
- abfallarme Produktgestaltung und
- ein auf den Erwerb abfall- und schadstoffarmer Produkte gerichtetes Konsumverhalten.

Auf die Abfallvermeidung wirkt indirekt auch die vom Gesetz neu eingeführte *Produktverantwortung* hin (§ 22). Verantwortung für die Abfalleigenschaften und die Entsorgung von Produkten trägt grundsätzlich jeder, der Erzeugnisse entwickelt, herstellt, be- und verarbeitet oder vertreibt. Die Produktgestaltung hat so zu erfolgen, dass bei Herstellung und Gebrauch von Produkten das Entstehen von Abfällen vermindert wird und die umweltverträgliche Entsorgung der nach dem Produktgebrauch entstehenden Abfälle sichergestellt ist. In diesem Sinne sollen Erzeugnisse mehrfach verwendbar und technisch langlebig sein sowie sich zu einer umweltverträglichen Entsorgung eignen. Altprodukte sind nach ihrem Gebrauch vom Hersteller zurückzunehmen. Bei der Herstellung von Produkten sind vorrangig Sekundärrohstoffe einzusetzen. Schadstoffe enthaltende Erzeugnisse sind entsprechend zu kennzeichnen. Zudem ist per Kennzeichnung auf Rückgabe- sowie Wiederverwendungs- und -verwertungsmöglichkeiten hinzuweisen. Allerdings stellt die Produktverantwortung nur einen Grundsatz dar und keine unmittelbar verpflichtende Vorschrift. Dazu bedarf es einer Konkretisierung mittels Verordnungen, welche festlegen, wer für welche Erzeugnisse in welcher Art und Weise der Produktverantwortung genügen muss. Beispiele dafür sind die Verpackungs- sowie die Altautoverordnung.

Nachfolgend werden *kreislaufwirtschaftliche Produktkonzepte* vorgestellt. Gemäß ihrem maßgeblichen Wirkungsprinzip lassen sich solche Konzepte nach den drei zentralen Kategorien der Vermeidung, Verwertung und Beseitigung einstufen. Dabei wird jedoch nicht nur die Entstehung von Abfällen bzw. Emissionen betrachtet sondern auch der Verbrauch natürlicher Ressourcen. Des Weiteren kann man gegebenenfalls noch danach unterscheiden, an welcher Phase des ökologischen Produktlebenszyklus ein Konzept schwerpunktmäßig ansetzt.[5]

2.2 Vermeidungsorientierte Produktkonzepte

Vermeidungsorientierten Konzepten kommt besondere Bedeutung zu. Hier wird der Vermeidungsbegriff so verstanden, dass bestimmte Ressourcenbedarfe bzw. Emissionsmengen (inklusive Abfällen) erst gar nicht entstehen. Er umfasst damit ausser der vollständigen Vermeidung bestimmter Arten (Qualitäten) von Inputs oder Output noch die blosse Verminderung des quantitativen Umfangs bestimmter Input- oder Outputmengen.

---

[5] Vgl. dazu die Differenzierung der Ziele des Umweltschutzes in verschiedene Unterziele gemäß den verschiedenen Lebenszyklusphasen, dem Input/Output-Bezug sowie weiteren spezifischen Kriterien bei Ahn 1997, insbesondere S. 80.

Im Hinblick auf eine Differenzierung der Konzepte nach den Lebenszyklusphasen lässt sich feststellen, dass Produktions- und Reduktionsvorgänge schon relativ früh als Ansatzpunkte zur Vermeidung von Umweltbeeinträchtigungen thematisiert worden sind und hier neue Konzepte in den ökologisch entwickelten Industriestaaten keine grossen Verbesserungspotenziale mehr erwarten lassen (jedenfalls nicht in der Konzeption, teilweise wohl in der Umsetzung). Dies trifft jedoch nicht in gleichem Maße für die Konsumtionsphase zu.

Erst in letzter Zeit werden vermehrt Konzepte diskutiert, welche sich maßgeblich auf die Phase des Produktkonsums bzw. der Produktnutzung beziehen, aber dadurch ebenso Auswirkungen auf andere Kreislaufphasen haben. Diese unter dem Begriff der *vermeidungsorientierten Produktnutzungskonzepte* subsumierbaren Ansätze zielen auf eine Verringerung der Herstellungsmengen (und der mit ihnen verbundenen Ressourcenverbräuche und Emissionen) durch Erhöhung und bessere Ausschöpfung des möglichen Nutzungsumfangs von Produkten ab. Wegen ihres vergleichsweise hohen Potenzials zur Reduzierung der Umweltbelastung stehen Konzepte für *langlebige Gebrauchsgüter* im Mittelpunkt der folgenden Ausführungen. Darunter werden Produkte verstanden, die auf einen mehrfachen bzw. genügend dauerhaften Gebrauch ausgelegt sind (vgl. Bellmann 1990; Verpackungen fallen in der Regel nicht darunter).

Zu diesem Zweck wird eine von Ahn und Meyer (1999) vorgeschlagene Präzisierung der als *LPN*-Schema bekannten Klassifikationssystematik verwendet. Insgesamt ergeben sich so vier Klassen vermeidungsorientierter Produktnutzungskonzepte, über deren Kennzeichnung und angestrebte Effekte Tabelle 1 einen Überblick verschafft.

Tab. 1: Das *LPNI*-Schema im Überblick

Konzeptklasse	Angestrebter Effekt
Lebensdauerausweitung (L)	Verlängerung der Produktlebensdauer T
Produktnutzungsverlängerung (P)	Verschiebung des Produktnutzungsendes T'
Nutzungsintervalloptimierung (N)	Ausdehnung der Nutzungszeit t_N in $[0; T']$
Intensitätssteigerung (I)	Erhöhung der Nutzungsintensität ρ innerhalb von t_N

Der als *LPNI*-Schema bezeichneten, modifizierten Systematik liegt folgende Annahme zu Grunde: Die umweltschutzbezogene Wirkung vermeidungsorientierter Produktnutzungskonzepte kann anhand der veränderten *Gesamtnutzung* eines physischen Produkts (N_{ges}) gemessen werden.[6] Sie lässt sich annahmegemäß in zwei Dimensionen aufspalten: die *Nutzungszeit* (t) und die *Nutzungsintensität* (ρ) – letztere definiert als abgegebene Nutzungseinheiten eines Produkts je Zeiteinheit. Auf Basis dieser beiden Dimensionen ist es möglich, die Nutzungsumfänge eines Produkts grafisch darzustellen. Ein Beispiel eines solchen Nutzungsprofils – im Folgenden als Produktbasisfall bezeichnet – gibt die Abbildung 3 wieder. Dort sind die tatsächlichen Nutzungsumfänge des betrachteten Produkts als graue Felder gekennzeichnet. Zudem ist das Ende der Produktlebensdauer (T) angegeben.

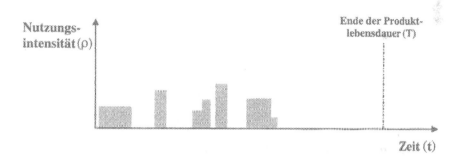

Abb. 3: „Produktbasisfall" als Beispiel eines Nutzungsprofils

Verschiedene Ansatzpunkte zur Steigerung von N_{ges} ergeben nun das *LPNI*-Schema. Offensichtlich sind die Erhöhung der Nutzungsintensität ρ sowie die Verlängerung der Produktlebensdauer *T*. Mit Blick auf den Produktbasisfall sind noch zwei weitere Ansatzpunkte aus der Tatsache ableitbar, dass Produkte im Intervall [0; T] üblicherweise nicht permanent zum Einsatz gelangen. So kann das Ende der (faktischen) Produktnutzung, ab dem ein grundsätzlich noch funktionsfähiges Produkt nicht mehr verwendet wird, vor dem Ende der (technischen) Produktlebensdauer T liegen, welches determiniert ist durch seinen materiellen Verschleiß; in diesem Fall ist eine Verschiebung des Produktnutzungsendes – nachstehend als T' symbolisiert – hin zu T denkbar. Darüber hinaus kann es im Nutzungsintervall [0; T'] weiterhin sowohl genutzte als auch ungenutzte Zeiträume geben, die sich in der Summe als Nutzungszeit t_N bzw. Stillstandszeit T'- t_N interpretieren lassen; dann ist eine Ausdehnung der Nutzungszeit in Erwägung zu ziehen. Die vier so abgeleiteten Kategorien des *LPNI*-Schemas werden im Folgenden mittels der Abbildung 4 anhand von Beispielen veranschaulicht. Ausgangspunkt ist der zuvor in Abbildung 3 dargestellte Produktbasisfall.

---

[6] Die Messvorschrift ist dabei produktabhängig festzulegen; hier wird abstrakt von abgegebenen Nutzungseinheiten gesprochen. Die nachfolgende Darstellung basiert auf Ahn/Meyer 1999.

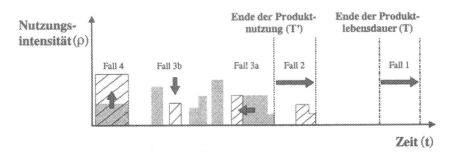

Abb. 4: Angestrebte Effekte der *LPNI*-Konzepte

Lebensdauerausweitende Produktnutzungskonzepte stellen auf die Hinauszögerung des materiellen Verschleißes von Produkten ab. Dadurch verlängert sich deren potenzielle Nutzungszeit (T); dies ist in der Abbildung 4 als Fall 1 gekennzeichnet. Ein wesentliches Konzept zur Erreichung dieses Effekts ist die Hinwirkung auf einen funktionsgerechten Produktgebrauch. So vermag eine geeignete Produktgestaltung falsche Handhabungen weitgehend auszuschließen; zumindest können gezielte Informationen, etwa im Rahmen gut sichtbarer Hinweise auf der Produktoberfläche, darauf hinwirken. Um beispielsweise die Speicherkapazität herkömmlicher Akkus in Handys nicht unnötig zu verringern, erscheint bei einigen Modellen im Display die Aufforderung, die Geräte bis zur vollständigen Entladung der Akkus zu betreiben. Da dies in der Vergangenheit viele Kunden nicht beherzigt haben, kommen mittlerweile immer mehr Produkte auf den Markt, bei denen sich die integrierten Akkus nach Erreichung einer bestimmten Restkapazität selbstständig entladen.

Ob allerdings das im Rahmen von Fall 1 zusätzlich geschaffene Nutzungspotenzial ausgeschöpft wird, hängt unter anderem davon ab, inwieweit sich das Ende der Produktnutzung (T') hinauszögern lässt. Dies ist Ziel der Konzepte zur *Produktnutzungsverlängerung*; ihre prinzipielle Wirkungsweise geht aus Fall 2 der Abbildung 4 hervor. So eröffnet etwa die Verdopplung der Produktnutzungszeit die Chance, die Hälfte des notwendigen Materials von der Produktion bis zur Reduktion einzusparen sowie die damit verbundenen Emissionen zu vermeiden, wenn nämlich dadurch nur halb so viele Produkte hergestellt und entsorgt werden. Allerdings ist die Material- und Emissionsverringerung in den Phasen der Produktion und Reduktion (einschließlich dazu gehöriger Transport- und Lagervorgänge) abzuwägen gegen entsprechende Einsparpotenziale, die sich möglicherweise in der Nutzungsphase durch den frühzeitigen Ersatz alter Produkte durch neue, umweltschonendere Produkte erschließen lassen. Eine Möglichkeit zur umweltfreundlichen Produktnutzungsverlängerung bietet das technologische Hochrüsten. Darunter ist die Erweiterung oder Leistungserhöhung eines bereits im Gebrauch befindlichen Produkts durch Hinzufügen oder Austausch einzelner Komponenten zu verstehen. Als Beispiele lassen sich die Aufrüstung von Computern durch zusätzliche Festplatten oder größere

Arbeitsspeicher sowie der Austausch eines Fahrzeugmotors durch einen mit geringerem Treibstoffverbrauch und weniger Emissionen anführen.

Gegenstand der Nutzungsintervalloptimierung ist die Ausdehnung der Nutzungszeit t_N innerhalb des Zeitraums [0; T']. Dies kann einerseits durch Reduzierung nutzungsunterbrechender Zeiten zwischen bestehenden Nutzungsintervallen geschehen (Fall 3a in Abb. 4), andererseits durch Schaffung zusätzlicher Nutzungsintervalle (Fall 3b). Ein Beispiel für den letztgenannten Ansatzpunkt ist das Produkt-Sharing. Dieses Konzept beruht auf dem Prinzip „Nutzung an Stelle Eigentum". Mittels zeitlich geteilter Inanspruchnahme wird ein Produkt mehreren Verwendern zugänglich gemacht mit dem Ziel, dessen Nutzungszeitraum auszuweiten. Diese Idee wird z.B. im Rahmen gewerblicher und privater Car-Sharing-Organisationen verwirklicht, deren Mitglieder bei Bedarf auf einen Pool gemeinschaftlich verwendeter Fahrzeuge zurückgreifen.

Im Fokus *(nutzungs)intensitätssteigernder Konzepte* steht die Erhöhung von ρ gemäß Fall 4 in Abbildung 1. Sie setzen entweder an der potenziell möglichen oder an der tatsächlich in Anspruch genommenen Intensität an. Zur ersten Kategorie gehört die kapazitätsbezogene Nutzungsflexibilisierung. Leitgedanke dieses Konzepts ist es, vorhandene Kapazitäten im Hinblick auf ihre Nutzungsart vielgestaltig einsetzbar zu machen. Oft reichen schon relativ geringe Änderungen der Produktgestalt aus, um durch „Kapazitätspooling" einer ex ante nicht zu bewältigenden Belastungsspitze Rechnung tragen zu können. Ein Beispiel ist die Schaffung optionaler Sitzmöglichkeiten in so genannten Mini-Vans. Bei diesem Wagentyp lässt sich die Normalkapazität von fünf Plätzen zu Lasten des Kofferraumvolumens um zumeist zwei bis drei Sitzmöglichkeiten erhöhen; dadurch können auf kürzeren Strecken bis zu acht Personen transportiert werden, ohne ein zweites Fahrzeug einsetzen zu müssen.

Das vorgestellte *LPNI*-Schema erlaubt es, die unterschiedlichen Effekte vermeidungsorientierter Produktnutzungskonzepte im Hinblick auf die Dimensionen 'Nutzungszeit' und 'Nutzungsintensität' weitgehend trennscharf voneinander abzugrenzen. Auf diese Weise können für ein bestimmtes Produkt Ideen zur Steigerung seiner Gesamtnutzung generiert werden. Zu beachten ist aber die Vielzahl unterschiedlicher Wirkungszusammenhänge. So können sich gegenläufige Effekte ergeben, etwa die Verkürzung der Lebensdauer bei einer Steigerung der Nutzungsintensität.

2.3 Sonstige Produktkonzepte

Eine Verlängerung der Produktnutzungszeit durch wiederholte Nutzung, gegebenenfalls nach einer technischen Überholung, entspricht der so genannten Wiederverwendung als einer der beiden grundlegenden Formen des *Produktrecyclings*. Ändert sich dabei der Nutzungszweck, so wird von Weiterverwendung gesprochen (Standardbeispiel ist das Senfglas als Trinkbecher). Im Gegensatz zu diesen ver-

wendungs- und damit eher vermeidungsorientierten Konzepten, bei denen die
Produkte im eigentlichen Sinn Bestandteil der Nutzungsphase bleiben, treten die
Produkte in den *verwertungsbezogenen Konzepten* zwischenzeitlich unter stofflicher Gestaltauflösung aus der Nutzungsphase aus (vgl. Kilimann 1996, S. 80).
Solche Konzepte haben überwiegend das *Materialrecycling* zum Ziel. In erster
Linie wird eine Wiederverwertung angestrebt, indem durch geeignet gestaltete
Kreisläufe Teile der Altprodukte, seien es Baugruppen oder Einzelteile, zumindest
aber die Ursprungsmaterialien als Ressourcen zurückgewonnen und anschließend
als Sekundärrohstoffe wieder eingesetzt werden. Alternativ kommt die Weiterverwertung in Frage, sei es als stoffliche Verwertung der Materialien in anderen Produkten oder als energetische Verwertung zur Wärme- oder Kraftgewinnung.

Da komplexe Produkte zumeist aus mehreren Ausgangsmaterialien bestehen und
damit eine starke Inhomogenität aufweisen können (vgl. Souren 1996, S. 218ff.),
stellen verwertungsbezogene Konzepte insbesondere auf die Minderung der Werkstoffvielfalt sowie auf den Einsatz verwertungsfreundlicher Bauteile und Werkstoffe
ab. Verknüpft werden diese verwertungsorientierten Gestaltungsprinzipien durch
eine verstärkt demontagefreundliche Auslegung des Gesamtprodukts. Unterstützend auf Demontage und anschliessende Verwertung wirken sich dabei eine einheitliche Bauteil- und Gerätekennzeichnung sowie eine Werkstoffkennzeichnung
aus (vgl. Kreibich 1994, S. 17ff.).

Zielsetzung *beseitigungsbezogener Produktkonzepte* ist die Sicherstellung einer
geordneten und umweltfreundlichen Beseitigung. Für eine derartige Beseitigung ist
im Rahmen der Produktkonzeption eine Vorausplanung erforderlich, die insbesondere auf die Abfallart Einfluss nimmt. Eine allgemeine Gestaltungsrichtlinie beinhaltet dementsprechend auch den Ersatz toxischer Stoffe durch andere Materialien
(vgl. Behrendt 1994, S. 14ff.). Generell ist darauf abzustellen, dass die Produkte
so in die Natur zurückgeführt werden, dass sie die natürlichen Stoffkreisläufe nicht
belasten sondern vielmehr harmonisch in sie integriert werden.[7]

3 Ansatzpunkte einer kreislaufgerechten Produktentwicklung

Im Hinblick auf das Recycling von Altprodukten stellen Franck und Bagschik
(1999, S. 426) fest: „Bislang hat der Stand der Produkt- und Prozessentwicklung
eine weiter gehende Verbreitung von Remanufacturing[8] behindert. Die Aufarbei-

---

[7] Gemäß der Induktionsschnittstelle der Abbildung I.3; abweichend ordnet Kirchgeorg
1999, S. 81 und 91, die Abfallbeseitigung der Reduktion zu.

[8] Die Autoren verstehen unter Remanufacturing die Aufarbeitung, Reparatur, Instandsetzung und Modernisierung von Produkten und Komponenten mit dem Ziel ihrer erneuten
Nutzung (Franck/Bagschik 1999, S. 422).

tung von Produkten wird heute überwiegend manuell und von herstellerunabhängigen Unternehmen durchgeführt. Weit reichende Kostendegressionen erscheinen aber erst realisierbar, wenn die Hersteller selbst frühzeitig im Rahmen der Produktentwicklung für die Aufarbeitbarkeit von Produkten sorgen und wichtige Belange des Remanufacturing berücksichtigen."

Diese Kritik am herrschenden Stand der Produktentwicklung in Industriebetrieben trifft weitgehend auf alle kreislaufwirtschaftlichen Konzepte zu. Im Rahmen einer ganzheitlichen Sichtweise müssen alle Phasen des Gesamtkreislaufs betrachtet werden, um kreislaufwirtschaftliche Optimierungspotenziale ausschöpfen zu können. Augenfällig ist dieser Zusammenhang bei der Betrachtung von Montage- und Demontageprozessen im Rahmen der Produktion und der Reduktion. Dabei darf nicht übersehen werden, dass ausser den Transformationsprozessen bei Produktion, Konsumtion und Reduktion auch die Transaktionsvorgänge bei Distribution, Kollektion und Induktion zu den Phasen gehören, welche eine Kreislaufwirtschaft (idealtypisch gemäß Abb. I.3) konstituieren. Mit Blick darauf, dass die Transaktionskosten einer modernen Volkswirtschaft auf über 50% ihres gesamten Aufwandes geschätzt werden, weisen Franck und Bagschik (1999) zu Recht auf die Bedeutung der informationellen und organisatorischen Voraussetzungen kreislaufgerechter Produktkonzepte hin, insbesondere wegen möglichem Marktversagen. Bei der nachfolgenden Erörterung wesentlicher Ansatzpunkte für eine kreislaufgerechte Produktentwicklung werden unternehmensexterne transaktionsspezifische Aspekte allerdings weitgehend ausgeklammert.[9]

Aus planungssystemischer Sicht ist die Produktentwicklung eng mit der Produkt- und der Technologiepolitik verknüpft, welche beide wiederum Ergebnis der strategischen Planung einer Industrieunternehmung sind. Die organisatorische Einbettung der Produktentwicklung in die übergeordnete Unternehmenspolitik findet häufig im Rahmen einer Projekt- und Programmplanung statt. Charakteristisch für die betriebliche Praxis sind die hohe Komplexität der ablaufenden Prozesse, die große Unsicherheit, welche insbesondere in den frühen Phasen der Produktentstehung herrscht, sowie der Neuigkeitsgrad der Aufgaben, der bspw. bei einer radikalen Neuproduktentwicklung zu verzeichnen ist. Industrieunternehmungen reagieren darauf vermehrt mit projektartig organisierten Produktentstehungsvorhaben, in denen interdisziplinär besetzte, vor allem aber bereichsübergreifende Entwicklungsteams versuchen, die Aufgaben zu bewältigen. Neuere, unter dem Stichwort „Simultaneous Engineering" bekannte Konzepte einer integrierten Produkt- und Prozessentwicklung versuchen, die durch die Abteilungsgrenzen bestehenden Hemmnisse abzubauen (vgl. exemplarisch Specht/Beckmann 1996, S. 136ff.).

Die Integration kreislaufwirtschaftlicher Produktkonzepte in die Produktentwicklung kann von daher den F&E-Bereich nicht isoliert betrachten, sondern muss ihn in

---

[9] Dazu sei auf den grundlegenden Beitrag von Franck/Bagschik 1999 verwiesen.

den Gesamtzusammenhang der Unternehmensplanung einbetten. Auf diese Weise liefert die Produktentwicklung Möglichkeiten, eine auf Reduzierung der Umweltbelastungen ausgerichtete Unternehmensstrategie zu unterstützen. Der Umfang dieser Unterstützung ist jedoch in hohem Maße von dem Zielsystem der jeweiligen Unternehmung, insbesondere vom Stellenwert des Umweltschutzes abhängig (vgl. Bennauer 1994, S. 118ff.). Wird dem Umweltschutz im Sinne einer ökologisch nachhaltigen Unternehmenspolitik eine hohe Bedeutung beigemessen, so wird diese im Idealfall durch eine zyklusorientierte oder „produktintegrierte" Umweltschutzstrategie umgesetzt (vgl. Lektion I.4.1). Kreislaufwirtschaftliche Produktkonzepte würden in diesem Fall wie selbstverständlich schon in den frühen Phasen der Produktentstehung,[10] d.h. bei der Situationsanalyse und der Ideengenerierung, die Grundlage der weiteren Planung sein. Hier werden entscheidende Weichen für die spätere technische Gestaltung des Produkts sowie für die Handhabung in den einzelnen Phasen des ökologischen Lebenszyklus gestellt. Notwendig bei der Situationsanalyse ist somit nicht nur eine fundierte Marktforschung, sondern ausserdem eine Erforschung aller durch ein zukünftiges Produkt potenziell hervorgerufenen ökologischen Wirkungen sowie die damit verbundenen Ansprüche gesellschaftlicher Gruppen, beispielsweise durch geeignete Frühinformationssysteme.

4 Präventiver Umweltschutz durch kreislaufgerechte Produktentwicklung

In diesem Abschnitt[11] werden aus der Vielfalt der Ansatzpunkte für eine kreislaufgerechte Produktentwicklung einige herausgegriffen, schwerpunktmäßig solche mit unmittelbarem Bezug zur Produktentstehung, und anhand eines realen Beispiels näher untersucht.[12]

4.1 Praxisbeispiel XEROX

Bei dem Beispiel handelt es sich um den Fall der Unternehmung (Rank) Xerox.[13] Xerox agiert weltweit im Bereich der Informationstechnologie (IT). Für die Entwicklung und Produktion von IT-Hardware setzte sich Xerox 1987 das Ziel, ein Recyclingsystem für alle vertriebenen Produkttypen und Verbrauchsmaterialien

---

[10] Die frühen Phasen betont auch Frei 1999 mit seinem Konzept der „öko-effektiven Produktentwicklung".

[11] Der Abschnitt ist leicht modifiziert entnommen aus Dyckhoff/Gießler 1998, S. 178ff.

[12] Weitere, insbesondere mittelbare Ansatzpunkte der generellen Zielplanung und der strategischen Planung werden vertieft bei Dyckhoff/Ahn/Gießler 1997.

[13] Die Darstellung des Beispiels beruht auf Kraemer 1997, S. 60ff. Weiter gehende Informationen mit einem tieferen branchenspezifischen Einblick in die Kopiererthematik vermitteln Meffert/Kirchgeorg 1998, S. 693ff.

europaweit zu installieren. Zu seiner Realisierung wurden die folgenden Maßnahmen ergriffen:

Aufbau eines Recyclingzentrums. Das Asset Recovery Management bestimmt und koordiniert die Kategorisierung der Altgeräte, die Qualitätskontrolle von Geräten/ Komponenten, die Teilewiederverwendung sowie die Lagerhaltung der Gebrauchtteile. Ferner werden an zentraler Stelle in den Niederlanden der eigentliche Demontageprozess durchgeführt sowie die stoffliche Verwertung bzw. die umweltverträgliche Beseitigung von Abfällen eingeleitet.

Aufbau einer umfassenden Entsorgungslogistik. Die Rücknahme und Rückführung erfolgt sowohl bei Firmenkunden als auch bei Privatkunden durch Paketdienste, Mail-in-Services und den Xerox-eigenen Kundendienst. Das aufgebaute Logistikkonzept realisiert einen nahezu geschlossenen Kreislauf von Rohmaterialien und Bauteilen.

Aufbau einer strategiekonformen Produktpolitik. Die Produktpolitik verfolgt eine Doppelstrategie. Zum einen werden alte Geräte, Komponenten und Bauteile wiederverwendet, zum anderen hat Xerox das Produktprogramm um eine „Green Line" erweitert. Geräte dieser Produktlinie zeichnen sich durch eine hohe Wiederverwendbarkeit der Komponenten aus.

Änderung des Produktdesigns. Konkrete Maßnahmen zur kreislaufgerechten Produktgestaltung sind:

– die Reduzierung der Anzahl zum Einsatz kommender Stoffe und Materialien
– die qualitativen Forderungen nach hoher Lebensdauer, geringer Umweltbelastung und Rezyklierfähigkeit der Produkte
– die Bewertung der im Produkt verwendeten Rohstoffe mit einem umweltbezogenen Materialindex sowie
– die Sicherstellung der Demontage- und Reparaturfreundlichkeit.

Der Erfolg der Implementation des Recyclingsystems wird von Xerox im Rahmen einer ex-post-Betrachtung anhand folgender Kriterien beurteilt:

– jahres- und gerätebezogene Rücklaufquote
– auf das Gesamtgewicht bezogene Verwertungsquote (differenziert nach Produkten der alten und neuen Design-Generation)
– stückbezogene Anzahl wiederverwendeter Komponenten aus Altgeräten
– zu deponierende Abfallmenge in Tonnen pro Jahr
– jahresbezogene Mengenquote zu deponierender Produktabfälle
– jahresbezogene Deponiekosten
– jahresbezogene Beschaffungskosten für Material und Rohstoffe.

4.2 Konkretisierung des Umweltschutzziels

Der Blick auf den Lebenszyklus eines einzigen Produkts offenbart die Vielzahl möglicher Ansatzpunkte für eine kreislaufgerechte Gestaltung von Produkt und Produktionsprozess. Anders ausgedrückt stehen zahlreiche Gestaltungsalternativen zur Auswahl, von denen aus rein ökologischer Sicht nur diejenige realisiert werden sollte, die den größten Beitrag zur Schonung der Umwelt leistet. Problematisch erweist sich in diesem Zusammenhang die Konkretisierung ökologischer Ziele (vgl. Behrendt et al. 1996, S. 61ff.).

Das Fallbeispiel illustriert, welchen Einfluss Umweltziele auf die Produktgestalt, den Produktionsprozess sowie das mit dem Produkt eng verknüpfte Servicekonzept haben können. Die oben genannten Kriterien lassen sich als Zielkatalog interpretieren, wobei die Formulierung der angestrebten Zielausmaße aus dem Kontext abzuleiten ist (vgl. Schröder 1999, S. 1011). Die meisten Ziele betonen die Entsorgungsphase der Produkte; unberücksichtigt in der Erfolgsbetrachtung des Falls bleiben Ziele, welche die Phase der Nutzung betreffen. Nur teilweise werden Ziele beleuchtet, die mit Blick auf die eigentliche Herstellung der Produkte ökologische Aspekte des Ressourcenverbrauchs ansprechen, und dann auch nur implizit und in ökonomischen Kategorien, wie etwa bei den jährlichen Beschaffungskosten für Material und Rohstoffe.

Einerseits wird deutlich, wie die einzelnen Produktlebensphasen mit den Zielen verknüpft sind, andererseits illustriert das Beispiel, wo die Probleme bei der Konkretisierung von Umweltschutzzielen im Einzelfall liegen können. Es ist daher zu fragen, ob und inwieweit es sich bei den oben angeführten Zielen um eine zulässige, vollständige und überschneidungsfreie Operationalisierung des Oberziels Umweltschutz handelt (vgl. Ahn 1997, S. 66f.).

Die Steigerung der auf das Gesamtgewicht bezogenen Verwertungsquote erscheint zunächst als ein sinnvolles Ziel, jedoch wird mit Hilfe dieser Zielgröße nicht erfasst, welche ökologisch wirksamen Einflüsse von den Reststoffen ausgehen. Beispielsweise ist nicht erläutert, ob das reduzierte Aufkommen an Reststoffen lediglich durch eine höhere Konzentrierung der Schadstoffe auf Grund der gewichtswirksamen Trennung ökologisch unbedeutender Stoffe realisiert wurde. Schadstoffe können im Fall der IT-Hardware z.B. Schwermetalle sein, die selbst in geringsten Konzentrationen als Umweltgift wirken. Die Erhöhung der Schwermetallkonzentration in der reduzierten Reststoffmenge hätte die Folge, dass ggf. MAK-Werte überschritten und möglicherweise der ansonsten normal deponierbare Reststoff zu Sondermüll würden. Ein weiteres Problem besteht im Weglassen indirekter, aber dennoch ökologisch bedeutsamer Aspekte, wie es sich hier am Beispiel der mit der Rückführung der Altgeräte verbundenen Transportleistung darstellen lässt. Es besteht insoweit eine Trade-off-Beziehung zwischen der Rückführung ausgedienter Güter und ihrer Verwertung, als die negativen ökologischen Effekte, die aus der Transportleistung resultieren, die positiven Effekte der Wiederverwendung bzw. Wiederverwertung kompensieren können.[14]

Die Verwendung verschiedener Indikatoren zur Messung der Umwelt- und insbesondere Kreislauffreundlichkeit eines Produktes sollte auf einer systematischen Zielformulierung basieren und sich möglichst an den Phasen des Produktlebenszyklus orientieren (vgl. Ahn 1997, S. 79ff.). Dabei ist zu beachten, dass Umweltschutzziele nicht allgemein gültig formulierbar sind; es kommt wesentlich auf den Einzelfall an, der durch die Produktart, die möglichen Ausprägungen in den Lebensphasen u.a.m. charakterisiert ist (vgl. Meffert/Kirchgeorg 1996, S. 11f.). Für eine Konkretisierung von Umweltschutzzielen sind spezielle Kenntnisse erforderlich, die zum Abschätzen ökologierelevanter Konsequenzen befähigen und zum anderen ökonomische bzw. technische Überlegungen zur Realisierung beinhalten. Es erscheint plausibel, dass ein ökologisch nachhaltiger Erfolg mittels kreislaufgerechter Produkte nur durch eine stringente Integration von Umweltschutzzielen in alle, am Produktentstehungsprozess beteiligte Planungs-, Kontroll- und Realisierungssysteme der Unternehmung erzielt werden kann.

4.3 Kreislaufgerechte Produkt- und Programmgestaltung

Ökologische Anforderungen können über die Produktpolitik im Allgemeinen und die Produktdefinition mittels eines Lasten- bzw. Pflichtenheftes im Besonderen integriert werden. Bei Xerox wird dies durch die Doppelstrategie: Standardprogramm plus 'Green Line' sowie durch das gewählte Produktdesign sehr gut deutlich. Dabei müssen erzielbare Synergieeffekte durch produktspezifische Kombination einzelner kreislaufwirtschaftlicher Konzepte ebenso Berücksichtigung finden wie mögliche konzeptbezogene Wechselwirkungen innerhalb des Produktprogramms.[15]

Darüber hinaus ist die Produkt- und Programmplanung sowohl lang- als auch kurzfristig mit den anderen Teilsystemen der Unternehmensplanung abzustimmen. Besonderer Koordinationsbedarf entsteht, wenn es gilt, Zieldifferenzen zwischen den einzelnen Teilplanungssystemen bei der Implementation ökologischer Zielsetzungen in das Gesamtplanungssystem der Unternehmung zu überwinden. Insbesondere sind Zielantinomien zu vermeiden, die die wirksame Umsetzung eines präventiven Umweltschutzes vereiteln können. Zentraler Ansatzpunkt für eine umfassende und wirkungsvolle Operationalisierung der Umweltschutzziele kann daher ein kontinuierlich durchgeführter Zielbildungsprozess sein, der einerseits eine systematische Komplexitätsreduzierung durch Teilzielbildung fördert und andererseits die konsequente Integration von Anforderungen der unterschiedlichen Anspruchsgruppen sicherstellt (vgl. Specht/Beckmann 1996, S. 125ff.).

---

[14] Diese Fragestellung ist häufig Gegenstand von Ökobilanzen; vgl. hierzu exemplarisch Behrendt et al. 1996, S. 104ff., sowie die Lektion VI.

[15] Ansatzpunkte dazu zeigt z.B. Specht 1996 auf.

Weiterer Koordinationsbedarf erwächst aus den planungssystemimmanenten Informationsinterdependenzen. Hier sind es vor allem reziproke, d.h. wechselseitige Interdependenzen, die einen erhöhten Abstimmungsbedarf nach sich ziehen. Beispielsweise ist im Fall Rank Xerox anzunehmen, dass die langfristige Abstimmung des neuen Produktprogramms „Green Line" erheblichen Koordinationsaufwand verursachte, da im Gegensatz zu vergangenen Produktprogrammen auf keine bestehenden Pläne zurückgegriffen werden konnte.

4.4 Organisation und Personal einer kreislaufgerechten F&E

Eine erhöhte Umweltschutzorientierung von Produkten und Prozessen hat eine z.T. erhebliche Veränderung des traditionellen Aufgabenspektrums innerhalb der Produktentwicklung zur Folge. Das neue Aufgabenspektrum aus Sicht der Mitarbeiter der Forschung und Entwicklung (F&E) lässt sich durch folgende Merkmale charakterisieren (vgl. Kreikebaum 1996, S. 4):

− hohe Komplexität
− Notwendigkeit zu disziplinübergreifenden Lernbemühungen
− funktionsübergreifender Querschnittscharakter
− erhebliche Informationsasymmetrien
− individuelle Abwehrsperren infolge ökonomischer Voreingenommenheit
− Barrieren seitens der Unternehmenskultur durch Vorrang eines Kostenbewusstseins gegenüber der Marktorientierung und einer Leistungsorientierung gegenüber gesellschaftlich-ökologischen Verpflichtungen.

Dementsprechend können u.a. organisatorische und personelle Hemmnisse bei einer Neuorientierung der Produktentstehungsaktivitäten identifiziert werden. Unter organisatorischen Problemen werden in diesem Zusammenhang Fragestellungen verstanden, die mit Hilfe organisatorischer Maßnahmen zu lösen sind; dazu gehören die Veränderung von Organisationsstrukturen oder die geeignete Reorganisation von Prozessen. Die personellen Hemmnisse umfassen einen breit gefächerten Bereich und reichen von Aspekten individueller Einstellungen bzw. Werte von F&E-Mitarbeitern bis hin zu ihrer ökologiegerechten Qualifikation.[16]

Für das daraus entstehende Gestaltungsproblem erscheint das Konzept der *lernenden Organisation* als ein viel versprechender Lösungsansatz, da hier Organisationsstrukturen und Mitarbeiter gleichzeitig betrachtet werden.[17] Wesentliches Kennzeichen einer lernenden Organisation ist die Speicherung sowohl individuellen als auch organisationalen Wissens. Umweltrelevantes Wissen kann prozedurale Inhalte besitzen, wie z.B. die Entwicklung von Entsorgungssystemen, oder aber

---

[16] Vgl. Bennauer 1994, S. 143ff., sowie grundsätzlich Lektion X hinsichtlich eines umweltorientierten Personalmanagements.
[17] Zum Begriff der „lernenden Organisation" vgl. Schreyögg/Noss 1995, S. 176ff.

auch Fakten, wie z.B. Emissionswerte spezieller Produktarten.[18] Letztlich ist es das Ziel, die Organisationsstruktur und das betroffene Personal so zu entwickeln, dass sie zur interdisziplinären, kreislaufgerechten Problemlösung befähigt werden. Dies beinhaltet sowohl eine Ausrichtung von Gestaltungsentscheidungen auf Umweltschutzziele als auch die umweltorientierte Überarbeitung gewohnter Handlungsmuster, insbesondere aber auch die Befähigung zum weiteren Lernen, d.h. auch die eigentlichen (ökologischen) Lernprozesse müssen Gegenstand organisatorischer und personeller Maßnahmen werden.

Für einen wirkungsvollen Einsatz derartiger Maßnahmen sind gewisse Rahmenbedingungen vor und während ihrer Implementation zu schaffen. Die Einhaltung der Rahmenbedingungen kann daher die Erfolgswirksamkeit der personenbezogenen Maßnahmen erheblich beeinflussen. Im Folgenden werden thesenartig Rahmenbedingungen benannt und entsprechend normative Forderungen an personenbezogene Maßnahmen daraus abgeleitet:

– Der Erfolg personenbezogener und organisatorischer Maßnahmen hängt davon ab, ob die ökologierelevanten Lernprozesse und erlernten Prozesse auf den kognitiven Horizont des Aufgabenträgers zugeschnitten sind. Das bedeutet auch, dass das individuelle Informationsverhalten im Rahmen entscheidungsunterstützender Technologien ebenso unterstützt werden muss wie im Zusammenhang mit der Dokumentationsform ökologischen Wissens. Ferner ist das Verlernen als mitarbeiterimmanenter Vorgang zu antizipieren.

– Lernfähige Organisationen handeln proaktiv und nicht reaktiv (vgl. Kreikebaum 1996). Das Festhalten an tradierten Konzepten hemmt die Entwicklung ökologisch nachhaltiger Strategien. Eine Öffnung der Unternehmung gegenüber innovativen Konzepten zur Reduzierung von Umweltbelastungen ist zu fördern und vor dem Hintergrund, dass zurückgeführte positive Erfahrungen einen lernverstärkenden Effekt besitzen, zu belohnen.

– Die individuelle kognitive und emotionale Disposition des einzelnen F&E-Mitarbeiters entscheidet über Akzeptanz und Ablehnung der Forderung nach kreislaufgerechten Produkt- und Prozessgestaltungen (vgl. Kreikebaum 1996). Deswegen ist eine Habitualisierung ökologischer Inhalte und Problemlösungsmuster anzustreben. Einstellungen und Werte der Organisationsmitglieder sind umweltorientiert zu entwickeln.

Einen Eindruck möglicher *personenbezogener* Maßnahmen, die bei der Produktwicklung sinnvoll zur Anwendung kommen können bzw. teilweise bereits im Fallbeispiel Xerox zur Anwendung kamen, vermittelt der folgende, im Hinblick auf die Kreislauffreundlichkeit noch zu spezifizierende Katalog:

---

[18] Zu einer differenzierten Betrachtung ökologisch relevanter Lernfelder vgl. Pfriem/Schwarzer 1996, S. 13f.

- Vermittlung umweltrelevanten Faktenwissens (bei Xerox: Bereitstellung ökolo-
  giebezogener Materialindizes)
- Vermittlung umweltrelevanter Problemlösungsmuster bzw. Methodenwissens (bei
  Xerox: Abstimmung von Montage- und Demontageverfahren)
- Beschaffung entsprechend qualifizierten Personals
- Maßnahmen zur Steigerung umweltbezogener Motivation
- Implementation eines umweltorientierten Anreizsystems
- Ermöglichung umweltbezogener interner Kommunikation (ggf. im Zusammen-
  hang mit einer systembezogenen Institutionalisierung)
- Ermöglichung umweltbezogener externer Kommunikation
- Installation eines Forums zur partizipativen Bildung ökologischer Ziele und
  Visionen.

Neben den primär personenbezogenen sind auch *organisatorische* Maßnahmen zu
beachten, die sowohl strukturelle als auch prozessuale Aspekte umfassen können.
Erfahrungsgemäß gehen besonders Strategieänderungen häufig mit organisatorischen Änderungen einher. Dabei behindern bürokratische Strukturen die Umsetzung ökologischer Lernprozesse. Alternativ können F&E-Einheiten entsprechend
ökologischer Kriterien gebildet werden, wobei die Menge möglicher Organisationsstrukturen durch die Kombinationen ökologischer Gliederungskriterien mit
gängigen Organisationsformen wesentlich erweitert wird (vgl. Bennauer 1994,
S. 241ff.). Eine generelle Handlungsempfehlung lässt sich nicht aussprechen, was
gleich bedeutend mit der Forderung nach einem situativen Gestaltungsansatz zur
umweltorientierten Strukturierung von Organisationen ist.[19]

Während Organisationsstrukturen in einer längerfristigen Perspektive über Wei-
sungsbefugnisse, Aufgabenbereiche und Koordinationskategorien festlegt werden,
sind im Rahmen des eigentlichen Entwicklungsprozesses Aktivitäten zu formulieren und zu koordinieren. Dies kann im Zusammenhang mit einem ganzheitlichen
Projektmanagementansatz geschehen, indem Umweltziele Eingang in das entsprechende Zielsystem finden (vgl. Dyckhoff/Ahn/Gießler 1997, Abschn. 3.1).

4.5 Kreislaufbezogene Informationssysteme

Die Versorgung mit Informationen ist für das F&E-Management von zentraler
Bedeutung. Bei der Entwicklung kreislaufgerechter Produkte ist eine große Menge
umweltrelevanter Informationen erforderlich. Hierzu müssen Informationssysteme
zur Verfügung stehen, die systematisch ökologiebezogene Daten zur Weiterverwendung im Rahmen von Produktentwicklungaktivitäten bereitstellen.

Die informatorische Basis stellen primär die Stoff- und Energieflüsse des ökologischen Produktlebenszyklus dar, indem hier die für eine kreislaufgerechte Gestal-

---

[19] Ein derartiger Ansatz lässt sich bspw. bei Hassan/Kostka 1996, S. 8ff., finden.

tung notwendigen Informationen abgebildet werden. Aus den einzelnen Phasen bzw. Funktionen einer Kreislaufwirtschaft erwachsen Anforderungen, die in der Zeit der Produktentstehung berücksichtigt werden müssen.

Es existieren bereits viele Ansätze für ökologisch ausgerichtete Informationssysteme; sie können nach den folgenden Kriterien klassifiziert werden (vgl. Tarara 1997, S. 48ff.):

– Bezugsobjekt: Produkt, Prozess, Unternehmung
– Umfang der Dimensionen: eindimensional, mehrdimensional
– Beobachtungsrichtung: ex-ante, ex-post
– Form der Daten: qualitativ, quantitativ.

In der Literatur finden sich unterschiedliche Systematisierungen und Zusammenstellungen,[20] oft auch im Kontext von Instrumenten des Öko-Controllings und des umweltorientierten Rechnungswesens aufgeführt.[21] Dabei ist zu beachten, dass eine scharfe Trennung zwischen Systemen zur Informationsbereitstellung und solchen zur -verarbeitung nicht möglich ist, da viele betriebliche Informationsinstrumente beide Komponenten beinhalten. Eigentliche Informations(versorgungs)systeme sind jene, die schwerpunktmäßig auf die Erfassung und Bereitstellung umweltrelevanter Daten abzielen. Systeme zur Verarbeitung solcher Informationen lassen sich dagegen besser als methodische Instrumente charakterisieren (vgl. Abschn. 4.6).

Unabhängig von dieser Unterscheidung muss auf einige Grundprobleme[22] hingewiesen werden, die bei der Versorgung mit umweltrelevanten Daten entstehen. Abgrenzungsprobleme ergeben sich aus der Frage, wo die Grenze für ein zu bilanzierendes „Produktleben" zu ziehen ist. Aggregationsprobleme resultieren aus der Menge an Daten und ihrer für eine Entscheidungsvorbereitung zwingend erforderlichen Auswahl und Verdichtung zu handhabbaren Größen. Besonders schwierig erscheint die Bewertungsproblematik, da zum einen kaum geeignete Wertansätze existieren sowie zum anderen ein Großteil der Daten unsicher ist. Nicht zuletzt sind es Verfügbarkeitsprobleme, die eine lückenlose Betrachtung des Produktlebenszyklus erschweren. Zu nennen sind hier insbesondere Aspekte der Aktualität der Daten sowie der Wirtschaftlichkeit ihrer Beschaffung.

Defizite sind besonders bei der Bewältigung der Unsicherheit im Rahmen des Produktentwickungsprozesses festzustellen. Bei der Planung des Produktes sollten möglichst ex-ante alternativ als wahrscheinlich erachtete Szenarien künftiger Umfeldentwicklungen formuliert und hinsichtlich ihrer ökologischen Implikationen

---

[20] Siehe bspw. Tarara 1997, S. 75, und Böhlke 1994, S. 45ff.; eine anwendungsnahe Applikation präsentieren Blaurock/Schneider 1997, die eine Öko-Bilanzierung in Zusammenhang mit dem weit verbreiteten Softwaresystem SAP R/3 bringen.
[21] Vgl. die Übersicht bei Wagner 1997, Kap. 6 und 7.
[22] Vgl. Tarara 1997, S. 54ff., sowie Schmidt/Schorb 1996, S. 96f.

verglichen werden. Konkret sind für die frühen Phasen der Produktentstehung Frühwarnsysteme wünschenswert, die den Entscheidungsträger bei der Bewältigung derartiger Informationsbeschaffungsprobleme unterstützen.

4.6 Instrumente kreislaufgerechter Produktentwicklung

Die von verschiedenen Mitarbeitern bei der Produktentwicklung durchzuführenden Entwicklungsaktivitäten können durch vielfältige Methoden, Techniken sowie technische Hilfsmittel unterstützt werden. Sie lassen sich einteilen in:[23]

– herkömmliche Instrumente mit nur unwesentlichem ökologischen Verbesserungs-potenzial
– herkömmliche Instrumente mit hohem ökologischem Verbesserungspotenzial
– neue, rein ökologisch orientierte Instrumente.

Der Schwerpunkt herkömmlicher Methoden liegt bei der Entwicklung und der Konstruktion. Insbesondere sind dies die so genannten *Design-For-X*-Methoden (vgl. Ehrlenspiel 1995, S. 228ff.) bzw. im deutschsprachigen Raum die entsprechenden Gestaltungsrichtlinien des VDI (vgl. Pfahl/Beitz 1997, S. 332ff.). Sie werden mit der Absicht eingesetzt, wesentlichen konstruktionsrelevanten Anforderungen an das Produkt und den Produktionsprozess gerecht zu werden. Diese Hauptforderungen werden zumeist im Rahmen der Produktplanung in Zusammenarbeit mit potenziellen Kunden, unternehmensinternen Bereichen oder aber auch im Zusammenhang mit kooperierenden Zulieferern ermittelt. Der Ursprung der Methoden lässt sich dementsprechend dort finden, wo es in der Vergangenheit zu Problemen kam. So entstand die Gestaltungs-Richtlinie zur montagegerechten Konstruktion (Design For Assembly) unter dem Eindruck, dass Montagezeiten zu lang und damit zu kostenintensiv waren. Folge dieser Vorgehensweise bei der Methodenentwicklung ist, dass die so gefundenen Teillösungen lediglich singuläre Optima darstellen und möglicherweise im Hinblick auf andere zu berücksichtigende Hauptforderungen eher negativ zu bewerten sind. Häufig im Rahmen von Methodenentwicklungen thematisierte Hauptforderungen betreffen beispielsweise die „Gerechtheit" in Bezug auf Fertigung oder Montage, auf Festigkeit, Korrosion oder Verschleiß bzw. auf Ergonomie, Risiko oder Zuverlässigkeit (vgl. Ehrlenspiel 1995, S. 281f.). Andere Instrumente, wie etwa das Target Costing, sorgen durch eine Marktorientierung der Entwicklung und Konstruktion für einen verstärkt betriebswirtschaftlichen Fokus der Produktentwicklung (vgl. Specht/Beckmann 1996, S. 169ff.).

Da ökologische und damit kreislaufwirtschaftsbezogene Aspekte erst seit kurzem eine größere Rolle bei der Produktwicklung spielen, verwundert es nicht, dass traditionelle Instrumente nur marginal umweltorientiert sind. Die Tabelle 2 stellt

---

[23] Vgl. im Folgenden Dyckhoff/Ahn/Gießler 1997, Abschn. 3.3.

eine entsprechende Zuordnung für eine Auswahl bekannter Methoden mit Blick auf einzelne Phasen des Produktentwicklungsprozesses her.

Tab. 2: Ökologisches Potenzial ausgewählter Methoden der Produktentwicklung

Instrumente / Phasen	Definitions-/ Konzeptphase	Vorentwicklungsphase	Serienentwicklungsphase	Vorserienphase	Serienphase
1. Kategorie					
Design of Experiments (DoE)	●	●	●	●	
Knowledge Based Engineering (KBE)	●	●	●		
Fault Tree Analysis (FTA)	●	●			
Statistical Process Control (SPC)				●	●
Process Capability		●	●	●	
Design For Quality (DFQ)	●	●	●		
Poka-Yoke		●	●	●	
2. Kategorie					
Design for Reliability / Maintenance (DfR/M)	●	●	○		
Fehler-Möglichkeits- und Einfluß-Analyse (FMEA)	●	●	○	○	
Design For Assembly (DFA)	●	●	○		
Design For Disassembly (DFD)	●	●	○		
Quality Function Deployment (QFD)	●	●	○	○	
Target Costing	●	●	○		
3. Kategorie					
Design for Whole Life Cost (DWLC)	●	●			
Ökobilanz	●	●	○		
Design Of Recycling Strategy (DORS)	●	●	●	●	●
VDI 2243: Konstruktion recyclinggerechter ...	●	●	○	○	○

Legende:
● Anwendung der Konstruktions- und Entwicklungsmethodik in dieser Phase
○ Überprüfung des Entwicklungsergebnisses mit Hilfe der Konstruktions- und Entwicklungsmethodik
unwesentliches ökologisches Verbesserungspotential
hohes ökologisches Verbesserungspotential
reine Ökologieorientierung

Die Methoden der ersten Kategorie in Tabelle 2 stehen weder in einer konfliktären Zielbeziehung zum Umweltschutz noch führen sie zu wesentlichen Umweltverbesserungen, so beispielsweise Statistical Process Control (SPC). Die zweite Kategorie beinhaltet solche Methoden, die zwar der Erreichung traditioneller Hauptforderungen dienen, aber auch zu Entwicklungsergebnissen mit negativen ökologischen Auswirkungen führen können. Durch Modifikation und Weiterentwicklung von Instrumenten dieser Kategorie lassen sich somit wesentliche kreislaufspezifische Verbesserungspotenziale ausschöpfen. Belege dafür sind das Design For Disassembly (vgl. Simon/Dowie 1993 und Johnson/Wang 1995) sowie die ökologische Erweiterung des Quality Function Deployment (vgl. Stornebel/Tammler 1995).

Zur methodischen Unterstützung bei der Bewältigung der erschwerten bzw. neuartigen Problemstellungen durch die Umweltorientierung des F&E-Bereichs, z.B. bei der Entwicklung eines Entsorgungskonzepts, sind darüber hinaus neue Instrumente notwendig. Methoden der dritten Kategorie sind eigens zu dem Zweck entwickelt worden, der Hauptforderung Umweltschutz gerecht zu werden.[24] Wichtige Vertre-

---

[24] Eine gute Übersicht umweltrelevanter Methoden und Werkstoffdaten bieten Brinkmann et al. 1996.

ter dieser Kategorie sind die VDI-Richtlinie 2243 zum „Konstruieren recyclinggerechter technischer Produkte" (VDI 1993) sowie die produktbezogene Ökobilanz
(Life-Cycle Assessment). Aber auch Methoden der Entsorgungslogistikplanung
oder der kreislaufbezogenen Werkstoffauswahl (vgl. Weege 1981 und Steinhilper
1988) gehören beispielsweise dazu. Analog zu denen der ersten Kategorie garantieren die rein ökologieorientierten Methoden umgekehrt nicht die Berücksichtigung traditioneller Entwicklungskriterien. Produktkonzepte, die unter dem Fokus
des Vermeidungsprinzips stehen, müssen selbstverständlich ebenso mit konstrukti-
ven Vorgaben sowie mit generellen unternehmensstrategischen Fragestellungen
abgeglichen werden. Insbesondere hat ein Abgleich unter marketing- und ver-
triebsorientierten Gesichtspunkten in Bezug auf Wiedervermarktung bzw. Modelle
mit geteilter Nutzung zu erfolgen.

Hinsichtlich der Eignung kreislaufrelevanter Methoden für einen Einsatz während
der Produktentwicklung lässt sich ein starker Situationsbezug feststellen. Nicht
jedes umweltorientierte Instrument führt zwangsläufig zu einem sinnvollen, d.h.
umweltverträglichen Entwicklungsergebnis. In diesem Sinne erscheint es aus an-
wendungsorientierter Perspektive erstrebenswert, dass produktspezifisch Erfahrungen aus vorherigen Entwicklungen dokumentiert und bei zukünftigen Produkt-
entwicklungsvorhaben berücksichtigt werden.

Die Integration des Kreislaufgedankens in die Produktentwicklung umfasst, wie
die vorstehenden Ausführungen verdeutlicht haben, viele Facetten, welche über die
hier behandelten hinausreichen.[25] Unabhängig von einzelnen zu integrierenden
Gesichtspunkten ist wesentliche Voraussetzung für eine kreislaufgerechte Produktentwicklung ein geeignetes Führungssystem der Unternehmung, insbesondere des
F&E-Bereichs, welches die verschiedenen Gestaltungs- und Lenkungsaufgaben
des Produktentstehungsprozesses koordiniert (vgl. ausführlich Bennauer 1994).

---

[25] Hinweise auf weiterführende Literatur finden sich bei Dyckhoff/Ahn/Gießler 1997, S. 213f.;
siehe auch Frei 1999.

Lektion VI

Mario Schmidt

Betrlebliches Stoffstrommanagement

Stoffströme zu analysieren und gezielt zu beeinflussen ist zwar seit jeher Gegenstand betrieblicher Produktion und Logistik, gewinnt aber durch die Berücksichtigung ökologischer Aspekte noch erheblich an Bedeutung. Ökologisch motivierte Anforderungen an ein betriebliches Stoffstrommanagement können aus externen (z.B. gesetzlichen) Rahmenbedingungen resultieren, aber auch durch Ansprüche der normativen Unternehmensführung begründet sein. Abhängig von dem jeweiligen Zweck müssen bei einer Stoffstromanalyse der Betrachtungsgegenstand, die Messgrößen, der Bilanzraum sowie die Bilanztiefe und -detaillierung festgelegt werden. Dabei kann zwischen buchhalterischen, statischen und dynamischen Methoden unterschieden werden. Sie werden regelmäßig von betrieblichen Umweltinformationssystemen unterstützt und bilden die Grundlage verschiedener Handlungsansätze des Stoffstrommanagements.

Die Lektion betrachtet das Stoffstrommanagement vornehmlich aus der Sicht des betrieblichen Umwelt- oder Öko-Controllings und vertieft damit den Abschnitt 4.3.3 der Lektion I.

1 Einleitung

Die Analyse und das systematische Beeinflussen von Stoffströmen ist in den Wissenschaften nichts Neues. Die Natur- und Ingenieurwissenschaften bauen auf der Kenntnis der Stoffströme und deren Gesetzmäßigkeiten quasi auf, sowohl was den natürlichen Metabolismus in der Biologie betrifft, als auch was anthropogene Systeme, z.B. in der Chemie, angeht. In den Wirtschaftswissenschaften ist die Beschäftigung mit dem *industriellen Metabolismus* (vgl. Ayres/Simonis 1993) auf einer stofflichen Ebene jedoch ein jüngeres Thema.

Erst mit dem wachsenden Interesse für Umweltprobleme wurden Ende der 1960er und Anfang der 1970er Jahre Ansätze entwickelt, die die Wechselwirkungen zwischen der Umwelt und dem Wirtschaftssystem auf einer stofflichen Ebene abbilden.[1] Die Wirtschaftswissenschaften nahmen wahr, dass Produktion und Konsumtion etwa mit realen Materialien und Energien zu tun haben und diese Aspekte in der Theorie nicht vernachlässigbar sind. Der methodische Ausgangspunkt waren entweder der Massenerhaltungssatz aus der Physik oder die Leontief'sche Input/Output-Analyse; das Ziel war das Verständnis der Stoffströme und ihrer Auswirkungen auf die Wirtschaft und die Umwelt.

In Deutschland richtete der Deutsche Bundestag im Jahr 1992 eine Enquete-Kommission mit dem Titel „Schutz des Menschen und der Umwelt" ein.[2] Diese Enquete-Kommission setzte sich aus Wissenschaftlern und Politikern zusammen und beschäftigte sich mit Bewertungskriterien und Perspektiven für umweltverträgliche Stoffkreisläufe in der Industriegesellschaft. Sie legte damit einen wichtigen Grundstein für die fachliche und politische Diskussion, die in den 1990er Jahren in Deutschland zu dem Thema Stoffstrommanagement stattfand.

Ursprünglich sollte damit die Chemiepolitik als neues Handlungsfeld der deutschen Umweltpolitik beleuchtet werden. Schnell zeichnete sich allerdings ab, dass für die Entwicklung umweltverträglicher Perspektiven die Berücksichtigung der gesamten stofflichen Seite des Wirtschaftens in der modernen Industriegesellschaft erforderlich ist. Die Stoffpolitik wurde von der Enquete-Kommission als neues Politikfeld benannt (vgl. Frings 1995).

Das Augenmerk der Enquete-Kommission lag hauptsächlich auf der Frage nach einer geeigneten *nationalen* und *internationalen* Stoffpolitik, die den Ansprüchen einer nachhaltigen Entwicklung gerecht wird und die Stoffströme und ihre Struktur so beeinflusst, dass Risiken für den Menschen und die Umwelt gemindert werden. Die Stoffströme werden entlang ihres Auftretens durch verschiedene Akteure, z.B. Unternehmungen oder Haushalten, beeinflusst. Jeder dieser Akteure betreibt quasi

[1] Vgl. Victor 1972, Ayres 1978 sowie Ayres/Ayres 1998.
[2] Enquete-Kommission 1993 und Enquete-Kommission 1994.

sein eigenes Stoffstrommanagement. Der Staat greift über die Rahmenordnung, z.B. über das Ordnungsrecht oder marktwirtschaftliche Steuerungsinstrumente, in die Handlungen der Akteure ein.

Während die Enquete-Kommission unter dem Begriff des *Umweltmanagements* einer Unternehmung die Einführung ökologischer Aspekte in alle Bereiche betrieblicher Tätigkeiten verstand, ist das *Stoffstrommanagement* auf die zielorientierte, ganzheitliche und effiziente Beeinflussung von Stoffströmen in wirtschaftlichen Systemen ausgerichtet. Jede Produktion oder Reduktion[3] ist damit eine Form von Stoffstrommanagement. *Ökologisches* Stoffstrommanagement ist – so de Man (1994, S. 4) – die Beherrschung des Risikos unerwünschter Stoffströme in der Umwelt. Die Ziele des Stoffstrommanagements können dabei sowohl auf betrieblicher Ebene, entlang der Kette der beteiligten Akteure oder auf staatlicher Ebene entwickelt und umgesetzt werden. Vor allem setzt das Stoffstrommanagement aber *Akteure* voraus, die ein Ziel, ein Modellverständnis von dem zu beeinflussenden System, Informationen über den aktuellen Zustand und Instrumente zur Steuerung des Systems haben (de Man 1994, S. 5).

Der Fokus der Enquete-Kommission lag weniger im betrieblichen Bereich als vielmehr auf den Stoffströmen im nationalen Rahmen. Im Vordergrund der Stoffstromanalysen standen chemische Elemente (z.B. Chlor, Cadmium) oder chemische Verbindungen (z.B. Benzol). Allerdings kann der Stoffbegriff auf sehr unterschiedliche Dinge bezogen werden. Er ist keineswegs eindeutig festgelegt und kann auch Materialien, Güter, Bestandteile von Gütern usw. einbeziehen. Der Stoffbegriff lässt sich sogar auf die Gesamtheit aller Materialien, die in den Wirtschaftskreislauf eingehen, in ihm auftreten oder diesen verlassen, ausdehnen.

Auf die Frage, wie gerade im *betrieblichen* Zusammenhang oder in Bezug auf *Produkte* ein ökologisches Stoffstrommanagement betrieben werden kann, folgten in den 1990er Jahren umfangreiche Diskussionen und Konzepte, die sich insbesondere mit der Frage der *Analyse* solcher Systeme auseinander setzten. Die *Stoffstromanalyse* stellt die quantitative und modellhafte Beschreibung realer Stoffstromsysteme dar. Sie ist notwendigerweise immer eine Vereinfachung des realen und ausgesprochen komplexen Systems, das auf Grund der wirtschaftlichen und stofflichen Verflechtungen letztendlich eine Art *Welt*system darstellt. Das komplexe System wird räumlich, sachlich und zeitlich so eingegrenzt, dass die für das Untersuchungsziel wichtigen Zusammenhänge und Einflüsse berücksichtigt werden, die irrelevanten Bereiche oder Aspekte hingegen vernachlässigt werden können. Die Stoffstromanalyse dient der Veranschaulichung von Zuständen, Zusammenhängen und Schwachstellen im Stoffstromsystem. Sie ist gemäß Abbildung 1 die Voraussetzung für die Bewertung der Stoffströme, für die Formulierung von Zielen und für das Entwickeln geeigneter Handlungsstrategien, die ebenfalls Bestandteil des Stoffstrommanagements sind.

---

[3] Zum Reduktionsbegriff vgl. Lektion I, Abschnitt 5.3.

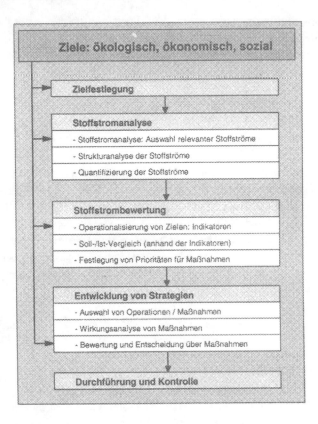

Abb. 1: Bestandteile eines Stoffstrommanagements (nach Enquete-Kommission 1994, S. 262)

Im Produktbereich wurden auf internationaler Ebene innerhalb der ISO-Normenreihe 14000 „Umweltmanagement" spezielle Normen für die Erstellung von Ökobilanzen von Produkten entwickelt (LCA: *Life Cycle Assessment*, vgl. ISO 1997). Heute kann die Ökobilanz als eine methodisch fundierte Stoffstromanalyse zum Zwecke des *produkt*bezogenen Stoffstrommanagements angesehen werden. Ökobilanzen werden zum ökologischen Vergleich von Produkten, aber besonders auch zur Produktplanung und zur Verbesserung von Produkten eingesetzt. Ihre Stärke liegt dabei hauptsächlich im Bereich der Sachbilanz, was der eigentlichen Stoffstromanalyse entspricht. Jedoch wurden auch Grundsätze für die Stoffstrombewertung mit der ökologischen Wirkungsabschätzung (ISO 14042) und der Auswertung (ISO 14043) festgelegt.

Bei *Betrieben* ist der Bedarf zur Quantifizierung der Umwelteinwirkungen und des kontinuierlichen Verbesserungsprozesses im Rahmen der Einführung von Umweltmanagementsystemen entstanden. Schon Ende der 1980er Jahre wurden hierzu Konzepte für betriebliche Informationssysteme entwickelt, die meistens auf einer stofflichen Input/Output-Bilanz für Produktionsstandorte basierten (vgl. Hallay et al. 1989). Sie griffen die Idee von Müller-Wenk (1978) zu einer ökologischen Buch-

haltung von Unternehmungen auf, vermieden dabei aber die Bildung einheitlicher
Bilanzdimensionen und eines Gesamtsaldos, die bei der ursprünglichen Vorgehensweise vorgesehen waren. Stoffliche Input/Output-Bilanzen sind inzwischen
ein Standard fortschrittlicher Umweltberichterstattung von Unternehmungen. Darüber hinaus wurden Methoden entwickelt, wie auch die betriebsinternen Stoffströme
für ökologische Analysen abgebildet werden können.[4] Sie dienen dem betrieblichen
Umweltmanagement, Schwachstellen aufzuzeigen und den Verbesserungsprozess
zu dokumentieren.

2 Anforderungen

Spätestens mit den Arbeiten der Enquete-Kommission wurde der Blick der Öffentlichkeit auf Themen gelenkt, die das ökologische Stoffstrommanagement im
Wirtschaftssystem betreffen. Die Fragen, die dabei im Vordergrund stehen, sind:

- Wo treten welche umweltrelevante Stoffe im Wirtschaftssystem auf?
- Wie kann ihr Auftreten beeinflusst werden und wer sind die wichtigen Akteure
  für ein effektives Stoffstrommanagement?
- Welche Qualitätsziele will man erreichen oder einhalten, um ein umweltgerech-
  teres Wirtschaften zu gewährleisten?

Diese Fragen können auch als Anforderungen der übergeordneten Rahmenordnung
an das Wirtschaftssystem und seine Unternehmungen verstanden werden. Sie formulieren eine Anspruchshaltung der Gesellschaft an die Unternehmungen, welche
Aspekte des Wirtschaftens künftig zu berücksichtigen sind: die Kenntnis über die
stofflichen Abläufe des Wirtschaftens und deren ökologischen Auswirkungen, das
Vermeiden unnötigen Ressourcenverbrauchs und die Förderung der Kreislaufwirtschaft, das Verringern von Umwelteinwirkungen und das Verhindern irreversibler
Umweltschäden. Sie sind nicht nur ein moralischer Anspruch, der durch legitimes
Verhalten der Unternehmungen erfüllt werden kann. Diese Ansprüche schlagen
sich in immer stärkerem Maße auch in rechtlichen Normen nieder.

2.1 Ansprüche der Rahmenordnung an die Unternehmungen

Bundesimmissionsschutzgesetz (BImSchG)

Bereits im Bundesimmissionsschutzgesetz, einem der Grundpfeiler des deutschen
Umweltrechts, können Hinweise auf ein Stoffstrommanagement festgestellt werden.
Das Gesetz ist primär auf das Umweltmedium Luft ausgerichtet und hat die Aufgabe,
Menschen, Tiere und Pflanzen, den Boden, das Wasser, die Atmosphäre sowie Kul-
tur- und sonstige Sachgüter vor schädlichen Umwelteinwirkungen und vor Gefahren
durch Anlagen zu schützen (§ 1). Bei den Pflichten der Betreiber genehmigungsbe-
dürftiger Anlagen wird unter § 5 ausgeführt, dass Anlagen u.a. so zu errichten und zu

---

[4] Vgl. Möller/Rolf 1995 sowie Schmidt 1996.

betreiben sind, dass Vorsorge gegen schädliche Umwelteinwirkungen – insbesondere durch Einhalten des Standes der Technik – zu treffen ist, Abfälle vermieden oder möglichst schadlos verwertet werden und entstehende Wärme genutzt wird.

Kreislaufwirtschafts- und Abfallgesetz (KrW-/AbfG)

Auch ein anderer Pfeiler des Umweltrechts, das Kreislaufwirtschafts- und Abfallgesetz geht auf solche Aspekte ein. In § 4 wird der Vorrang von Abfall*vermeidung* – insbesondere durch Verminderung ihrer Menge und Schädlichkeit – vor der *stofflichen* und schließlich vor der *energetischen Verwertung* formuliert. Insbesondere von Anlagenbetreibern wird verlangt, diese so zu errichten und zu betreiben, dass Abfälle vermieden oder nach gewissen Anforderungen verwertet oder beseitigt werden. Dabei können durch den Gesetzgeber auch für die anlagen*interne* Verwertung Anforderungen an die stoffliche oder energetische Verwertung formuliert werden. Das Gesetz verlangt von Erzeugern großer Mengen überwachungsbedürftiger Abfälle ein Abfallwirtschafts*konzept* zur Vermeidung, Verwertung und Beseitigung der Abfälle mit Plandaten für die Entsorgung der nächsten fünf Jahre (§ 19). Dazu kommt noch eine jährliche Abfall*bilanz* mit ex post-Daten (§ 20). Schließlich formuliert es auch Anforderungen an die Produktverantwortung der Hersteller (§ 22) und führt die Möglichkeit der Rücknahme- und Rückgabepflicht ein (§ 24): „Zur Erfüllung der Produktverantwortung sind Erzeugnisse möglichst so zu gestalten, dass bei deren Herstellung und Gebrauch das Entstehen von Abfällen vermindert wird und die umweltverträgliche Verwertung und Beseitigung der nach deren Gebrauch entstandenen Abfällen sichergestellt ist" (§ 22 (1) Satz 2). Das Kreislaufwirtschafts- und Abfallgesetz hat damit zweifellos großen Einfluss auf die stofflichen Transformationsprozesse der Wirtschaft und einzelner Unternehmungen und verlangt mit der Produktverantwortung sogar eine überbetriebliche Berücksichtigung der Umwelteinwirkungen wirtschaftlicher Tätigkeiten.

IVU-Richtlinie

Auch auf europäischer Ebene kann eine verstärkte Einflussnahme des Gesetzgebers auf stoffliche Transformationsvorgänge der Wirtschaft festgestellt werden. So wurde 1996 die so genannte IVU-Richtlinie über die integrierte Vermeidung und Verminderung der Umweltverschmutzung erlassen. Sie formuliert als Grundpflichten für Anlagenbetreiber z.B.:

– dass alle geeigneten Vorsorgemaßnahmen gegen Umweltverschmutzungen, insbesondere durch den Einsatz der besten verfügbaren Techniken, getroffen werden
– keine erheblichen Umweltverschmutzungen verursacht werden
– die Entstehung von Abfällen vorrangig vermieden wird bzw. die Abfälle sonst verwertet werden und
– Energie effizient zu verwenden ist.

Eine besondere Bedeutung hat dabei der Begriff der *besten verfügbaren Techniken* (BAT: *Best Available Techniques*). Diese BAT werden europaweit in einem dreistufigen Verfahren in so genannten BAT-Referenz-Dokumenten für die verschiedenen Industriebranchen festgelegt. Die Erarbeitung erfolgt in Technical Working Groups, die durch die EU-Kommission eingerichtet werden. Kriterien für die BAT sind laut IVU-Richtlinie u.a.:

- der Einsatz abfallarmer Technologien
- der Einsatz weniger gefährlicher Stoffe
- die Förderung der Rückgewinnung und Wiederverwertung der bei einzelnen Verfahren erzeugten und verwendeten Stoffe und gegebenenfalls der Abfälle
- Art, Auswirkungen und Menge der jeweiligen Emissionen und
- Verbrauch an Rohstoffen und Art der verwendeten Rohstoffe (einschl. Wasser) sowie Energieeffizienz.

EU-Öko-Audit

Schließlich kann an dieser Stelle auf Vorgaben für betriebliche Umweltmanagementsystem hingewiesen werden, wie sie beispielsweise mit der EU-Umwelt-Audit-Verordnung – auch als Öko-Audit oder EMAS bezeichnet – vorliegen. Unternehmungen können demnach für ihre Betriebsstandorte ein Umweltmanagementsystem einführen und von offiziell zugelassenen Umweltgutachtern validieren lassen. Sie nehmen dann am Öko-Audit teil und erfüllen quasi gewisse Mindeststandards, die Teilnahme ist allerdings freiwillig. Die Verordnung verlangt in Artikel 5 von den teilnehmenden Unternehmungen die Veröffentlichung einer Umwelterklärung, in der u.a. Zahlenangaben über Schadstoffemissionen, Abfallaufkommen, Rohstoff-, Energie- und Wasserverbrauch enthalten sind.

Aus den beispielhaft vorgestellten rechtlichen Ansprüchen können Schlussfolgerungen für das Stoffstrommanagement der Unternehmungen gezogen werden. Folgende Anforderungen sind demnach von einer Unternehmung zu erfüllen:

- *Kenntnis der Stoffströme.* Von Unternehmungen wird verlangt, dass sie über ökologisch bedeutsame Stoff- und Energieströme ihrer Anlagen und Standorte informiert sind. Sie müssen im Rahmen verschiedener Berichtspflichten darüber Auskunft erteilen können, z.B. mit Abfallbilanzen nach dem KrW-/AbfG oder in der Umwelterklärung bei der freiwilligen Teilnahme am Öko-Audit.
- *Kenntnis der Prozesse und der Alternativen.* Die Unternehmungen müssen die verwendeten Prozesse und Anlagen hinsichtlich des technischen Standes beurteilen können. Wesentliches Kriterium hierfür sind die Stoff- und Energieströme.
- *Vermeiden und Verwerten.* Die Unternehmungen müssen so wirtschaften, dass z.B. Abfälle vermieden oder zumindest verwertet werden. Energie sollte effizient genutzt bzw. anfallende Energie verwertet werden. Umweltbelastungen durch Emissionen sind zu vermeiden oder zumindest zu verringern.
- *Produktverantwortung, Kreisläufe schließen.* Die Unternehmungen haben eine Verantwortung für die hergestellten Produkte auch außerhalb ihres unmittelbaren betrieblichen Einflussbereichs. Sie müssen in der Lage sein, die ökologische Bedeutung der Produkte längs ihres Lebensweges einzuschätzen und bei der Produkt-

planung zu berücksichtigen. Stoffkreisläufe sollen dabei geschlossen und Umweltbelastungen verringert werden (vgl. Lekt. V).

2.2 Unternehmenseigene Ansprüche

Unternehmungen sehen sich damit einer Vielzahl externer Anforderungen konfrontiert. Aber Unternehmungen können auch ein eigenes Interesse an einem Stoffstrommanagement haben.

Rechtmäßigkeit von Handlungen

Essenzielles Interesse einer Unternehmung sollte es sein, die bestehenden Rechtsnormen einzuhalten, sich also legal zu verhalten. Dies betrifft die Errichtung und den Betrieb von Anlagen genauso wie das Inverkehrbringen von Produkten oder die Verwendung gefährlicher Stoffe. Es schließt – je nach Tätigkeit – einige Berichtspflichten gegenüber den Genehmigungs- und Überwachungsbehörden mit ein, z.B. in Form der bereits erwähnten Abfallbilanzen. Die Berichtspflichten setzen oft Kenntnis der Stoffströme in der Unternehmung voraus.

Reduzierung des Haftungsrisikos

Mit dem Umwelthaftungsgesetz (UHG) existiert in Deutschland eine Haftungsregelung für Schäden an Personen oder Sachen, die durch die Umwelteinwirkungen von Anlagen verursacht wurden. Es handelt sich dabei um eine so genannte Gefährdungshaftung, d.h. sie setzt weder Rechtswidrigkeit noch Verschulden voraus, wohl aber eine haftungsbegründende Kausalität. Die zu Grunde liegende Tätigkeit kann also rechtmäßig sein und trotzdem für andere mit Gefahren verbunden sein. Die Haftung des UHG beschränkt sich nur auf eine begrenzte Auswahl an Anlagentypen[5], umfasst jedoch auch die Zeit nach Stilllegung der Anlage.

Für Anlagenbetreiber ist es deshalb – jenseits der Bau- und Betriebsgenehmigung – unter langfristigen Haftungsgesichtspunkten von Interesse, negative Umwelteinwirkungen der Anlage auf Personen und Sachen ausschließen zu können. Die Stoffstromanalyse kann hier dazu dienen, das Risiko für solche Umwelteinwirkungen zu ermitteln und gegebenenfalls durch geeignete Maßnahmen zu verringern. Die systematisch erfassten Stoffströme der Unternehmung können weiterhin eine wichtige Rolle bei der Beweisführung zur (Nicht-)Kausalität möglicher Schäden spielen. Ähnliches gilt im Prinzip auch für die Produkthaftung, allerdings müsste hier der Analyserahmen deutlich erweitert werden und sich auf den Lebensweg des Produktes beziehen.

---

[5] Vgl. Anhang 1 des UHG: Es sind im Wesentlichen die Anlagen nach der 4. BImSchV sowie Müllverbrennungsanlagen und Deponien.

Ökonomisch relevante Einsparpotenziale

Als entscheidendes Argument für die freiwillige Einführung von Umweltmanagementsystemen, aber auch von Stoffstrommanagement in Unternehmungen wird seit einigen Jahren die betriebliche Kostenseite angeführt. Unter der Überschrift „Kosten senken durch praxiserprobtes Umweltcontrolling" wird vorgerechnet, dass Werte in Höhe von 5 bis 15 % der Gesamtkosten einer Industrieunternehmung mit dem Abfall „weggeworfen", mit dem Abwasser „weggeschüttet" und zum Schornstein „hinausgeblasen" werden (Fischer et al. 1997, S. 1). Das Bundesumweltministerium und das Umweltbundesamt haben in ihrem Leitfaden Umweltcontrolling sowohl bei den externen als auch bei den internen ökologischen Nutzenpotenzialen jeweils die Kostensenkung an erster Stelle genannt (vgl. BMU/UBA 1995, S. 10).

Die Kosten beziehen sich dabei weniger auf die outputseitigen Stoffströme Abfall, Abwasser und Luftschadstoffemissionen, sondern vielmehr auf den Einsatz an Roh-, Hilfs- und Betriebsstoffen. Gerade der Einsatz von Hilfs- und Betriebsstoffen – z.B. Energie oder Wasser – ist auf Grund seiner nicht erfolgten verursachungsgerechten Zurechnung zu Produkten oder Produktionseinheiten selten optimiert. Fischer et al. (1997) stellen am Beispiel des Strumpfhosenherstellers Kunert AG dar, dass von 1990 bis 1994 die Ökobilanzierung und das Öko-Controlling durchschnittlich 912000 DM pro Jahr gekostet haben, dem aber Kosteneinsparungen von ca. 2,6 Mio. DM pro Jahr durch 20 erfolgreiche Umweltschutzmaßnahmen gegenüberstehen.

Transparenz und Glaubwürdigkeit

Die Relevanz der Unternehmungen und ihrer Handlungen und Produkte für die Umwelt, aber auch die gestiegene öffentliche Exponiertheit und der damit verbundene gesellschaftliche Druck, zwingen viele Unternehmungen, ihr Handeln zu legitimieren. Für viele Unternehmungen ist es von großer Bedeutung, in der Öffentlichkeit, bei den eigenen Mitarbeitern, bei Geschäftspartnern und bei anderen Anspruchsgruppen Akzeptanz zu finden. Die Akzeptanz hängt dabei nicht nur von wirtschaftlichen Erfolgen ab. Ereignisse wie die geplante Versenkung der Ölbohrplattform Brent Spar des Shell-Konzerns verdeutlichen das Risiko, auf Grund von Umweltskandalen in Negativschlagzeilen zu kommen und in der Öffentlichkeit an Glaubwürdigkeit zu verlieren.

Die Umweltberichterstattung hat hier die Aufgabe, Vertrauen zu schaffen. Sie selbst ist aber davon abhängig, wie transparent und glaubwürdig eine Unternehmung mit ihrer ökologischen „Leistungsbilanz" umgeht. Nach Fichter (1998b, S. 20) muss eine überzeugende Umweltkommunikation auf nachweisbare Umweltschutzaktivitäten und -leistungen aufbauen, d.h. sie braucht nachprüfbare „Belege". In Deutschland hat es sich inzwischen eingebürgert, dass Umwelterklärungen im Rahmen des Öko-Audits ausführliche und nachvollziehbare Input/Output-Bilanzen enthalten. Sie sind ein wesentliches Qualitätsmerkmal für Umwelterklärungen, da sie die quantitative Überprüfung des kontinuierlichen Verbesserungsprozesses gewährleisten.

Ökologisch orientiertes Marketing

Fichter (1998b) hat in einer empirischen Untersuchung festgestellt, dass eine aktive Umweltberichterstattung die Wettbewerbsfähigkeit von Unternehmungen in vielfältiger Hinsicht stärkt. Sie fördert nicht nur das positive Umweltimage einer Unternehmung insgesamt, sonder trägt auch zur Profilierung am Markt bei. Dies trifft in besonderer Weise für jene Unternehmungen zu, die auf ein Marktsegment abzielen, das von ökologischen Attributen geprägt ist oder einen ökologisch bewussten Kundenkreis hat. Beispiele dafür sind die Babynahrungsfirma Hipp oder die Haushaltsreinigermarke „Frosch" der Firma Werner & Mertz.[6]

Einerseits muss die Unternehmung hierzu ihre Umweltschutzaktivitäten und -leistungen glaubhaft nachweisen können und selbst in der Lage sein, dies zu kontrollieren und zu verbessern. Immerhin würden negative Schlagzeilen und ein öffentlicher Vertrauensverlust die Wettbewerbsfähigkeit der Unternehmung erheblich beeinflussen. Die Unternehmung hat also ein lebenswichtiges Interesse, ökologische Konfliktfelder frühzeitig zu erkennen und gegebenenfalls auftretende Probleme zu lösen. Die Informationen aus Stoffstromanalysen sind hier ein wichtiges Hilfsmittel zum Erkennen und Bewerten solcher Probleme.

Andererseits müssen die Produkte diversen Qualitätsansprüchen und Öko-Labels entsprechen. Bei „grünen" Produkten muss nachvollziehbar sein, warum sie besonders umweltschonend hergestellt sind bzw. welche Vorteile ihr Gebrauch für die Umwelt hat. Stoffstrominformationen müssen hierzu nicht nur standortbezogen erhoben werden, sondern längs des stofflichen Produktlebensweges – einschließlich der Rohstofförderung, Konsumtion und Entsorgung – vorliegen und bewertet werden können.

Produktverantwortung

Die Chemische Industrie hat im Rahmen ihres „Responsible-Care-Programms" den Begriff *Product Stewardship* geprägt. Damit gemeint ist die Verantwortlichkeit für die eigenen Produkte und die Berücksichtigung aller Aspekte eines Produktes längs seines Lebensweges, die die Gesundheit, Sicherheit und Umwelt betreffen. Product Stewardship endet also nicht an den Fabriktoren, sondern startet bereits bei der Forschung und Entwicklung eines neuen Produktes und endet erst bei seiner Entsorgung.

Die methodische Basis für die Stoffstromanalyse solcher Produktlebenswege wird u.a. durch die ISO-Normen zur Ökobilanz, also das Life Cycle Assessment, vorgegeben. Die Unternehmung ist hier gefordert, einerseits einen Bezug ihrer betrieblichen Stoffströme zu einzelnen Produkten herzustellen und andererseits auch bereits den Lebensweg vor der eigentlichen Herstellung (die so genannte Produktions-„Vorkette") sowie die Distribution, Konsumtion und Entsorgung zu berücksichtigen.

---

[6] Vgl. Meffert/Kirchgeorg 1998, S. 505ff. und 591ff.; vgl. auch Lektion IX.

Die Produktbetrachtung ist mehr als nur eine Verantwortung im Sinne der Produkthaftung oder der Gefahrenabwehr. Die Umweltauswirkungen sollen hier längs des
Produktweges verringert werden, wobei die Verlagerung von Umweltbelastungen
zwischen einzelnen Lebenswegabschnitten oder verschiedenen Umweltmedien
miterfasst wird. Die Berücksichtigung des ganzen stofflichen Lebensweges erfordert
von der Unternehmung Kooperationen mit anderen Akteuren, z.B. Lieferanten
oder Entsorgern. Sie führt zu neuen Strategien, z.B. unternehmensübergreifenden
Konzepten bei der Entsorgung oder Verwertung von Stoffströmen. Gerade der
produktbezogene Ansatz und das zwischenbetriebliche Stoffstrommanagement
schaffen deshalb Anknüpfungspunkte an den Kreislaufgedanken in der Gesamtwirt-
schaft (vgl. Sterr 1998 und Lektion V). Damit wird die ökologische Verantwortung
der einzelnen Unternehmung im wirtschaftlichen Gesamtzusammenhang betont.

Die unternehmerischen Ansprüche können – wie vorgestellt – sehr unterschiedlich
sein und entweder einer reaktiven Haltung (Gesetzestreue, Haftungsausschluss),
oder einem proaktiven Engagement (Produktverantwortung, übergeordnete Kreislaufwirtschaft) entstammen. Für die Unternehmung ergibt sich daraus eine ganze
Reihe von Anforderungen, die sie bereits aus Eigeninteresse erfüllen sollte:

– *Kenntnis der Stoffströme und ihrer Risiken.* Die Unternehmung sollte die ökologisch bedeutsamen Stoff- und Energieströme, ihren Verbleib, die damit verbundenen Umweltwirkungen und Risiken in ihrem Verantwortungsbereich kennen und
  beurteilen können.
– *Kenntnis der Kosten.* Die Unternehmung sollte wissen, welche Kosten mit den
  Stoff- und Energieströmen verbunden sind, welche Einsparpotenziale möglich
  sind und welche Technologien hierfür eingesetzt werden können.
– *Kontinuierliche Verbesserung dokumentieren.* Die stoffliche und energetische
  Bilanz der Unternehmung sollte kontinuierlich verbessert werden – sowohl unter
  dem Gesichtspunkt der Kosteneinsparung als auch aus ökologischen Gründen.
  Es gilt, die Ressourcenproduktivität zu erhöhen und dies vor allem nach außen
  hin zu dokumentieren.
– *Produktbezug.* Der Produktbezug erfordert, sich zusammen mit anderen wirtschaftlichen Akteuren über die ökologische Verbesserung der Produkte längs ihres
  Lebensweges auseinander zu setzen. Er hat Einfluss auf die Auswahl zukünftig anzubietender Produktgruppen, die eigentliche Produktplanung, die Nutzenfunktion
  und Beschaffenheit der Produkte. Er erfordert das Denken in wirtschaftlichen
  Kreisläufen.

In einem System für das betriebliche Stoffstrommanagement müssen diese internen
und auch die vorgenannten externen Anforderungen erfüllbar sein. Es muss von
seiner Analysefähigkeit her so aufgebaut sein, dass die relevanten Aspekte wahrgenommen, beurteilt und darauf basierend Handlungsalternativen entwickelt werden können.

3 Stoffstrommanagement im Umwelt-Controlling

Der Einsatz quantitativer Systeme oder eines Stoffstrommanagements wird häufig im Zusammenhang mit dem so genannten Umwelt- oder Öko-Controlling erwähnt. Ökobilanzen, Stoff- und Energiebilanzen, Umweltkostenrechnung usw. werden als Instrumente des Umwelt-Controllings dargestellt (vgl. Rüdiger 1998, S. 286f.). Jedoch ist der Begriff des Umwelt-Controllings sehr vage, insbesondere seitdem die Begriffe des Umweltmanagements und des Umwelt-Audits durch die ISO-Norm 14001 und durch die EU-Öko-Audit-Verordnung definiert sind und eine Abgrenzung der Begriffe voneinander erforderlich wird.

Umwelt-Controlling wird seitdem in der Praxis als eine führungsunterstützende Querschnittsfunktion aufgefasst, die mit Analyse-, Planungs-, Kontroll- und Koordinationsaufgaben betraut ist. In Analogie zum Verhältnis zwischen „klassischem" Management und „klassischem" Controlling wird das Umwelt-Controlling als Servicefunktion des Umweltmanagementsystems in formaler und des Umweltmanagements in funktionaler Hinsicht verstanden (vgl. Arndt 1997, S. 132). Das *Umwelt-Controlling* kann somit als ein Subsystem des Umweltmanagements und des allgemeinen Controllings definiert werden, das insbesondere die ökologieorientierte Planung, Kontrolle und Informationsversorgung systembildend und systemkoppelnd koordiniert.[7] Es unterstützt auf diese Weise die Koordinations-, Reaktions- und Anpassungsfähigkeit des strategischen und operativen Umweltmanagements und gewährleistet damit eine Verbesserung der (ökologischen) Effektivität und Effizienz ökologierelevanter Entscheidungen und Handlungen des Führungsgesamtsystems.

Nach Fischer et al. (1997, S. 340) ist das Umwelt-Controlling insbesondere auf die Informationserfassung zur stofflichen Seite des betrieblichen Geschehens (Stoff- und Energiedaten) und ihre ökologischen Wirkungen sowie deren rechtliche und gesellschaftliche Bewertung ausgerichtet. Rüdiger (1998, S. 284 ff.) unterscheidet zwischen Instrumenten des strategischen und des operativen Controllings. Die Aufgabe *strategischer* Instrumente ist das Erkennen ökologieorientierter unternehmensinterner Stärken und Schwächen und externer Chancen und Risiken, um den Aufbau und Erhalt strategischer Erfolgspotenziale systematisch zu unterstützen. Zu ihnen werden u.a. ökologieorientierte Frühwarnsysteme, die Szenarioanalyse, die Risikoanalyse, die Produktfolgenabschätzung oder die Produktlinienanalyse gezählt. Letztere bilden wertvolle strategische Instrumente für die Produktentwicklung, können aber auch einen operativen Charakter haben. Zu den operativen Instrumenten werden hingegen Ökobilanzen, Stoff- und Energiebilanzen oder Umweltkostenrechnung gezählt. Diese Instrumente sind periodenbegleitend einsetzbar und dienen der Koordination und Integration von Planung und Kontrolle. Im Vergleich zu den strategischen Instru-

---

[7] Vgl. Rüdiger 1998, S. 283, sowie die allgemeine Definition in Lektion I.

menten wird hervorgehoben, dass die operativ ausgerichteten Instrumente die Umwelteinwirkungen eher isoliert von sozialen und ökonomischen Aspekten betrachten.

Dieser operative Charakter des Stoffstrommanagements ist in Abbildung 2 angedeutet. Die regelmäßige Stoffstromanalyse stellt dabei das quantitative Kernstück für das Systemverständnis dar. Es ermöglicht die Erstellung von Vergleichsgrößen, etwa Input/Output-Bilanzen oder Kennzahlen, die Schwachstellensuche durch eine differenzierte Stoffstromanalyse, die Szenariobildung für die Maßnahmenplanung und die Fortschrittskontrolle im kontinuierlichen Verbesserungsprozess. Die Ziele einer Verbesserung des Gewinns, einer Reduktion der Umweltkosten oder des Umweltaufwandes in Gestalt von Ressourcenverbrauch und Emissionen können – in Einklang mit gängigen Controlling-Konzepten – als eine operative Aufgabe aufgefasst werden (vgl. Küpper 1997, S. 7ff.). Sie stellen momentan den Mainstream für betriebliche Konzepte des Umweltcontrollings und des Stoffstrommanagements dar.

Die Frage ist, ob ein Stoffstrommanagement nicht auch Aufgaben im Bereich des strategischen Controllings übernehmen kann oder vielleicht sogar muss, damit Umweltschutz überhaupt eine größere Relevanz für Unternehmungen erlangt. Dies erscheint besonders vor dem Hintergrund proaktiver Handlungsmuster interessant, bei denen es darum geht, Verantwortung für seine Leistungen und Produkte auch außerhalb der Unternehmung zu übernehmen, ökologische Kompetenz am Markt zu erhalten und damit neue Erfolgspotenziale zu schaffen sowie auf eine unternehmensübergreifende Kreislaufwirtschaft hinzuarbeiten.

Interessant ist der Ansatz von Küpper (1997, S. 31ff.), der Controlling als eine notwendige Koordination von verschiedener Tatbestände im Führungssystem ansieht, die sich gegenseitig beeinflussen. Solche Interdependenzen bestehen zwischen zahlreichen Aufgaben, z.B. zwischen der Investitionsplanung und der Produktionsplanung. Die Komplexität der Abhängigkeiten und ihre praktische Vernachlässigung führen unmittelbar zu einem Koordinierungsbedarf.

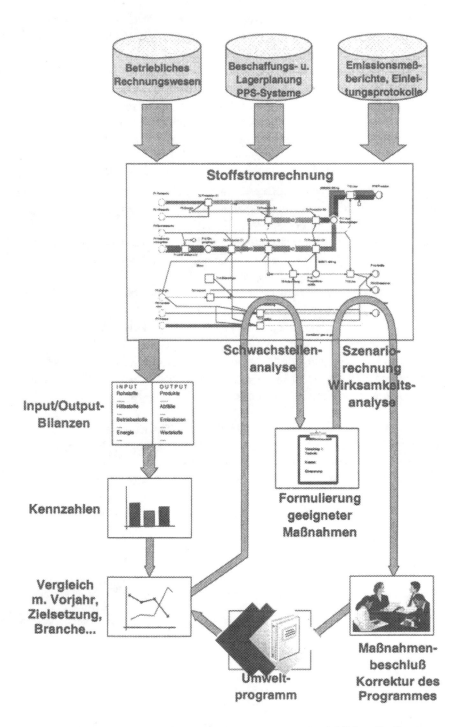

Abb. 2: Schematischer Ablauf des Controllingprozesses im betrieblichen Stoffstrommanagement zwischen Stoffstromrechnung und Umweltprogramm

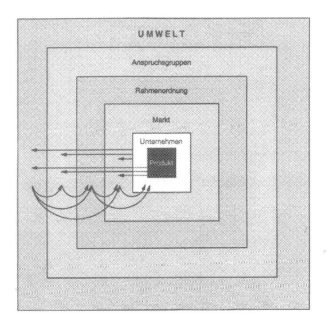

Abb. 3: Wechselwirkungen der Unternehmung und ihrer Produkte mit der Außenwelt und
Rückwirkungen über die Rahmenordnung und den Markt

Spätestens an dieser Stelle muss gefragt werden, warum Umwelt-Controlling nicht
auch zur Berücksichtigung der komplexen Wechselwirkungen einer Unternehmung
im Umfeld des Marktes, der Rahmenordnung und der Anspruchsgruppen genutzt
wird. Wie die Abbildung 3 verdeutlicht, beeinflussen die Umwelteinwirkungen der
Produktion oder der Produkte mittelbar auch wieder die Erfolgspotenziale der
Unternehmung. Die Unternehmung und ihre Produkte sind in den *stofflichen Metabolismus* des gesamten wirtschaftlichen Systems, seiner Umwelt und dessen
Auswirkungen eingebunden.

Dies erfordert freilich mehr, als sich nur mit dem unmittelbar standortbezogenen
Stoffstrommanagement auseinander zu setzen. Stoffstrommanagement wird weniger
zu einem (weitgehend automatisierten) operativen Kontrollinstrument als vielmehr zu
einem offenen Planungswerkzeug des Führungssystems, mit dem Handlungsoptionen
und ihre Wirkungen auch auf der strategischen Ebene szenarienhaft untersucht werden können. Dazu müssen die Umwelteinwirkung von Produkten und Leistungen
außerhalb der eigentlichen Unternehmung analysiert und bei der langfristigen
Produktplanung berücksichtigt werden. Tendenzen in der gesellschaftlichen Beurteilung von Umweltauswirkungen und in den Werthaltungen der Anspruchsgruppen müssen hinzugezogen werden. Das Subsystem des Stoffstrommanagements
sichert innerhalb des Controllings die Fundiertheit und Rationalität von Handlungsoptionen, ähnlich wie dies von der Marktforschung, der Investitions- oder
Kosten- und Leistungsrechnung usw. her bekannt ist.

4 Ausprägungen betrieblicher Stoffstromanalysen

Betriebliche Stoffstromanalysen sind überwiegend in der Praxis bzw. mit sehr großem Praxisbezug entwickelt worden. Ein einheitliches Vorgehen oder eine einheitliche Methode kann deshalb nicht angegeben werden. Vielmehr existieren verschiedene Ansätze, die auf unterschiedliche betriebliche Fragestellungen zugeschnitten sind.

4.1 Betrachtungsgegenstand

Als wesentliches Merkmal ökologisch geprägter Stoffstromanalysen in Unternehmungen können zwei Aspekte genannt werden:

– Die Erfassung der Ströme erfolgt auf einer stofflichen, nicht auf einer wertmäßigen Ebene; d.h. Materialien werden in ihrer Masse (Kilogramm, Tonnen, ...) – oder umgangssprachlich: Gewicht – erfasst, Energieträger in Energieeinheiten (Kilo-Joule, Kilowattstunden, ...).

– Es werden nicht nur ökonomisch relevante Ströme erfasst, sondern auch Ströme, die eine ökologische Bedeutung haben.

Der physikalische Mengenbezug ist erforderlich, da eine ökologische Bewertung der Stoffströme nicht allein mittels monetärer Mengenangaben erfolgen kann. Die Berechnung ökologischer Wirkungspotenziale, wie z.B. des Treibhauspotenzials oder des Krebsrisikopotenzials[8], erfordert diesen stofflichen Bezug. Aus den unterschiedlichen Wirkungen verschiedener Stoffe folgt weiterhin, dass die Mengen im Allgemeinen nicht saldierbar sind. Beispielsweise ist die Angabe eines Emissionswertes, bei dem die Schadstofffrachten von Schwefeldioxid, Staub und Kohlendioxid addiert wurden, für eine ökologische Bewertung völlig sinnlos. Dies führt bereits zu einem wesentlichen Unterschied gegenüber monetären Analyse- und Bilanzierungssystemen, bei denen ein eindimensionales Maßsystem mit der Möglichkeit der Addierbarkeit aller Größen eingeführt ist. Im betrieblichen Alltag bereitet dieser Aspekt große Probleme, da viele Angaben, z.B. Verbrauch an Hilfs- und Betriebsmitteln, Energie usw., in den Abrechnungssystemen nicht explizit in physikalischen Mengeneinheiten geführt werden, sondern in Wertgrößen und – wenn überhaupt – in nicht eindeutigen Gebindeangaben (Stück, Packung, Palette, Fass, ...).

Der ökologische Fokus von Stoffstromanalysen erfordert weiterhin, dass auch Stoffe betrachtet werden, die ökonomisch, beispielsweise für die Leistungserstellung, bisher nicht relevant waren. D.h. es wird nicht nur der Verzehr an Rohstoffen, Hilfs- und Betriebsstoffen erfasst. Auch die Erfassung kostenrelevanter Abfallströme reicht im Allgemeinen nicht aus. Hinzu treten Objekte im Produktions- und Reduktionsprozess, die ökonomisch bislang als irrelevant oder *neutral* aufgefasst wurden,

---

[8] Das *Global Warming Potential* (GWP) wird in Wirkeinheiten von Kohlendioxid, also in kg CO_2-Äquivalenten, angegeben. Das *Krebsrisikopotenzial* (CRP) kann in kg Arsen-Äquivalenten ausgedrückt werden, wobei eine lineare Dosis-Wirkungsbeziehung unterstellt wird.

ökologisch aber ein *Gut* oder ein *Übel* sind.[9] Dies kann z.B. der Verbrauch von Kühlwasser als Gut oder die Freisetzung von Kohlendioxid als Übel sein. Hier ist das Problem, dass ökonomisch irrelevante Größen im Betrieb in der Regel nicht erfasst werden. Sie müssen zusätzlich erhoben und gemessen oder aus den technischen Spezifikationen der Anlagen abgeleitet oder geschätzt werden.

Darüber hinaus werden aber sehr unterschiedliche Objekte oder Stoffe mitbilanziert. Im Allgemeinen werden sowohl Rohstoffe, Materialien und Werkstoffe als auch Halbfertigwaren, Produkte oder Abfälle erfasst. Nur in Einzelfällen, z.B. in der chemischen Industrie oder in der Prozessindustrie, wird der Verbleib von chemischen Elementen oder Verbindungen in einem streng chemischen Sinne untersucht, bei denen auch die Massenbilanzerhaltung der einzelnen Elemente eine Bedeutung haben kann.[10] Selbst die Energie – auch wenn sie als Masse nicht erfassbar ist, etwa im Fall elektrischer Energie – kann wie ein Stoff behandelt werden. Entscheidend ist hierbei, dass sie ebenso ein Objekt ist, das am Produktions- oder Reduktionsprozess teilnimmt, und dass der Verzehr (oder die Erzeugung) in Stromgrößen eindeutig messbar ist. Statt *Stoff*stromanalyse müsste deshalb eigentlich korrekter von *Stoff-, Energie- und Produkt*stromanalyse gesprochen werden. An Stelle von *Stoff* wird oft auch der Begriff *Material* verwendet (vgl. Häuslein et al. 1995, S. 123). Im englischen Sprachgebrauch ist der Begriff *Material Flow Analysis* (MFA) gebräuchlich, während *Substanz Flow Analysis* (SFA) auf die chemischen Elemente und Verbindungen abzielt.

Tab. 1: Beispiel eines Öko-Kontenrahmens aus der Möbelindustrie (verkürztes Beispiel aus BMU/UBA 1995, nach Möller 1998, S. 32)

I. Input	II. Bestand	III. Output
I.1. Rohstoffe	II.1. Rohstoffe	III.1. Produkte
I.2. Hilfsstoffe	II.2. Hilfsstoffe	III.2. Abluft
I.3. Halbfabrikate	II.3. Fertigteillager	III.3. Abwärme
I.4. Verpackungen		III.4. Abwässer
I.5. Ersatzteile		III.5. Abfall
I.6. Handelswaren		III.6. Lärm
I.7. Rücknahmeprodukte		
I.8. Büromaterialien		
I.9. Kantine / Verpflegung		
I.10. Wasser		
I.11. Energieträger		

---

[9] Zum Objektbegriff sowie zur Unterteilung in Gut, Übel und Neutrum vgl. Dyckhoff 1994, S. 66ff., sowie Dyckhoff 2000, S. 18ff. und S. 120ff. Zur theoretischen Fundierung der Stoffstrombilanzierung siehe Souren/Rüdiger 1998.

[10] Z.B. der Eintrag von Schwermetallen in den Stahlerzeugungsprozess und deren Verbleib in Produkten, Reststoffen etc.; vgl. Hähre et al. 1998.

Im Bereich des betrieblichen Stoffstrommanagements werden die zu bilanzierenden Objekte oft in ein Gliederungsschema eingeordnet, das dem Schema der Kostenarten aus der Kostenrechnung entspricht. Es ist von einer Umwelt-Artenrechnung oder von einem *Öko-Kontenrahmen* die Rede (vgl. Arndt 1997, S. 197). Eine solche Gliederung hat gewisse Vorteile, muss aber gewissenhaft durchgeführt werden und z.B. auch Objekte in Beständen berücksichtigen.[11]

4.2 Messgrößen

Wie der Ausdruck der Stoffstromanalyse bereits nahe legt, werden die Stoffe (oder allg. die Objekte) in *Strom*- oder *Flussgrößen* gemessen. D.h. es wird eine Stoffmenge pro Zeitperiode angegeben, die eine sachliche oder räumliche Bilanzgrenze passierten. Man redet auch von den Veränderungsgrößen für bestimmte Zeitperioden. Ein Beispiel hierfür ist die Input/Output-Bilanz einer Unternehmung. Die Stoffströme werden z.B. in Tonnen pro Jahr angegeben, auf der Inputseite etwa der Rohstoffverbrauch, auf der Outputseite die Produktmenge oder die Emissionen.

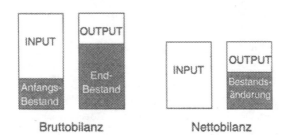

Abb. 4: Input/Output-Bilanz für eine Periode mit Berücksichtigung der Bestände

Neben den Stoffströmen sind jedoch auch mengenmäßige *Bestandsgrößen* von Bedeutung. Sie beschreiben einen Zustand zu einem Zeitpunkt, beispielsweise zu Beginn und am Ende einer Zeitperiode.[12] Die ökologische Bedeutung von Bestandsgrößen wird sofort einsichtig, wenn man an die Lagerung von Gefahrstoffen oder die Deponierung von Sonderabfällen denkt. Aber auch zur korrekten Beurteilung wirtschaftlicher Leistungsprozesse ist die Einbeziehung von Bestandsgrößen (etwa der zwischengelagerten Rohstoffe) unerlässlich.

Im Bereich der betrieblichen Stoffstromanalysen wird häufig ein Kalenderjahr oder ein Geschäftsjahr als Zeitperiode gewählt. Je nach Aufgabenstellung kann es allerdings auch sinnvoll sein, die Zeitperiode zu verkürzen. So wird im Bereich der operativen Produktionsplanung ein Monat oder ein Tag von Bedeutung sein, für die Untersuchung technischer Prozesse gegebenenfalls sogar eine Stunde.

---

[11] Vgl. Abschnitt 4.2 sowie zu verschiedenen Kontenformen Souren/Rüdiger 1998.

[12] Als Zustandsgrößen werden hierbei i.d.R. extensive Größen gewählt, d.h. die Größen sind addierbar, z.B. Stoffmengen, im Gegensatz zu der Temperatur eines Systems.

Die Strom- und Bestandsgrößen können allerdings nicht nur auf Zeitperioden, sondern auch auf Leistungen bezogen werden. So kann beispielsweise angegeben werden, welche Mengen an Rohstoffen und Energie durch ein Produkt verbraucht wurden bzw. in ihm enthalten sind. Es tritt ein Stückbezug auf (z.B. kWh Strom pro kg oder Stück Produkt), wie er auch aus der betriebswirtschaftlichen Kalkulation mit der Stückkostenrechnung bekannt ist. Ökobilanzen von Produkten (LCA) bauen auf diesem Stückbezug auf. Ihre Bezugsgröße wird *funktionelle Einheit* genannt, wobei dies weniger eine Produktmenge als vielmehr eine Nutzeneinheit ist. Damit sollen verschiedene Produkte vergleichbar gemacht werden.[13]

Da das zu analysierende System im Allgemeinen mehrere Leistungen oder Produkte hervorbringt, kann der Produktbezug nicht einfach durch eine Umskalierung erreicht werden. Wenn die Systeme nicht schon von vorneherein nur auf einzelne Produkte ausgerichtet sind, müssen in Mehrproduktsystemen Verfahren zur Leistungsverrechnung eingesetzt werden. Diese sorgen dann für eine verursachungsnahe Zurechnung der Input- und Outputströme zu den einzelnen Produkten (vgl. Abschn. 5.4).

4.3 Bilanzraum

Der Bilanzraum beschreibt das zu bilanzierende System und wird durch die Bilanzgrenzen dargestellt. Der Bilanzraum kann räumlich, aber auch sachlich abgegrenzt werden. Im betrieblichen Bereich wird dies entsprechend Abbildung 5 üblicherweise eine Unternehmung oder ein Produktionsstandort sein. Die einfachste Form einer Bilanz ist die Standortbilanz, oft auch als gate-to-gate-Bilanz bezeichnet. Es werden alle Inputs und Outputs bilanziert, die diesen Standort betreten oder verlassen bzw. die Bestände erfasst, die an diesem Standort gelagert werden.

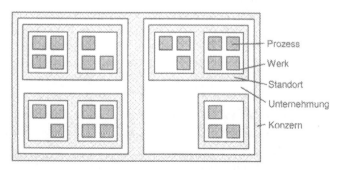

Abb. 5: Mögliche Wahl von Bilanzgrenzen vom einzelnen Prozess bis zum Konzern

Der Standortbezug muss allerdings nicht identisch mit dem Verantwortungs- oder Handlungsraum einer Unternehmung sein. So wurde insbesondere im Zusammen-

---

[13] So sind z.B. Papierhandtuch, Stoffhandtuch und Elektroföhn auf der Basis der funktionellen Einheit „einmal Hände abtrocknen" vergleichbar.

hang mit Umweltmanagementsystemen nach dem EU-Öko-Audit der Standortbegriff kritisiert, und zwar zu Gunsten eines allgemeineren Unternehmens- oder Organisationsbegriffs, wie er von Umweltmanagementsystemen nach der ISO-Norm 14001 vorgesehen ist.

Ein Problem stellt die Standort- oder gate-to-gate-Bilanz dann dar, wenn sich die Leistungsbilanz der Unternehmung durch strukturelle Maßnahmen deutlich ändert. Die Standortbilanz einer Unternehmung kann allein durch Auslagerungen von Prozessen ökologisch verbessert werden. So verringern sich beispielsweise die Emissionen einer Unternehmung, wenn sie ihren Energiebedarf nicht mehr durch Eigenerzeugung deckt, sondern von einem Energieversorger fremd bezieht, auch wenn dies mit einem geringeren Energiewirkungsgrad erfolgt.

Ein weiteres Problem ist die mangelnde Vergleichbarkeit von Stoffströmen. So kann eine Verkehrsunternehmung den Energieverbrauch ihrer Busse mit dem Dieselverbrauch angeben, den Energieverbrauch ihrer Straßenbahnen mit dem Stromverbrauch in Kilowattstunden. Beide Größen lassen sich jedoch nicht vergleichen, da der Aufwand zur Bereitstellung dieser Sekundärenergien sehr unterschiedlich ist. Dementsprechend wäre die Kohlendioxid-Bilanz der Straßenbahn in der Unternehmung gleich Null, die der Busse auf Grund des Verbrennungsprozesses beim Dieselverbrauch beträchtlich. Die Kohlendioxid-Emissionen der Straßenbahn sind allerdings bei der Stromproduktion im Kraftwerk entstanden und liegen außerhalb des eigentlichen Bilanzraums.

Dieses Problem kann teilweise gelöst werden, indem die Bereitstellung wichtiger Roh-, Hilfs- und Betriebsstoffe bzw. die Entsorgung von Abfällen in die Bilanz mit eingerechnet wird. Braunschweig und Müller-Wenk (1993, S. 57 ff.) schlagen z.B. vor, neben einer *Kern*bilanz (der gate-to-gate-Bilanz) eine so genannte *Komplementär*bilanz aufzustellen, die die Umwelteinwirkungen der Unternehmung außerhalb ihres eigentlichen Standortes, in den Vorstufen und Nachstufen, enthält. Allerdings ist nicht eindeutig festgelegt, wie weit die Grenzen der Komplementärbilanz zu ziehen sind. Besonders im Rahmen sinkender Fertigungstiefen und dem Outsourcing von Produktionsprozessen wird dieses Problem sehr komplex. Streng genommen müssten alle vorgelagerten Produktionsprozesse bzw. alle nachgelagerten Reduktionsprozesse in einer solchen Komplementärbilanz berücksichtigt werden, wie durch Abbildung 6 illustriert. Dann werden alle Stufen von der Gewinnung der Rohstoffe bis zur Entsorgung berücksichtigt. Allerdings werden bei den einzelnen Stufen nur jene Stoffströme bilanziert, die für die Herstellung des betreffenden Produktes relevant sind. Wenn auf diesen Stufen, z.B. in Unternehmungen, noch andere Produkte hergestellt werden, so sind Teilbilanzen erforderlich.

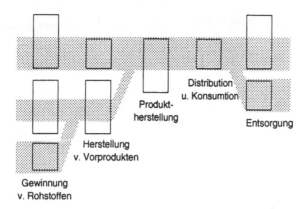

Abb. 6: Produktbilanzierung längs des stofflichen Lebensweges

In diesem Fall nähert man sich allerdings dem Ansatz einer Produkt-Ökobilanz, bei der grundsätzlich von der 'Wiege bis zur Bahre', d.h. von der Rohstoffgewinnung bis zur Entsorgung bilanziert wird. Es werden hierbei keine räumlichen Bilanzgrenzen gezogen, sondern sachliche. Der wesentliche Unterschied zu einer standortbezogenen Bilanz ist jedoch, dass bei Produktökobilanzen üblicherweise nur Einproduktsysteme betrachtet werden. Auf die verschiedenen Unternehmungen bezogen, die an dem stofflichen Lebensweg eines Produktes beteiligt sind, werden somit nur Teilbilanzen der Standorte berücksichtigt. Damit verbunden sind schwierige Zurechnungsfragen, die in den Bereich der Kuppelproduktion ragen und in der LCA-Methodik als Allokationsproblem bezeichnet werden.

Andere Bilanzräume sind denkbar, etwa überbetriebliche Systeme aus mehreren Unternehmungen, die im Rahmen eines gemeinschaftlichen Recyclings von Abfällen oder Vermittelns von Wertstoffen sinnvoll sein können. Dazu kommen regionale Bilanzen, die einzelne Städte oder Landkreise in ihrem stofflichen Metabolismus abzubilden und zu bewerten versuchen.[14]

Welche Wahl eines Bilanzraums angemessen ist, kann nicht unabhängig von dem Zweck der Bilanzierung beantwortet werden. Jede Darstellungsform kann als *eine* Perspektive, als eine modellmäßige Abbildung des realen Produktions- und Wirtschaftssystems verstanden werden. Je nach Perspektive sind dabei unterschiedliche Systemeigenschaften erkennbar. Eine ganzheitliche Sicht erhält man nur, wenn man das reale System aus mehreren Perspektiven betrachtet, z.B. gemäß Abbildung 7 der betrieblichen, standortbezogenen und produktbezogenen Perspektiven. Geht es vorrangig um die Reduzierung lokaler Umweltbelastungen auf Grund einer Produktion, so wird die Standortperspektive entscheidend sein; will man die Umweltauswirkungen von Produkten bei Konsumtion und Entsorgung verringern, so ist die Produktsicht zu wählen.

---

[14] Vgl. Braunschweig 1988 und Kaas et al. 1994.

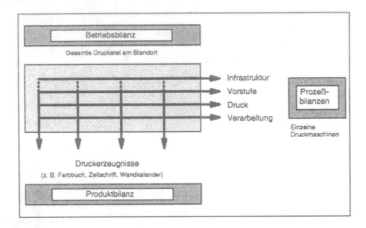

Abb. 7: Verschiedene Analyseperspektiven eines realen Produktionssystems am Beispiel einer Druckerei

Ein Vorschlag ist auch, sich bei der Wahl des Bilanzraums von dem Handlungsraum eines Akteurs oder einer Unternehmung leiten zu lassen (vgl. Schmidt/Frings 1999, S. 17). Bei der Bilanzierung sind dann jene Stoffströme und Umwelteinwirkungen mit zu berücksichtigen, die vom Akteur beeinflusst werden können. Das kann bei einer Unternehmung z.B. auch der eigenverantwortlich durchgeführte Werksverkehr sein, obwohl er streng genommen außerhalb des Werkszaunes erfolgt.

4.4 Bilanztiefe und -detaillierung

Die Bilanztiefe und -detaillierung kann sich auf verschiedene Dinge beziehen. Zum einen kann damit gemeint sein, wie detailliert die Objekte bei den Stoffströmen und -beständen erfasst und abgebildet werden oder ob sie zu Materialgruppen zusammengefasst werden. In der Praxis ist es unerlässlich, solche Aggregationen zu bilden, um nicht Zehntausende einzelner Posten ohne Informationsgewinn für eine ökologische Analyse auswerten zu müssen. Allerdings darf die Aggregation nicht so groß sein, dass ökologisch relevante Informationen von Einzelströmen darin verloren gehen. Dies ist auch der entscheidende Nachteil der so genannten MIPS-Methode des Wuppertal-Instituts[15], bei der alle Inputströme eines Systems zu im Wesentlichen fünf verschiedenen Massenströmen zusammengefasst werden.

Zum anderen kann sich die Frage der Detaillierung aber auch danach richten, wie stark eine Input/Output-Bilanz noch nach weiteren Strukturmerkmalen gegliedert wird. Üblicherweise bezieht sich die Input/Output-Bilanz auf den Bilanzraum im Sinne einer Black Box. Auch die miterfassten Bestände werden innerhalb dieser Black Box nicht weiter lokalisiert. Fortgeschrittene Konzepte der Stoffstromanalyse

---

[15] MIPS = Material-Intensität pro Serviceeinheit. Zur Einschätzung des MIPS-Konzeptes vgl. Walther 2000.

weichen davon ab und versuchen die interne Struktur der Black Box weiter aufzulösen. Dies kann im Sinne einer Kostenstellenrechnung erfolgen. Arndt (1997, S. 213) redet in diesem Zusammenhang auch von einer *Umwelt-Stellenrechnung.*

Möller und Rolf (1995) bilden ein Stoffstromsystem hingegen als ein Netz aus Transformationsprozessen – also Produktions- oder Reduktionsprozessen – und gegebenenfalls Lagern mit Beständen ab, die durch Stoffströme miteinander verbunden sind. Ein solcher Graph, der auf der Theorie der Petrinetze basiert, wird *Stoffstromnetz* genannt. Die Input/Output-Bilanz eines Teilnetzes oder des Gesamtnetzes ist dann lediglich ein (künstliches) Aggregat. Die Herkunft oder das Ziel einzelner Ströme lässt sich anhand der Netzstruktur den einzelnen Prozessen zuordnen. Die Black Box wird damit transparent und auswertbar. Der Netzansatz geht hierbei noch weiter, indem er auch hierarchische Netzstrukturen zulässt und indem beispielsweise hinter einem Prozess, der als Black Box erscheint, sich ein weiteres Stoffstromnetz verbergen kann, wie in Abbildung 8 illustriert. Dabei stellen die Quadrate Produktionsprozesse dar. Der umrandete Bereich ist die Bilanzgrenze der eigentlichen gate-to-gate-Bilanz. Links ist erkennbar, dass ein Prozess wieder als ein Stoffstromnetz aufgefasst werden kann.

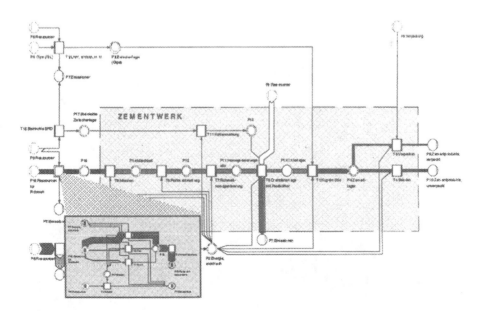

Abb. 8: Stoffstromnetz eines Zementwerkes (nach Möller 2000)

5 Methoden der betrieblichen Stoffstromanalysen

5.1 Buchhalterische Bilanzierung

Welche grundsätzlichen Möglichkeiten gibt es nun, komplexe Stoffstromsysteme abzubilden und zu analysieren? Die einfachste Möglichkeit besteht in einer kompletten empirischen Erfassung aller Ströme und Bestände – im einfachsten Fall einer Black Box-Betrachtung eben nur der Input- und Outputströme sowie der internen Bestände bzw. Bestandsveränderungen. Wenn ein System aus mehreren Prozessen besteht, so müssen weiterhin alle Ströme zwischen diesen Prozessen ermittelt werden. Man hätte damit ein rein deskriptives Modell.

Legt man eine massenmäßige (und ggf. energetische) Bilanzerhaltung für jeden einzelnen Prozess und für das Gesamtsystem zu Grunde, so können entweder die empirisch erhobenen Daten auf ihre Stimmigkeit überprüft werden oder es können fehlende Größen als Differenz aus der Massenbilanz berechnet werden. Damit eignet sich das Modell bereits – begrenzt – zur Abbildung interner Abhängigkeiten.

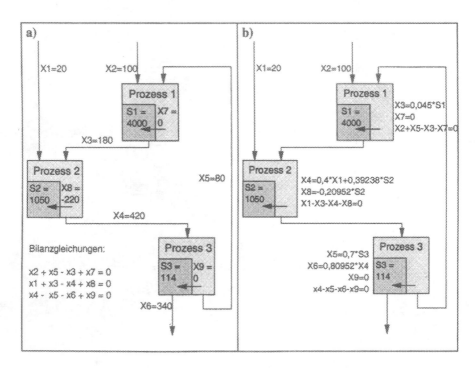

Abb. 9: Beispiel für ein Stoffstromsystem unter Zugrundelegung von Bilanzgleichungen (a) ohne und (b) mit Prozessmodellen (nach Van der Voet 1996, S. 35; s1, s2, s3 bedeuten Bestände, x1 bis x9 Flüsse)

Dieses Vorgehen kann als eine buchhalterische Bilanzierung aufgefasst werden. Sie ist in Abbildung 9a dargestellt. Entscheidend ist hierbei die Konstanz von Erhaltungsgrößen, z.B. der Massen- oder der Energieerhaltung. In diesem Fall lassen sich aus den Stromdaten x1 bis x6 die Bestandsveränderungen x7 bis x9 ermitteln. Das Verfahren eignet sich besonders gut, wenn die Massenerhaltung beispielsweise auf mehrere chemische Elemente ausgedehnt werden kann, für jedes Element also eine Bilanzgleichung erfüllt sein muss. So müssen etwa der Eintrag, Austrag und Verbleib von Cadmium in einem Stoffstromsystem bilanziell ausgeglichen sein. Buchhalterische Verfahren werden deshalb häufig im Bereich der Substanzflussanalyse (SFA) eingesetzt (vgl. Van der Voet 1996, S.33).

Im Bereich der Stoffstromanalyse von verschiedenen Materialien, Produkten etc., so wie sie im betrieblichen Bereich oft erforderlich ist, liefert die buchhalterische Bilanzierung nur begrenzt relevante Informationen. Die Massen- oder Energiebilanz lässt sich in Unternehmungen oft nicht ausgleichen bzw. es müssten Materialien mitbilanziert werden, die weder ökonomisch noch ökologisch von Bedeutung sind. Außerdem fehlen viele der Stromdaten *im* System. Der Erhebungsaufwand im Vergleich zu den neu gewonnenen Aussagen wäre unangemessen hoch.

5.2 Statische Modellierung

Für den betrieblichen Bereich, übrigens aber auch für die Stoffstromanalyse von Produkten, bietet sich die statische Modellierung an. Die statische Modellierung setzt Kenntnisse über die Transformationsprozesse voraus, d.h. sie weiß zu *jedem* einzelnen Prozess, in welchem Abhängigkeitsverhältnis die Input-, Output- und Bestandsgrößen zueinander stehen (Prozessmodell). In Abbildung 9b wird von linearen Beziehungen der Größen zueinander ausgegangen, wobei hier noch Abhängigkeiten der Stromgrößen von den Bestandsgrößen unterstellt sind.

Aus den beiden Strömen x1 und x2 und den Anfangsbeständen s1 bis s3 lassen sich schließlich alle anderen Stromgrößen berechnen. Dazu wird ähnlich der Leontief'schen Input/Output-Analyse ein lineares Gleichungssystem gelöst (vgl. Leontief 1966). Damit können auch die Ströme in Zyklen (z.B. Recyclingstrom in x5) berechnet werden. Der Vorteil dieses Vorgehens ist, dass auf Grund der Kenntnis über das grundsätzliche Verhalten der Transformationsprozesse nur noch ein begrenzter Satz an Stoffströmen empirisch erhoben werden muss, die restlichen Strom- und Bestandsdaten im System errechnet werden können. Dies reduziert einerseits den empirischen Erhebungsaufwand erheblich. Viele ökologisch relevante Stoffströme lassen sich auch nur aus solchen funktionalen Abhängigkeiten errechnen. So werden beispielsweise nie Kohlendioxid-Emissionen am Schornstein gemessen, sondern aus dem Verbrauch an Brennstoff rechnerisch ermittelt.

Andererseits liegt mit den funktionalen Abhängigkeiten der Größen zueinander ein komplexes Modell des Stoffstromsystems vor, dass eine Analyse der Verhaltensweisen des Systems zulässt: Was wäre, wenn die Eingangsströme sich verändern, z.B. im nächsten Geschäftsjahr? Was wäre, wenn die Transformationsprozesse eine veränderte Funktionalität aufweisen, sich z.B. die Produktionskoeffizienten auf Grund technischer Eingriffe verändern? D.h. das Modell ist szenariofähig und erlaubt eine Unterstützung von Planungsarbeiten. Dazu kommen Analysen über die Robustheit der errechneten Lösung oder die Beiträge zu bestimmten Stoffströmen. Die Leontief'sche Input/Output-Analyse bietet hier auf Grund ihrer einfachen linearen Mathematik zahlreiche Möglichkeiten der Auswertung.[16]

Andere Modellansätze verzichten auf die *lineare* Beschreibung der einzelnen Transformationsprozesse und führen auch nichtlineare Abhängigkeiten ein, wie sie in realen Produktionsvorgängen oft auftreten. In der chemischen Industrie hängen die Input- und Outputströme beispielsweise von technischen oder stofflichen Prozessparametern ab. Das Gesamtsystem lässt sich dann nicht geschlossen über lineare Gleichungssysteme lösen. Es sind andere Verfahren entwickelt worden, z.B. Iterationen oder Rechenverfahren in Stoffstromnetzen, um unbekannte Größen im System zu ermitteln (vgl. Möller 1997, S. 120ff.). Spengler (1998, S. 100ff.) setzt z.B. Prozesssimulationssysteme in Kombination mit der Aktivitätsanalyse zur Modellierung von Eisen- und Stahlproduktionsprozessen ein. Weiterhin können Optimierungsmodelle eingesetzt werden, wie sie aus dem Operations Research bekannt sind.

5.3 Dynamische Modellierung

Geht man von der statischen Modellierung in Abbildung 9b aus, bei der neben Strömen auch Bestände berücksichtigt wurden, so ist es nur ein kleiner Schritt, die Rechnung zeitabhängig aufzubauen, sie also zu dynamisieren. Die einfachste Form ist hierbei, eine Periodenrechnung zu etablieren: Die Stromdaten werden indiziert und werden zu einer Reihe von aufeinander folgenden Zeitperioden ermittelt; die Bestandsdaten beziehen sich jeweils auf das Ende einer Periode, was zugleich den Anfang einer neuen Periode darstellt. Die Bestandsdaten als Zustandsgrößen verbinden die Perioden miteinander.

Damit können zeitabhängige Veränderungen verfolgt werden. Einerseits lässt sich ein periodisch fortschreibbares Berichtswesen aufbauen, in dem schließlich Plandaten mit Ist-Daten verglichen werden können. Andererseits können zeitlich veränderliche Effekte in einem Stoffstromsystem analysiert werden. Ein Beispiel hierfür ist das Verhalten von Recyclingströmen in Kreislaufwirtschaftssystemen.[17]

---

[16] Vgl. Heijungs 1994 sowie Heijungs 1996; vgl. auch Dyckhoff 2000, Lektion 10.
[17] Vgl. Schmidt 1995 sowie Detzel et al. 1997.

5.4 Verursachungsgerechte Zurechnung

Eine besondere Herausforderung in Stoffstromsystemen ist die verursachungsgerechte Zurechnung von Stoffströmen zu den Leistungen des Systems. Diese Frage ist immer dann relevant, wenn ein Stoffstromsystem mehrere Leistungen, also z.B. mehrere Produkte, erbringt: Welche Produkte haben welchen Beitrag an dem Rohstoffverbrauch oder an den Emissionen des Gesamtsystems?

Im Bereich der Kostenrechnung erfolgt die Zurechnung der *Kosten* zu den Produkten (=Kostenträger) mittels der so genannten Kostenträgerrechnung oder der Kalkulation. Eine ähnliche Rechnung lässt sich auf der rein stofflichen Ebene etablieren. Möller (2000) hat eine stofflich basierte interne Leistungsverrechnung eingeführt, die eine Auswertung des Stoffstromsystems nach verschiedenen Perspektiven zulässt: Das System kann entsprechend Abbildung 10a insgesamt als Input/Output-Bilanz für alle Leistungen oder Produkte zusammen dargestellt werden; diese Bilanz lässt sich nach Prozessbeiträgen (entsprechend der Kostenstellenrechnung) auswerten; schließlich können nach einer internen Leistungsverrechnung Einzelbilanzen der einzelnen Leistungen oder Produkt erzeugt werden. Dabei sind stoffliche Mengenströme mit internen Verrechnungspreisen monetär bewertet. Die Stoffströme eines Systems, die anteilig einem Produkt als Kostenträger zugerechnet werden müssen, können gemäß Abbildung 10b separat dargestellt werden.

a) Interne Verfolgung der Kosten des Gesamtsystems

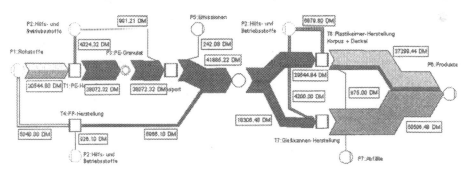

b) Interne Verfolgung der Kosten nur eines Produktes

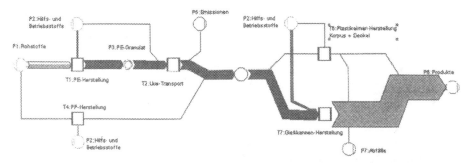

Abb. 10: Darstellung der mit den internen Verrechnungspreisen bewerteten Strommengen eines Stoffstromsystems

Ein großer Vorteil dieser Vorgehensweise besteht darin, dass das stoffliche Mengengerüst nicht nur einer anschließenden ökologischen Bewertung dient. Berücksichtigt man die Marktpreise der in das System einfließenden bzw. aus ihm fließenden Stoffe sowie die Kosten der Prozesse, die nicht an Stoffströme gebunden sind (Löhne, Abschreibungen, Lizenzen, ...), so lassen sich interne Verrechnungspreise ermitteln und damit eine monetäre Bewertung der Stoffströme in dem System vornehmen. Die bewerteten Stoffströme können in Form so genannter Sankey-Diagramme visualisiert werden (siehe Abb. 10).

Mit dieser Vorgehensweise umgeht man das Problem, auf betrieblicher Ebene *Umwelt*kosten einführen zu müssen. So gab es in der Vergangenheit immer wieder Versuche – ähnlich dem Vorgehen auf volkswirtschaftlicher Ebene – Umweltkosten in Unternehmungen auszuweisen und damit den Beweis anzutreten, dass durch Umweltschutz auch Kosten eingespart werden können.[18] Jedoch stehen dem eine Reihe methodischer Probleme entgegen, z.B. die Ausweisung betrieblicher Kosten speziell als *Umwelt*kosten, wenn produktionsintegrierter Umweltschutz betrieben wird und sich technische Innovation von Umweltschutz nicht mehr ohne weiteres trennen lässt (vgl. Schmidt 1998a, S. 425). Stattdessen kann nun ein Stoffstromsystem unter zweierlei Bewertungsmaßstäben ausgewertet werden: dem ökonomisch motivierten monetären Maßstab und ökologisch motivierten Maßsystemen, die auf den stofflichen Mengen aufsetzen können, wie z.B. GWP oder CRP (siehe Fn. 9 in Abschn. 4.1).

6 BUIS – Einsatz von Software

Ein *Betriebliches Umweltinformationssystem* (BUIS) ist nach Hilty und Rautenstrauch (1995, S. 296) ein organisatorisch-technisches System zur systematischen Erfassung, Verarbeitung und Bereitstellung umweltrelevanter Informationen in einem Betrieb. Es dient in erster Linie der Erfassung betrieblicher Umweltbelastungen und der Unterstützung von Umweltschutzmaßnahmen. Üblicherweise ist ein BUIS heute computergestützt. Konkrete Beispiele reichen von Rechtsdatenbanken und Dokumentenverwaltungen für das betriebliche Umweltmanagementhandbuch bis hin zu stoffstrombasierten Modellen.

Die Art und der Umfang eines BUIS hängen davon ab, wer es zu welchem Zweck einsetzen will.[19] Ein BUIS kann als Dokumentation für interne Zwecke, für Behörden oder für die Öffentlichkeit angelegt sein. Es kann Aufgaben der Planung und Kontrolle von Maßnahmen innerhalb des Umweltmanagementsystems übernehmen oder operative Aufgaben, z.B. im Bereich des Gefahrstoffmanagements, steuern. Ein BUIS kann in die in der Unternehmung vorhandene EDV-Struktur integriert sein,

---

[18] Vgl. Fischer et al. 1997; siehe auch Heft 4/1999 der Zeitschrift UmweltWirtschaftsForum.
[19] Für eine ausführliche Darstellung dieses Themas siehe Rautenstrauch 1999.

es kann aber auch als Insellösung vorliegen und nur spezielle Planer oder den Umweltbeauftragten unterstützen. Es gibt also nicht „das" BUIS schlechthin, sondern BUIS steht für eine Klasse von Informationssystemen ganz unterschiedlicher Ausprägung.

Ein mögliches Konzept für ein BUIS ist die gezielte Unterstützung des Umweltcontrollings und des Stoffstrommanagements. Das BUIS liefert dann die quantitativen Grundlagen zu der Analyse des Produktionssystems, dem Aufdecken von Verbesserungspotenzialen, dem Planen von Maßnahmen und zur zeitlichen Verfolgung des Verbesserungsprozesses. Es muss in der Lage sein, Daten zeitlich fortzuschreiben, ein Verständnis von Systemzusammenhängen zu liefern, Planungsvarianten szenarienhaft zu prüfen und die Ergebnisse zu aussagekräftigen Kennzahlen zu aggregieren.

Allerdings ist ein BUIS kein originäres Informationssystem – es liefert in den seltensten Fällen eigene Primärdaten, es sei denn, es werden damit Emissionen, Abfallströme usw. überwacht und aufgezeichnet. Vielmehr greift ein BUIS auf in der Unternehmung vorhandene Daten zurück, fasst die Daten neu zusammen oder wertet sie nach anderen Kriterien aus. Es kann dabei Methoden, wie sie in Abschnitt 5 beschrieben wurden, einsetzen. Ein BUIS ist deshalb in hohem Maße von der Daten- und EDV-Struktur der jeweiligen Unternehmung abhängig und muss auf die klassischen Systeme, wie z.B. der Materialwirtschaft oder des Einkaufs, des Rechnungswesens, der Produktionsplanung- und Steuerung (PPS), der Betriebsdatenerfassung (BDE) oder der Lagerverwaltung zurückgreifen.

7 Handlungsansätze im Stoffstrommanagement

Der Zweck einer ausführlichen Stoffstromanalyse ist es letztendlich, die verschiedenen Einflussbereiche einer Unternehmung besser zu erfassen und Handlungsoptionen aufzuzeigen. So kann eine Unternehmung ihre Produktion nicht nur am Standort ökologisch optimieren, sondern auch ihre Produkte umweltfreundlicher gestalten oder auf das Verhalten der Kunden Einfluss nehmen. Besonders bei Dienstleistungsunternehmungen ist die Umweltrelevanz der Leistungsseite im Allgemeinen wichtiger als die des Standortes. Ein Teil der Umweltbelastungen entzieht sich sogar der direkten Einflussmöglichkeit der Unternehmung und wird eher durch Verbraucherverhalten u.ä. beeinflusst. Dies verdeutlicht die Abbildung 11.

Die Handlungsansätze sind dabei teilweise so banal wie sie auch schwierig in der konkreten Umsetzung sind. Sowohl auf das Produktionssystem am Standort als auch auf das Produktsystem bezogen, gilt es,

- die Ressourcenproduktivität zu erhöhen
- den Verbrauch an Ressourcen absolut zu verringern
- Emissionen und Abfälle zu vermeiden und zu verringern

- den Einsatz ökologisch bedenklicher Stoffe zu vermeiden und zu verringern
- den Einsatz von Sekundärstoffen zu erhöhen
- innerbetriebliches Recycling zu betreiben oder
- die Recyclingfähigkeit von Produkten und Reststoffen zu erhöhen.

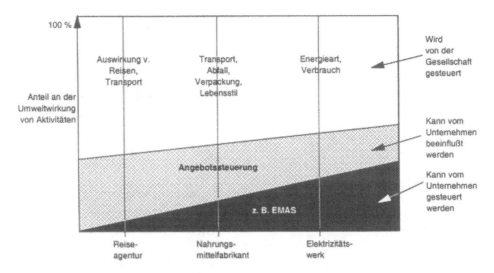

Abb. 11: Aufteilung der Umweltwirkungen von unternehmerischen Aktivitäten auf verschiedene Steuerungs- und Einflussmöglichkeit (Quelle: UNCTAD 1995, 7)

Von verschiedener Seite wird nicht nur eine Prozess- und Produktinnovation, sondern auch eine ökologische *Funktions*innovation (Welche Funktion erfüllt das Produkt?) und eine *Bedürfnisorientierung* der Produkte gefordert.[20] Sie sind wesentliche Bestandteile einer gesellschaftlichen Nachhaltigkeitsstrategie, die neben dem Effizienzaspekt auch den Suffizienzgedanken aufgreift. Schließlich entscheidet über die Umweltrelevanz einer unternehmerischen Tätigkeit nicht ein beliebiger Bilanzausschnitt – etwa der Standortbezug –, sondern nur die ökologische Gesamtbilanz seiner Tätigkeit.

---

[20] Vgl. Minsch et al. 1996, S. 65; vgl. auch Lektion IV.

Lektion VII

Rainer Souren

Umweltorientierte Logistik

Gegenstand der Lektion sind zentrale Fragestellungen des umweltorientierten Logistikmanagements innerhalb der Güterdistribution. Aus der Darstellung logistikbedingter Umwelteinwirkungen werden zunächst ökologische Ziele und umweltorientierte Strategien exemplarisch abgeleitet. Die Verfolgung dieser Strategien erfordert u.a. Entscheidungen über die Auswahl der Transportmittel, die Gestaltung der Lieferstrukturen sowie die Festlegung der Lieferquantitäten. Die dazu notwendigen Planungsüberlegungen werden verdeutlicht und verschiedene Alternativen beurteilt. Die Beurteilung beinhaltet dabei stets ökologische und ökonomische Kriterien und betont insbesondere deren Wechselwirkungen.

Die Lektion vertieft den Abschnitt 5.4 der Lektion I. Es handelt sich um die modifizierte Fassung eines Beitrags in Springers Handbuch „Logistik-Hütte" (Souren 2000).

1 Umwelteinwirkungen logistischer Prozesse und Systeme

Logistische Prozesse und Systeme verursachen Umwelteinwirkungen in nicht unerheblichem Ausmaß. Das betriebliche Logistikmanagement darf sich daher einer umweltorientierten Erweiterung nicht verschließen. In dieser Lektion soll verdeutlicht werden, welchen Einfluss ökologische Ziele auf zentrale logistische Gestaltungsaufgaben besitzen. Dabei stehen logistische Prozesse zur Güterversorgung im Vordergrund. Die zur Schließung des Wirtschaftskreislaufs unentbehrlichen entsorgungslogistischen Vorgänge (Sammlung, Sortierung, Rücktransport etc.) werden dagegen hier nicht näher analysiert (vgl. dazu Stölzle 1993).

Als Hauptverursacher logistikbedingter Umwelteinwirkungen gilt der *Gütertransport*. Er ist für einen hohen Energie- und Ressourcenverbrauch sowie die Emissionen verschiedener Schadstoffe (Kohlenmonoxid, Kohlendioxid, Stickoxide, Rußpartikel etc.) verantwortlich. So war alleine der Straßengüterverkehr im Jahre 1994 mit 665 Petajoule (= 10^{15} Joule) zu ca. 7,4% am gesamten Endenergieverbrauch der Bundesrepublik Deutschland beteiligt (vgl. BMV 1997, S. 271). Berücksichtigt man zusätzlich die anderen Verkehrsträger, so dürfte für den Güterverkehr ungefähr 10% der gesamten Endenergie aufgewendet worden sein. Bezüglich ausgewählter Emissionen des Güterverkehrs ergaben sich bereits im Jahr 1988 folgende Werte (in Klammern die prozentualen Anteile am Gesamtaufkommen): 288.000 t Kohlenmonoxid (= 3,5%), 573.000 t Stickoxide (= 24,8%) und 35,9 Mio. t Kohlendioxid (= 5,1%).[1] Neben Energieverbrauch und stofflichen Emissionen wird die Umwelt noch auf vielfältige andere Weise belastet. Lärmemissionen, Verkehrsstauungen und unfallbedingte Personen- oder Sachschäden, die den einzelnen Transportvorgängen direkt zugerechnet werden können, spielen dabei eine wichtige Rolle. Zudem wirken Transporte durch die Bereitstellung der Verkehrsinfrastruktur und die Produktion der Transportmittel auch indirekt, aber keinesfalls unerheblich, auf die Umwelt ein (vgl. Kraus 1997, S. 78ff.).

Umweltbelastungen entstehen bei der *Lagerung* durch die Bereitstellung der notwendigen Infrastruktur. Zur Errichtung von Lagern benötigte natürliche Flächen und Ressourcen fallen i.d.R. stärker ins Gewicht als Energieverbrauch (etwa zur Kühlung) und dem Lagerprozess direkt zurechenbare Emissionen. Einen nicht zu vernachlässigenden Anteil dieser lagerbedingten Emissionen bilden nicht abgesetzte, zu entsorgende Güter sowie Bestandteile der gelagerten Güter, die im Laufe der Zeit in die Natur entweichen (v.a. bei Flüssigkeiten oder Gasen). Neben den tatsächlich anfallenden Emissionen sind bei der Lagerung wie auch beim Transport ökologische Risiken, die mit den gelagerten bzw. transportierten Gütern verbunden sind, als potenzielle Umweltbelastungen zu berücksichtigen.

---

[1] Vgl. Schmidt et al. 1991, S. 51, Bradel 1995, S. 131, sowie BMV 1997, S. 279f.

Für das logistische Subsystem *Verpackung* spielen Energieverbrauch (z.B. von Verpackungsmaschinen) und Emissionen des Verpackungsprozesses aus ökologischer Sicht ebenfalls eine untergeordnete Rolle. Die mit dem Objekt Verpackung verbundenen Umwelteinwirkungen sind dagegen von zentraler Bedeutung. Hierzu zählen der Rohstoffverbrauch bei der Verpackungsherstellung sowie die Emissionen bei der Abgabe der Verpackungsabfälle an die Natur. Durch die in den letzten Jahren gesetzlich forcierte Kreislaufführung von Verpackungen (Stichworte: Verpackungsverordnung, Mehrwegverpackungen, Duales System Deutschland) lassen sich sowohl der Rohstoffverbrauch als auch die Verpackungsabfallquantitäten absenken.[2] Gleichzeitig bringt aber die Senkung dieser direkten Umwelteinwirkungen neuartige Umwelteinwirkungen mit sich, die durch die Verpackungsverwertungsprozesse und -systeme, inklusive der dazu eingerichteten Transport- und Lagervorgänge, entstehen.

Auf der Grundlage der grob skizzierten Umweltbelastungen logistischer Prozesse und Systeme werden im nachfolgenden Abschnitt 2 exemplarisch ökologische Ziele und zentrale umweltorientierte Strategien abgeleitet sowie das Verhältnis zwischen ökologischen und ökonomischen Zielen dargestellt. In den Abschnitten 3 bis 5 werden dann einzelne – teilweise eng verknüpfte – logistische Gestaltungsaufgaben separat einer umweltorientierten Beurteilung unterzogen. In Erweiterung einer rein ökologischen Beurteilung soll die umweltorientierte Beurteilung stets auch die Wechselwirkungen zwischen ökologischen und ökonomischen Zielen thematisieren. Dabei können die Untersuchungen nicht alle umweltrelevanten Fragestellungen und sämtliche Auswirkungen logistischer Prozesse auf die natürliche Umwelt beinhalten. Die Darstellung fokussiert daher auf Fragestellungen zur physischen Güterverteilung (Transportmittelwahl, Lieferstrukturen, -prinzipien und Liefermengenplanung) und stützt die ökologische Beurteilung überwiegend auf die transport- und lagerbedingten Umwelteinwirkungen. Es erfolgt somit bewusst keine ökologische Bewertung anhand tatsächlich ermittelter Umweltschäden.

2 Umweltorientierung des betrieblichen Logistikmanagements

Aus den dargestellten Umwelteinwirkungen lassen sich unmittelbar ökologische Ziele des betrieblichen Logistikmanagements ableiten, wenn man Zielrichtung sowie Zielausprägung und Zeitbezug angibt. So besteht etwa ein konkretes Ziel zur Verminderung lagerbedingter Umweltbelastungen darin, die nicht absetzbaren Gütermengen eines Jahres um 10% zu verringern. Ein anderes Ziel, das an transportbedingten Umweltbelastungen ansetzt, ist etwa die Senkung der Kohlenmon-

---

[2] Vgl. bezüglich der Rücklauf- und Wiedereinsatzquoten der verschiedenen Verpackungsfraktionen Staudt et al. 1997, insbesondere S. 183ff.

oxidemissionen des gesamten Fuhrparks einer Unternehmung innerhalb eines Jahres um 20%.

2.1 Exemplarische Ableitung ökologischer Ziele und umweltorientierter Strategien

Will man aus den ökologischen Zielen umweltorientierte Strategien ableiten, so ist es zweckmäßig, die aus den Umwelteinwirkungen abgeleiteten Ziele in Unterziele aufzuspalten. Exemplarisch sei dies für die transportbedingten Umwelteinwirkungen durch Energieverbrauch und Emissionen verdeutlicht. Als Basis zur Operationalisierung der Unterziele lassen sich folgende Verkehrskennzahlen verwenden, die üblicherweise zur statistischen Erhebung des Güterverkehrs dienen:

– *Transport-* oder *Verkehrsaufkommen* TA, gemessen in Tonnen (t)
– mittlere *Transportweite* oder *Fahrleistung* MTW, gemessen in Kilometern (km)
– *Transport-* oder *Verkehrsleistung* TL, gemessen in Tonnenkilometern (tkm), mit TL = MTW · TA.

In der Zeit von 1950 bis 1996 stieg die (binnenländische) Transportleistung in Deutschland von 75 Mrd. tkm auf 425 Mrd. tkm. Die mittlere Transportweite erhöhte sich nur geringfügig von ca. 105 km im Jahre 1950 auf ca. 120 km im Jahre 1996, während sich das Transportaufkommen im gleichen Zeitraum von 714 Mio. t auf 3.548 Mio. t nahezu verfünffachte.[3]

Da die Senkung der Transportleistung auch zu einer Verminderung transportbedingter Umweltbelastungen führt, können umweltorientierte Strategien des betrieblichen Logistikmanagements direkt an der Transportleistung bzw. ihren Bestandteilen ansetzen. Dabei erscheint es für einzelwirtschaftliche Überlegungen zweckmäßig, die Bestimmungsgleichung der Transportleistung geeignet um die Anzahl der Transportvorgänge ATV zu erweitern:

$$TL = MTW \cdot \frac{TA}{ATV} \cdot ATV$$

Durch den Quotienten TA/ATV lässt sich stark vereinfacht die *Transportmittelauslastung* operationalisieren.

Wird unterstellt, dass die zu transportierende Gütermenge, d.h. das Transportaufkommen, konstant ist bzw. zumindest nicht durch das Logistikmanagement beeinflusst werden kann, so verbleiben dem betrieblichen Logistikmanagement zwei umweltorientierte Strategien, die sich aus obiger Gleichung ableiten lassen:[4]

[3] Vgl. BMV 1997, S. 233ff., und Bradel 1995, S. 82ff.
[4] Vgl. zu ähnlichen Überlegungen auch Schmidt 1998b, S. 78.

- *Senkung der mittleren Transportweite*, d.h. der durchschnittlich zurückzulegenden Transportstrecke
- *Steigerung der Transporteffizienz*, d.h. Erhöhung der Transportmittelauslastung bei gleichzeitiger Senkung der Anzahl Transportvorgänge.

Obwohl die Steigerung der Transporteffizienz das gesamte Transportaufkommen nicht verringert, sind damit niedrigere Umweltbelastungen verbunden, da Energieverbrauch und Emissionen von Transportmitteln zu einem gewissen Anteil konstant, d.h. unabhängig von der transportierten Gütermenge sind. Mit anderen Worten sinken die transportbedingten Umweltbelastungen, weil bei besser ausgelasteten Transportmitteln zwar die Umweltbelastungen pro Transportvorgang (leicht) steigen, diese Steigerung aber durch die abnehmende Anzahl notwendiger Transporte und die damit verbundene Verminderung der insgesamt zurückgelegten Transportstrecke (als Produkt aus Anzahl Transporten und mittlerer Transportweite) mehr als ausgeglichen wird.

Bedenkt man zusätzlich, dass die Transportleistung durch verschiedene Transportmittel erbracht werden kann, so lässt sich als weitere Strategie zur Senkung transportbedingter Umwelteinwirkungen noch die

- *Verlagerung des Transports auf umweltfreundlichere Transportmittel*

identifizieren. Während sich Abschnitt 3 hauptsächlich mit der Umsetzung dieser letztgenannten Strategie befasst, enthalten die Abschnitte 4 und 5 Überlegungen, die sich aus der Konkretisierung der beiden erstgenannten Strategien ergeben.

2.2 Zum Verhältnis ökologischer und ökonomischer Ziele

Zur Umsetzung umweltorientierter Strategien bedarf es konkreter Maßnahmen, mit denen die verfolgten Ziele erreicht werden sollen. So lässt sich beispielsweise die Transporteffizienz eines Handelsunternehmens dadurch steigern, dass die Liefermengen pro Lieferung an die Filialen erhöht werden und dadurch die Transportmittelauslastung steigt. Diese Entscheidung beeinflusst allerdings nicht nur die transportbedingten, sondern gleichzeitig auch die lagerbedingten Umwelteinwirkungen. So erhöht sich etwa das Risiko nicht absetzbarer Gütermengen. Die Beurteilung einzelner Maßnahmen bedarf daher stets der Abwägung aller relevanten Zielauswirkungen. Ein umweltorientiertes Logistikmanagement muss nicht nur die ökologischen Wirkungszusammenhänge betrachten, sondern auch die Auswirkungen auf ökonomische Ziele berücksichtigen. Es steht somit stets in einem Spannungsfeld zwischen Ökologie und Ökonomie.

Der Begriff Spannungsfeld darf jedoch nicht so interpretiert werden, dass ökologische Verbesserungen logistischer Prozesse und Systeme automatisch mit ökonomischen Nachteilen verbunden sind. Die Zielbeziehungen sind komplexer. Eine Vielzahl ökologischer Ziele weist sogar komplementäre Beziehungen zu ökonomischen Zielen auf. Die oben angesprochene Maßnahme zur Steigerung der Transporteffizienz senkt z.B. nicht nur den Energieverbrauch (ökologisches Ziel) sondern auch die Energie- bzw. Kraftstoffkosten (ökonomisches Ziel). Andererseits erhöht die Maßnahme auf Grund der höheren Lagermengen sowohl die lagerbedingten Umwelteinwirkungen als auch die Lagerkosten. Dieses Beispiel verdeutlicht, dass auf der einen Seite durchaus *Konflikte* zwischen den Zielen einer Zielkategorie (ökologisch oder ökonomisch) bestehen, während sich auf der anderen Seite bestimmte ökologische Ziele *komplementär* zu ökonomischen Zielen verhalten.

Dass bei einer ganzheitlichen Betrachtung ökonomischer und ökologischer Ziele dennoch regelmäßig ein Konflikt entsteht, begründet sich auf zweierlei Weise. Zum einen gibt es neben den komplementären Zielbeziehungen auch eine Vielzahl konfliktärer Beziehungen zwischen ökologischen und ökonomischen Zielen. So senkt die Versiegelung von Lagerflächen die lagerbedingten Bodenbelastungen, führt aber gleichzeitig zu erhöhten Kosten. Zum anderen differieren die jeweiligen Zielgewichte, die den komplementären ökonomischen und ökologischen Zielen bei der Aggregation beigemessen werden. So könnte die oben angesprochene Maßnahme zur Steigerung der Transporteffizienz zwar aus ökologischer Sicht insgesamt positiv beurteilt werden, weil die verminderten transportbedingten Umwelteinwirkungen die erhöhten lagerbedingten Umwelteinwirkungen überkompensieren. Die Gegenüberstellung von Transportkostensenkung und Lagerkostensteigerung führt jedoch unter Umständen dazu, dass die Maßnahme aus ökonomischen Gründen nicht realisiert wird. Wenn ökologische und ökonomische Ziele sich konfliktär gegenüberstehen, besteht die Aufgabe des Logistikmanagements darin, zwischen den unterschiedlichen Zielen abzuwägen. Diese Abwägung muss dabei in Einklang mit der vom normativen Management der Unternehmung festgelegten betrieblichen Umweltpolitik stehen (vgl. Lektion I).

3 Umweltorientierte Transportmittelwahl

Für den Gütertransport stehen der Unternehmung im Wesentlichen fünf verschiedene *Transportmittelarten* zur Verfügung: Lastkraftwagen (LKW), Bahn, Schiffe, Flugzeuge und Rohrleitungen. Im Jahre 1996 teilte sich die gesamte binnenländische Transportleistung von 425 Mrd. tkm wie folgt auf die verschiedenen Transportmittel auf (vgl. BMV 1997, S. 233):

- LKW: 281 Mrd. tkm (= 66%)
- Bahn: 68 Mrd. tkm (= 16%)
- Binnenschiff: 61 Mrd. tkm (= 14,5%)
- Rohrleitungen: 14,5 Mrd. tkm (= 3,5%)
- Luftverkehr: 0,5 Mrd. tkm (= 0,1%).

Betrachtet man die zeitliche Entwicklung der relativen Transportmittelverwendung, so zeigt sich, dass der Anteil des LKW-Verkehrs seit dem Jahr 1950 (19% der Transportleistung) stetig gestiegen ist, während der Anteil der Bahn immer weiter zurückging (im Jahre 1950 noch 58%). Dabei stagniert seit ungefähr 1970 sogar die absolute Transportleistung der Bahn. Auch der Anteil des Binnenschiffverkehrs ist seit 1960 (28% der Transportleistung) rückläufig.[5]

Wie verschiedene Studien verdeutlichen, ist diese Entwicklung aus ökologischer Sicht negativ zu beurteilen, weil der Straßengüterverkehr im Gegensatz zum Bahn- und Binnenschiffverkehr zu höheren Umwelteinwirkungen führt. Tabelle 1 zeigt die Ergebnisse einer Studie, in der auf Basis des Jahres 1986 für die drei Transportmittel LKW, Bahn und Binnenschiff die Emissionswerte von fünf Schadstoffen jeweils bezogen auf die Transportleistung aufgeführt sind. Die Ergebnisse dürften ihrer Tendenz nach auch heute noch gültig sein.

Tab. 1: Spezifische Emissionswerte dreier Transportmittelarten auf Basis des Jahres 1986 (Quelle: Gierse 1992, S. 232)

	CO (g/tkm)	NOx (g/tkm)	HC (g/tkm)	SO$_2$ (g/tkm)	Partikel (g/tkm)	CO-Äquivalente (Einheiten/tkm)
LKW	0,83	3,26	0,67	0,23	0,25	5,11
Bahn	0,03	0,21	0,01	0,18	0,01	0,40
Binnen-schiff	0,18	0,52	0,07	0,08	0,03	0,81

Der Straßengüterverkehr weist für alle dargestellten Schadstoffe den höchsten Wert auf. Gewichtet man die einzelnen Schadstoffe mittels Toxizitätsfaktoren, welche ihre Gefährlichkeit gegenüber Kohlenmonoxid (CO) angeben, lassen sich so genannte CO-Äquivalente bestimmen, die eine grobe Gesamtbeurteilung erlauben. Gemäß der letzten Spalte in Tabelle 1 verursacht der Straßenverkehr – bei ausschließlicher Betrachtung der fünf aufgeführten Schadstoffkategorien – ca. 12,5 mal höhere Emissionen als der Bahnverkehr und ist ca. 6,3 mal so schädlich wie der Binnenschiffverkehr. Zu ähnlich deutlichen Ergebnissen kommen auch andere Studien, die zudem für den LKW gegenüber Bahn und Binnenschiff höhere spezifische Energieverbräuche, CO$_2$- und Lärmemissionen sowie Unfallzahlen ermittelt haben.[6] Überdies weist die Bahn gegenüber dem LKW höhere Senkungspotenziale

---

[5] Vgl. BMV 1997, S. 233, und Antes et al. 1992, S. 736f.

[6] Vgl. etwa Schmidt et al. 1991, S. 49ff., UBA 1991, S. 16ff. und 134ff., Pfohl et al. 1992, S. 96f., und Kandler 1983, S. 5ff.

durch technische Entwicklungen auf (vgl. Gierse 1992, S. 233). Die Erhöhung logistikbedingter Umweltbelastungen auf Grund des gesteigerten Transportaufkommens wird somit durch die Entwicklung der Verkehrsträgeranteile (des *Modal Split*) noch verstärkt.

Auch wenn die meisten Studien eindeutige ökologische Vorteile der Bahn und des Binnenschiffs gegenüber dem LKW ausweisen, sollten einzelwirtschaftliche Entscheidungen über die Transportmittelwahl die Übertragbarkeit der unterstellten Prämissen überprüfen, da die Höhe der Umwelteinwirkungen verschiedener Transportmittelalternativen in hohem Maß von den getroffenen Annahmen abhängt. Neben den technischen Eigenschaften der konkret zur Verfügung stehenden Transportmittel spielt hierbei insbesondere ihre Auslastung eine zentrale Rolle. Da Lastkraftwagen einen hohen transportmengenfixen Energieverbrauch und Schadstoffausstoß besitzen, verringert sich ihre relative Schädlichkeit gegenüber Bahn- und Binnenschiffen, wenn die tatsächliche Auslastung steigt.[7]

Zudem können die meisten Lieferbeziehungen nicht alleine durch Bahn oder Binnenschiff realisiert werden, sondern bedürfen einer Ergänzung durch den LKW-Verkehr. Die ökologische Vorteilhaftigkeit des kombinierten Verkehrs ist vor allem abhängig vom Verhältnis der durch Bahn oder Binnenschiff zurückgelegten Transportentfernung und der vom LKW zurückgelegten Vor- bzw. Nachlieferstrecke. Je geringer dieses Verhältnis ist, umso geringer werden die Einsparpotenziale des kombinierten Verkehrs gegenüber dem alleinigen LKW-Transport. Zuweilen kann der kombinierte Verkehr wegen der verlängerten Transportstrecke und der Umwelteinwirkungen durch Umladevorgänge sogar ökologisch nachteilig sein (vgl. Kraus 1997, S. 51.).

Auch wenn die aufgeführten Faktoren die ökologische Vorteilhaftigkeit der Bahn oder des Binnenschiffs gegenüber dem LKW in einigen Fällen relativieren, ist der LKW i.d.R. aus ökologischen Gesichtspunkten nicht vorteilhaft. Der stetig ansteigende Einsatz des LKW ist daher in der Hauptsache auf ökonomische Gründe zurückzuführen. Neben den Transportkosten sind hierfür vor allem die Auswirkungen auf den Lieferservice entscheidend. Insbesondere bezüglich der Schnelligkeit (Lieferzeit) ist die Bahn und in noch verstärktem Maß das Binnenschiff dem LKW weit unterlegen. Außerdem fehlen beiden häufig die notwendigen Kapazitäten sowie die Flexibilität bezüglich Einsatzzeiten und angebotener Strecken (vgl. Engelke 1997, S. 179f.).

Dass diese ökonomischen Vorteile des LKW bei der Transportmittelwahl besonders ins Gewicht fallen, zeigen auch empirische Untersuchungen.[8] Danach nehmen

---

[7] Vgl. die Auswirkungen auf den Energieverbrauch für eine konkrete Beispielsituation bei Kraus 1997, S. 185ff.

[8] Vgl. Antes et al. 1992, S. 739ff., sowie ergänzend Spelthahn et al. 1993, S. 35ff. und 55f.

Schnelligkeit und Pünktlichkeit der Lieferung als Entscheidungskriterien in allen Branchen der Güterversorgung vordere Plätze ein, während die Umweltverträglichkeit zumeist hintere Plätze belegt. Lediglich der Transportsicherheit als Teilkriterium der Umweltverträglichkeit wird zumindest in einigen Branchen (v.a. der Chemieindustrie) ein höherer Stellenwert beigemessen. Für manche Produkte, insbesondere für Massenschüttgüter, sind die Nachteile beim Lieferservice zwar weniger gravierend, woraus sich auch der relativ hohe Anteil von Bahn- und Binnenschiffverkehr erklärt.[9] Für die meisten Produkte des täglichen Bedarfs wiegen die ökonomischen Nachteile jedoch so schwer, dass selbst Unternehmungen mit einer stark offensiv ausgerichteten Umweltpolitik kaum auf die ökologisch verträglicheren Transportmittel umsteigen. Ihr Beitrag zur Senkung logistischer Umwelteinwirkungen besteht dann eher im Einsatz ökologisch verbesserter LKW (z.B. kraftstoffsparender LKW oder so genannter Flüster-LKW) sowie in zahlreichen Maßnahmen, welche die in den nächsten beiden Abschnitten analysierten Bereiche Lieferstruktur und Logistikmengenplanung betreffen.

4 Umweltorientierte Beurteilung verschiedener Lieferstrukturen

Dieser Abschnitt beschäftigt sich mit den Auswirkungen räumlicher Lieferstrukturen und möglicher Kooperationsformen und -konzepte auf die ökologischen sowie die damit eng verbundenen ökonomischen Ziele. Es soll insbesondere verdeutlicht werden, welchen Einfluss bestimmte Entscheidungen auf die Verfolgung der umweltorientierten Strategien Transportweitensenkung und Transporteffizienzsteigerung besitzen.

4.1 Räumliche Ausgestaltung logistischer Netzwerke

Zunächst wird der Frage nachgegangen, auf welche Weise die Quellen und Senken eines logistischen Netzwerks miteinander verbunden werden sollen. Dabei unterstellen die Überlegungen keine bestimmte Distributionssituation (etwa zwischen Produzent und Handel oder zwischen Handelszentrale und -filialen). Es werden vielmehr allgemein gültige Tendenzaussagen über die Stufigkeit der Lieferkette (Direktbelieferung versus Einrichtung von Zwischenlagern) sowie über die Anzahl und Anordnung der Lagerstätten (zentral versus dezentral) getroffen. Die Entscheidung über die *Lieferstruktur* beruht jedoch nicht nur auf der Gegenüberstellung der ökologischen und ökonomischen Zielsetzungen bezüglich Transport und Lagerung, sondern hängt darüber hinaus noch von anderen, insbesondere ökonomischen Zielsetzungen (v.a. Produktions- und Transaktionskosten) ab.

---

[9] Vgl. die prozentualen Angaben für verschiedene Gütergruppen in BMV 1997, S. 236ff.

Direktbelieferungen stellen die einfachste Form bezüglich der *Stufigkeit der Lieferkette* dar. Sie weisen eine Reihe ökologischer und ökonomischer Vorteile auf, sind allerdings nur unter bestimmten Prämissen sinnvoll einsetzbar. Ein ökonomisches Argument für Direktbelieferungen besteht in den besseren Reaktionsmöglichkeit auf Anforderungen der Empfänger und dem damit verbundenen höheren Lieferservice (vgl. Wagner/Storck 1993, S. 20). Ein weiterer, auch ökologisch relevanter Vorteil ergibt sich durch die sinkende Anzahl Lager und die dadurch insgesamt abnehmenden Lagerbestände. Darüber hinaus führt die Direktbelieferung in jedem Fall zu einer Absenkung der zurückgelegten Transportstrecke pro Lieferungsvorgang. Dies wirkt sich sowohl auf die transportbedingten Umwelteinwirkungen als auch auf die Transportkosten positiv aus. Letztgenanntem Vorteil steht jedoch insbesondere bei einer Aufsplitterung in kleinste Direktbelieferungsmengen eine Verringerung der Transporteffizienz gegenüber. Die Auslastung der Transportmittel stellt somit den zentralen Einflussfaktor auf die Entscheidung für oder gegen die Direktbelieferung dar.

Der negative Effekt sinkender Transporteffizienz lässt sich zwar durch die Bündelung kleiner Direktbelieferungsmengen abschwächen (vgl. hierzu auch Abschn. 5.2). Die damit einhergehende Komplexitätssteigerung der Tourenplanung führt allerdings zu einem erhöhten Planungsaufwand. Neben der Senkung dieses Planungsaufwands sind es insbesondere die sinkenden Anbahnungs- und Vereinbarungskosten, die aus transaktionskostentheoretischer Sicht die Zwischenschaltung weiterer Lieferstufen zumindest für kleinere Absatzmengen sinnvoll erscheinen lassen.

Auch bei der Entscheidung über die *Zentralisierung* der einzurichtenden *Lager*[10] steht die Frage nach den Bündelungsmöglichkeiten, d.h. wo (bzw. bis wo) die Bündelung stattfinden soll, im Vordergrund. Bei einer *dezentralen* Lagerstruktur kann eine Bündelung der zu transportierenden Mengen für die Distribution insbesondere im Fernverkehr einfacher realisiert werden.[11] Sind mehr Senken als Quellen vorhanden (z.B. bei Lieferungen zwischen Handelszentrallager und -filialen), sollten die (Regional-)Lager in der Nähe der Senken errichtet werden, im umgekehrten Fall (z.B. beim Modular Sourcing mehrerer Lieferanten eines Produktionsunternehmens) empfiehlt sich die Bündelung in der Nähe der Quellen.

Gegenüber der dezentralen Lagerstruktur ist eine *zentrale* Lagerstruktur tendenziell mit einer geringeren Auslastung der Transportmittel und einer Erhöhung der insgesamt zurückgelegten Transportstrecken verbunden. Auf der anderen Seite sinken jedoch die lagerbedingten Umwelteinwirkungen sowie die komplementären Lagerkosten, da zum einen weniger Lager gebaut werden und zum anderen die Bestände gesenkt werden können. Letzter Aspekt folgt dabei aus der Tatsache, dass bei

---

[10] Vgl. hierzu inbesondere die Simulationsergebnisse bei Kraus 1997, Kap. 7.
[11] Vgl. Ihde et al. 1994, S. 203, oder Stölzle 1995, S. 13.

gleicher Lieferbereitschaft eine zentrale Lagerhaltung geringere Sicherheitsbestände benötigt, da Nachfrageschwankungen besser ausgeglichen werden können.[12]

Die Abwägung der Vor- und Nachteile zentraler und dezentraler Lagerstrukturen läuft also vor allem auf die Gegenüberstellung der ökologischen und ökonomischen Wirkungen des Transports und der Lagerung hinaus. Dabei überwiegen häufig die transportbedingten Umwelteinwirkungen die lagerbedingten Umwelteinwirkungen, sodass aus ökologischer Sicht die dezentrale Lagerstruktur vorzuziehen ist. Auf der anderen Seite sind die Transportkosten jedoch häufig im Verhältnis zu den Lagerkosten zu gering, als dass diese Entscheidung auch aus ökonomischen Gründen unterstützt wird.

Auf Basis der Entscheidung über die Logistikstruktur bestimmt das Logistikmanagement die konkreten Lagerstandorte. Eine umweltorientierte Standortwahl muss dabei auch eine Reihe ökologischer Auswirkungen berücksichtigen (vgl. Prätorius 1992). Ökologische Vorteile bieten hierbei vor allem günstige Anbindungen an die umweltfreundlichen Transportmittel Bahn und Binnenschiff sowie die Nähe zu den Quellen und/oder Senken einer Lieferbeziehung. Bezüglich des letztgenannten Aspekts muss die Standortwahl auch Umwelteinwirkungen berücksichtigen, die durch die Überlastung bestimmter Verkehrswege, insbesondere des innerstädtischen Verkehrs, verursacht werden.

4.2 Kooperationen bei der Güterdistribution

Hinsichtlich der Organisation der Güterdistribution stellt sich für Unternehmungen insbesondere die Frage, ob sie die Güter selber verteilen oder einen Logistikdienstleister (z.B. einen Spediteur) beauftragen. Die in den letzten Jahren zunehmende Beauftragung von Logistikdienstleistern bringt aus ökologischer Sicht zwei wesentliche Vorteile mit sich. Zum einen können Spediteure die Rückfahrten eines Transportauftrags nutzen, um andere Güter zu transportieren. Im Werkverkehr einer Unternehmung ist es dagegen laut § 48 GüKG nicht erlaubt, fremde Güter zu transportieren, was dementsprechend einen höheren Leerfahrtenanteil zur Folge hat (vgl. Bradel 1995, S. 233). Zum anderen besitzen Logistikdienstleister auf Grund der Transportaufträge mehrerer Kunden bessere Bündelungsmöglichkeiten. Hauptsächlich deshalb ergeben sich dann oft auch niedrigere Transportkosten bei Einschaltung von Logistikdienstleistern gegenüber dem Transport in Eigenregie. Für Unternehmungen mit geringen oder unregelmäßigen Liefermengen lohnt der Unterhalt eines eigenen Fuhrparks daher kaum.[13]

---

[12] Vgl. Isermann/Lieske 1998, S. 422, oder Kraus 1997, S. 23ff.

[13] Vgl. zu einer ausführlicheren ökonomischen Beurteilung der Make-or-Buy-Entscheidung von Logistikleistungen Bretzke 1998 und Bradel 1995, S. 233f.

Ausser den Beziehungen zwischen Unternehmen und Logistikdienstleistern existiert eine Vielzahl weiterer Kooperationsformen, die der Bündelung einzelner Transportaufträge dienen. Mit Güterverkehrszentren[14] und der City-Logistik[15] werden in der Literatur zwei wichtige Kooperationskonzepte insbesondere wegen ihrer positiven Umweltwirkungen diskutiert. Beide Konzepte beruhen auf ähnlichen Grundgedanken und werden häufig auch zusammen angewendet.

Als *Güterverkehrszentrum* (GVZ) wird die Ansammlung mehrerer Logistikdienstleister an einem Standort bezeichnet, an dem zumindest zwei verschiedene Verkehrsträger (meist Straße und Schiene) zusammentreffen. Neben dem Umschlag vom Fern- auf den Nahverkehr wird in GVZ auch die Durchführung der meisten anderen logistischen Aufgaben (Kommissionierung, Lagerung etc.) angeboten. Unter dem Begriff *City-Logistik* sind Konzeptionen zusammengefasst, die sich eine Bündelung der Warenflüsse im innerstädtischen Bereich – hauptsächlich bei der Belieferung des Einzelhandels – und damit eine Verminderung der innerstädtischen Verkehrsbelastung zum Ziel gesetzt haben (vgl. Thoma 1995, S. 55ff.)

Der wesentliche Vorteil beider Konzepte besteht in den ökologischen (und ökonomischen) Einsparpotenzialen durch die Bündelung des Nahverkehrs und der damit verbundenen Steigerung der Transporteffizienz. Damit dieser Vorteil nicht durch die Ausweitung der zurückzulegenden Transportstrecken konterkariert wird, ist es notwendig, die Standorte der GVZ bzw. der City-Logistik-Terminals so zu wählen, dass sich insbesondere die Fernverkehrsstrecken nicht übermäßig verlängern (vgl. Baumgarten et al. 1996, S. 75ff.).

Ein zusätzlicher Vorteil der GVZ, die überdies auch staatlicherseits gefördert werden (vgl. Steger/Spelthahn 1998, S. 174), liegt darin, dass durch die räumliche Nähe und die abgestimmte Organisation die Kosten und Zeitprobleme des kombinierten Verkehrs vermindert werden. Die Einrichtung von GVZ dient somit als Schlüssel zur verstärkten Nutzung umweltfreundlicherer Transportmittel. So erhöhte sich beispielsweise der Anteil des Bahnverkehrs im Bereich des GVZ Bremen von 10,5% (vor der Einführung) auf nahezu 19% (nach der Einführung), während die gesamte Transportleistung um 4,25 Mio. tkm zurückging (vgl. Baumgarten et al. 1996, S. 105).

Die Errichtung von GVZ und City-Logistik-Terminals bewirkt allerdings nicht nur positive, sondern auch negative ökologische Effekte. Ein wesentlicher Kritikpunkt an beiden Konzepten ergibt sich aus dem Flächenverbrauch für die Installation der Anlagen und die Errichtung der Gebäude. Die Größe der GVZ (bis zu 300 ha) erschwert eine Ansiedlung in der Nähe von Ballungsgebieten, zumal die auf engem

[14] Vgl. im Folgenden Eckstein 1997 sowie Baumgarten et al. 1996.
[15] Vgl. insbesondere Thoma 1995 sowie Kaupp 1998.

Raum geballten Transportvorgänge eine hohe Belastung für die Anwohner darstellen. Aus diesen Gründen erscheint es unvermeidbar, die GVZ und auch die City-Logistik-Terminals außerhalb der Städte „auf der grünen Wiese" zu errichten.

5 Umweltorientierte Liefermengenplanung

In diesem Abschnitt werden die Auswirkungen der mengenmäßigen Lieferbeziehungen auf die ökologischen und ökonomischen Ziele des Logistikmanagements hin untersucht. Dabei wird vor allem auf die Steigerung der Transporteffizienz durch Bündelungsmaßnahmen und die damit verbundene Ausnutzung des vorhandenen Transportmittelraumes fokussiert. Abschnitt 5.1 stellt hierzu wesentliche Aspekte bezüglich der umweltorientierten Wirkungen der Just-in-Time-Belieferung dar. Die Abschnitte 5.2 und 5.3 beschäftigen sich dann mit logistischen Planungsüberlegungen, durch die entsprechende Einsparpotenziale realisiert werden können.

5.1 Bedarfssynchrone Lieferung nach dem Just-in-Time-Prinzip

Das aus Japan stammende *Just-in-Time*-(JIT-)Prinzip beruht auf einer prozessübergreifenden Philosophie, mit der die Durchlaufzeiten und die Kapitalbindungskosten aller Wertschöpfungsprozesse gesenkt werden sollen. Es betrifft sowohl die Aufgaben der innerbetrieblichen Produktionslogistik als auch der außerbetrieblichen Beschaffungs- bzw. Distributionslogistik. Die nachfolgenden Überlegungen beschränken sich weitestgehend auf die überbetrieblichen Warenflüsse, untersuchen also vorrangig die JIT-Belieferung. Es sei vorweg betont, dass eine allgemein gültige umweltorientierte Beurteilung der JIT-Belieferung nicht möglich ist, da die ökologische Vorteilhaftigkeit des Lieferprinzips von der konkreten Ausgestaltung der Lieferbeziehungen abhängt. Die nachfolgenden Aussagen sollen daher nur die wesentlichen Argumente gegenüberstellen, die je nach der ihnen beigemessen Relevanz zu ambivalenten Beurteilungen der JIT-Belieferung führen.

Auf Grund der bedarfssynchronen JIT-Belieferung entfällt beim Empfänger die ansonsten notwendige Lagerung der Güter bis zu ihrer Weiterverarbeitung in der Produktion. Damit verbunden sind Lagerkostensenkungen, die sich sowohl aus dem Verzicht auf die Errichtung notwendiger Lagerräume als auch aus der gesenkten Kapitalbindung ergeben. Durch die Verringerung der Lagermengen und des notwendigen Lagerraums werden – zumindest beim Empfänger – auch die lagerbedingten Umwelteinwirkungen abgeschwächt.[16] Die lagerbedingten Vorzüge der JIT-Belieferung gehen jedoch oft mit Nachteilen bei den transportbedingten Umwelteinwirkungen und den Transportkosten einher, denn die geringeren Liefermengen

---

[16] Vgl. hierzu sowie auch im Folgenden Steven 1994, S. 55ff.

führen i.d.R. zu häufigeren Transporten, mehr Umschlagsprozessen und wesentlich geringeren Auslastungen der Transportmittel (vgl. Reese 1993, S. 142).

Eine umweltorientierte Beurteilung der JIT-Belieferung muss somit ähnlich wie die Beurteilung verschiedener Lieferstrukturen die ökologischen und ökonomischen Wirkungen in der gesamten Logistikkette berücksichtigen. Dabei sind neben den bereits angesprochenen Aspekten auch noch weitere Überlegungen zu berücksichtigen, die weniger auf die JIT-Belieferung als vielmehr auf die Gesamtkonzeption des JIT-Prinzips zurückzuführen sind.[17] So bedingt die enge Abstimmung der Mengenplanungen von Versender und Empfänger, dass sowohl Fehlmengen als auch zu viel gelieferte Güter weitestgehend vermieden werden können. Erstes vermindert die durch eine Nachlieferung notwendigen Transporte. Letztes führt zur Verringerung der Umweltbelastungen durch nicht abgesetzte Güter und ist tendenziell ebenfalls mit einer Senkung der notwendigen Zahl an Transportvorgängen verbunden. Hierzu trägt überdies die zur Vermeidung von Fehlmengen notwendige frühzeitige Qualitätskontrolle beim Versender und die damit verbundene Absenkung des „unproduktiven" Transports unbrauchbarer Waren bei. Darüber hinaus werden durch die fehlende Lagerung auch Verpackungen eingespart.

Trotz der verschiedenen ökologischen Vorteile des JIT-Prinzips ist eine JIT-Lieferbeziehung zwischen Lieferant und Empfänger zumeist nur dann eine ökonomisch und zugleich auch ökologisch sinnvolle Alternative, wenn eine hohe Auslastung durch größere, sichere und konstante Liefermengen gewährleistet wird (vgl. Spelthahn et al. 1993, S. 205). Ist dies nicht der Fall, können alternative Lieferkonzepte auf der Basis von JIT dazu beitragen, die ökologischen Schwächen des Prinzips abzumildern (vgl. Reese 1993, S. 146ff.). So eignen sich zum einen verschiedene Kooperationsformen mit Logistikdienstleistern, die eine lieferanten- bzw. kundenübergreifende Bündelung vornehmen.[18] Zum anderen besteht für den Lieferanten die Möglichkeit, seine Produktionsstandorte näher an die Empfänger zu verlegen und somit die Transportweite der (schlecht ausgelasteten) Transportmittel zu verringern. Für den Fall, dass der Lieferant seinen Produktionsstandort nicht verlagert, besteht darüber hinaus die Möglichkeit, so genannte JIT-Lager in der Nähe der Empfänger zu errichten. Dies widerspricht zwar prinzipiell der JIT-Konzeption, die realisierbare Bündelung der Transporte im Fernverkehr führt jedoch gegenüber der durchgängigen bedarfssynchronen Lieferung sowohl aus ökologischer als auch aus ökonomischer Sicht zu besseren Ergebnissen (vgl. Reese 1993, S. 148f.).

---

[17] Vgl. Ihde 1991, S. 193f., Wagner/Storck 1993, S. 15f., und Stölzle 1995, S. 9f.

[18] Vgl. Ihde 1991, S. 195, sowie zu den prinzipiellen Vorzügen der Kooperationsmöglichkeiten Abschnitt 4.2.

5.2 Steigerung der Transportmittelauslastung durch Bildung von Sammeltouren

Überlegungen zur Transportmittelauslastung betreffen nicht nur die in Abschnitt 5.1 analysierte strategische Entscheidung über das Lieferprinzip, sondern sind auch bei der operativen Planung der Liefermengen und -rhythmen notwendig. Planungsprobleme mit Lieferbeziehungen zwischen einer Quelle und einer Senke lassen sich durch Verfahren zur Bestimmung der optimalen *Bestellmenge* lösen. Herkömmliche ökonomische Planungsverfahren, die auf der Bestellmengenformel nach Andler bzw. Harris basieren, ermitteln die optimale Bestellmenge durch Minimierung der bestellmengenabhängigen transport- und lagerbedingten Kosten. Die Erweiterung dieser Verfahren um ökologische Aspekte erfolgt beispielsweise durch die Einbeziehung transport- und lagerbedingter Umwelteinwirkungen mittels entsprechender Kostenaufschläge. Die Berücksichtigung transportbedingter Umwelteinwirkungen führt dann z.B. zur Erhöhung der Bestellmengen und zur Verlängerung der Bestellfrequenz.

Komplexere Planungsüberlegungen sind notwendig, wenn man die optimalen Liefermengen zwischen einer Quelle und mehreren Senken (bzw. zwischen mehreren Quellen und einer Senke) bestimmen möchte. Hierbei sind auch die Bündelungsmöglichkeiten durch Sammeltouren zu berücksichtigen.[19] Im Rahmen einer dann notwendigen *integrierten Lagerbestands- und Tourenplanung* muss das Logistikmanagement sowohl die in den einzelnen Touren zusammenzufassenden Quellen bzw. Senken bestimmen (clustering), die Belieferungsreihenfolge und die genauen Fahrwege der Touren ermitteln (routing) als auch die Liefermengen und -rhythmen der in den Touren zusammengefassten Senken bzw. Quellen festlegen (replenishment). Wie verschiedene Simulationsstudien zeigen, stehen dem damit verbundenen Planungsaufwand auf Grund der Bündelung von Einzellieferungen (Pendeltouren) zu Sammeltouren große Einsparpotenziale sowohl der relevanten Kosten (in Einzelfällen bis zu 70%) als auch der Transportleistung (in Einzelfällen bis zu 90%) gegenüber.[20] Die maximal zu realisierenden Einsparungen hängen dabei von verschiedenen Kontextfaktoren ab (etwa Fahrzeugkapazitäten, Kapazitätsauslastung der Pendeltouren, Anzahl und Lage der Senken bzw. Quellen).

Die integrierte Lagerbestands- und Tourenplanung führt i.d.R. nicht nur zu einer Senkung der Transportkosten, sondern auch zur Verringerung der Lager- bzw. Bestandskosten. Die Transportkostensenkung der Sammeltouren gegenüber den Einzellieferungen ergibt sich durch die mit der Bündelung verbundene Senkung der Anzahl Fahrten und der insgesamt zurückgelegten Transportstrecke. Durch die Bündelung der Liefermengen mehrerer Senken bzw. Quellen sind zudem Liefe-

---

[19] Vgl. zu den Möglichkeiten hersteller- und empfängerbezogener Bündelung Ihde et al. 1994, S. 203.

[20] Vgl. hierzu und im Folgenden Dyckhoff 1999b sowie die dort angegebene Literatur.

rungen in kleinen Mengen lohnenswert, da mehrere Lieferpunkte in einer Tour zusammengefasst werden. Dies führt zur Senkung der Bestandskosten.

Die Bündelung zu Sammeltouren besitzt also ein eigenes Kostensenkungspotenzial, das sich primär auf die Senkung der Transportkosten bezieht, aber auch eine Senkung der Lager- bzw. Bestandskosten zur Folge hat. Eng verbunden mit der konkreten Aufteilung dieser ökonomischen Einsparpotenziale sind die ökologischen Auswirkungen der Bildung von Sammeltouren. Die Senkung der angelieferten Gütermengen bringt niedrigere lagerbedingte Umwelteinwirkungen mit sich, führt jedoch auf der anderen Seite – ceteris paribus – zu steigenden Transportleistungen und somit zu erhöhten transportbedingten Umwelteinwirkungen. Dieser negative Effekt wird allerdings durch die Bündelung mehrerer Lieferpunkte und die damit verbundene Senkung der transportbedingten Umwelteinwirkungen überkompensiert.

Auch wenn bei der Bündelung von Einzellieferungen zu Sammeltouren im Gesamtergebnis ökonomische Verbesserungen weitgehend mit ökologischen Verbesserungen verbunden sind (Ökologie und Ökonomie also über weite Strecken „Hand in Hand gehen"), wird i.d.R. die optimale Lösung unter ökonomischen Zielsetzungen von der optimalen Lösung unter ökologischen Zielsetzungen abweichen. So besteht unter der Prämisse, dass die ökologische Beurteilung alleine auf transportbedingten Umwelteinwirkungen beruht, die ökologisch optimale Bündelung darin, stets sämtliche Transportmittel voll auszulasten und die Auslieferung in größtmöglichen Sammeltouren so selten wie möglich durchzuführen (vgl. Dyckhoff 1999b, S. 60). Hierdurch sinken einerseits die Transportkosten auf ein Minimum, andererseits steigen jedoch die Lagerkosten überproportional an. Somit wird die optimale Lösung unter ökonomischen Gesichtspunkten nicht erreicht. Das betriebliche Logistikmanagement muss daher bei der integrierten Lagerbestands- und Tourenplanung zumindest in bestimmten Grenzen zwischen ökonomischer und ökologischer Zielerreichung abwägen.

5.3 Steigerung der Transportmittelauslastung durch Bildung stauraumoptimaler logistischer Einheiten

Ergänzend zu den vorangehenden Überlegungen muss das betriebliche Logistikmanagement berücksichtigen, dass die Auslieferung der meisten Güterarten nicht stückweise erfolgt, sondern dass bestimmte Teilmengen zu so genannten *logistischen Einheiten* gebündelt werden (vgl. Pfohl 1996, S. 148ff.). Durch die Güterbündelung mittels Transport- und Umverpackungen gelingt es, die Anzahl notwendiger Handhabungsvorgänge zu verringern und somit die Handlingkosten beim Aus- und Umladen der Güter zu senken. Diesem zentralen ökonomischen Vorteil steht eine Reihe ökonomischer und ökologischer Nachteile der Bildung logistischer Einheiten gegenüber.

Die Bildung logistischer Einheiten ist mit einer weiteren Komplexitätssteigerung bei der integrierten Lagerbestands- und Tourenplanung, wie sie in Abschnitt 5.2 erläutert wurde, verbunden. Die Planung der Liefermengen muss auch die möglichen Verpackungsgrößen berücksichtigen. Aus dem kontinuierlichen Planungsproblem entsteht quasi ein diskretes Planungsproblem, da die Liefermengen den logistischen Einheiten bzw. einem Vielfachen der logistischen Einheiten entsprechen sollten. Abweichende Liefermengen sind zwar denkbar, lassen sich allerdings nur realisieren, wenn die Verpackungen nicht vollständig gefüllt werden. Dies führt jedoch zu einer Senkung der Transportmittelauslastung und ist darüber hinaus oft auch mit erhöhtem zeitlichem Aufwand beim Verpacken verbunden.

Die Bündelung von Produktmengen durch Verpackungen führt aber noch aus anderen Gründen zur Verminderung der Transportmittelauslastung. Zum einen nehmen die Verpackungen selbst einen gewissen Raum im Transportmittel ein, zum anderen wird es umso schwieriger, ein Transportmittel möglichst voll auszulasten, je größer die zu verstauenden Einheiten sind. Letztgenanntem Aspekt kann das umweltorientierte Logistikmanagement sowohl mittels der *Stauraumoptimierung* als auch durch Maßnahmen der *Verpackungsgestaltung* entgegenwirken. Die Stauraumoptimierung versucht, mit Hilfe EDV-gestützter Verfahren die bezüglich ihrer Ausmaße vorgegebenen Verpackungen so anzuordnen, dass der Transportmittelraum möglichst vollständig ausgelastet wird.[21] Liegen dagegen die Ausmaße der Verpackung noch nicht fest, so können im Rahmen der Verpackungsgestaltung Maßnahmen ergriffen werden, mit denen sich die Auslastung der Transportmittel steigern lässt. So ist es selbst bei gleich bleibendem Verpackungsvolumen möglich, durch geringfügige Änderungen der Verpackungsabmessungen einzelner Verpackungsmodule sowie durch eine abgestimmte Verpackungsgestaltung aufeinander aufbauender Verpackungsmodule höhere Auslastungsgrade zu erzielen.[22] Die Abstimmung der Verpackungsmodule lässt sich z.B. dadurch erreichen, dass die Abmessungen der Transport- und Umverpackungen durch ganzzahlige Division aus den Abmessungen des beim Transport benutzten Palettentyps bestimmt werden (vgl. Pfohl 1996, S. 156).

6 Resümee

In dieser Lektion wurde verdeutlicht, dass einige in jüngster Zeit zu beobachtende Entwicklungen logistischer Prozesse und Systeme aus ökologischer Sicht kritisch zu beurteilen sind. Zu nennen sind insbesondere die Verlagerung des Modal Split hin zu mehr LKW-Verkehr, die stärkere Zentralisierung der Lagerstrukturen sowie

[21] Vgl. Isermann 1998, Naujoks 1995 oder Dyckhoff/Finke 1992.
[22] Vgl. Bischoff 1997, Dowsland 1995, Isermann 1991, S. 182ff., Isermann 1998, S. 252f. und 260ff., sowie Kruse 1991.

die immer häufigeren JIT-Lieferbeziehungen. Diese Entwicklungen lassen sich insbesondere durch die mit ihnen verbundenen ökonomischen Vorteile begründen. Insofern befindet sich das betriebliche Logistikmanagement in einem Spannungsfeld zwischen Ökonomie und Ökologie. Dieses Spannungsfeld folgt in vielen Fällen aus der Tatsache, dass die transportbedingten Umwelteinwirkungen gegenüber anderen Umwelteinwirkungen stärker ins Gewicht fallen, als dies bei den sich komplementär verhaltenden Transportkosten gegenüber anderen Kostenkategorien der Fall ist.

Einen gesamtwirtschaftlichen Ansatzpunkt zur Verbesserung logistischer Prozesse und Systeme aus ökologischer Perspektive stellt daher die Verteuerung der Transporte dar, die jedoch international abgestimmt werden sollte, um die Wettbewerbsfähigkeit nationaler Unternehmungen nicht zu gefährden. Unternehmungen mit einer offensiven Umweltpolitik bieten sich auch eigenverantwortliche Möglichkeiten durch die umweltfreundliche Transportmittelwahl, die Senkung der mittleren Transportweite und die Erhöhung der Transporteffizienz. Insbesondere letztgenannte Strategie wird in der Praxis heutzutage schon in vielen Bereichen verfolgt, was sich vor allem in den verschiedenen Kooperationskonzepten zur Bündelung von Transporten (Beauftragung von Logistikdienstleistern, Errichtung von Güterverkehrszentren und City-Logistik-Terminals) zeigt. Wie auch die Aussagen über die möglichen Einsparpotenziale durch Bildung von Sammeltouren sowie die Stauraumoptimierung und die Verpackungsgestaltung verdeutlichen, kann gerade die Steigerung der Transporteffizienz bzw. der Transportmittelauslastung auch ökonomische Vorteile mit sich bringen, die sich zumindest in gewissen Grenzen gleichgerichtet zu den ökologischen Verbesserungen entwickeln.

Lektion VIII

Dieta Lohmann

Umweltpolitische Kooperationen von Staat und Unternehmungen

Die Rahmenbedingungen umweltorientierter Unternehmensführung werden maß-geblich von der staatlichen Umweltpolitik bestimmt. Die staatlich vorgegebene institutionelle Rahmenordnung ist jedoch in der Realität grundsätzlich unvollständig und lückenhaft. Um die Umweltnutzung der Unternehmung dennoch zu legitimieren, können Kooperationen zwischen staatlichen Stellen und Unternehmungen einen wichtigen Beitrag für die Ausgestaltung der institutionellen Rahmenordnung liefern. In Erweiterung des traditionellen Ansatzes der volkswirtschaftlichen Umweltöko-nomie wird hier die Sichtweise der Neuen Institutionenökonomik zu Grunde gelegt. Es werden verschiedene Formen einer Unvollständigkeit der institutionellen Rah-menordnung als systematische Ansatzpunkte für umweltpolitische Kooperationen identifiziert und zwei idealtypische Grundstrukturen umweltpolitischer Koopera-tionen herausgearbeitet.

Die Lektion vertieft zum einen die Ausführungen des Abschnitts 2.2 der Lektion I zu den staatlichen Rahmenbedingungen; zum anderen werden die in Abschnitt 3.2.2 der Lektion I erörterten ordnungspolitischen Handlungsmöglichkeiten bzw. -normen betrieblicher Umweltpolitik konkretisiert. Es handelt sich um eine auszugsweise, zusammenfassende Darstellung einer an anderer Stelle detaillierter und umfassender erfolgten Analyse (Lohmann 1999).

1 Einführung

Kooperationen zwischen Staat und Unternehmungen werden in der Umweltpolitik seit langem praktiziert, z.B. in Form von *Verhandlungen über den Vollzug* gesetzlicher Regelungen zwischen Behörden und Vorhabenträgern, als *Freiwillige Vereinbarungen* zwischen Branchenverbänden und Regierung oder im Rahmen der *Entwicklung umweltrelevanter technischer Normen*. Das so genannte Kooperationsprinzip, das eine frühzeitige Beteiligung der gesellschaftlichen Kräfte am umweltpolitischen Entscheidungsprozess vorsieht, wurde bereits 1976 offiziell als Leitlinie für die Ausgestaltung der Umweltpolitik neben Verursacher- und Vorsorgeprinzip ausformuliert (vgl. Bundesministerium des Innern 1976). In den letzten Jahren werden umweltpolitische Kooperationen zudem in der politischen Diskussion um die geeignete Gestaltung der Rahmenbedingungen der betrieblichen Umweltnutzung vermehrt befürwortet und realisiert. Vor dem Hintergrund dieser Entwicklung stellt sich die Frage, wie die Erscheinungsformen, Möglichkeiten und Grenzen solcher Kooperationen theoretisch erfasst und erklärt werden können.

Die optimale Gestaltung der Rahmenbedingungen betrieblicher Umweltnutzung durch die staatliche Einführung umweltpolitischer Instrumente ist Gegenstand der volkswirtschaftlichen Umweltökonomie, in der insbesondere zwei Typen von Instrumenten eine wichtige Rolle spielen. Zum einen ist dies das in der politischen Praxis vorherrschende Instrument des Ordnungsrechts, das den Unternehmungen in Form von Ge- und Verboten vorschreibt, Umweltressourcen nur in einer bestimmten Art bzw. nicht über ein bestimmtes Ausmaß hinaus zu nutzen. Zum anderen handelt es sich um marktsteuernde Instrumente[1], wie z.B. Abgaben oder handelbare Emissionslizenzen bzw. –zertifikate. Sie eröffnen den Unternehmungen die Möglichkeit, für jede Ressourceneinheit zu entscheiden, ob sie einen Preis für die Nutzung zahlen oder die Belastung vermeiden wollen. Dadurch sollen die gesamtwirtschaftlichen Kosten der Umweltnutzung in die einzelwirtschaftliche Kostenrechnung der Verursacher integriert werden.

Kooperationen werden als Instrument der Umweltpolitik dagegen nur ansatzweise berücksichtigt.[2] Dies ist unter anderem darauf zurückzuführen, dass in der traditionellen, neoklassisch geprägten Umweltökonomie Informationsmängel der staatlichen Entscheidungsträger und der Unternehmungen ebenso ausgeblendet werden wie institutionelle Bedingungen, z.B. die Durchsetzbarkeit umweltpolitischer Instrumente und die administrativen Kosten ihrer Einführung bzw. Veränderung. Diese Aspekte sind jedoch von zentraler Bedeutung für die Analyse umweltpolitischer Kooperationen. Der im Folgenden vorgestellte Ansatz zur Beschreibung und Erklärung

---

[1] Synonym wird auch von marktwirtschaftlichen Instrumenten, ökonomischen Anreizinstrumenten oder schlicht umweltökonomischen Instrumenten gesprochen.

[2] Aus betriebswirtschaftlicher Sicht sind umweltpolitische Kooperationen bereits umfassender untersucht worden; vgl. Aulinger 1996, Brockhaus 1996, Götzelmann 1992, Schneidewind 1998 und Schwarz 1994.

umweltpolitischer Kooperationen zwischen Staat und Unternehmungen legt daher in Erweiterung der traditionellen umweltökonomischen Theorie eine institutionenökonomische Perspektive zu Grunde. Ausgangspunkt der *Neuen Institutionenökonomik*[3] ist die Einsicht, dass ökonomische Prozesse ohne Kenntnis ihrer institutionellen Bedingungen nicht angemessen erfasst werden können. Sie analysiert daher die Entwicklung und Funktion von Institutionen und Regeln unter systematischer Berücksichtigung der Auswirkungen unvollständiger Informationen. Dabei orientiert sie sich grundsätzlich an der Methodik der Neoklassik, ergänzt und erweitert sie aber in wichtigen Punkten.

Als *umweltpolitische Kooperation* wird hier eine freiwillige Zusammenarbeit zwischen staatlichen Stellen und privaten Unternehmungen angesehen, die gezielt zur Festlegung und Realisierung umweltpolitischer Ziele eingesetzt wird. Die Unternehmungen können unmittelbar beteiligt sein oder durch Unternehmensverbände vertreten werden. Kooperationen zwischen staatlichen Trägern innerhalb einer Nation oder auf internationaler Ebene sowie Kooperationen zwischen privaten Wirtschaftssubjekten, z.B. Haushalten, werden ausgegrenzt, soweit an ihnen keine Unternehmungen teilnehmen. Dies ist sinnvoll, da Unternehmungen auch die primären Adressaten ordnungsrechtlicher und marktsteuernder Instrumente sind, die durch Kooperation ersetzt oder ergänzt werden können. Kooperation wird also ebenso wie etwa ordnungsrechtliche Ge- und Verbote, handelbare Zertifikate oder Abgaben als umweltpolitisches Instrument verstanden. Das bedeutet, dass Kooperationen von den staatlichen Teilnehmern bewusst und zielgerichtet eingesetzt werden, um die Belastung der Umwelt zu verringern. Auch von den Unternehmungen werden umweltpolitische Kooperationen gezielt eingegangen. Dabei muss jedoch die Verbesserung der Umweltsituation nicht das Hauptmotiv der Unternehmensseite sein.

2 Kooperationen und institutioneller Rahmen

2.1 Abgrenzung von anderen umweltpolitischen Instrumenten

Kennzeichnend für Kooperation ist grundsätzlich, dass die Beteiligten über ein hohes Maß an Entscheidungsfreiheit verfügen und dass über Verhandlungen koordiniert wird, nicht über einseitige hierarchische Weisungen.[4] In diesem Punkt unterscheiden sich Kooperationen wesentlich von den Instrumenten, die im Mittelpunkt der traditionellen, von der neoklassischen Allokationstheorie geprägten Umweltökonomie stehen. In der herkömmlichen umweltökonomischen Theorie wird sowohl die Festlegung umweltpolitischer Ziele als auch die Ausgestaltung und Einführung

---

[3] Einschlägige Darstellungen der Neuen Institutionenökonomik (NIÖ) geben Richter/Furubotn 1996 und Erlei/Leschke/Sauerland 1999.
[4] Vgl. Lohmann 1999, S. 26ff., zu einer allgemeinen Charakterisierung von Koordination durch Kooperation.

von Instrumenten zur ihrer Realisierung implizit oder explizit als Aufgabe des Staates angesehen. Der theoretischen Konzeption ordnungsrechtlicher ebenso wie marktsteuernder Instrumente liegt daher die durch Abbildung 1 illustrierte Annahme zu Grunde, dass staatliche Politikträger auf der Grundlage ihrer umweltpolitischen Ziele und ihrer Annahmen über bestimmte Reaktionsmuster der privaten Wirtschaftssubjekte diesen einseitig-hierarchische Vorgaben setzen.

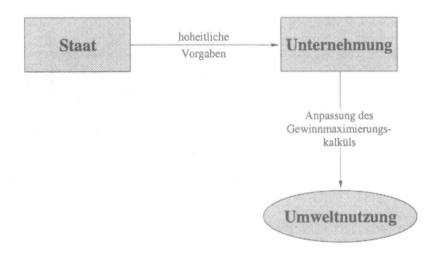

Abb. 1: Einseitig-hoheitliche Umweltpolitik

Den Adressaten umweltpolitischer Maßnahmen wird damit eine reaktive Rolle zugeschrieben.[5] Sie passen ihre individuellen Maximierungskalküle an die hoheitlichen Vorgaben, z.B. den Abgabensatz oder den aus der vorgegebenen Nutzungsmenge resultierenden Zertifikatspreis, an und ändern im Idealfall die Umweltnutzung entsprechend den staatlichen Zielen. Informationsaustausch und private Einflussnahme im Vorfeld staatlicher Entscheidungen sind allenfalls Begleiterscheinungen der praktischen Implementierung, nicht jedoch konstitutiver Bestandteil der Instrumente selbst.

Ein allgemeines Merkmal von Kooperation ist dagegen die zielgerichtete, bewusste Gestaltung wechselseitiger Abhängigkeit über Verhandlungen. Im Fall umweltpolitischer Kooperation bedeutet das wechselseitige Einflussnahme zwischen staatlichen und privaten Akteuren, die auf die Festlegung von Zielen, auf die Ausgestaltung und auf die Umsetzung von Maßnahmen, d.h. auch auf die Nutzung der Umwelt selbst gerichtet sein kann. Dies illustriert Abbildung 2.

Umweltpolitische Kooperationen sind allerdings nicht völlig mit der Aufgabe staatlicher Hoheitsgewalt verbunden. Auch für sie gilt die Feststellung, dass jedes

---

[5] Vgl. auch Wegner 1994 und Clausen/Zundel 1995.

Instrument, das im Rahmen staatlicher Umweltpolitik zum Einsatz kommt, ein bestimmtes Maß an hierarchischer Steuerung beinhaltet. Bei formell freiwilligen Kooperationen besteht faktisch oft nur „gebundene Freiwilligkeit" (Hansjürgens 1994, S. 38), da der staatlichen Seite prinzipiell restriktivere Maßnahmen, z.B. die Einführung ordnungsrechtlicher Regelungen, offen stehen. Die Teilnahme an der Kooperation ist in der Regel jedoch nicht rechtlich einklagbar.[6]

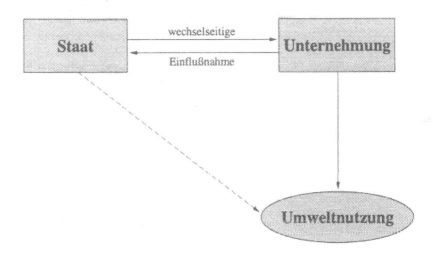

Abb. 2: Umweltpolitische Kooperation

2.2 Abgrenzung zwischen verschiedenen Kooperationsformen

2.2.1 Verfügungsrechte und institutioneller Rahmen

Auf der Grundlage dieser Abgrenzung zwischen ordnungsrechtlichen und marktsteuernden Instrumenten einerseits und umweltpolitischen Kooperationen andererseits lassen sich anhand der Verfügungsrechtstheorie, einem zentralen Teilgebiet der Neuen Institutionenökonomik, Ansatzpunkte für den staatlichen Einsatz unterschiedlicher Kooperationen systematisieren. Ausgangspunkt der Verfügungsrechtstheorie ist die Erkenntnis, dass für den ökonomischen Wert eines knappen Gutes nicht dessen physische Beschaffenheit, sondern die damit verbundenen Nutzungsmöglichkeiten entscheidend sind (vgl. Demsetz 1967, S. 347). Diese

---

[6] Dies entspricht dem in der Literatur in Bezug auf unternehmerische Umweltpolitik im allgemeinen verwendeten Begriff des proaktiven unternehmerischen Handelns. Nach Führ 1994, S. 446, sind darunter „Maßnahmen und Programme zu verstehen, die zu einer Verringerung der Umweltbelastung beitragen, ohne dass dieses Verhalten direkt gesetzlich vorgeschrieben ist".

werden durch als *Verfügungsrechte*[7] bezeichnete institutionelle Regelungen bestimmt. Die Gesamtheit der Verfügungsrechte an einem Gut umfasst vier verschiedene Komponenten, nämlich das Recht, (1) eine Sache zu nutzen (usus), (2) die Erträge einzubehalten (usus fructus), (3) ihre Form und Substanz zu verändern (abusus) und (4) sie ganz oder teilweise anderen zu überlassen bzw. zu veräußern (vgl. Richter 1990, S. 575). Der eigentliche Gegenstand ökonomischer Transaktionen sind damit nicht materielle Güter, sondern auf spezifische Weise zusammengesetzte Bündel von Einzelrechten. Verfügungsrechte können sowohl gesetzlich begründet sein als auch auf Konventionen, Sitten und Gebräuchen beruhen.

Die Notwendigkeit staatlicher Umweltpolitik zur Internalisierung externer Effekte wird in der Umweltökonomie damit begründet, dass die Umwelt in weiten Bereichen ein öffentliches Gut darstellt. Weil an öffentlichen Gütern keine privaten Verfügungsrechte definiert und zugewiesen sind, kann niemand von ihrer kostenlosen Nutzung ausgeschlossen werden. Daher ist es grundsätzlich aus Sicht des Einzelnen rational, Umweltressourcen zu nutzen, ohne für ihren Erhalt zu sorgen. Kollektiv gesehen ist dieses Verhalten jedoch irrational, da der Nutzen jedes Einzelnen bei einer geringeren Gesamtbelastung der Umwelt höher wäre. Bei fehlenden Verfügungsrechten an Umweltgütern kommt es also zu einem sozialen Dilemma. Vor diesem Hintergrund wird in der Umweltökonomie dem Staat die Aufgabe zugewiesen, private Verfügungsrechte an der Umwelt eindeutig zu spezifizieren, den verschiedenen Wirtschaftssubjekten zuzuordnen und die Durchsetzung zu sichern.[8] Dahinter steht die Vorstellung der neoklassischen Theorie, dass das Verfügungsrechtssystem für die privaten Wirtschaftssubjekte ein Datum ist. Bei gegebenen und konstanten Präferenzen maximieren die Individuen ihren Nutzen innerhalb des verfügungsrechtlichen Rahmens, nehmen aber selbst keinen Einfluss auf die primäre Ausgestaltung und Zuweisung der Verfügungsrechte (vgl. Großmann 1986, S. 30). Dem entspricht die der gängigen umweltökonomischen Instrumentendiskussion zu Grunde liegende Vorstellung einer hoheitlich-hierarchischen Steuerung (vgl. Abb. 1), nach der staatliche Politikträger auf der Grundlage ihrer umweltpolitischen Ziele und ihrer Annahmen über die zu erwartende Reaktion der privaten Wirtschaftssubjekte diesen einseitig Vorgaben setzen, es aber nicht zu direkter Interaktion und wechselseitiger Einflussnahme zwischen Staat und Privaten kommt.

Soweit sie verfügungsrechtliche Aspekte integriert, geht die herkömmliche Umweltökonomie also davon aus, dass der Staat erkennt, dass es bei fehlenden Verfügungsrechten an Umweltgütern zu Ineffizienzen kommt und dass daher die Aufgabe der

---

[7] Synonym wird auch von Eigentums-, Nutzungs- oder Handlungsrechten bzw. Property Rights gesprochen.

[8] Dabei wird in der Regel das Gesamtbündel der Rechte an einer Ressource auf verschiedene Nutzer aufgeteilt und die Wahrnehmung der Rechte bestimmten Einschränkungen unterworfen (Ausdünnung). Z.B. erwirbt man mit dem Kauf eines Emissionszertifkats das Recht, die Ressource Luft nicht unbeschränkt, sondern nur mit bestimmten Schadstoffen in bestimmten Mengen zu belasten.

staatlichen Umweltpolitik in der Festlegung und Durchsetzung einer geeigneten Verfügungsrechtsstruktur liegt. Diese bildet in der Terminologie der Neuen Institutionenökonomik das institutionelle Umfeld. Wenn den Unternehmungen in der herkömmlichen hoheitlichen Steuerungskonzeption lediglich die reaktive Rolle zugeschrieben wird, ihre individuellen Maximierungskalküle bei der Umweltnutzung an die staatlichen Vorgaben anzupassen, bedeutet das hier, dass ihr Wirkungsbereich beschränkt bleibt auf die Bildung solcher institutioneller Arrangements, in denen dann lediglich über die einzelwirtschaftliche Umweltnutzung entschieden wird, wie in Abbildung 3 dargestellt.[9] Die staatliche Festsetzung einer Abgabe auf Emissionen oder die Einführung einer Zertifikatsregelung fällt demnach in den Bereich der staatlichen Ausgestaltung des institutionellen Umfelds, d.h. des Verfügungsrechtsrahmens. Die Adressaten der Maßnahmen reagieren, indem sie neue institutionelle Arrangements eingehen bzw. bestehende verändern, z.B. Produktionsfaktoren einkaufen, die nicht von der Abgabe betroffen sind, oder Zertifikate zu- bzw. verkaufen.

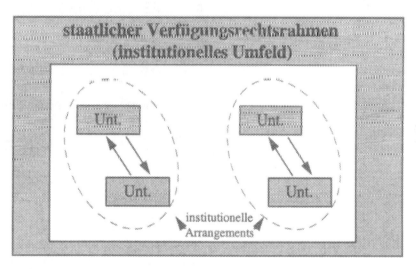

Abb. 3: Umweltpolitik als staatliche Rahmensetzung für institutionelle Arrangements zwischen Unternehmungen

---

[9] Vgl. z.B. die Feststellung von Balks 1995, S. 178: „Innerhalb dieses institutionellen Rahmens agieren die Wirtschaftssubjekte und bestimmen somit die Allokation der natürlichen Ressourcen. Voraussetzung dieser dezentralen Allokationsentscheidungen ist der Transfer von Property-Rights mit Hilfe umweltpolitischer Instrumente."

2.2.2 Unvollständigkeiten des institutionellen Rahmens als Ansatzpunkt für unterschiedliche Kooperationsformen

In der zuvor skizzierten traditionellen Zweiteilung in einen staatlich ausgestalteten verfügungsrechtlichen Rahmen einerseits und in institutionelle Arrangements zwischen privaten Wirtschaftssubjekten andererseits werden umweltpolitische Kooperationen ausgeblendet. Das hängt damit zusammen, dass die Existenz von *Transaktionskosten*[10] der Schaffung, Veränderung und Aufrechterhaltung des institutionellen Rahmens nicht ausreichend berücksichtigt wird. Diese Transaktionskosten bewirken, dass eine vollkommene, eindeutige und vollständige Spezifizierung von Verfügungsrechten an Umweltgütern nicht zu erwarten und auch nicht sinnvoll ist. Der staatlich vorgegebene institutionelle Rahmen ist grundsätzlich unvollständig und lückenhaft. Das bedeutet zum einen, dass staatliche Entscheidungsträger stets auf das Wissen und die Unterstützung privater Wirtschaftssubjekte angewiesen sind. Zum anderen fällt aus unternehmensethischer Sicht bei Defiziten der Rahmenordnung die Legitimationsverantwortung an die Unternehmungen zurück.[11] Die Unvollständigkeit des verfügungsrechtlichen Rahmens stellt damit einen systematischen Ansatzpunkt für umweltpolitische Kooperationen dar.

Dabei können die im Folgenden beschriebenen fünf Ausprägungen verfügungsrechtlicher Unvollständigkeit unterschieden werden. Sie treten in der Realität häufig in Verbindung miteinander auf, bieten jedoch unterschiedliche Anknüpfungspunkte für Verhandlungsbeziehungen zwischen Staat und Unternehmungen und lassen sich daher als Grundlage für eine Differenzierung unterschiedlicher umweltpolitischer Kooperationsformen heranziehen.

Fehlende staatliche Festlegung von Verfügungsrechten für einen bestimmten Bereich

Wenn in bestimmten Bereichen keine *staatliche* Regelung der Verfügungsrechte festgelegt ist, kann eine *Open Access*-Situation vorliegen, in der die Nutzung bestimmter Ressourcen bzw. bestimmte Nutzungsarten rechtlich überhaupt nicht thematisiert ist. Aus Sicht der herkömmlichen Umweltökonomie führt dies zu einer ineffizienten Nutzung knapper Ressourcen und stellt die staatliche Umweltpolitik vor die Aufgabe, durch die Schließung dieser verfügungsrechtlichen Lücke für Allokationseffizienz zu sorgen.

Denkbar ist jedoch auch, dass es sich nicht um ein *Open Access*-Regime mit unbegrenztem Zugang handelt, sondern dass sich bei regional begrenzten Ressourcen innerhalb der Gruppe der Nutzer ein eigenes System formeller und informeller

---

[10] Mit dem Konzept der Transaktionskosten wird in der Neuen Institutionenökonomik die Tatsache erfasst, dass die Einrichtung, Benutzung, Erhaltung und Veränderung von Institutionen stets mit einem Verzehr von Ressourcen verbunden ist.

[11] Vgl. Homann/Blome-Drees 1992, S. 126, sowie Lektion I.2.2.

Regeln herausgebildet hat. In einem solchen *Common Property*-Regime[12], das von der Gruppe der Nutzer anerkannt wird, auf gesamtstaatlicher Ebene aber nicht explizit legitimiert ist, könnte ein bestimmter Grad der Internalisierung externer Effekte zu geringeren Kosten erreichbar sein als bei der Schaffung und Durchsetzung neuer Verfügungsrechte durch die staatliche Umweltpolitik. In diesem Fall ist der staatlich gesetzte institutionelle Rahmen zwar unvollständig. Wenn die Lücken jedoch durch nichtstaatliche Normen bereits so weit geschlossen werden, wie es angesichts der relevanten Transaktionskosten der Internalisierung sinnvoll ist, würde eine zusätzliche staatliche Spezifizierung und Zuordnung privater Verfügungsrechte zu Effizienzverlusten führen.

Anders verhält es sich jedoch mit staatlichen Regeln, die auf die Legitimierung und Unterstützung eines Common Property-Regimes ausgerichtet sind, indem sie der jeweiligen Gruppe explizit das Recht oder auch die Aufgabe übertragen, Verfügungsrechte selbst auszugestalten, zuzuordnen, durchzusetzen und zu verändern. Bei den in der Literatur beschriebenen Common Property-Regimes bezieht sich dies meist auf den größten Teil der Verfügungsmöglichkeiten über einen räumlich begrenzten Ressourcenvorrat. Beispiele sind in Gruppeneigentum bewirtschaftete Fischgründe oder Weidegebiete. In westlichen Industriestaaten finden sich solche umfassenden gruppeninternen Regelungen nur noch vereinzelt.

Unklare Spezifizierung und Zuordnung staatlich festgelegter Verfügungsrechte

Unklarheiten in der Spezifizierung und Zuordnung von Verfügungsrechten sind erstens auf die begrenzte Rationalität der politischen Entscheidungsträger zurückzuführen. Um alle gegenwärtigen und in der Zukunft möglichen Ereignisse berücksichtigen zu können, benötigten sie eine Vielzahl von Informationen, über die nur andere verfügen, die noch nicht bekannt sind oder die prinzipiell nicht verfügbar sind. Die Beschaffung und Beurteilung dieser Informationen, ihre Verarbeitung zu umfassenden, präzise formulierten Rechten sowie die Ausschaltung aller Inkonsistenzen zwischen unterschiedlichen Regelungen wäre unmöglich bzw. mit prohibitiven Kosten verbunden. Zweitens begünstigen politische Verteilungskonflikte eine uneindeutige Ausgestaltung. Je umfassender Verfügungsrechte spezifiziert werden sollen, desto höher ist die Zahl der potenziell Betroffenen, die versuchen werden, den Prozess zu ihren Gunsten zu beeinflussen. Je eindeutiger die Ausgestaltung, desto schärfer treten Interessengegensätze zu Tage, da die konsensstiftende Funktion

---

[12] Bei einem solchen System nichtstaatlicher Regeln zur Bereitstellung und Nutzung regional begrenzter Ressourcen findet Kooperation in erster Linie zwischen den Gruppenmitgliedern statt. Aber auch staatliche Stellen können in die Kooperation eingebunden sein, z.B. indem sie Unterstützung leisten bei der Überwachung und Durchsetzung gruppeninterner Regeln oder Informations- und Beratungsleistungen bereitstellen bzw. vermitteln. Die in der Literatur diskutierte Bildung so genannter Umweltgenossenschaften kann ebenfalls als Common Property-Variante verstanden werden. Vgl. Lohmann 1999, S. 143ff.

politischer und rechtlicher Leerformeln (vgl. Brösse 1972, S. 39ff.) entfällt. Damit steigen auch die Verhandlungs- und Einigungskosten. Dies gilt für die Einflussnahme privater Lobbys ebenso wie für Konflikte zwischen verschiedenen staatlichen Akteuren. Zusätzlich steigen mit der Intensität der Verteilungskonflikte auch die Anreize für private Wirtschaftssubjekte, in den Bereichen, in denen sie über einen Informationsvorsprung gegenüber staatlichen Entscheidungsträgern verfügen, ihr Wissen nur verzerrt und unvollständig weiterzugeben. Damit erhöhen sich wiederum die Transaktionskosten der staatlichen Informationsbeschaffung.

Fehlender Vollzug staatlich festgelegter Verfügungsrechte

Die Tatsache, dass staatliche Kontroll- und Sanktionssysteme niemals garantieren können, dass politisch gesetzte Normen lückenlos vollzogen werden, begründet eine weitere systematische Unvollständigkeit der institutionellen Rahmenordnung (vgl. Homann/Blome-Drees 1992, S. 115). Aus Sicht der Verfügungsrechtstheorie stimmen die durch Property Rights verkörperten Rechtsoptionen in der Regel nicht mit den tatsächlichen Handlungsoptionen der Wirtschaftssubjekte überein. Denn die Entscheidung darüber, in welchem Ausmaß verfügungsrechtliche Normen tatsächlich eingehalten werden, ist als Teil des Rationalkalküls eigennütziger Akteure darstellbar (vgl. Gawel 1993, Terhart 1986). Diese wägen die Grenzkosten der Normerfüllung, mit den erwarteten marginalen Kosten eines Normverstoßes ab. Letztere umfassen im Fall einer Unternehmung sowohl staatlich verhängte monetäre Sanktionen als auch sonstige Gewinnminderungen, beispielsweise infolge von Imageverlusten oder infolge von Kosten, die bei Auseinandersetzungen mit Behörden oder geschädigten Dritten entstehen.

Die Einhaltung einmal verabschiedeter umweltpolitischer Normen durch private Wirtschaftssubjekte kann also nicht ohne weiteres vorausgesetzt werden, sondern erfolgt in Reaktion auf staatliche Vollzugsmaßnahmen. Bei begrenzter Rationalität und positiven Transaktionskosten verbleibt jedoch ein mehr oder minder großes Vollzugsdefizit. Denn erstens setzt eine wirkungsvolle Sanktionierung voraus, dass der Verstoß den Vollzugsbehörden bekannt ist, und zwar detailliert genug, um die entsprechende Sanktion ergreifen zu können. Eine umfassende Kontrolle aller Emittenten ist jedoch mit prohibitiven Kosten verbunden. Zweitens werden Normverletzungen in der Realität nicht oder nicht in ausreichender Höhe sanktioniert. In manchen Fällen ist eine ausreichende Sanktionierung rechtlich nicht vorgesehen, oft infolge politischer Durchsetzungsschwierigkeiten. In anderen Fällen scheitert die Ausschöpfung vorhandener Sanktionsmöglichkeiten an den administrativen Kosten oder an der Rücksichtnahme der Behörden auf politisch einflussreiche Unternehmungen. Drittens ist angesichts der großen Menge komplizierter Detailregelungen in der vom Ordnungsrecht dominierten umweltpolitischen Praxis davon auszugehen, dass die Unternehmungen ihre Verfügungsrechte oft gar nicht genau kennen und damit auch einen Verstoß gegen geltende Normen nicht als solchen wahrnehmen. Insbesondere kleine und mittlere Unternehmungen verfügen vielfach nicht über die erforderlichen Fachkenntnisse, und die Aneignung der entsprechenden Informationen scheitert an zu hohen Transaktionskosten.

Wandel staatlich festgelegter Verfügungsrechte

Die Steuerungskonzeption der traditionellen Umweltökonomie schreibt dem Staat die Aufgabe zu, ökologische, technische sowie gesellschaftliche Veränderungen kontinuierlich zu erfassen, zu bewerten und in umweltpolitische Ziele und Instrumente umzusetzen. Die Rationalität der umweltpolitischen Entscheidungsträger ist jedoch begrenzt, ihnen fehlen Informationen über Art, Ausmaß und Wirkungen von Umweltschädigungen, über die Bedingungen des Einsatzes umweltpolitischer Instrumente sowie über die dadurch ausgelösten Anpassungsreaktionen und -kosten. Soweit es sich nicht ohnehin um prinzipiell nicht vorhersehbare Entwicklungen handelt, ist die Beschaffung dieser Informationen, ihre ständige Aktualisierung sowie die Bildung eines ausreichenden Maßes an Konsens über ihre Bewertung im politischen Raum mit erheblichem Zeit- und Kostenaufwand verbunden.

Dies hat zur Folge, dass die Veränderung von Verfügungsrechten an Umweltgütern einen langwierigen Prozess darstellt, der sich von der Ankündigung einer umweltpolitischen Regulierungsabsicht bis zur Geltung neuer Verfügungsrechte über mehrere Jahre hinzieht. Er ist überdies in der Richtung nur grob und in den Ergebnissen überhaupt nicht vorauszusehen. Aus Sicht der privaten Wirtschaftssubjekte stellt die staatliche Ordnung der Verfügungsrechte an natürlichen Ressourcen damit keinen lückenlosen, stabilen institutionellen Rahmen dar. Sobald eine Änderung der Rahmenordnung im politischen Raum diskutiert wird, ist es für den Einzelnen unsicher, wie lange er seine Verfügungsrechte noch in der bestehenden Form wahrnehmen kann. Dabei kann eine frühzeitige Einstellung auf erwartete Neuregelungen im Sinne eines vorauseilenden Gehorsams für eine Unternehmung kostengünstiger sein, als wenn kurzfristig rentabel erscheinende Investitionen vorgenommen werden, die langfristig durch eine Änderung der Rechtslage zu versunkenen Kosten werden. In welchem Ausmaß sich durch die ausschließliche Ausrichtung individueller institutioneller Arrangements an den geltenden Regeln später versunkene Kosten ergeben, ist jedoch im Vorhinein ungewiss.

Fehlende Übereinstimmung staatlich festgelegter Verfügungsrechte und nichtstaatlicher, gesellschaftlicher Normen

Auf Grund des hohen Zeit- und Kostenaufwands umweltpolitischer Regulierung ist die Weiterentwicklung des staatlich gesetzten Verfügungsrechtsrahmens grundsätzlich reaktiv. Die geltenden Rechte werden nur mit Verzögerung an veränderte Rahmenbedingungen, also auch an den Wandel gesellschaftlicher Wertschätzungen, angepasst. Das heißt nicht nur, dass für Unternehmungen lange Zeit unsicher ist, in welcher Form eine geplante staatliche Neuregelung vorgenommen werden wird. Möglich ist auch, dass von Seiten des Staates überhaupt noch keine Änderung der Verfügungsrechte beabsichtigt ist, aber dennoch die legale Umweltnutzung einer

Unternehmung von Anspruchsgruppen wie Anwohnern, Konsumenten, Aktionären und Umweltverbänden als illegitim angesehen wird. Da solche Situationen langfristig häufig staatliche Rechtsänderungen nach sich ziehen, hängt diese Form der verfügungsrechtlichen Unvollständigkeit eng mit der zuletzt beschriebenen zusammen.

Auf der Grundlage dieser Übersicht lassen sich verschiedene Formen umweltpolitischer Kooperation je nach Art der ihnen vorrangig zu Grunde liegenden Unvollständigkeiten unterscheiden (vgl. näher Lohmann 1999). Sofern in einem bestimmten Bereich vom Staat keine Verfügungsrechte an Umweltgütern festgelegt sind (Fall 1), ist ein Ansatzpunkt für umweltpolitische Kooperation gegeben, wenn ein Common Property-Regime vorliegt. Kooperationen, die in erster Linie auf einer unklaren Spezifizierung und Zuordnung staatlich festgelegter Verfügungsrechte (Fall 2) sowie auf einem unvollständigem Vollzug staatlich festgelegter Verfügungsrechte (Fall 3) beruhen, werden hier als *Kooperationen im Vollzug von Verfügungsrechten* bezeichnet. Kooperationen, in deren Rahmen Unternehmungen gezielt Einfluss auf die Veränderung staatlich festgelegter Verfügungsrechte (Fall 4) ausüben, werden als *Kooperationen bei der Normsetzung* zusammengefasst. Wichtige Beispiele sind die so genannten Freiwilligen Vereinbarungen zwischen Vertretern von Branchenverbänden und Staat sowie die Zusammenarbeit zwischen Staat und Privaten im Rahmen umweltbezogener technischer Normungsgremien. Falls der Bezugpunkt zur Unvollständigkeit der staatlichen Rahmenordnung nur in der Reaktion auf die Veränderung nichtstaatlicher, gesellschaftlicher Forderungen nach Umweltschutz liegt (Fall 5), wird von *Kooperationen auf der Grundlage staatlich fixierter Verfügungsrechte* gesprochen. Beispiele für solche Kooperationen sind staatlich initiierte bzw. moderierte Entsorgungskooperationen zwischen verschiedenen Unternehmungen einer Region. In den folgenden Abschnitten werden Kooperationen im Vollzug von Verfügungsrechten sowie Freiwillige Vereinbarungen näher charakterisiert, da sich an ihnen die Bedeutung umweltpolitischer Kooperationen für die Ausgestaltung des institutionellen Rahmens der betrieblichen Umweltnutzung gut verdeutlichen lässt.

3 Charakterisierung ausgewählter Kooperationsformen

3.1 Informales Verwaltungshandeln im Vollzug von Verfügungsrechten

Als *informales Verwaltungshandeln* werden auf der Ebene des Vollzugs rechtlich nicht geregelte Vereinbarungen bezeichnet, durch die der Inhalt nachfolgender rechtlich geregelter behördlicher Entscheidungen faktisch in weiten Teilen zwischen Behörde und Unternehmungen vorherbestimmt wird. Z.B. dienen Vorverhandlungen vor dem eigentlichen Beginn eines Planungs- und Genehmigungsver-

fahrens dazu, zwischen der Unternehmung als Vorhabenträger und der Vollzugsbehörde die Bedingungen näher einzugrenzen, unter denen ein förmlicher Antrag
erfolgreich sein kann.

3.1.1 Direkte Kooperationen

Die wichtigsten Funktionen, die solche Kooperationsformen für die Vollzugsaufgabe
der Behörden erfüllen können, bestehen aus ökonomischer Sicht in der Verringerung
der Transaktionskosten der Informationsbeschaffung und -verarbeitung sowie in
der Vermeidung kostspieliger gerichtlicher Auseinandersetzungen. Beide Funktionen
können als Beitrag zur Bewältigung der Probleme verstanden werden, die den
Behörden aus einer ungenauen Spezifizierung und Zuordnung von Verfügungsrechten erwachsen.

Verfügungsrechtliche Uneindeutigkeiten liegen erstens insofern vor, als dass der
Gesetzgeber nur generell-abstrakte Vorgaben für den Vollzug macht, die dann von
den Verwaltungsbehörden in individuell verbindliche Handlungsanweisungen
umzusetzen sind. Dabei kann die Behörde vielfach innerhalb eines bestimmten
Ermessensspielraums bei Vorliegen der gesetzlich vorgeschriebenen Voraussetzungen (Tatbestand) selbst über die zu setzende Rechtsfolge entscheiden. Aber
auch wenn der Gesetzgeber die bei einem Tatbestand zu setzende Rechtsfolge
vorschreibt, bleibt der Behörde Entscheidungsspielraum, z.B. wenn der Tatbestand
unbestimmte Rechtsbegriffe enthält (vgl. Maltry 1994, S. 23f.). In beiden Fällen
verfügt die Behörde in der Regel nicht über sämtliche für die Ermittlung des Sachverhalts erforderlichen Informationen. Der Aufbau bzw. die Pflege von Kooperationsbeziehungen im Rahmen informalen Verwaltungshandelns erleichtert es
den staatlichen Stellen, das private Wissen der Unternehmungen zu erschließen.
Wenn dagegen im Zuge eines Genehmigungsverfahrens die Erteilung von Aus-
künften oder die Bereitstellung von Unterlagen erst ordnungsrechtlich durchgesetzt
werden muss, wäre die Beschaffung und Verarbeitung dieser Informationen für die
Behörde mit sehr viel höheren Transaktionskosten verbunden. Das Verfahren
würde verzögert oder sogar eine vollständige Erfassung und Bewertung des zu
Grunde liegenden Sachverhalts verhindert.[13]

Zweitens ergibt sich ein Ansatzpunkt für Kooperation im Vollzug daraus, dass die
Entscheidungen der Vollzugsbehörde für die Unternehmungen noch keinen unver-
brüchlichen, unanfechtbaren Handlungsrahmen ohne rechtliche Interpretations-
spielräume darstellen. Vielmehr muss die Behörde vor allem bei komplexen und
politisch brisanten Entscheidungen immer mit der Möglichkeit eines Rechtsstreits
rechnen. Während die einseitig-hoheitliche Erzwingung von Maßnahmen auf
Grund rechtlicher Unsicherheiten mit dem Risiko langwieriger und aufwändiger
gerichtlicher Auseinandersetzungen mit ungewissem Ausgang behaftet ist, verrin-

---

[13] Vgl. Hennecke 1991, S. 272, und Ritter 1990, S. 58f.

gert sich dieses Risiko, wenn die rechtlichen Spielräume in Kooperation mit den Normadressaten im Vorhinein ausgelotet werden, d.h. der Inhalt der Entscheidung zumindest in Teilen gemeinsam ausgehandelt wird (vgl. Hoffmann-Riem 1990, S. 19). Aus umweltpolitischer Sicht kann durch informales Verwaltungshandeln also erreicht werden, dass Verfügungsrechte schneller, mit geringeren Transaktionskosten und höherer Rechtssicherheit durchgesetzt werden als bei einseitig-hoheitlichem Vollzug. Unter Umständen sind durch kooperative Abstimmung auch Maßnahmen zum Schutz der Umwelt durchsetzbar, die über die geltenden gesetzlichen Normen hinausgehen (vgl. Ritter 1990, S. 59), also eine rechtlich nicht einklagbare, freiwillige Einschränkung von Verfügungsrechten beinhalten.

Voraussetzung für die Realisierung der oben beschriebenen Funktionen informalen Verwaltungshandelns ist die Bereitschaft der Unternehmungen zur Preisgabe von Informationen, zum Verzicht auf Rechtsmittel und zur zügigen Umsetzung der Vereinbarungen. Zu diesen Zugeständnissen kommt es nur, weil informales Verwaltungshandeln den Charakter einer Tauschbeziehung aufweist. Die Behörde zeigt ihrerseits also auch Entgegenkommen, indem sie sich frühzeitig darauf festlegt, den ihr zustehenden Entscheidungsspielraum in einer bestimmten Weise zu nutzen. Für eine Unternehmung hat das vor allem den Vorteil frühzeitiger Planungssicherheit, ohne den Investitionsvorhaben oft unterbleiben würden (vgl. Hennecke 1991, S. 272). Darüber hinaus kann der Antragsteller vielfach darauf rechnen, dass die Behörde innerhalb ihres Entscheidungsspielraums Rücksicht auf seine Bedürfnisse nimmt.

Diese flexible Abstimmung kann zwar grundsätzlich die Effizienz der im Vollzug durchgesetzten Maßnahmen erhöhen, z.B. wenn als ökologisch relativ unproblematisch angesehene Belastungen unter der Bedingung toleriert werden, dass im Gegenzug an einer anderen Stelle weitergehende, für die Unternehmung zu geringeren Kosten realisierbare Vermeidungsmaßnahmen vorgenommen werden. Sie beinhaltet aber auch die Gefahr, dass die Behörden aus Rücksichtnahme auf die Interessen politisch einflussreicher Investoren ihren Entscheidungsspielraum nicht im Sinne der gesetzlichen Vorgaben ausnutzen (*Regulatory Capture*; vgl. z.B. Lübbe-Wolff 1989). Zudem erfolgt die Erörterung des Vorhabens mit Drittparteien, z.B. Anwohnern, häufig erst dann, wenn die Sachentscheidungen zwischen Staat und Unternehmungen schon weitgehend geklärt sind (vgl. z.B. Kunig 1992, S. 1202). Auch wenn gegen einzelne Ausprägungen rechtliche Bedenken erhoben werden, wird das informale Verwaltungshandel jedoch nicht generell als rechtswidrig beurteilt (vgl. Kippes 1995, S. 25). Trotz seiner Nachteile stellt es eine „unvermeidbare Folge rechtlicher Formalisierungen" (Bohne 1988, Sp. 1062) dar. Denn in einer Situation uneindeutiger Verfügungsrechte sind auf Grund ungleich verteilter und unvollständiger Informationen über den Sachverhalt sowie wegen der Möglichkeit eines Rechtsstreits Verhandlungen zwischen den am Vollzug beteiligten Parteien unvermeidbar.

3.1.2 Einbeziehung weiterer Anspruchsgruppen

Vor diesem Hintergrund werden institutionelle Neuerungen vorgeschlagen, die sich unter dem Stichwort Alternative Dispute Resolution (ADR) zusammenfassen lassen. Auch ADR-Ansätze können als Variante informalen Verwaltungshandelns aufgefasst werden. Von den oben beschriebenen, traditionellen Vollzugskooperationen heben sie sich vor allem durch zwei Kennzeichen ab. Erstens beschränken sie die Verhandlungen nicht auf die Behörde und den Antragsteller bzw. Anlagenbetreiber, sondern beteiligen möglichst alle vom Vollzugsverfahren betroffenen Parteien an der Konfliktlösung. Bei Konflikten um die Standortfindung für umweltbelastende Großprojekte, einem typischen Einsatzgebiet für solche Konfliktlösungsverfahren,[14] zählen dazu z.B. neben den jeweiligen Unternehmungen sowie kommunalen und regionalen Behörden auch Verbände und politische Gruppierungen, die Umweltschutzinteressen oder die Belange der betroffenen Anwohner vertreten. Zweitens ist der Ablauf der Verhandlungen systematisch gegliedert. Allen Beteiligten ist die Strukturierung des Verfahrens nicht nur im Vorhinein bekannt, sondern sie können sie auch mitgestalten. Als Alternative zum traditionellen informalen Verwaltungshandelns sind dabei vor allem solche ADR-Verfahren von Bedeutung, in denen ein Vermittler zuständig für die Organisation der Verhandlungen und die Einhaltung der vereinbarten Verfahrensgrundsätze ist. Dieser kann ein neutraler Dritter, z.B. aus Stiftungen, Wissenschaft oder privaten Organisationen, sein. Möglich ist aber auch, dass Vertreter des Staates die Rolle des Vermittlers in einem Umweltkonflikt zwischen Unternehmungen und sonstigen Anspruchsgruppen einnehmen.

Da betroffene Drittparteien von Anfang an beteiligt werden, verringert sich bei ADR-Verfahren die Gefahr, dass die Rechte Außenstehender verletzt werden. Die Beachtung der rechtlichen Grenzen der Kooperation wird dadurch erleichtert, dass ein strukturierter ADR-Prozess für alle Betroffenen transparenter ist als die traditionellen Formen informalen Verwaltungshandelns und dass ein erfahrener Vermittler zusätzliche Kontrollfunktionen ausüben kann. Da die gemeinsame Suche nach Daten und Fakten fest im strukturierten Ablauf der Kooperation verankert ist, kann die Erweiterung des Teilnehmerkreises außerdem dazu beitragen, dass die Probleme, die durch strategisch verzerrte Informationspreisgabe seitens der Unternehmungen entstehen können, durch den Einbezug zusätzlichen Wissens abgemildert werden und die Informationsgrundlage für die Vollzugsentscheidung insgesamt verbessert wird. In welchem Maße es gelingt, diese grundsätzlichen Vorzüge auszuschöpfen und zugleich die Verfahrenskosten und den zeitlichen Aufwand eines ADR-Verfahrens in einem vertretbaren Rahmen zu halten, hängt nicht zuletzt vom Geschick und von der Erfahrung des Vermittlers ab. Auch ein qualifizierter, um Neutralität bemühter Mittler kann jedoch den Verhandlungsablauf nur begleiten. Seine Arbeit kann nur Erfolg haben, wenn es grundsätzlich möglich ist, die durch kon-

---

[14] Vgl. z.B. Kucharzewski 1994 und 1996 zum Einsatz von ADR-Verfahren bei der Planung und Genehmigung von Abfallentsorgungsanlagen, inbesondere Deponien und Müllverbrennungsanlagen.

fligierende Interessen geprägte Ausgangslage in eine für alle akzeptable 'win-win'-Situation zu überführen. Nachdem die zu Grunde liegenden Interessen klar definiert sind, kann dies durch Kompensationsleistungen für einzelne Maßnahmen, durch die Verknüpfung unterschiedlicher Maßnahmen zu einem umfassenderen Verhandlungspaket und durch die Identifizierung von Projektalternativen geschehen, die den angestrebten Gewinn mit geringeren Belastungen für Dritte realisieren. Ein aufwändiges informelles Konfliktlösungsverfahren ist jedoch nicht sinnvoll, wenn sich in der Ausgangssituation abzeichnet, dass manche Parteien im Verlauf des Verfahrens prinzipiell nicht zu Zugeständnissen zu bewegen sein werden und der Konflikt auf grundsätzlichen Wertentscheidungen für oder gegen bestimmte gesellschaftliche Gruppen, Technologien oder Vorhaben beruht, wie z.B. im Fall der Auseinandersetzungen um die Nutzung von Atomenergie.[15]

3.2 Freiwillige Vereinbarungen

Jede umweltpolitische Kooperation beinhaltet eine Vereinbarung, die mit bestimmten Einschränkungen als freiwillig angesehen werden kann. Als feststehender Begriff bezeichnet *Freiwillige Vereinbarung* jedoch eine spezifische Kooperationsform, die auch als freiwillige Selbstverpflichtung, Selbstbeschränkungsabkommen, Branchenlösung, Branchenabkommen oder schlicht Kooperationslösungen bezeichnet wird. Die folgenden Ausführungen beziehen sich auf die in der Bundesrepublik Deutschland vielfach praktizierte Ausprägung Freiwilliger Vereinbarungen, die zwischen staatlichen Stellen sowie mehreren Unternehmungen, in der Regel vertreten durch die jeweiligen Branchenverbände, geschlossen werden. Es handelt sich dabei in erster Linie um Vereinbarungen auf nationaler Ebene, an denen auf Seiten des Staates vor allem Vertreter des Umwelt- und des Wirtschaftsministeriums, des Umweltbundesamtes und zum Teil auch Vertreter der Bundesländer beteiligt sind.[16]

Im Rahmen einer Freiwilligen Vereinbarung erklären die beteiligten Unternehmungen sich zur Realisierung bestimmter umweltpolitischer Ziele bereit, ohne dazu nach der geltenden Rechtslage verpflichtet zu sein. Im Fall der so genannten Informationsverpflichtungen bezieht sich dies nur auf die Bereitstellung umweltrelevanter Informationen an den Staat. Charakteristisch für die hier untersuchte Ausprägung Freiwilliger Vereinbarungen ist jedoch die Zusage der Unternehmungen, bestimmte Umweltbelastungen einzuschränken bzw. zu unterlassen oder aktiv umweltverbessernde Maßnahmen durchzuführen. Diese Verpflichtungen können sich auf alle Stufen des Produktions-, Konsum- und Entsorgungsprozesses beziehen: auf den Einsatz bestimmter Roh-, Hilfs- und Betriebsstoffe und auf die Vermeidung bzw. Entsorgung unerwünschter Kuppelprodukte im Rahmen der Produktion sowie auf die Beschaffenheit, die Bereitstellung und

---

[15] Vgl. Troja 1997, S. 327, Susskind/Cruikshank 1987, S. 245, Fietkau/Pfingsten 1995, S. 58f.
[16] Vgl. Bohne 1982, S. 269, und 1988, Sp. 1059.

Entsorgung der Endprodukte.[17] Im Gegenzug verzichtet der Staat darauf, die Umweltnutzung der Unternehmungen durch andere, gesetzlich fixierte umweltpolitische Maßnahmen wie die Einführung ordnungsrechtlicher Vorschriften oder marktsteuernder Instrumente zu regeln. Positive Sanktionen wie z.B. die Gewährung von Finanzbeihilfen sind zwar gebräuchlich, haben bei den hier untersuchten Vereinbarungen jedoch lediglich unterstützende Wirkung.

Ähnlich wie den im Gesetzesvollzug praktizierten Kooperationsformen liegen auch Freiwilligen Vereinbarungen Tauschbeziehungen zwischen den Beteiligten zu Grunde. Bei Freiwilligen Vereinbarungen ergeben sich diese Tauschbeziehungen allerdings unmittelbar daraus, dass die Vereinbarungen eine Alternative zur Verabschiedung von Gesetzen bzw. Verordnungen darstellen. Das Tauschgeschäft besteht darin, dass der Staat auf gesetzliche Einschnitte in die bestehende Ordnung der Verfügungsrechte verzichtet, sofern die Unternehmungen die Wahrnehmung der ihnen formal zugeordneten Handlungsoptionen freiwillig einschränken. Dadurch, dass das Alternativverhältnis zu einseitig-hoheitlichen Regelungen die Tauschbeziehung dominiert, wird deutlicher als bei den anderen Kooperationsformen, dass hier nur mit Einschränkungen von einer freiwilligen Lösung die Rede sein kann. Die Bereitschaft der Unternehmungen zur Kooperation erklärt sich vorrangig durch die Möglichkeit bzw. direkte Androhung des Einsatzes staatlicher Hierarchie. Drastisch ausgedrückt, wird mit dem Entwurf einer Rechtsverordnung der gleiche Effekt erreicht wie früher mit dem Vorzeigen der Folterinstrumente als erster Stufe der Folter.[18]

3.2.1 Vorteile

Zu Gunsten Freiwilliger Vereinbarungen wird u.a. argumentiert, dass ihr Einsatz eine Einsparung von Transaktionskosten in der Phase der Verfügungsrechtsänderung ermöglicht, die den eigentlichen Vollzugshandlungen vorgelagert ist.[19] Es wird erstens davon ausgegangen, dass sie den staatlichen Stellen schnelleren und kostengünstigeren Zugang zu Informationen über Bedarf und Möglichkeiten umweltpolitischer Eingriffe eröffnen. Zweitens soll auf Grundlage dieser Erkenntnisse der Abschluss einer Freiwilligen Vereinbarung rascher vonstatten gehen als die Abwicklung eines formellen Gesetzgebungsverfahrens.[20]

Das erste Argument bezieht sich vornehmlich darauf, dass der Staat bei der Aushandlung der Freiwilligen Vereinbarung mit den Vertretern der Unternehmungen Einblick in die privaten Informationen der Unternehmungen über Vermeidungs-

---

[17] Vgl. ähnlich Lautenbach/Steger/Weihrauch 1992, S. 20.
[18] Vgl. zu diesem Vergleich Murswiek 1988, S. 988.
[19] Zur Kritik an weiteren Begründungen vgl. Lohmann 1999, S. 194ff.
[20] Vgl. z.B. Wicke/Knebel 1997, S. 13f.

möglichkeiten und -kosten erhält.[21] Dies erleichtert es, die Ziele der Vereinbarung entsprechend dem optimalen Verhältnis zwischen gesamtwirtschaftlichen Kosten und Nutzen der Vereinbarung festzulegen. Hier sind jedoch zwei Einschränkungen geltend zu machen. Erstens wird der Informationsvorteil des Staates durch die Möglichkeit strategischer Informationspreisgabe der Unternehmungen zumindest teilweise gefährdet. Dies gilt vor allem für den Zugang zu bestehenden Informationen über die Kosten der Umweltschutzmaßnahmen und die geplanten Reaktionen der Unternehmungen, z.B. Abwanderung.

Zweitens stellt sich die Frage, ob die beschriebenen Informationsvorteile nicht ebenso im Zusammenhang mit alternativen umweltpolitischen Instrumenten zu verwirklichen sind. Auch im Vorfeld rechtlich verbindlicher Eingriffe wie z.B. Ge- und Verboten oder Abgaben dienen Konsultationen zwischen Staat und Unternehmensvertretern der Informationsgewinnung. Eine Begründung dafür, dass im Rahmen Freiwilliger Vereinbarungen dennoch geringere Transaktionskosten für die staatliche Beschaffung von Informationen anfallen, kann darin gesehen werden, dass bei Freiwilligen Vereinbarungen anders als bei einseitig-hoheitlich konzipierten Instrumenten Konsultation und Abstimmung mit den Unternehmungen untrennbarer Bestandteil des Instruments selbst sind und dass dies von den Beteiligten auch so empfunden wird. Wenn der Staat in der Wahrnehmung der Unternehmungen mit dem Abschluss einer Freiwilligen Vereinbarung sein Vertrauen in deren Selbststeuerungsfähigkeit zum Ausdruck bringt, trägt das zum Aufbau eines grundsätzlich kooperativen Klimas bei. Für die Unternehmungen kann es dann sinnvoll sein, einen eigenen Beitrag zur Verbesserung des Verhältnisses zum Staat zu leisten, indem sie die Möglichkeit strategischer Informationspreisgabe nicht bzw. nicht vollständig ausnutzen. Eine solche Übernahme umweltpolitischer Verantwortung jenseits der kurzfristigen Gewinnmaximierung kann sich für die Unternehmungen mittel- und langfristig auch betriebswirtschaftlich lohnen, z.B. weil man hofft, mit zukünftigen Anliegen eher Gehör zu finden. Dem Aufbau eines solchen konsensorientierten Klimas sind aber dadurch relativ enge Grenzen gesetzt, dass die Androhung einseitig-hierarchischer Eingriffe des Staates (Vorzeigen der Folterinstrumente) eine grundsätzliche Funktionsbedingung Freiwilliger Vereinbarungen darstellt.

Als weiterer Vorteil Freiwilliger Vereinbarungen gilt wie oben erwähnt, dass sie schneller einsetzbar sind als gesetzlich verankerte Instrumente, weil sie kein aufwändiges und langwieriges Gesetzgebungsverfahren durchlaufen müssen. Abgesehen von den formalen Erfordernissen sinken damit auch die Anforderungen an die Informationsbeschaffung im Vorfeld, da „es nur einen einzelnen Problemkomplex unter individuellen und nicht – wie meist bei einer normativen Regelung erforderlich – unter generellen Gesichtspunkten zu regeln gilt" (Oldiges 1973, S. 6) und da

---

[21] Zur Anreizfunktion interorganisationaler Lernprozesse im Rahmen Freiwilliger Vereinbarungen vgl. Lohmann 1999, S. 194ff.

Freiwillige Vereinbarungen bei Fehleinschätzungen eher revidierbar sind. Aus institutionenökonomischer Sicht sinken nicht nur die staatlichen Transaktionskosten der Verfügungsrechtsänderung. Die frühzeitige Planungssicherheit verringert auch die bei den Entscheidungen der Unternehmungen anfallenden Transaktionskosten. Dass der Verhandlungsprozess im Vorfeld einer Freiwilligen Vereinbarung insgesamt weniger Zeit und Ressourcen in Anspruch nimmt als ein Gesetzgebungsverfahren, ist jedoch keineswegs sicher. Durch die Umgehung der parlamentarischen Gremien verläuft die Aushandlung Freiwilliger Vereinbarungen zudem weitgehend intransparent und birgt die Gefahr, dass die Rechte unbeteiligter Dritter verletzt werden.[22]

Im Vergleich zu anderen Instrumenten lassen sich Freiwillige Vereinbarungen nachträglich schneller und mit geringeren Transaktionskosten modifizieren. Die rechtliche Unverbindlichkeit erscheint also günstig, weil sie eine flexible Anpassung an veränderte Rahmenbedingungen erlaubt (vgl. Hartkopf/Bohne 1983, S. 228). Dieser Aspekt der Flexibilität kann, muss aber aus umweltpolitischer Sicht nicht unbedingt ein eindeutiger Vorteil sein. Die Möglichkeit, bei unerwartet hohen Anpassungskosten, z.B. auf Grund einer Verschlechterung der wirtschaftlichen Situation, die vereinbarten Ziele abzusenken oder die Fristen zu ihrer Realisierung zu strecken, ist grundsätzlich sicher positiv zu bewerten. Allerdings wird eine Verschleppungstaktik seitens der Unternehmungen begünstigt, wenn sich diese unter Berufung auf eine Änderung der Rahmenbedingungen eine Hintertür offenhalten können (vgl. auch Kohlhaas/Praetorius 1994, S. 61f.).

Zusammenfassend erweist sich der Einsatz Freiwilliger Vereinbarungen vor allem deshalb gesamtwirtschaftlich als vorteilhaft, weil er die Möglichkeit der Einsparung von Transaktionskosten bei der Einführung und nachträglichen Modifikation einer Verfügungsrechtsänderung bietet. Diese Möglichkeit ergibt sich insbesondere aus der rechtlichen Unverbindlichkeit der Absprachen und der höheren politischen Akzeptanz bei den Unternehmensvertretern.

3.2.2 Nachteile

Mit diesen beiden Punkten hängen jedoch auch die *Kernprobleme* Freiwilliger Vereinbarungen zusammen. Freiwillige Vereinbarungen werden von den Unternehmungen nicht zuletzt deshalb eher akzeptiert als gesetzliche Regelungen, weil sie charakteristischerweise mit Zielabstrichen verbunden sind.[23] Die zunächst als umweltpolitisch sinnvoll angesehenen Ziele werden daher regelmäßig nicht erreicht. In diesem Zusammenhang ist darauf hinzuweisen, dass auch beim Einsatz anderer, gesetzlich verbindlicher Instrumente die Durchsetzbarkeit gegenüber den

---

[22] Vgl. zu den daraus resultierenden rechtsstaatlichen Problemen Hennecke 1991 und Breier 1997.

[23] Vgl. z.B. Rennings et al. 1997 und Hansjürgens 1994.

Unternehmungen in wechselseitigen Konsultationen im Vorfeld ausgelotet wird. Zu Zielabstrichen und unter Umständen zur Vernachlässigung der Interessen Dritter kommt es also auch dort. Eine vollständige Realisierung der anfänglich gesetzten umweltpolitischen Ziele durch ordnungsrechtliche oder marktsteuernde Instrumente als Bewertungsmaßstab zu Grunde zu legen, missachtet das Vorhandensein realer Transaktionskosten der Einführung und Durchsetzung. Allerdings treten Zielmodifikationen im Rahmen der üblichen Lobbying-Prozesse lediglich als Begleiterscheinung auf, nicht als grundlegendes Charakteristikum der jeweiligen Instrumente selbst.

Dazu kommt, dass die Unverbindlichkeit Freiwilliger Vereinbarungen es den Unternehmungen grundsätzlich erlaubt, die Absprachen zu brechen, ohne rechtliche Sanktionen befürchten zu müssen. Zwar kann das Umweltproblem dann immer noch durch rechtlich verbindliche Eingriffe des Staates geregelt werden. In der Regel wird jedoch erst mit einiger Verzögerung festgestellt werden, dass die vereinbarten Ziele nicht erfüllt werden. Bis dann gesetzliche Maßnahmen verabschiedet und durchgesetzt werden, vergeht weitere Zeit. Es droht eine zeitliche Verschleppung des Umweltproblems.

Damit lässt die ökonomische Analyse den Einsatz Freiwilliger Vereinbarungen, abgesehen von wettbewerbspolitischen, rechtsstaatlichen und demokratischen Fragen, vor allem auf Grund der beiden beschriebenen Aspekte der Zielverwässerung und der Einhaltungsmängel problematisch erscheinen.[24] Nur in einzelnen Fällen, tendenziell z.B. bei wenigen Beteiligten, hoher sozialer Kontrolle und einem großen wirtschaftlichen Eigeninteresse an einer Umsetzung der vereinbarten Maßnahmen, dürfte der Vorteil einer Transaktionskosten sparenden Einführung und Modifizierung die grundlegenden Schwächen dieses Instruments aufwiegen.

Aus diesem Grund wird häufig vorgeschlagen, Freiwillige Vereinbarungen nur als ergänzendes, flankierendes Instrument einzusetzen.[25] Dies kann bedeuten, dass nur in einzelnen, besonders begründeten Fällen auf Freiwillige Vereinbarungen zurückgegriffen wird. Es kann auch beinhalten, dass Freiwillige Vereinbarungen zusätzlich zu anderen, gesetzlich fixierten Instrumenten eingeführt werden, z.B. parallel zu einer Abgabenlösung, die die gleiche Verhaltensänderung herbeiführen soll. Eine weitere Möglichkeit ist der Einsatz Freiwilliger Vereinbarungen zur Vorbereitung und Erprobung späterer gesetzlicher Regelungen. Vorgeschlagen wird schließlich auch, dass Freiwillige Vereinbarungen die Umsetzung gesetzlich fixierter Regelungen unterstützen, z.B. indem der Staat sich darauf beschränkt, relativ grobe mengenmäßige Rahmenziele und Fristen verbindlich vorzugeben,

---

[24] Vgl. auch die ordnungspolitische begründete Kritik von Kohlhaas/Praetorius 1994, Rennings et al. 1997, Holzhey/Tegner 1996.

[25] Vgl. z.B. Rat von Sachverständigen für Umweltfragen 1996, S. 8, sowie Rennings et al. 1997, S. 154.

und die Umsetzung innerhalb der betroffenen Unternehmensgruppe ausgehandelt wird (vgl. z.B. Brugger et al. 1995, S. 54). Die Anreizstruktur der verschiedenen Varianten flankierend eingesetzter Vereinbarungen ist generell günstiger einzuschätzen als bei den in der bundesdeutschen Umweltpolitik vorwiegend praktizierten Fällen. Abgesehen von der ersten Strategie, Freiwillige Vereinbarungen nur in besonders begründeten Ausnahmefällen als Ersatz für andere Instrumente einzusetzen, ist dies jedoch darauf zurückzuführen, dass Zustandekommen und Einhaltung der Vereinbarungen nicht auf einem eindeutigen Alternativverhältnis zu einseitig-hoheitlichen, gesetzlichen Verfügungsrechtseingriffen beruhen. Damit handelt es sich bei diesen Möglichkeiten einer flankierenden Ausgestaltung nicht mehr um die in der deutschen Umweltpolitik vorherrschende Ausprägung Freiwilliger Vereinbarungen.

4 Verteilungskonflikt- und aufgabenorientierte Kooperationen als Idealtypen

4.1 Charakterisierung der beiden Idealtypen

Die exemplarische Betrachtung von Kooperationen im Gesetzesvollzug und von Freiwilligen Vereinbarungen zeigt, dass Kooperationen zwischen Staat und Unternehmungen wichtige Funktionen bei der Ausgestaltung des verfügungsrechtlichen Rahmens für die Nutzung von Umweltressourcen erfüllen können. Der direkte Austausch zwischen den Beteiligten bietet ebenso wie der geringe Grad an rechtlicher Formalisierung prinzipiell die Möglichkeit, die Informationsgrundlage der Beteiligten zu verbessern, umweltpolitische Maßnahmen rascher und mit weniger Aufwand durchzusetzen und flexibel auf Fehleinschätzungen und veränderte Rahmenbedingungen zu reagieren. Im Vergleich zu einseitig-hoheitlichem Vorgehen können so vielfach die Transaktionskosten verringert werden, die mit der Spezifizierung, Zuordnung und Nutzung von Verfügungsrechten an Umweltressourcen verbunden sind. Der Einsatz von Kooperationen wirft jedoch auch Schwierigkeiten auf. Zum Teil sind diese auf einzelne Kooperationsformen beschränkt. Zum Teil sind sie jedoch auch grundsätzlicher Natur. Das ist dann der Fall, wenn die Probleme darauf beruhen, dass der Staat im Rahmen von umweltpolitischen Kooperationen den privaten Wirtschaftssubjekte den verfügungsrechtlichen Rahmen für die Nutzung von Umweltressourcen nicht einseitig vorgibt, sondern sie an der Ausgestaltung und Vervollständigung der Rahmenregeln beteiligt. Im Folgenden wird eine Unterteilung in zwei idealtypische Formen umweltpolitischer Kooperationen vorgenommen, anhand derer die angesprochenen grundsätzlichen Probleme verdeutlicht werden können. Sie kann zudem als analytisches Raster dienen, um für einzelne Ausprägungen von Kooperationen jeweils die spezifische Anreizstruktur der Beteiligten und die Erfolgsaussichten zu untersuchen.

Die erste idealtypische Kooperationsform wird als *verteilungskonfliktorientiert* bezeichnet, da ihr ein Konflikt um die Zuteilung und den Gebrauch von Verfügungsrechten an knappen Umweltressourcen zu Grunde liegt. Bei einem gegebenen Ressourcenbestand stehen sich hier die Interessen von Schädigern und Geschädigten zunächst diametral gegenüber. Staatliche Einschränkungen der bislang von den Schädigern wahrgenommenen Verfügungsrechte an bestimmten Ressourcen bedeuten für die Schädiger eindeutig einen Verlust, für die Geschädigten einen Zugewinn an Nutzen.[26] Zu einer partiellen Übereinstimmung der Ziele kommt es erst durch die explizite oder implizite Androhung staatlicher Hierarchie. Wenn die Unternehmungen sich im Rahmen solcher Kooperationen gegenüber dem Staat bereit erklären, die Nutzung der ihnen bislang zugeordneten bzw. von ihnen in Anspruch genommenen Verfügungsrechte an Umweltgütern freiwillig einzuschränken, stellt dies somit eine Alternative zu einem einseitig-hoheitlichen Eingriff in die Verfügungsrechtsstruktur dar. Die Parteien haben also bei diesem Typ kein gemeinsames, auf die Erfüllung einer bestimmten Aufgabe gerichtetes Sachziel. Sie teilen lediglich ein Instrumentalziel, nämlich die Regelung des Konflikts um Verfügungsrechte an natürlichen Ressourcen. Daher besteht die Zusammenarbeit lediglich in der gemeinsamen Aushandlung neuer, konsensfähiger Möglichkeiten der Aufteilung und Nutzung der Verfügungsrechte an natürlichen Ressourcen.

Beim zweiten Idealtyp, der *aufgabenorientierten* Kooperation, wird dagegen die bestehende Regelung der Verfügungsrechte zumindest für den Zeithorizont, der der Kooperationsentscheidung zu Grunde gelegt wird, nicht in Frage gestellt. Die Kooperation kann daher nicht als direkte Alternative zu einem hoheitlichen Eingriff in die bestehende Verfügungsrechtsstruktur angesehen werden. Ausgangspunkt ist hier nicht die Lösung eines Verteilungskonflikts um die Neuordnung von Verfügungsrechten, sondern die gemeinsame Durchführung einer Aufgabe mit Umweltentlastungseffekt. Die Parteien verfolgen also auf der Grundlage gegebener Verfügungsrechte ein gemeinsames Sachziel, z.B. die ökonomisch und ökologisch sinnvolle Entsorgung von Rückständen, die Entwicklung umweltentlastender Technologien oder die Entwicklung von Datengrundlagen für die Ermittlung von Kosten und Nutzen bestimmter Umweltnutzungen. Sie führen einen Teil des ihnen jeweils zur Verfügung stehenden Ressourcenbestands an Arbeit, Kapital, Wissen und Umweltgütern zusammen, um bei der Realisierung des Sachziels Synergieeffekte erzielen zu können.

---

[26] Derartige Situationen werden im Zusammenhang mit umweltpolitischen Kooperationen auch als Gewinner-Verlierer-Lösung (vgl. z.B. Zilleßen/Barbian 1992, S. 15) oder Nullsummenspiele gekennzeichnet (vgl. z.B. Susskind/Cruikshank 1987, S. 85, Möller 1994, S. 106). Anders als es die spieltheoretische Definition von Nullsummenspielen voraussetzt (vgl. z.B. Holler 1992, S. 19f.), sind die Nutzenveränderungen der Parteien hier zwar auch einmal positive, einmal negative Größen, addieren sich jedoch nicht unbedingt zu Null. Wesentlich ist, dass die Nutzensumme (annähernd) konstant ist.

Die Koordination der Aufgabenerfüllung erfolgt über Verhandlungen, und auch hier kann die Lösung von Konflikten notwendig werden. Diese beziehen sich jedoch nicht auf eine Neuregelung der verfügungsrechtlichen Ausgangsverteilung, sondern z.B. auf die Bestimmung des von jedem Einzelnen zu leistenden Aufwands oder auf die Aufteilung der gemeinsam erzielten Kooperationsrente. Da es sich um umweltpolitische Kooperationen handelt, die auf eine Einschränkung schädigender Umweltnutzungsformen ausgerichtet sind, ist in der Interessenstruktur der Beteiligten auch hier grundsätzlich ein Verteilungskonflikt zwischen Schädigern und Geschädigten bzw. deren staatlichen oder privaten Vertretern angelegt. Da die Ausgangsverteilung der Verfügungsrechte jedoch annahmegemäß nicht zur Disposition steht, können einseitig-hoheitliche Eingriffe nicht als Sanktionsmittel eingesetzt werden. Gleichgerichtete Beziehungen zwischen den Zielen der Beteiligten ergeben sich vielmehr daraus, dass die Realisierung des gemeinsamen Sachziels den Nutzen aller Beteiligten erhöht. Der umweltpolitische Verteilungskonflikt tritt durch die gemeinsame Orientierung an der Sachaufgabe in den Hintergrund.

Verteilungskonfliktorientierte und aufgabenorientierte Kooperationen stellen damit gedachte Idealtypen dar, die in ihrer Reinform in der Realität nicht anzutreffen sind. Reale Kooperationsformen beinhalten vielmehr Elemente beider Idealtypen in unterschiedlicher Kombination. So ist beispielsweise bei der in der deutschen Umweltpolitik vorherrschenden Variante Freiwilliger Vereinbarungen die Verteilungskonfliktorientierung sehr stark ausgeprägt. Die Vereinbarung einer freiwilligen Einschränkung der Umweltnutzung steht hier in einem klaren Alternativverhältnis zu einseitig-hoheitlichen Eingriffen in die bestehenden Verfügungsrechte. Der zentrale Anreiz zum Eingehen einer Freiwilligen Vereinbarung liegt für die Unternehmungen in der Vermeidung gesetzlich fixierter Regelungen. Der Einsatz staatlicher Hierarchie steht nicht nur als grundsätzliche Möglichkeit im Hintergrund, sondern wird regelmäßig auch explizit als Sanktionsmittel eingesetzt. In geringerem Ausmaß beinhalten Freiwillige Vereinbarungen auch aufgabenorientierte Elemente. Im Rahmen Freiwilliger Vereinbarungen werden sowohl die insgesamt angestrebten Vermeidungsziele als auch die Modalitäten der Realisierung ausgehandelt. Bei der Aushandlung der Gesamtvorgaben steht eindeutig der Verteilungskonflikt zwischen Umweltschutz- und Umweltnutzungsinteressen im Vordergrund.[27] Aufgabenorientierte Elemente können dagegen bei der Ermittlung von Aufteilungs-, Umsetzungs- und Kontrollmöglichkeiten auftreten. Auch hier sind nach wie vor Verteilungskonflikte von Bedeutung, vor allem bei der Festlegung der Kontrollverfahren. Da jedoch sowohl Unternehmungen als auch staatlichen Stellen an einer Verringerung der anfallenden Transaktionskosten gelegen sein dürfte, kann die Entwicklung entsprechender Einsparungsmöglichkeiten als gemeinsame Sachaufgabe aufgefasst werden. Insgesamt ist jedoch der Einfluss der aufgabenorientierten Elemente auf

---

[27] Das schließt nicht aus, dass die Interessen der staatlichen Vertreter nicht nur auf den Schutz der Umwelt bezogen sind, sondern sich zum Teil auch mit denen der Unternehmungen decken, z.B. bei der Frage der internationalen Wettbewerbsfähigkeit.

die Anreizstruktur der Beteiligten bei Freiwilligen Vereinbarungen weitgehend zu vernachlässigen.

4.2 Probleme einer starken Verteilungskonfliktorientierung

Die Grundstruktur verteilungskonfliktorientierter Kooperationen wirft eine Reihe von grundsätzlichen Problemen auf, die im Folgenden erläutert werden. Damit wird auch deutlich, dass die Schwachstellen der in Abschnitt 3.2 untersuchten Form Freiwilliger Vereinbarungen mit der ausgeprägten Verteilungskonfliktorientierung dieser Kooperationsform zusammenhängen.

Die zentrale Funktionsgrundlage einer verteilungsorientierten Kooperation stellt die Möglichkeit bzw. Ankündigung staatlicher Hierarchie dar. Die Bereitschaft der Unternehmungen, ihre Verfügung über Umweltressourcen freiwillig einzuschränken, wird durch den Verzicht auf einseitig-hoheitliche Eingriffe erkauft. Kooperationen auf dieser Grundlage werden eingegangen, um die staatliche Steuerungsfähigkeit zu verbessern. Sie sollen die Informationsgrundlage der staatlichen Entscheidungsträger erweitern, raschere Ergebnisse ermöglichen und insgesamt staatliche Transaktionskosten einsparen, damit staatliche Mittel auf andere Verwendungsarten konzentriert und zielgenauer eingesetzt werden können. Es werden „Steuerungserfolge durch die Enthierarchisierung der Beziehung von Staat und Gesellschaft" (Scharpf 1991, S. 622) angestrebt.

Das für die Verteilungskonfliktorientierung kennzeichnende Alternativverhältnis zu einseitig-hoheitlichen Eingriffen beinhaltet jedoch eine Reihe genereller Probleme, die die staatliche Steuerungsfähigkeit letztlich herabsetzen können. Ein erstes Problem liegt darin, dass sich der Staat zwar den Einsatz von Hierarchie prinzipiell vorbehält, aber erst mit gewisser Verzögerung auf ein Scheitern der Kooperation reagieren kann. Je später deutlich wird, dass die Verhandlungen mit der Unternehmensseite nicht zu einer Einigung führen bzw. dass getroffene Absprachen oder Vorgaben für gruppenweite Selbstregulierung nicht eingehalten werden, desto höher ist die Gefahr einer zeitlichen Verschleppung des Problems. Die mit der Kooperation angestrebte Wirkung, durch rasch durchsetzbare Maßnahmen die ökologische Effektivität staatlichen Handelns zu erhöhen und Transaktionskosten einzusparen, verkehrt sich in ihr Gegenteil.

Eine zweite Schwierigkeit betrifft das Verhältnis zwischen Staat und Unternehmungen über die einzelne Kooperation hinaus. Die Androhung staatlicher Hierarchie kann nur dann eine wirksame Sanktion darstellen, wenn sie glaubwürdig ist. Die Glaubwürdigkeit solcher Sanktionen ist jedoch grundsätzlich dadurch begrenzt, dass die Unternehmensvertreter um die Nachteile wissen, die auch dem Staat entstehen, wenn er tatsächlich auf einseitig-hoheitliche Mittel zurückgreift. Die Verabschiedung und Durchsetzung rechtlich geregelter Maßnahmen verursacht der staatlichen Seite zusätzliche Transaktionskosten; das Scheitern des Kooperationsprojekts muss gegenüber der Öffentlichkeit bzw. übergeordneten staatlichen Instanzen vertreten werden. Ein zusätzliches Problem stellt sich, wenn Kooperationen auf breiter Ebene an Stelle einseitig-hoheitlicher Eingriffe zur Verwendung kommen. Der Einsatz von Hierarchie verliert dann schon deshalb an Sanktionswirkung, weil er insgesamt weniger praktiziert wird. Der Effekt verschärft sich umso mehr, je nachdrücklicher die staatliche Seite auch öffentlich einem kooperativen Vorgehen grundsätzlich den Vorzug gegenüber einseitig-hoheitlicher Steuerung einräumt. Diesem Problem könnten die staatlichen Entscheidungsträger begegnen, indem sie Kooperationen nur im Einzelfall einsetzen und darauf verzichten, sich auf einen generellen Vorrang von Verhandlungslösungen als politische Handlungsmaxime festzulegen.

Eine grundsätzliche Lösung des Problems stellt jedoch auch dies nicht dar. Der Staat befindet sich vielmehr in einer Dilemmasituation. Denn Voraussetzung für Zustandekommen und Einhaltung einer Kooperation ist nicht nur die glaubhafte Androhung einseitig-hoheitlicher Maßnahmen. Weil die Erfüllung der Absprachen nicht oder nur begrenzt rechtlich einklagbar ist, kann opportunistisches Verhalten[28] auf keiner Seite ausgeschlossen werden. Ohne ein Mindestmaß an wechselseitigem Vertrauen zwischen den Beteiligten ist die Kooperation daher nicht funktionsfähig. Der Aufbau eines solchen Vertrauensverhältnisses kann jedoch durch die Androhung und den Einsatz staatlicher Hierarchie beeinträchtigt werden. Davon sind besonders die aufgabenorientierten Elemente der Kooperation betroffen. Je mehr die Unternehmungen sich als Adressaten einseitig-hoheitlicher Regelungen sehen und je weniger als Kooperationspartner mit Entscheidungteilhabe, desto geringer dürfte ihre Bereitschaft sein, sich aktiv für eine effiziente Erfüllung der Sachaufgabe einzusetzen.

Die Androhung staatlicher Hierarchie kann zwar den ursprünglichen Konflikt zwischen den Zielen staatlicher Umweltpolitik und dem Interesse der Unternehmungen an möglichst geringen Einschränkungen ihrer Verfügungsrechte an Umweltressourcen so weit abmildern, dass die Ziele der Beteiligten sich teilweise decken und somit eine Kooperation möglich wird. Die Wirksamkeit dieser Sanktion ist jedoch auf Grund der aufgezeigten Probleme grundsätzlich begrenzt. Zielabstriche und eine Verletzung der Absprachen können daher nicht ausgeschlossen werden. Damit ist auch eine umfassende Berücksichtigung der Kosten und Nutzen, die Dritten entstehen, nicht generell gewährleistet. Demgemäß liegt sowohl aus ordnungspolitischer als auch aus rechts- und politikwissenschaftlicher Sicht das Hauptproblem kooperativer Umweltpolitik in der partiellen Aufgabe staatlicher

---

[28] Die Neue Institutionenökonomik geht davon aus, dass sich Wirtschaftssubjekte in der Realität grundsätzlich opportunistisch verhalten können. Das bedeutet, dass sie nicht nur rational ihr Eigeninteresse verfolgen, sondern dazu möglicherweise auch List und alle Spielformen der Unaufrichtigkeit einsetzen, von Betrug und Diebstahl bis zur geringfügig verzerrten Weitergabe von Informationen (vgl. Williamson 1987, S. 47).

Souveränität, die mit dem bewussten Verzicht auf einseitig-hoheitliche Maßnahmen einhergeht. Zwar kann sich die staatliche Seite stets darauf berufen, die Letztentscheidungsverantwortung nicht aus der Hand zu geben. Die faktische Teilhabe der Privatwirtschaft am Entscheidungsprozess gehört jedoch zu den grundlegenden Merkmalen jeder umweltpolitischen Kooperation.

Die Bedeutung der angeführten Probleme für die Funktionsweise konkreter Kooperationen ist tendenziell umso höher einzuschätzen, je ausgeprägter die Verteilungskonfliktorientierung im jeweiligen Fall ist. Dies könnte zu der Schlussfolgerung veranlassen, aufgabenorientierte Kooperationen seien auf Grund besserer Erfolgschancen grundsätzlich zu bevorzugen. Der Erfolg umweltpolitischer Kooperationen kann jedoch nicht unabhängig von den angestrebten Funktionen bewertet werden, und diese können nicht von allen Kooperationsformen gleichermaßen erfüllt werden. Entscheidend ist daher, ob und durch welche Ausgestaltung der Kooperation auch angesichts der aufgezeigten Probleme umweltpolitische Vorteile im Vergleich zu einer rein hoheitlichen Regelung des jeweiligen Problems erzielt werden können. Auf Grund der Transaktionskosten der Spezifizierung, Zuordnung und Durchsetzung von Verfügungsrechten an Umweltgütern bleibt der verfügungsrechtliche Rahmen, der einseitig-hoheitlich vorgegeben werden kann, in der Realität unvollständig. Auch umweltpolitische Kooperationen, denen das beschriebene Tauschgeschäft zwischen freiwilligen Nutzungseinschränkungen und dem Verzicht auf staatliche Hierarchie zu Grunde liegt, können vor diesem Hintergrund zu einer effizienteren Nutzung von Umweltressourcen beitragen, wenn sie geeignet ausgestaltet sind.

Lektion IX

Rainer Souren

Umweltorientiertes Marketing

In dieser Lektion wird die umweltorientierte Marktbearbeitung auf Absatzmärkten für Konsumgüter untersucht. Anhand eines dreistufigen Marketing-Konzepts, das sich in die Phasen Zielbildung, Strategiefindung und Instrumenteeinsatz untergliedert, werden die notwendigen Schritte zur erfolgreichen Darbietung umweltfreundlicher Produkte verdeutlicht. Die Ableitung der Marketingziele stützt sich auf einen Erklärungsansatz des Kaufentscheidungsprozesses, der in engem Zusammenhang mit dem im Anhang des Buches dargestellten Modell umweltorientierten Verhaltens steht und verschiedene Facetten des Umweltbewusstseins beinhaltet.

Diese Lektion vertieft damit die Ausführungen des Abschnitts 5.2 der Lektion I.

1 Begriff und Aufgaben des umweltorientierten Marketings

Seit Beginn der 1990er Jahre hat sich das Verständnis des Marketings dahingehend entwickelt, dass man darunter sowohl eine marktorientierte Konzeption der (gesamten) Unternehmensführung als auch eine gleichberechtigte Unternehmensfunktion unter anderen Unternehmensfunktionen (F&E, Produktion etc.) fasst (vgl. Meffert 1994, S. 4). Da die Umweltorientierung der Unternehmensführung bereits in anderen Beiträgen dieses Buches ausreichend gewürdigt wurde, fokussiert dieser Beitrag in erster Linie auf die Unternehmensfunktion Marketing. Gegenstand des Marketings sind dabei die Analyse und Gestaltung der Markttransaktionen, d.h. in der Hauptsache die Marktforschung, die Marktabgrenzung bzw. -segmentierung und insbesondere die Marktbearbeitung.

Grundsätzlich bezieht sich das Marketing sowohl auf die Absatz- als auch auf die Beschaffungsseite der Unternehmung. Gerade wegen der in den letzten Jahrzehnten zu beobachtenden Verlagerung nahezu aller Märkte vom Verkäufer- zum Käufermarkt beschäftigt sich die Marketingliteratur jedoch überwiegend mit den Absatzmärkten. Das Beschaffungsmarketing wird teilweise sogar ganz aus der Unternehmensfunktion Marketing ausgegrenzt, indem es einer eigenen Unternehmensfunktion Beschaffung oder anderen Bereichen, wie etwa der Materialwirtschaft oder der Logistik, zugeordnet wird. Auch wenn einer prinzipiellen Ausgrenzung beschaffungswirtschaftlicher Aspekte aus dem Marketing widersprochen wird, erfolgt auch in dieser Lektion eine Beschränkung der Untersuchungen auf den Absatzmarkt. Dabei werden gedanklich stets Konsumgütermärkte unterstellt.

In Erweiterung einer allgemeinen Marketing-Definition wird *umweltorientiertes Marketing* hier definiert als das „absatzmarktgerichtete, [auf die Berücksichtigung aller Ansprüche bezüglich der natürlichen Umwelt fokussierte] Anbieterverhalten einer Unternehmung bei der Informationsgewinnung, der Festlegung des Betätigungsfelds und der Beeinflussung von Marktteilnehmern im Rahmen kommerzieller Markttransaktionen"[1].

Umweltorientiertes Marketing befasst sich also mit jenen Fragestellungen des Marketings, die eine Verbindung zur natürlichen Umwelt aufweisen. Diese Verbindung ergibt sich hauptsächlich durch umweltorientierte Anforderungen verschiedener Anspruchsgruppen. Basis solcher Ansprüche ist auf den Absatzmärkten insbesondere das Umweltbewusstsein der Konsumenten, das insofern einen wesentlichen (externen) Einflussfaktor des umweltorientierten Marketings darstellt (vgl. hierzu den Anhang des Buches).

---

[1] Steffenhagen 1994, S. 22; Ergänzung durch den Autor.

Als weiteren, internen Einflussfaktor muss das Marketingmanagement die Vorgaben der übergreifenden (Gesamt-)Unternehmensführung berücksichtigen. Ein umweltorientiertes Marketingmanagement ist vor allem bei einer offensiven Umweltpolitik der Unternehmung notwendig. Sie wird hier durchgehend unterstellt. Dagegen erscheint die Umweltorientierung des Marketingmanagements zur Durchsetzung einer defensiven Umweltpolitik nur dann vonnöten, wenn sie dem Konsumenten eine umweltfreundliche Unternehmenspolitik suggerieren soll. Die Glaubwürdigkeit einer derartigen „umweltorientierten" Marketingkonzeption dürfte allerdings nicht dauerhaft aufrecht zu erhalten sein.

Hauptgegenstand dieser Lektion ist die Darstellung wichtiger Elemente der umweltorientierten Marketingplanung. Folgende Fragestellungen stehen in den nachfolgenden drei Abschnitten im Mittelpunkt:

- Wie muss das Zielsystem des Marketings angepasst werden, um das Umweltbewusstsein und das umweltorientierte Kaufverhalten der Konsumenten ausreichend zu berücksichtigen?
- Welche Überlegungen erfordert die umweltorientierte Erweiterung der Marketingstrategien?
- Welche umweltorientierten Marketinginstrumente gibt es, und wie lässt sich das Umweltbewusstsein der Konsumenten damit ansprechen?

2 Ableitung umweltorientierter Marketingziele

Marketingziele sind Planvorgaben bezüglich zukünftiger Ereignisse oder Zustände auf den bearbeiteten Märkten. Diese Planvorgaben müssen mit den Zielen der gesamten Unternehmung kompatibel sein und bedürfen insofern einer Abstimmung mit der normativen (und generellen strategischen) Unternehmensführung. Sie legt die autorisierten Wertvorstellungen der Unternehmung fest und leitet daraus Oberziele ab, die möglichst durch bestimmte Kennzahlen operationalisiert werden. Kennzahlen monetärer Art sind etwa der Umsatz, der Gewinn oder verschiedene Rentabilitätsziffern. Ausgehend von diesen Oberzielen müssen für die einzelnen Unternehmensfunktionen bzw. -bereiche spezifische Unterziele gebildet werden, um eine konkretere Planung zu gewährleisten.

2.1 Umweltschutz in der Hierarchie der Marketingziele

Das Marketing kann diese Unterziele aus den Verhaltensweisen der Marktteilnehmer bzw. speziell der Konsumenten ableiten. Hierzu zählen ihr Kauf-, Verwendungs- und Kommunikationsverhalten (vgl. Steffenhagen 1994, S. 70ff.). In allen drei Bereichen ist eine Umweltorientierung denkbar. So ist z.B. eine umweltfreundliche, weil geringe Dosierung von Waschmitteln eine Zielgröße, die auf das Verwendungsverhalten abzielt. Sie lässt sich durch Beipackzettel oder persönliche Beratungen erreichen. Eine auf das Kommunikationsverhalten der Konsumenten abstellende Zielsetzung ist dagegen etwa die Steigerung des Anteils der Konsumenten, die den Kauf eines umweltfreundlichen Produktes aktiv gegenüber Nachbarn und Freunden kundtun.

Hauptsächlich dürfte der Umweltschutzgedanke in Zielgrößen implementiert werden, die sich auf das Kaufverhalten der Konsumenten beziehen. Umweltorientiertes Kaufverhalten lässt sich dabei vorrangig durch den Marktanteil umweltfreundlicher Produkte operationalisieren. Der Marktanteil ist jedoch keine Zielgröße, an der die Marktbearbeitung unmittelbar ansetzen kann. Aus diesem Grund bedarf diese Zielgröße einer weiteren Untergliederung. Da der Marktanteil auf der Kaufentscheidung der Konsumenten beruht – er kann quasi als Funktion der kumulierten Markenwahlwahrscheinlichkeiten aller Konsumenten aufgefasst werden – sind Unterziele des umweltorientierten Marketings vor allem psychographische Ziele, d.h. Ziele, die sich aus der psychischen Prägung der Konsumenten ableiten. Hierzu zählen neben der (Marken-)Bekanntheit des umweltfreundlichen Produktes die umweltorientierten Kenntnisse und Interessen der Konsumenten als Teile des Umweltbewusstseins. Nachfolgender Abschnitt verdeutlicht, inwieweit das Umweltbewusstsein der Konsumenten auf den Kaufentscheidungsprozess einwirkt und worin die darauf aufbauenden Ansatzpunkte zur Ableitung umweltorientierter (Unter-)Ziele bestehen.

2.2 Umweltorientierung des Kaufentscheidungsprozesses

Grob vereinfacht lässt sich der Kaufentscheidungsprozess eines Konsumenten wie in Abbildung 1 verdeutlichen. Er stellt eine Entscheidungssituation dar, die auf eine bestimmte Verhaltensweise (den Kauf) ausgerichtet ist.[2]

Beim Kaufentscheidungsprozess beurteilt der Konsument mittels kognitiver Programme, die „in seinem Kopf ablaufen", jede ihm bekannte und nicht bereits vorher verworfene Marke einer bestimmten Produktart, die er kaufen möchte. Dieser Beurteilungsvorgang lässt sich mit Hilfe von Einstellungsmodellen abbilden, auf die im nächsten Absatz eingegangen wird. Marken, die bei der Einstellungsbildung relativ gut eingeschätzt werden, besitzen eine hohe Markenwahlwahrscheinlichkeit und werden insofern beim Kaufentscheidungsprozess eher ausgewählt als relativ schlecht beurteilte Marken. Der Kauf der Marke hängt jedoch zusätzlich von situativen Einflüssen ab. So wird etwa die am besten beurteilte Marke dann nicht gekauft, wenn sie zum Zeitpunkt des Kaufvorgangs nicht im Regal des Handels vorhanden ist.

---

[2] Vgl. daher im Folgenden die allgemeinen Überlegungen zur Begründung umweltorientierten Verhaltens im Anhang des Buches.

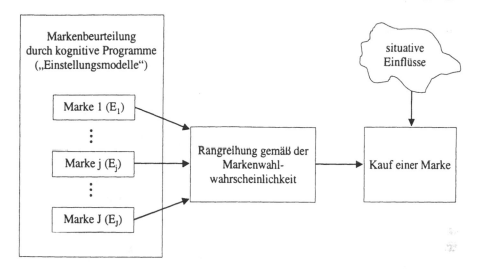

Abb. 1: Schematische Darstellung des Kaufentscheidungsprozesses

Wie geschildert, steht im Mittelpunkt des Kaufentscheidungsprozesses die Markenbeurteilung. Ein einfaches Einstellungsmodell, mit dem die Beurteilung abgebildet werden kann, lautet etwa wie folgt:[3]

$$E_j = \sum_i w_i \cdot e_{ij} \quad \text{für alle } j = 1, \ldots, J$$

Bei diesem so genannten Idealvektormodell ergibt sich der (kognitiv gebildete) Einstellungswert einer Marke j (E_j) als Summe der mit den Wichtigkeiten der Attribute i (w_i) gewichteten Attributausprägungen der Marke j (e_{ij}). Je höher der Einstellungswert einer Marke ist, umso besser wird sie beurteilt.[4]

Über beide Komponenten des Einstellungsmodells fließen Teile des kaufgerichteten Umweltbewusstseins – direkt oder indirekt – in die Einstellungsbildung mit ein. Die subjektiv empfundene Ausprägung umweltorientierter Attribute (bzw. Produkteigenschaften) ergibt sich vor allem aus *produkt- und eigenschaftsgerichteten Kenntnissen*. Die *Wichtigkeiten* der einzelnen Attribute sind gleich bedeutend mit den *eigenschaftsgerichteten Interessen* des Konsumenten.

---

[3] Vgl. allgemein zu Einstellungsmodellen im Rahmen des Kaufentscheidungsprozesses Trommsdorf 1975, S. 48ff., oder Schobert 1980, S. 148f.

[4] Für Attribute, bei denen ein Mehr an Attributsausprägung nicht durchgehend positiv eingeschätzt wird, müssen entweder die Attributsausprägungen gemäß der Konsumentenpräferenzen in Nutzwerte transformiert oder andere Einstellungsmodelle verwendet werden, z.B. so genannte Idealpunktmodelle.

Obwohl sich umweltorientiertes Interesse (als Teil des Umweltbewusstseins) durch eine hohe (absolute) Wichtigkeit der Produkteigenschaft Umweltfreundlichkeit im Rahmen des Kaufentscheidungsprozesses äußert, ist es keinesfalls ein Garant dafür, dass beim Kaufentscheidungsprozess nicht anderen Produkteigenschaften eine größere (relative) Wichtigkeit zukommt. Genau dies ist ein wesentlicher Grund dafür, dass viele Konsumenten trotz hohen Umweltbewusstseins keine umwelt-freundlichen Produkte kaufen. Die relative Wichtigkeit der Umweltfreundlichkeit dürfte dabei von Produktart zu Produktart unterschiedlich sein. So ordnen die meisten Konsumenten beim Autokauf Attributen, die sich aus dem Prestigestreben ableiten (z.B. Höchstgeschwindigkeit), ein höheres Gewicht zu als der Umwelt-freundlichkeit. Beim Kauf von Produkten, die geringes soziales Ansehen verspre-chen, treten diese Attribute dagegen in den Hintergrund.

Aus dem skizzierten Modell der Einstellungsbildung lässt sich eine Reihe von Anknüpfungspunkten für eine umweltorientierte Zielausrichtung der Unternehmung ableiten. Ein Ziel des umweltorientierten Marketings besteht in der Steigerung der *umweltorientierten Interessen*, d.h. in der Erhöhung der Wichtigkeit umweltorien-tierter Produkteigenschaften (also der w_i entsprechender Attribute i). Dies gilt so-wohl für Attribute, die individuelle Nutzensteigerungen versprechen, als auch für solche Produkteigenschaften, deren Nutzen ausschließlich in der sozialen Anerken-nung begründet ist. Für letztere sollte es das Ziel der Unternehmung sein, dass sich die Konsumenten „beim Kauf, beim Konsum oder bei der Entsorgung der Produkte als umweltbewusste Konsumenten in Szene setzen können" (Kaas 1992, S. 478).

Die Steigerung des umweltorientierten Interesses ist allerdings nicht die einzige Möglichkeit, die Einstellung zu einem umweltfreundlichen Produkt und damit seinen Marktanteil zu erhöhen. Eine zieladäquate Berücksichtigung der Umwelt-freundlichkeit erfordert gleichzeitig, dass der Konsument mit dem Produkt eine hohe Ausprägung bezüglich der umweltorientierten Produkteigenschaft verbindet (also e_{ij} für die umweltorientierte Produkteigenschaft i bei der Marke j einen hohen Wert annimmt). Eine zentrale Zielgröße des umweltorientierten Marketings ist es daher, die umweltorientierten Produktkenntnisse beim Konsumenten aufzubauen bzw. zu verbessern.

Die *Umweltfreundlichkeit der Produkte* muss jedoch nicht nur *bekannt* gemacht werden; sie muss auch für den Konsumenten glaubhaft sein, denn nicht alles, was umweltfreundlich sein soll, wird auch vom Konsumenten als umweltfreundlich eingestuft. Dies ist oft deswegen der Fall, weil umweltorientierte Produkteigen-schaften durch Konsumenten nur sehr unsicher beurteilbar sind. Zum einen sind ihre Umweltwirkungen sehr komplex und daher schwer verständlich. Zum anderen ist die Umweltfreundlichkeit der Produkte für den Konsumenten oft nicht über-prüfbar; Umweltfreundlichkeit stellt insofern eine Vertrauenseigenschaft dar (vgl. Kaas 1992, S. 478f.) Da man tendenziell sagen kann, dass die Beurteilung umso schlechter ausfällt, je unsicherer sich die Produkteigenschaften beurteilen lassen, ist die *Festigung der Glaubwürdigkeit* von großer Bedeutung. Durch sie werden das subjektive Kaufrisiko vermindert und die Markenwahlwahrscheinlichkeit erhöht. Die Glaubwürdigkeit der Umweltfreundlichkeit bildet somit eine weitere Zielgröße der umweltorientierten Marketingplanung.[5]

3 Umweltorientierte Marketingstrategien

Allgemein versteht man unter Strategien „langfristig bedingte Verhaltenspläne zur Entwicklung und Sicherung unternehmerischer Erfolgspotenziale" (Meffert/Kirchgeorg 1998, S. 195). In diesem Sinne sind Marketingstrategien als Verhaltenspläne zur konsumentengerechten Entwicklung und Sicherung unternehmerischer Erfolgspotenziale auf Absatzmärkten zu verstehen. Bildlich gesprochen geben Marketingstrategien die Richtung vor, durch die sich Marketingziele erreichen lassen. Umweltorientierte Marketingstrategien beziehen sich aber nicht nur auf die entwickelten Marketingziele, sondern fußen auch auf den unternehmenspolitischen Grundhaltungen gegenüber dem Umweltschutz und den daraus abgeleiteten Unternehmensstrategien.[6]

In den Abschnitten 3.1 bis 3.3 wird die Umweltorientierung verschiedener Strategiedimensionen untersucht. Die in den einzelnen Abschnitten dargestellten Überlegungen hinsichtlich Markt-, Konkurrenz- und Zeitbezug beruhen jeweils auf einem anderen Blickwinkel, müssen bei der Marketingstrategieplanung in der Praxis aber unbedingt parallel betrachtet werden, da konkrete Strategien oftmals Aspekte mehrerer Strategiedimensionen enthalten. In Abschnitt 3.4 wird mit der Ökoportfolioplanung ein Instrument zur Ableitung rudimentärer Marketingstrategien bei gleichzeitiger Betrachtung mehrerer Produkte vorgestellt.

3.1 Marktbezug: Marktbearbeitungsstrategien

Zentrale Grundlage der Marktbearbeitungsstrategien ist eine eindeutige Marktabgrenzung und -segmentierung. Hierzu lassen sich insbesondere produkteigenschafts- und nachfragerbezogene Merkmale heranziehen.[7] Ein Beispiel für eine umweltorientierte Marktabgrenzung, die auf einer Produkteigenschaft beruht, stellt der Markt für biologisch-abbaubare Waschmittel dar. Ein nachfrager- bzw. zielgruppenbezogenes Marktsegment bilden dagegen z.B. alle Konsumenten, die in Öko-Läden einkaufen.

---

[5] Vgl. zu Kaufrisiken, die sich aus Transparenz- und Glaubwürdigkeitsproblemen ergeben, Kaas 1993, S. 34f., Kaas 1994, S. 100ff., und Hüser 1996, S. 134ff.

[6] Die Ableitung umweltorientierter Marketingstrategien wie auch die Festlegung umweltorientierter Marketingziele ist im Sinne von Lektion I (Abschn. 1.3.2) eine Aufgabe des taktischen Managements, soweit sie sich nicht auf das gesamte Unternehmen beziehen. Dennoch wird hier im Folgenden nicht von Marketingtaktiken gesprochen, sondern der in der Marketing-Literatur gängige Begriff Marketingstrategien beibehalten.

[7] Vgl. zu einer ähnlichen, jedoch noch weiter gehenden Einteilung der Marktabgrenzungsmöglichkeiten Steffenhagen 1994, S. 46ff.

Ziel einer nachfragerbezogenen Marktsegmentierung muss es sein, Zielgruppen zu bilden, die bezüglich ihrer Verhaltensweisen als homogen eingestuft werden können, während sie sich von anderen Zielgruppen möglichst stark unterscheiden. Die gewählten Segmentierungskriterien sollten dabei insbesondere die Reaktionsbereitschaft der Konsumenten auf die Marktbearbeitung der Unternehmung berücksichtigen. Da die Reaktionsbereitschaft empirisch schwer zu überprüfen ist, muss man sich zur Segmentierung jedoch oft bestimmter Hilfskriterien bedienen, zu denen demographische, sozio-ökonomische, psychographische sowie Verhaltensmerkmale zählen (vgl. Steffenhagen 1994, S. 52f.).

Als Bündel psychographischer Merkmale könnte das Umweltbewusstsein eine zentrale Stellung bei der umweltorientierten Marktabgrenzung und -segmentierung einnehmen, zumal es in vielen Fällen eine enge Beziehung zum umweltorientierten Verhalten aufweist. Dagegen spricht allerdings neben den teilweise zu beobachtenden Divergenzen zwischen Umweltbewusstsein und umweltorientiertem Verhalten vor allem die Tatsache, dass das Umweltbewusstsein ähnlich wie das umweltorientierte Verhalten eine Abgrenzung eigenständig bearbeitbarer Segmente kaum zulässt. Die oben angesprochene Marktsegmentierung der Konsumenten, die in Öko-Läden einkaufen, erscheint diesbezüglich wesentlich besser geeignet. Daneben können auch demographische Kriterien verwendet werden, für die empirische Studien Beziehungen zum Umweltbewusstsein ermittelt haben. So wurde ein umgekehrt u-förmiger Zusammenhang zwischen Alter und Umweltbewusstsein beobachtet, d.h. das insbesondere Menschen mittleren Alters ein hohes Umweltbewusstsein aufweisen, während sowohl ältere als auch jüngere Menschen weniger umweltbewusst sind (vgl. Preisendörfer/Franzen 1996, S. 227). Untersuchungen zu geschlechtsspezifischen Ausprägungen des Umweltbewusstseins haben zudem ergeben, dass Frauen eine stärkere emotionale Disposition gegenüber Umweltproblemen aufweisen, während Männer ein höheres umweltorientiertes Wissen besitzen.[8] Diese Information der umweltorientierten Marktforschung kann bei der Marktbearbeitung durchaus hilfreich verwendet werden, zumindest dann, wenn die Beziehungen zum Umweltbewusstsein so stark ausgeprägt sind, dass eine segmentspezifische Marktbearbeitung zu einer gesteigerten Zielerreichung führt.

Eine segmentspezifische Marktbearbeitung begründet sich jedoch nicht nur durch die unterschiedlichen Erfolgspotenziale, sondern auch dadurch, dass selten genügend finanzielle Ressourcen zur Verfügung stehen, um alle Märkte in idealer Weise zu bearbeiten. Darum muss die Unternehmung bei der Marketingstrategieplanung folgende – eng verbundenen – Fragen beantworten:

– Worin soll sich die Marktbearbeitung vor allem ausdrücken?
– Soll man sich eher auf einzelne Märkte konzentrieren oder viele Märkte gleichzeitig bearbeiten?
– Welche Märkte sollen verstärkt bearbeitet werden?

---

[8] Vgl. ebenda sowie ergänzend Meffert/Bruhn 1996, S. 642.

Die erste Frage nach der Art der Marktbearbeitung lässt sich beantworten, wenn man die dem Konsumenten zu vermittelnden Produkteigenschaften heranzieht und dadurch die *Positionierung* der Produkte vorgibt, die letztlich für das subjektive Image des Produktes beim Konsumenten verantwortlich ist. Ziel einer umweltorientierten Produktpositionierung ist die Hervorhebung der Produkteigenschaft Umweltfreundlichkeit. Dass diese Nutzendimension bei den Positionierungsüberlegungen vieler Produkte eine Rolle spielt, macht die täglich zu beobachtende Werbung in Funk, Fernsehen und Zeitschriften deutlich. Vor allem Produktarten, denen eine hohe Umweltgefährdung zugerechnet wird (z.B. Autos, Waschmittel), werben immer häufiger mit ihrer Umweltfreundlichkeit.

Die Positionierungsentscheidung einzelner Produkte ist eng verknüpft mit der zweiten Frage nach der Anzahl der zu bearbeitenden Märkte. Hierbei lassen sich drei Marktbearbeitungsstrategien unterscheiden: konzentrierte, differenzierte und undifferenzierte Marktbearbeitung.[9]

Bei der *konzentrierten* Marktbearbeitung wird nur ein Käufersegment bearbeitet. Die Positionierung des Produktes richtet sich ausschließlich auf die Nutzenerwartungen dieser Konsumentengruppe. Eine umweltorientierte konzentrierte Marktbearbeitung dürfte in der Praxis jedoch nur dann langfristig durchgehalten werden können, wenn das bearbeitete Marktsegment ausreichende Umsätze bzw. Gewinne garantiert.

Da dies nicht oft der Fall ist, erscheint häufiger eine *differenzierte* Marktbearbeitung angeraten, bei der umweltbewusste Konsumenten durch spezielle Angebote umweltfreundlicher Produkte bedient werden, die Unternehmung daneben aber auch andere Produkte anbietet. Ein bekanntes Beispiel auf dem Reinigungsmittelmarkt war die Einführung der Marke Frosch Mitte der 1980er Jahre durch die Unternehmung Werner&Mertz. In einer Marktsegmentierungsanalyse wurde das aus umweltorientierter Perspektive interessante Segment der 'jungen, selbstverwirklichungsorientierten Hausfrauen' ermittelt, dem ca. ein Viertel aller Hausfrauen zuzuordnen sind. Eine konsequente Umweltorientierung der Marketingplanung brachte der Unternehmung allein durch die Markteinführung dieser Marke einen Jahresumsatz von ca. 120 Mio. DM und einen Marktanteil von ungefähr 20% (vgl. ausführlich Meffert/Kirchgeorg 1998, S. 591ff.).

Eine differenzierte Marktbearbeitung erscheint gerade wegen des steigenden Umweltbewusstseins vieler Konsumenten auf den meisten Konsumgütermärkten angebracht. Problematisch ist bei einer solchen Differenzierung jedoch, dass die Unternehmung „aus der Sicht der ökologiebewussten Konsumenten ... möglicherweise

---

[9] Vgl. hierzu und im Folgenden Meffert/Bruhn 1996, S. 643f., oder Kirchgeorg 1995, Sp. 1949f.

unglaubwürdig [wird], wenn sie gleichzeitig umweltschonende und die Umwelt schädigende Produkte am Markt anbietet"[10].

Falls dieser Aspekt zu stark ins Gewicht fällt und eine konzentrierte Marktbearbeitung wegen zu geringem Marktvolumen des umweltorientierten Teilmarktes nicht lukrativ erscheint, bietet sich für eine Unternehmung letztlich nur noch eine *undifferenzierte* Marktbearbeitung an. Sie zeichnet sich dadurch aus, dass sämtliche Käufersegmente durch ein und dasselbe Produkt bedient werden sollen. Das angebotene Produkt muss allerdings zwangsläufig eine stärker standardisierte Positionierung aufweisen, um möglichst viele Konsumenten anzusprechen. Da dann die Produkteigenschaft Umweltfreundlichkeit nur eine Nutzendimension unter vielen ist, muss ihre Wichtigkeit bei der Marktbearbeitung genau abgewogen werden.

Die Beantwortung der dritten Frage nach den zu bearbeitenden Märkten lässt sich durch einen gedanklichen Rückgriff auf die Marktabgrenzungs- bzw. -segmentierungsentscheidung der Unternehmung unterstützen. In Anlehnung an Ansoff ergeben sich die in Tabelle 2 dargestellten marktstrategischen Stoßrichtungen durch die Kombination bisher geführter bzw. nicht geführter Produktgruppen und bislang bearbeiteter bzw. nicht bearbeiteter Käufersegmente.[11]

Tab 2: Marktstrategische Stoßrichtungen (leicht modifiziert aus Steffenhagen 1994, S. 98)

Käufersegmente / Produkte; Produktgruppen	vom Unternehmen bislang bearbeitet	vom Unternehmen bislang nicht bearbeitet
vom Unternehmen bislang geführt	Marktdurchdringung	Marktentwicklung
vom Unternehmen bislang nicht geführt	Produktentwicklung	Diversifikation

Bei einer *umweltorientierten Marktdurchdringung* versucht die Unternehmung, die Umweltfreundlichkeit ihrer Produkte den bisher bearbeiteten Käufersegmenten näher zu bringen, um die Markenwahlentscheidung bisheriger Käufer zu festigen und weitere potenzielle Käufer dieses Käufersegments für den Kauf des Produktes zu gewinnen. Die *umweltorientierte Produktentwicklung* bezieht sich ebenfalls auf

---

[10] Meffert/Bruhn 1996, S. 643; Ergänzung durch den Autor.
[11] Vgl. Ansoff 1966, zitiert bei Steffenhagen 1994, S. 98.

ein bisher schon bearbeitetes Käufersegment, versucht aber hier, den Marktanteil durch neuartige, besonders umweltfreundliche Produkte zu steigern.

Spiegelbildlich ist das Vorgehen bei der *umweltorientierten Marktentwicklung*. Hier bietet die Unternehmung seine herkömmlichen Produkte auch neuen, umweltorientiert abgegrenzten Käufersegmenten an. Beispielsweise könnte ein Lebensmittelhersteller seine natürlich angebauten Produkte auch über Ökoläden verkaufen und somit ein neuartiges Käufersegment erreichen. Der Hersteller eines benzinsparenden Kleinwagens könnte etwa an Stelle der aus ökonomischen Gründen bisher verstärkt bearbeiteten Autoerstkäufer auch besonders umweltbewusste Konsumenten im mittleren Alter ansprechen, die ja laut der o.a. empirischen Studien im Durchschnitt ein höheres Umweltbewusstsein aufweisen. Von einer *umweltorientierten Diversifikation* wird dann gesprochen, wenn eine Unternehmung neuartige umweltbewusste Käufersegmente durch neuartige umweltfreundliche Produkte bedient.

Eng verbunden mit den beschriebenen Marktbearbeitungsstrategien ist die Frage, ob ein Produkt umpositioniert werden kann oder besser eine neuartige Marke auf den Markt gebracht werden soll. Aus umweltorientiertem Blickwinkel spricht gegen eine Umpositionierung (Relaunch) der eventuell eintretende Glaubwürdigkeitsverlust, der sich dadurch ergibt, dass bei einem bisher stets anders positionierten Produkt plötzlich die Umweltfreundlichkeit in den Vordergrund tritt. Problematisch ist solch eine Umpositionierung immer dann, wenn die bisherigen Nutzendimensionen der Umweltfreundlichkeit widersprechen. So dürfte es für einen Waschmittelhersteller schwierig sein, die Umweltfreundlichkeit seines Waschmittels herauszustellen, wenn er bis dato große Sauberkeit versprach und diese mit dem Einsatz von Tensiden als Inhaltsstoffen begründete. Hier erscheint die Einführung einer neuen Marke unumgänglich.

Die Entscheidung über die richtige Marktbearbeitung hängt, wie aufgezeigt wurde, von einer Reihe Aspekte ab. Neben den negativen Imageeffekten, die sich durch umweltschädliche Produkte im Produktsortiment ergeben, sind auch sog. Kannibalisierungseffekte relevant, die sich aus der gegenseitigen Konkurrenz eigener Produkte ergeben. Von grundlegender Bedeutung bei der Marktbearbeitungsentscheidung ist zudem neben der Marktattraktivität der bearbeiteten Märkte (etwa anhand des Marktvolumens gemessen) die Wettbewerbsposition der Unternehmung (etwa durch den prognostizierten Marktanteil gemessen), die ihrerseits strategische Überlegungen erfordert.

3.2 Konkurrenzbezug: Wettbewerbsstrategien

Bei der Festlegung der Wettbewerbsstrategien muss sich die Unternehmung zuerst darüber klar werden, ob sie sich von den Konkurrenten abgrenzen oder bezüglich der angebotenen Produkte und ihrer Positionierung eine ähnliche Strategie wie ein oder mehrere Konkurrenten verfolgen will. Diese Entscheidung hängt vor allem von der Größe des Marktes ab. Nur wenn das Marktvolumen eine gleichartige Marktbearbeitung mehrerer Anbieter erlaubt, ist eine „Me-too-Strategie" empfehlenswert. Bei ihrer Anwendung ist die Unternehmung aber i.d.R. einem erhöhten Konkurrenzdruck ausgesetzt.

Will sich eine Unternehmung dagegen von seinen Konkurrenten abheben, so sind hierfür folgende drei Strategien denkbar: die Differenzierung bzw. Qualitätsführerschaft, die Kostenführerschaft und die Nischenstrategie.[12] Eine umweltorientierte *Differenzierungsstrategie* zeichnet sich durch den Versuch der Unternehmung aus, dem Konsumenten ein umweltfreundlicheres Produkt als die Konkurrenten anzubieten. Beschränkt sich dieser Versuch nur auf ein bestimmtes Käufersegment, so spricht man von einer sog. *Nischen- bzw. Teilmarktstrategie*. Für beide Strategien ist eine enge Verknüpfung mit den im vorigen Abschnitt angesprochenen umweltorientierten Marktbearbeitungsstrategien offensichtlich.

Im Gegensatz zu diesen beiden Strategietypen versucht die Unternehmung, sich durch eine *Kostenführerschaftsstrategie* von den Konkurrenten abzugrenzen, indem sie niedrigere Stückkosten für die Herstellung der Produkte erzielen und dann höhere Gewinne abschöpfen oder die Produkte günstiger am Markt anbieten kann. Letzteres wird die Unternehmung vor allem dann tun, wenn sie eine Steigerung des Marktanteils und damit verbunden weitere Kostensenkungspotenziale erwartet. Die Umweltorientierung widerspricht allerdings in der Regel der Kostenführerschaftsstrategie, denn umweltfreundliche Produkte sind zumeist in der Herstellung teurer als herkömmliche Produkte. Nur wenn der Einsatz umweltfreundlicherer Materialien auch mit positiven ökonomischen Konsequenzen verbunden ist, kann eine Kostenführerschaftsstrategie auch mit einer offensiven Umweltpolitik verbunden werden.

3.3 Zeitbezug: Timingstrategien

Die Festlegung der Marketingstrategien erfolgt nie statisch, sondern berücksichtigt stets auch Überlegungen zu ihrer Entwicklung im Laufe der Zeit. So beinhaltet etwa die bei der Marktbearbeitung angesprochene Entscheidung über 'Umpositionierung oder Neuprodukteinführung' eindeutig einen Zeitbezug. Eine zentrale Rolle bezüglich des Zeitbezugs der Marketingstrategien spielt zudem die Frage nach dem optimalen Markteintrittszeitpunkt. Daraus abgeleitete Strategien werden als Timingstrategien bezeichnet. Grob lassen sich zwei Strategien unterscheiden, die *Pionierstrategie* und die *Folgerstrategie* (letztere häufig noch in frühe und späte Folgerstrategie aufgespalten). Da sie den Markteintrittszeitpunkt am Markteintritt weiterer Konkurrenten relativieren, weisen sie eine enge Beziehung zu den Wettbewerbsstrategien auf.

---

[12] Vgl. Meffert/Kirchgeorg 1995, S. 22, oder Kirchgeorg 1995, Sp. 1949.

Die Wahl der Timingstrategie ist abhängig von den Chancen und Risiken, die man einem frühzeitigen (d.h. den Konkurrenten zuvorkommenden) Markteintritt beimisst. Aus ökonomischen Gründen spricht für die Pionierstrategie die Möglichkeit, sich bezüglich des Produktpreises frei entscheiden und somit hohe Anfangsgewinne abschöpfen zu können. Darüber hinaus hat der Pionier einen Vorsprung auf der Kostenerfahrungskurve. Nachteilig wirken sich dagegen die hohen Entwicklungskosten aus sowie das Risiko, dass die Einführung des Produktes ein Flop wird. Ein Anbieter, der ein umweltfreundliches Produkt als Erster auf den Markt bringt, muss daneben auch mit großen Marktwiderständen in Form hohen Misstrauens rechnen. Darüber hinaus ergeben sich Marktwiderstände, wenn die Produkte teurer als herkömmliche Produkte verkauft werden. Als nicht zu unterschätzender Vorteil einer umweltorientierten Pionierstrategie ist dagegen der dauerhafte Imageerfolg anzusehen. Dieser hat sich etwa bei der Opel AG eingestellt, nachdem sie als erste Unternehmung serienmäßig Katalysatoren in alle Fahrzeuge eingebaut hat (vgl. Meffert/Kirchgeorg 1994, S. 40).

Das Marketingmanagement muss sich bei der Auswahl der Timingstrategie stets der geschilderten ökonomischen und umweltorientierten Aspekte bewusst sein. Darüber hinaus ist es für Pioniere sehr wichtig, den Eintrittszeitpunkt der ersten Folger realistisch zu prognostizieren, denn ein (zu) früher Eintritt der Konkurrenten kann die Vorteile der Pionierstrategie erheblich abschwächen.

3.4 Ausweitung der Portfolioplanung durch Ökoportfolios

Die im Abschnitt 3.1 getroffenen Aussagen zu den Marktbearbeitungsstrategien haben bereits verdeutlicht, dass eine separate Marketingstrategieplanung einzelner Produkte nicht sinnvoll ist, sondern vielmehr die Strategien der verschiedenen Produkte bzw. Produktgruppen aufeinander abzustimmen sind. Dies begründet sich nicht nur durch die Interdependenzen der Erfolgspotenziale, sondern vor allem wegen der Notwendigkeit, die vorhandenen (finanziellen) Ressourcen zielgerichtet auf die verschiedenen Produkte zu verteilen. Abgeleitet aus der Finanzplanung ist hierzu mit der Portfolioplanung ein Instrument entwickelt worden, das in der Literatur in einer Vielzahl verschiedener Formen beschrieben wird.

Der bekannteste Ansatz der ökonomischen Produktportfolioplanung ist die Marktanteils-/Marktwachstumsmatrix der Boston Consulting Group.[13] In ihr werden verschiedene Produkte bzw. oftmals ganze Produktgruppen gemäß zweier Dimensionen, der Wettbewerbsposition der Unternehmung (operationalisiert durch den relativen Marktanteil) und der Marktattraktivität (operationalisiert durch das Marktwachstum), klassifiziert und für die sich ergebenden Strategiefelder (die sog. Stars, Question Marks, Dogs und Cash Cows) unterschiedliche Strategieempfehlungen vorgegeben. Die Strategieempfehlungen (z.B. Investieren, Desinvestieren, Eliminieren oder Nutzen) sind dabei sehr grob und bedürfen einer weiteren Verfeinerung. Darüber hinaus

---

[13] Vgl. zu einer ausführlicheren Darstellung etwa Porter 1988, S. 447ff.

wird oft die Kritik geäußert, dass die Grenzziehung zwischen den einzelnen Strategiefeldern willkürlich ist. Dennoch stellt die Portfolioplanung ein Instrument dar, dass einen ersten groben Überblick über die Erfolgschancen der verschiedenen Produkte gewährleistet und deswegen in der Praxis häufig angewendet wird.

Das Konzept der Portfolioplanung kann im Prinzip auf zweierlei Weise umweltorientiert erweitert werden. Einerseits lässt sich die Umweltorientierung in die ökonomische Portfolioplanung integrieren, indem man ökologische Erfolgsfaktoren als zusätzliche Dimensionen oder Teilaspekte bereits vorhandener Dimensionen in die Planung aufnimmt. Andererseits kann parallel neben der ökonomischen Portfolioplanung eine umweltorientierte Portfolioplanung durchgeführt werden. Erstes Vorgehen erfordert aus Darstellungsgründen eine Beschränkung auf zwei, maximal drei Erfolgsfaktoren. Ein mögliches Konzept, das mit den Erfolgsfaktoren 'Steigerung des Deckungsbeitrags' und 'Umweltfreundlichkeit' jeweils einen ökonomischen und einen umweltorientierten Erfolgsfaktor verwendet, ist die EPM-Portfolio-Matrix von Schaltegger und Sturm (1994, S. 212ff.). Sie ist wegen der hohen Aggregation der beiden Erfolgsfaktoren zumindest für die Marketingstrategiefindung eher ungeeignet; im Rahmen der Marketingplanung erscheint die parallele umweltorientierte Portfolioplanung mittels so genannter Ökologieportfolios erfolgversprechender.

Als eine mögliche Variante schlägt Meffert eine Portfoliomatrix vor, die durch die Faktoren der Umweltgefährdung und der Vorteile umweltorientierten Unternehmensverhaltens aufgespannt wird.[14] Sie ist in Abbildung 2 dargestellt. Der externe Erfolgsfaktor der Umweltgefährdung fasst die Gefährdungen der verschiedenen Umweltmedien (Boden, Wasser, Luft) zusammen, die von der Produktgruppe ausgehen. Der interne Erfolgsfaktor der Vorteile umweltorientierten Unternehmensverhaltens gilt als Maß für alle monetären und nicht-monetären Vorteile, die eine umweltorientierte Marketingplanung für dieses Produkt mit sich bringt. Anders als etwa durch einen Erfolgsfaktor „Steigerung des Deckungsbeitrags" kann unter diesem Erfolgsfaktor auch die Verbesserung umweltorientierter Zielgrößen subsumiert werden. Durch die Aufspaltung der beiden Erfolgsfaktoren in die Ausprägungen 'hoch' und 'niedrig' ergeben sich vier Strategiefelder, für die unterschiedliche Normstrategien gelten.

Zuerst seien im Folgenden Produkte mit *hoher Umweltgefährdung* betrachtet. Bei ihnen besteht die Gefahr, dass die Produkte der Unternehmung in Schwierigkeiten bringen können. Daher sollten die Produkte aus dem Produktprogramm *eliminiert* werden (Rückzug), falls nur geringe Vorteile umweltorientierten Unternehmensverhaltens prognostiziert werden. Wo dies wegen übergeordneter Überlegungen nicht möglich ist, sollte bei möglichst geringen Kosten zumindest ein gewisses Maß an Umweltschutz gewährleistet werden (Kostenminimierung).

---

[14] Vgl. hier und im Folgenden Meffert 1988, S. 140ff., oder Meffert/Kirchgeorg 1998, S. 157ff.

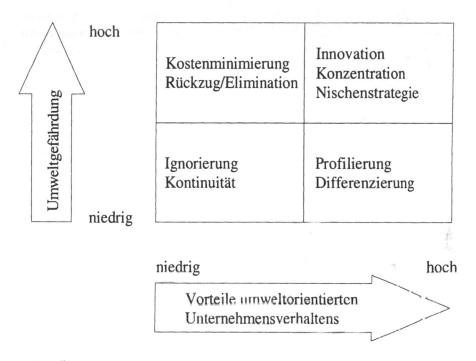

Abb. 2: Ökologieportfolio-Matrix (leicht modifiziert aus Meffert 1988, S. 141)

Können große Vorteile dadurch erzielt werden, dass die Unternehmung die Produkt-gruppe umweltfreundlicher gestaltet, dann sollte sie dies tun. Hierzu sind jedoch Innovationen erforderlich, die das Umweltgefährdungspotenzial herabsetzen. Da notwendige Forschungsanstrengungen nicht für alle Produkte gleichermaßen durchgeführt werden können, muss sich die Unternehmung auf die viel versprechendsten Produktgruppen *konzentrieren* und eventuell auch nur einige *Teilmärkte bearbeiten* (Nischenstrategie).

Für Produkte, die eine *geringe Umweltgefährdung* aufweisen, sind je nach den Vorteilen, die mit einem umweltorientierten Unternehmensverhalten verbunden sind, ebenfalls unterschiedliche Strategieausrichtungen sinnvoll. Wenn die Vorteile des umweltorientierten Unternehmensverhaltens gering sind, dann kann die Unternehmung die Produktgruppe im Rahmen ihrer Umweltorientierung *ignorieren* und kontinuierlich die ökonomischen Marketingstrategien weiterverfolgen (Kontinuität).

Bringt ein umweltorientiertes Verhalten jedoch eine Menge Vorteile ein, so sollte die Unternehmung die Vorzüge dieses Verhaltens auch ausnutzen. Produkte, die diesem Bereich der Ökoportfoliomatrix zugeordnet werden, sind die „ökologischen Stars", da sie wegen ihrer geringen Umweltgefährdung nur wenige ökologische Risiken mit sich bringen, aber ihre umweltorientierte Ausrichtung große

Vorteile verspricht. Problematisch ist die langfristige Realisierung der Vorteile jedoch zumeist deswegen, weil auch Konkurrenten die Vorteile des Produktes erkennen. Es ist daher erforderlich, sich durch eine besondere Ausrichtung auf diesen Produktmärkten zu *profilieren*, um den Vorsprung vor den Konkurrenten zu behaupten. Darüber hinaus kann es zweckmäßig sein, das Produktspektrum zu *differenzieren*, um seine Stärken auch auf andere Produkte auszuweiten.

Bei paralleler Durchführung der ökonomischen und der umweltorientierten Portfolioplanung müssen ihre Ergebnisse aufeinander abgestimmt werden. Produkte, die aus umweltorientierter Sichtweise nicht mehr weiter angeboten werden sollten, können eventuell in der ökonomischen Portfoliomatrix als Stars eingeschätzt und insofern nicht ohne weiteres aus der Produktpalette herausgenommen werden. Es ist von der verfolgten Umweltpolitik der Unternehmung abhängig, welcher Planung im Konfliktfall eine höhere Priorität eingeräumt wird. In weniger stark umweltorientierten Unternehmungen dient das Ökologieportfolio lediglich als schwacher 'Filter', durch den nur dann ökonomische Stars beseitigt werden, wenn das Risiko einer Umweltgefährdung existenzbedrohend ist. Sieht man das Ökologieportfolio als solch einen Filter an, so ist seine Filterkraft auch von den Ausprägungen der Erfolgsfaktoren abhängig. Die umweltorientierten Normstrategien der Ignorierung bzw. der Kontinuität weisen etwa darauf hin, dass die Filterfunktion bei geringer Umweltgefährdung und geringen Vorteilen umweltorientierten Unternehmensverhaltens (beinahe) gänzlich entfällt.

Bei der Abstimmung der beiden Portfolios muss zudem bedacht werden, dass das vorgestellte Ökologieportfolio-Konzept von Meffert über den Erfolgsfaktor „Vorteile umweltorientierten Unternehmensverhaltens" auch ökonomische Aspekte beinhaltet, die beim Entscheidungsprozess zur Auswahl der Marketingstrategie nicht doppelt berücksichtigt werden dürfen. Außerdem müssen die umweltorientiert und ökonomisch ermittelten Normstrategien inhaltlich aufeinander abgestimmt, d.h. bzgl. der sich aus ihnen ergebenden Stoßrichtung vereinheitlicht werden. Die aus dem ökonomischen Portfolio der Boston Consulting Group abgeleiteten Normstrategien sind dabei als allgemeinere Handlungsempfehlungen aufzufassen und bilden das Fundament für die konkreteren Strategien der Ökologieportfolioplanung.

4 Umweltorientierte Marketinginstrumente

Marketinginstrumente sind Bündel konkreter Maßnahmen, die der Beeinflussung der Konsumenten dienen. Durch ihren Einsatz sollen die Marketingstrategien verfolgt und die Marketingziele erreicht werden. In diesem Abschnitt werden die Marketinginstrumente grob aus dem Blickwinkel der auf den Absatzmärkten stattfindenden Austauschbeziehungen (Transaktionen) klassifiziert (vgl. Steffenhagen 1999). Hierbei lassen sich auf der einen Seite all jene Instrumente zu einer Instrumentegruppe zusammenfassen, die der *Gestaltung anzubietender Leistungen* dienen (Abschn.

4.1). Auf der anderen Seite bestimmt die Unternehmung zu einem Großteil auch die *erwarteten Gegenleistungen* (Abschn. 4.2). Zur Anbahnung der Transaktionen wird überdies eine Reihe von Maßnahmen der werbenden Kommunikation (Abschn. 4.3) durchgeführt. Es sei vorab betont, dass eine eindeutige Zuordnung eines Instruments zu einer Instrumentegruppe nicht immer gelingt. Zudem zeichnen sich konkrete Maßnahmen oft durch das Zusammenspiel mehrerer Instrumente aus.

Die nachfolgenden Erläuterungen können kein vollständiges Bild der umweltorientierten Marketinginstrumente liefern. Aus den drei Instrumentegruppen werden vielmehr nur einige Instrumente exemplarisch hervorgehoben, anhand derer sich die umweltorientierte Ausrichtung der Marketingplanung gut verdeutlichen lässt. Im Vordergrund stehen dabei die Produkt- und Preisgestaltung sowie die Werbung. Diese Fokussierung soll nicht darüber hinweg täuschen, dass die umweltorientierte Marketingplanung i.d.R. nur dann erfolgreich sein kann, wenn Maßnahmen verschiedener Instrumente(gruppen) aufeinander abgestimmt realisiert werden (umweltorientierter Marketing-Mix).

4.1 Umweltorientierte Gestaltung anzubietender Leistungen

Im Mittelpunkt der Gestaltung anzubietender Leistungen steht die *Produktgestaltung*, die in enger Abstimmung mit der Unternehmensfunktion Forschung und Entwicklung erfolgen muss. Dabei kommt dem Marketing die Aufgabe zu, Ansprüche des Marktes bzw. der Konsumenten in die Produktgestaltung einfließen zu lassen. Ansprüche an die Umweltfreundlichkeit des Produktes ergeben sich bei (umweltbewussten) Konsumenten vor allem bezüglich jener Phasen des ökologischen Produktlebenszyklus, an denen sie direkt beteiligt sind (Produktnutzung und erste Schritte der Entsorgung, wie etwa die getrennte Sammlung). Immer häufiger erwarten die Konsumenten jedoch auch, dass insbesondere die Herstellung der Produkte und die Distribution der Produkte sowie eingesetzter Materialien und Produktbestandteile ökologischen Ansprüchen genügen. Unternehmungen mit offensiver Umweltpolitik gehen daher dazu über, auch diese Phasen des ökologischen Produktlebenszyklus zu berücksichtigen. Die Produktgestaltung erfordert dann eine verstärkte Verzahnung mit Planungsüberlegungen des Produktions-, Entsorgungs- und Logistikmanagements. Das Marketinginstrument Produktgestaltung ist somit Bestandteil einer umfassenden Produktpolitik.[15]

Teilaspekte der Produktgestaltung sind die Produktsubstanz- und Produktverpackungsgestaltung. Die *Produktsubstanzgestaltung* umfasst die „Auswahl über die zu

---

[15] Vgl. zu den Aufgaben einer solchen Produktpolitik, die bei einem weiten Marketingverständnis auch übergreifend als Marketinginstrument aufgefasst werden kann, Meffert/Kirchgeorg 1998, S. 289ff., Meffert/Kirchgeorg 1994, S. 44ff., oder Meffert/Bruhn 1996, S. 644.

verarbeitenden Materialarten, die konstruktive Auslegung, die Verarbeitungsweise, die verwendete Rezeptur oder chemische Formel" (Steffenhagen 1994, S. 127). Die umweltorientierte Substanzgestaltung zielt besonders auf den Einsatz umweltfreundlicher Materialien ab. So zeigt sich beispielsweise für Papierprodukte die Umweltfreundlichkeit durch den Altpapieranteil und die Art der Bleichung (chlorgebleicht oder nicht-chlorgebleicht). Als negative Ausgrenzung ist zudem häufig ein Verbot umweltgefährdender Stoffe durch gesetzliche Regelungen vorgegeben (etwa FCKW, Tropenhölzer, bestimmte Tierarten). Die Einhaltung solcher Vorgaben ist aber noch nicht ausreichend zur Umsetzung einer offensiven Umweltpolitik und bringt kaum Wettbewerbsvorteile mit sich. In diesem Sinne ist eine umweltorientierte Substanzgestaltung im Rahmen einer offensiven Umweltpolitik erst dann gegeben, wenn die gesetzlichen Vorschriften übererfüllt werden und sich die Produkte durch eine (auch relativ gegenüber anderen Produkten) umweltfreundlichere Substanz auszeichnen.

Ein weiterer Aspekt bei der umweltfreundlichen Substanzgestaltung betrifft die Recyclingfähigkeit. Recyclingfreundliche Produkte drücken besonders gut den Umweltschutzwillen der Unternehmung aus; sie erfordern jedoch – eine glaubwürdige Unternehmenspolitik vorausgesetzt – auch die Einrichtung oder Teilnahme an entsprechenden Recycling- bzw. Retrodistributionssystemen und somit zumindest Ansätze einer kreislauforientierten Denkweise.

Weitere umweltorientierte Maßnahmen im Rahmen der Produktsubstanzgestaltung betreffen die Verringerung der Produktquantität bzw. der sich aus dem Produkt ergebenden Abfallquantität (Beispiel: Waschmittelkonzentrate). Hierunter fällt auch der Einsatz besonders unempfindlicher Materialien oder die Anwendung spezieller Konstruktionsprinzipien zur Verlängerung der Produktlebensdauer (Beispiele: verzinkte Autokarosserien, auswechselbare Zahnbürstenköpfe).

Die Umweltorientierung der Verpackungsgestaltung bezieht sich im Grunde genommen auf die gleichen Aspekte wie die umweltorientierte Produktsubstanzgestaltung. Auch hier spielt der Einsatz umweltfreundlicher und rezyklierbarer Materialien eine wesentliche Rolle. Besonderes Augenmerk wird bei der umweltorientierten Verpackungsgestaltung zudem ebenfalls auf die Verminderung der Abfallquantität gelegt (Beispiel: Nachfüllpackungen für Waschmittel). Eine Optimierung der Verpackungsgestaltung unter umweltorientierten Gesichtspunkten führt zuweilen sogar dazu, dass Verpackungen gänzlich wegfallen, so etwa die Umverpackungen von Zahnpastatuben, deren Wegfall allerdings auch auf gesetzliche Bestimmungen (Verpackungsverordnung) zurückzuführen ist.

Die beschriebenen vielfältigen Maßnahmen zur Produktgestaltung dienen der Positionierung des Produktes und verfolgen häufig eine umweltfreundliche Qualitätsführerschaftsstrategie. Zu bedenken ist dabei jedoch, dass die Umweltfreundlichkeit der Produkte und Verpackungen zur Verschlechterung anderer Qualitätseigenschaften führen kann (Beispiel: Recyclingpapier). Zudem weisen umweltfreundliche Produkte i.d.R. höhere Herstellungskosten auf. Die Marketingplanung muss daher abwägen, ob die Wettbewerbsvorteile, die sich durch umweltfreundliche Produkte und die eventuell aufgebaute umweltfreundliche Produktpersönlichkeit ergeben, die beschriebenen Nachteile aufwiegen.

Neben der Produktgestaltung sind auch Serviceleistungen Bestandteil der anzubietenden Leistungen. Eine umweltorientierte *Serviceleistung* ist etwa die Beratung über die umweltfreundliche Nutzung der Produkte. Sie äußert sich in persönlichen Verkaufsgesprächen (im Handel), Ratschlägen in TV- und Hörfunkspots oder Verpackungsinformationen (Beispiel: Hinweise zur richtigen Dosierung von Waschmitteln).

Zu den Serviceleistungen zählen überdies die Distributions- und Redistributionsleistungen, deren Planung eng mit dem Logistikmanagement verbunden ist und die oft durch Absatzmittler (Handelsbetriebe etc.) übernommen werden. Ein Beispiel stellt etwa die Mitnahme einer alten Waschmaschine bei der Auslieferung einer neuen Waschmaschine dar. Neben dem Umweltbewusstsein spricht diese Maßnahme die Bequemlichkeit der Konsumenten an. Ist die Rücknahme der Altprodukte auf die Marke der Unternehmung beschränkt, fördert sie zudem die Markentreue, entspricht aber nicht unbedingt einer offensiven Umweltpolitik.

4.2 Umweltorientierte Gestaltung erwarteter Gegenleistungen

Für die Hergabe seiner Produkte sowie das Angebot an Serviceleistungen erwartet die Unternehmung eine Gegenleistung. Als Tauschobjekt fungiert dabei in erster Linie ein Geldbetrag. Die Höhe dieses Geldbetrags wird in vielen Fällen nicht originär vom Konsument bestimmt, sondern im Rahmen der Preisgestaltung – mehr oder minder starr – von der Unternehmung vorgegeben. Neben der Festsetzung des Geldbetrages spielen auch die genauen Zahlungsbedingungen (Zeitpunkt, Preisnachlässe etc.) eine Rolle. Hierauf wird im Folgenden allerdings nicht weiter eingegangen.

Bei der *Preisgestaltung* umweltfreundlicher Produkte ist insbesondere relevant, ob die Konsumenten die Produkteigenschaft Umweltfreundlichkeit honorieren. Ist dies der Fall, kann die Unternehmung die umweltfreundlichen Produkte teurer anbieten als herkömmliche Produkte und somit auch die oftmals höheren Herstellungskosten auf die Konsumenten abwälzen. Dies ist allerdings dann nicht möglich, wenn die umweltfreundlichen Produkte bezüglich anderer Produkteigenschaften schlechter beurteilt werden und diese Qualitätsverschlechterung trotz gestiegener Umweltfreundlichkeit nur durch einen geringeren Preis kompensiert werden kann.

Da die Wichtigkeit der Produkteigenschaft Umweltfreundlichkeit bei verschiedenen Käufersegmenten zum Teil stark variiert, erscheint in den meisten Fällen eine differenzierte Marktbearbeitung angeraten, bei der eine segmentspezifische Preisgestaltung möglich ist. Preis- und Produktgestaltung müssen dabei eng aufeinander abgestimmt sein, wobei wiederum die Glaubwürdigkeit der Unternehmung eine nicht zu unterschätzende Rolle spielt. Nur wenn die Vertrauenseigenschaft Umweltfreundlichkeit für den Konsumenten glaubhaft vermittelt wird, ist er auch bereit, einen höheren Preis zu zahlen (oder über qualitative Schwächen des Produktes hinwegzusehen). Vermutet der Konsument hingegen eine bloße Preisdifferenzierung herkömmlicher Produkte ohne eine tatsächliche ökologische Produktmodifikation, so wird seine Preisbereitschaft in erheblichem Maß geschmälert.

Die Ausrichtung der Preisgestaltung auf strategische Überlegungen äußert sich neben einer entsprechenden Marktbearbeitung auch in der Berücksichtigung zeitlicher und wettbewerbswirksamer Aspekte. Vor allem bei Produkten, die sich als Umweltschutzinnovationen kennzeichnen lassen, erleichtert ein niedriger Preis die zügige Markteinführung und eine schnelle Marktdurchdringung. Außerdem unterstützt er den Pionieranbieter dabei, einen möglichst großen Vorsprung auf der Kostenerfahrungskurve zu erlangen. Dadurch lassen sich zum Teil die erhöhten Herstellungskosten umweltfreundlicher Produkte gegenüber den herkömmlichen Produkten der Wettbewerber absenken.

Langfristig können niedrige Preise umweltfreundlicher Produkte jedoch nur dann beibehalten werden, wenn ihre Herstellungskosten gesenkt werden. Für eine Unternehmung, die neben den umweltfreundlichen Produkten auch noch andere Produkte vertreibt, besteht prinzipiell die Möglichkeit einer umweltorientierten Mischkalkulation, bei der den umweltfreundlichen Produkten ein möglichst geringer Anteil der Gemeinkosten zugerechnet wird. Dass hierdurch die Herstellung herkömmlicher Produkte verteuert wird, dürfte eine Unternehmung mit offensiver Umweltpolitik zumindest solange hinnehmen, wie die verteuerten Produkte nicht das Kerngeschäft der Unternehmung betreffen und diese Maßnahme keine hohen Umsatzeinbußen erwarten lässt.

Neben dem Produktpreis können als umweltorientierte Marketinginstrumente auch andere erwartete Gegenleistungen eine Rolle spielen. Denkbar sind etwa *Rückgabeverpflichtungen*, die spiegelbildlich zur Rücknahmeverpflichtung der Hersteller die Konsumenten auffordern, die Produkte nach dem Konsum an die Unternehmungen zurückzuliefern oder zumindest zur Verfügung zu stellen. Solche Regelungen sind (momentan) seltener anzutreffen als die Rücknahmeleistungen der Unternehmungen, weil die Produktverantwortung laut dem Kreislaufwirtschaftsgesetz den Herstellern und Vertreibern obliegt. Zukünftig erscheint allerdings zumindest eine Kopplung zwischen Preisgestaltung und Rückgabeverpflichtung denkbar, bei der dem Konsumenten ein Preisnachlass für die Übernahme der Rückgabeverpflichtung gewährt wird. Einen ersten Schritt in diese Richtung bilden die Angebote von Autoherstellern und -händlern, beim Kauf eines Neuwagens den alten PKW für einen Mindestbetrag in Zahlung zu nehmen.

4.3 Umweltorientierte Marktkommunikation

Neben den Marketinginstrumenten zur Gestaltung von Leistungen und Gegenleistungen bei der Gütertransaktion lassen sich unter dem Begriff Marktkommunikation noch weitere Instrumente fassen, ohne die in vielen Fällen ein einfacher und reibungsloser Gütertausch nicht möglich wäre. Erst durch die zahlreichen Möglichkeiten der Marktkommunikation gelingt es nämlich, den Konsumenten bestimmte Eigenschaften der Unternehmung und der angebotenen Produkte zu vermitteln. Oft erlangen die in den vorherigen Abschnitten beschriebenen Instrumente erst dann eine große Wirkung, wenn sie durch entsprechende Kommunikationsmaßnahmen publik gemacht werden.

Insbesondere eine umweltfreundliche Produktgestaltung wird nur dann erfolgreich sein, wenn sie den Konsumenten auch bekannt wird. *Umweltorientierte Werbung* muss daher auf umweltfreundliche Produkte (und Herstellungsverfahren etc.) aufmerksam machen. Sie ist darüber hinaus aber auch auf andere Zielgrößen ausgerichtet, die sich aus dem Kaufentscheidungsprozess bzw. der psychischen Prägung des Konsumenten ergeben (vgl. Abschn. 2.2). So zielt sie neben der Bekanntheit der Produkteigenschaft Umweltfreundlichkeit auf ihre Glaubwürdigkeit und auf das umweltorientierte Interesse (d.h. die Wichtigkeit der Umweltfreundlichkeit im Kaufentscheidungsprozess) ab und fördert damit die Einstellung und die Kaufabsicht gegenüber dem Produkt. Zur Steigerung der Glaubwürdigkeit bedienen sich Unternehmungen in ihrer Werbung dabei oft sachverständiger Organisationen oder objektiv erscheinender Personen, wie z.B. vertrauenswürdigen Verbrauchern oder sachkundigen Prominenten (vgl. Kaas 1992, S. 481).

Außer produktgerichteter Werbung führen Unternehmungen auch umweltorientierte Public Relations-Maßnahmen (PR) durch, die die Unternehmung als „umweltorientierten Problemlöser" darstellen und dadurch ihre offensive Umweltpolitik vermitteln (vgl. Meffert/Kirchgeorg 1998, S. 316ff.). Ein gutes Beispiel hierfür ist der Anfang der 1990er Jahre ausgestrahlte TV-Werbespot der Opel AG, in dem auf die Ausrüstung aller PKW-Modelle mit einem Katalysator hingewiesen wurde. Der Werbespot zeigt die meiste Zeit einen Wasserfall und ist durch Musik untermalt, deren Text von der Schönheit der Natur handelt. Der Hinweis auf die Katalysatoren-Ausrüstung erfolgt erst am Ende des Spots durch eine Schrifteinblendung und einen gesprochenen Text. In der gesamten Werbung ist dagegen kein einziger PKW zu sehen.

Eine unternehmensbezogene Werbung wird an Stelle einer produktbezogenen Werbung immer dann eingesetzt, wenn man dem Konsumenten produktübergreifende Aspekte näher bringen will bzw. das gesamte Unternehmensimage als Zielgröße der Marktkommunikation gilt. Außerdem ist sie immer dann angebracht, wenn umweltfreundliche Produkteigenschaften als Standard angesehen werden und die Markenwahl des Konsumenten eher von der beobachtbaren Umweltpolitik der Unternehmung abhängt (z.B. bei Kraftstoffen oder Motorölen verschiedener Tankstellen). Darüber hinaus dienen umweltorientierte PR-Aktionen dazu, Konsumenten den verantwortungsvollen Umgang der Unternehmung mit umweltkritischen Produkten zu vermitteln.

Neben der Frage nach Produkt- oder Unternehmensbezug bei der Gestaltung der Werbung muss sich die Marketingplanung u.a. auch Gedanken über deren Tonalität machen, also darüber, ob die Werbung stärker sachlich oder emotional auszurichten ist. Abhängig ist diese Entscheidung davon, welcher Teil der psychischen Prägung durch die Werbebotschaft angesprochen werden soll. Produkt- und Unternehmenseigenschaften, die eher auf die emotionale Disposition der Einstellung zielen, erfordern eine emotional gestaltete Werbung (bei Printmedien: Einsatz von Bildern, große Schriften, emotional behaftete Schlagwörter). Sachlich gestaltete Werbung zielt dagegen auf die kognitive Disposition der Einstellung sowie das umweltorientierte Wissen der Konsumenten ab. Sie zeichnet sich durch Textelemente mit sachlicher, beschreibender Sprache aus (vgl. Meffert/Kirchgeorg 1998, S. 318ff.).

Die Tonalität der Werbung ist in besonderer Weise auch mit der Auswahl des eingesetzten Werbemediums verbunden. Sachliche Informationen lassen sich besser durch Printmedien vermitteln, emotionale eher durch TV- und Hörfunkspots. Die umweltorientierte Auswahl und Gestaltung des Werbemediums und auch des Werbeträgers hängen überdies von ihrer Einschätzung durch den Konsumenten ab. Es dürfte einsichtig sein, dass eine umweltorientierte Werbebotschaft eines Automobilherstellers eher glaubwürdig erscheint, wenn sie in einer Naturschutzzeitung als in einem Automagazin abgedruckt ist; umweltorientierte Werbung sollte zudem nicht auf Hochglanzpapier präsentiert werden.

Außer Werbung gibt es noch andere Formen der Marktkommunikation. Vor allem die *Produktmarkierung* kann dabei ebenfalls umweltorientiert ausgerichtet werden. Zur Produktmarkierung zählen die Namensgebung sowie firmen- bzw. produktspezifische Logos. Beide sollen insbesondere die Wiedererkennung der Unternehmung oder des Produktes sowie gewisser Produkteigenschaften gewährleisten und zugleich auf bestimmte Sachverhalte hinweisen.

Die *Namensgebung* stellt ein zentrales Instrument dar, da der Name wesentlichen Einfluss auf die Bekanntheit und das Image des Produktes besitzt. Ein umweltorientierter Produktname wird deshalb i.d.R. auch nur dann gewählt, wenn eine ausschließlich umweltorientierte Positionierung des Produktes angestrebt wird. Dann werden dem Produktnamen z.B. Vorsilben wie „Öko", „Recycling" oder „Bio" vorangestellt, durch die entsprechende Hinweise über Herstellungsweise und Verwertungsmöglichkeiten für den Konsumenten direkt offensichtlich gemacht werden sollen. Manche dieser Vorsilben sind in der Produktart weit verbreitet. So findet man bei Druck- oder Kopierpapieren häufig die Vorsilbe „Recycling". Beispiele für eine produktartuntypische – und daher zur erfolgreichen Positionierung besonders geeignete – umweltorientierte Namensgebung sind der Öko-Lavamat (Waschmaschine) oder der Eco-Contact (Autoreifen).

Öko-Logos sind Zeichen, die vor allem auf der Produktverpackung angebracht sind und dem Konsumenten eine umweltorientierte Unternehmenspolitik oder die Umweltfreundlichkeit eines Produktes plakativ vor Augen führen sollen. Neben firmenindividuellen Logos werden insbesondere zur Steigerung der Glaubwürdigkeit auch solche Öko-Logos eingesetzt, die von unabhängigen Institutionen vergeben werden. Die bekanntesten Beispiele solcher Öko-Logos sind der Blaue Engel und der Grüne Punkt. Während der Grüne Punkt schon alleine deswegen seine imagesteigernde Wirkung verliert, da er heutzutage auf nahezu allen Produktverpackungen angebracht ist, besitzt der Blaue Engel trotz mancher Kritik von Umweltschutzorganisationen eine verkaufsfördernde Wirkung insbesondere bei umweltbewussten Konsumenten. Eine Vielzahl anderer Öko-Logos dürfte dagegen wegen der Fülle verwendeter Öko-Logos und der in der Öffentlichkeit nur selten bekannten Vergabekriterien bei weitem keine so starke Wirkung erzielen.

Eine weitere, spezielle Form der Marktkommunikation bildet das *Ökosponsoring*. Dabei versteht man unter Ökosponsoring „die Verbesserung der Aufgabenerfüllung im ökologischen Bereich durch die Bereitstellung von Geld-/Sachmitteln oder Dienstleistungen durch Unternehmen ..., die damit auch (direkt oder indirekt) Wirkungen für ihre ökologiegerichtete Unternehmenskultur und *-kommunikation* anstreben"[16]. Als konkrete Sponsoringmaßnahmen eignen sich vor allem die Förderung von Umweltverbänden, die Bezuschussung bestimmter Umweltprojekte oder die Auslobung von Umweltpreisen.[17]

Es sei abschließend erwähnt, dass Konsumenten sowohl dem Ökosponsoring als auch den Öko-Logos, aber auch den anderen Kommunikationsmaßnahmen, zum Teil starkes Misstrauen entgegen bringen. Nur eine langfristige Marktbearbeitung und eine glaubwürdige Vermittlung der umweltorientierten Aspekte können diesem Misstrauen entgegenwirken. Sollte eine Kommunikationsmaßnahme an Glaubwürdigkeit verlieren, weil nachgewiesen wird, dass die Umweltfreundlichkeit des Produktes objektiv nicht gegeben ist, so wird eine ehrliche Umweltorientierung für einen langen Zeitraum unmöglich. Eine Abstimmung der Marktkommunikation mit den beiden anderen Instrumentegruppen und hierbei insbesondere mit der Produktgestaltung sowie der übergeordneten unternehmensstrategischen Ausrichtung ist schon deswegen unbedingt erforderlich.

---

[16] Bruhn 1993, S. 466; Hervorhebung durch den Autor.

[17] Die Zuordnung des Öko-Sponsorings zur Instrumentegruppe Marktkommunikation begründet sich in erster Linie dadurch, dass die Sponsoringmaßnahmen i.d.R. mit Werbemaßnahmen gekoppelt werden. Sie ließen sich jedoch auch in die Instrumentegruppe Gestaltung anzubietender Leistungen einordnen, zumindest dann, wenn man die Förderungsmaßnahme als eine Art Geldzuwendung interpretiert, die zwar nicht direkt dem Konsumenten zugute kommt, aber zumindest die Interessen der Konsumenten anspricht. Vgl. zu einer weiterführenden Typologisierung von Ökosponsoringmaßnahmen Bruhn 1993, S. 467.

Lektion X

Rainer Souren

Umweltorientiertes Personalmanagement

Im Hinblick auf die verschiedenen Teilbereiche der Personalplanung wird der Frage nachgegangen, welche Implikationen sich aus der Verfolgung unterschiedlicher umweltbezogener Unternehmensstrategien sowie der damit verbundenen Organisationsgestaltung ergeben. Die Ausführungen zur Personalleitung bzw. Mitarbeitermotivation analysieren den umweltbezogenen Einsatz betrieblicher Anreizinstrumente und stellen darauf aufbauend drei Motivationskonzepte vor. Es wird verdeutlicht, inwieweit die Anwendung der Konzepte sowohl von der verfolgten Unternehmensstrategie als auch von dem jeweiligen Mitarbeitertyp abhängt.

Die Lektion vertieft die in Abschnitt 4.3.2 der Lektion I angesprochenen Aspekte des umweltorientierten Personalmanagements. Vorausgesetzt wird die Kenntnis der idealtypischen Umweltstrategien nach Jacobs (1994), wie sie in Abschnitt 4.1 der Lektion I beschrieben sind.

1 Aufgaben und Einflussfaktoren des Personal-
managements

Aufgabe der Personalwirtschaft ist das „Vorbereiten, Treffen und Umsetzen ökonomisch legitimierbarer Personalentscheidungen" (Kossbiel/Spengler 1992, Sp.
1950) bzgl. Verfügbarkeit, Einsatz und Wirksamkeit der Mitarbeiter. Da die Mitarbeiter in den letzten Jahren zunehmend von den Unternehmungen als Erfolgsfaktor angesehen werden, kommt der Personalwirtschaft eine steigende Bedeutung
zu. Mit dieser Entwicklung wandelt sich die Personalwirtschaft zum Personalmanagement (analog im Englischen: Human Ressource(s) Management), das nicht
nur die Rolle einer Servicefunktion in der Unternehmung einnimmt, sondern aktiv
Entwicklungen in der Organisation mitgestaltet. Personalmanagement ist somit
nicht auf die bloße Anwendung von Instrumenten der Personalbedarfs-, -beschaf-
fungs- oder -ausbildungsplanung beschränkt. Es handelt sich vielmehr um eine
Managementaufgabe, die im Spannungsfeld von unternehmensexternen und -internen
Kontextfaktoren Problemlösungen finden muss. Dabei gewinnt die Einbindung in
das strategische Management zunehmend an Bedeutung (vgl. Scholz 1994, S. 1f.,
und Staehle 1994, S. 736ff.).

Als Kontextfaktor des Personalmanagements nimmt die umweltorientierte Strategiewahl, die auf der normativen Vorgabe der unternehmerischen Umweltpolitik
aufbaut, daher auch eine zentrale Stellung ein. Gemäß dem Motto „structure fol-
lows strategy" determiniert die umweltbezogene Strategie in besonderem Maße die
Aufbauorganisation der Unternehmung. Die Organisationsgestaltung wiederum ist
ein wesentlicher Einflussfaktor auf die meisten Entscheidungen im Rahmen der
Personalplanung. Die von der Unternehmung verfolgte Umweltschutzstrategie
spielt zudem für die Mitarbeitermotivation eine entscheidende Rolle.

Die Mitarbeitermotivation hängt überdies vor allem von der psychischen Prägung
der Mitarbeiter ab, die somit einen zweiten wichtigen unternehmensinternen Kontextfaktor des Personalmanagements bildet (vgl. Anhang des Buches). Die Sensibilisierung der Mitarbeiter für den Umweltschutz ist dabei oft nicht einfach, insbesondere
dann nicht, wenn sich die Mitarbeiter vom Umweltschutz nicht betroffen fühlen.
Nur wenn es gelingt, die Interessen und Werte der Mitarbeiter gegenüber dem
Umweltschutz zu verändern oder zumindest durch äußere Anreize ihr Verhalten zu
beeinflussen, kann man entsprechendes Engagement für den Umweltschutz erwarten.
Daneben erfordern die sich ständig ändernden umweltspezifischen Rahmenbedingungen auch eine permanente Weiterentwicklung des umweltorientierten Wissens
der Mitarbeiter.

In dieser Lektion wird die Ausgestaltung des Personalmanagements weitgehend
auf die beiden geschilderten Kontextfaktoren 'umweltorientierte Strategiewahl'
(bzw. Umweltpolitik) und 'psychische Prägung der Mitarbeiter' zurückgeführt.

Dabei wird in Abschnitt 2 der Einfluss der Umweltorientierung auf die einzelnen Bereiche der Personalplanung näher untersucht. Abschnitt 3 befasst sich mit der Personalführung und der Mitarbeitermotivation zu umweltorientiertem Verhalten. Neben den Einsatzmöglichkeiten verschiedener Anreizinstrumente zur Erreichung umweltorientierten Verhaltens werden drei Motivationskonzepte vorgestellt, die auf die individuellen Motivationsstrukturen der Mitarbeiter auszurichten sind.

2 Personalplanung und Umweltschutz

Die Personalplanung lässt sich in die Bereiche Personalbedarfsplanung, Personalbeschaffungs- und -freisetzungsplanung, Personalausbildungs- und -entwicklungsplanung und Personaleinsatzplanung unterteilen. In konkreten Planungsüberlegungen sind häufig mehrere dieser Teilplanungen simultan durchzuführen. Aus didaktischen Gründen soll die Umweltorientierung verschiedener Personalplanungsaspekte jedoch weitgehend überschneidungsfrei behandelt werden.

2.1 Personalbedarfsplanung

Aufgabe der Personalbedarfsplanung ist die „quantitative[n] und qualitative[n] Ermittlung des gegenwärtigen und zukünftigen Personals, das zur Realisierung der gegenwärtigen und zukünftigen Unternehmensleistung benötigt wird" (Drumm/ Scholz 1988, S. 104). Die Berücksichtigung von Umweltschutzaspekten führt dabei i.d.R. zu einem qualitativ und quantitativ geänderten Personalbedarf, wobei das Ausmaß der Änderung im Besonderen von der Wahl der umweltorientierten Strategie abhängt. Im Folgenden wird die Typologie der Umweltstrategien nach Jacobs (1994) zu Grunde gelegt (vgl. Lektion I.4.1).

Bei der abwehrorientierten Strategie fallen kaum neue Aufgaben an. Der geringe Umfang zusätzlicher Aufgaben, der hauptsächlich auf die Abwehr von Umweltschutzansprüchen gerichtet ist, erlaubt eine Übertragung auf bereits bestehende Stellen. Mit den anderen Strategietypen wachsen die Aufgaben der Personalbedarfsplanung immer stärker an. Bei der zyklusorientierten Strategie, die bezüglich der Umweltorientierung als entgegengesetztes Extrem zur abwehrorientierten Strategie aufzufassen ist, muss der Umweltschutz in alle Unternehmensbereiche integriert werden, was den Umfang der Personalbedarfsplanung entsprechend erhöht. Dabei beschränkt sich die Personalbedarfsplanung nicht nur auf die Festlegung der Anzahl benötigter Mitarbeiter (quantitativer Aspekt), sondern umfasst auch die Erstellung von Anforderungsprofilen (qualitativer Aspekt) sowohl für die Mitarbeiter der primären als auch der sekundären Organisationsstruktur. Für die primäre Organisationsstruktur sind Anforderungsprofile nicht nur für zentrale und dezentrale Umweltschutzeinheiten, sondern für nahezu alle Mitarbeiter in den verschiedenen Unternehmensbereichen und auch für die Unternehmensleitung aufzustellen.

Für Umweltmanager sind insbesondere folgende Schlüsselqualifikationen wichtig (vgl. Kirchgeorg et al. 1994, S. 48):

- Fähigkeit zum interdisziplinären Denken
- Erkennen komplexer Sachzusammenhänge
- Argumentations- und Überzeugungsfähigkeit
- Glaubwürdigkeit
- Fähigkeit zur Motivation anderer.

Auch die Mitglieder von Projektteams (der sekundären Organisationsstruktur) sollten über Schlüsselqualifikationen wie soziale Kompetenz, geistige Flexibilität sowie die Bereitschaft zur Kooperation verfügen. Darüber hinaus muss das Team in seiner Gesamtheit das Fachwissen aus verschiedenen Disziplinen (Ingenieur-, Naturwissenschaften, Recht, Ökonomie etc.) vereinigen.

Anforderungsprofile können nicht immer eine exakte Prognose über den zukünftigen Qualifikationsbedarf liefern (vgl. Mühlemeyer 1996, S. 67f.). Gerade im Umwelt-schutz lassen sich die zukünftigen Tätigkeitsfelder nicht exakt vorausbestimmen. Anforderungsprofile sind daher so zu gestalten, dass sie bei Änderung externer oder interner Kontextfaktoren eine flexible Anpassung ermöglichen.

2.2 Personalbeschaffungs- und -freisetzungsplanung

Aufgaben der Personalbeschaffungs- und -freisetzungsplanung sind die Ermittlung von Zahl und Art der zu beschaffenden bzw. freizusetzenden Personen sowie die Festlegung der Beschaffungs- bzw. Freisetzungsstrategie (vgl. ähnlich Drumm/ Scholz 1988, S. 123ff.). Die Personalbeschaffungsplanung kann konkrete Vorgaben über Art und Menge des notwendigen Personals aus der qualitativen und quantitati-ven Personalbedarfsplanung entnehmen. Die Zahl des zu beschaffenden Personals eines bestimmten Qualifikationstyps ergibt sich als Saldo aus Bedarfsplänen und (prognostiziertem) Personalbestand. Positive Salden implizieren eine Personalbe-schaffung, negative Salden hingegen eine Personalfreisetzung (vgl. Drumm/Scholz 1988, S. 123).

Im Rahmen der Beschaffungsstrategie sollte zunächst geprüft werden, ob der Be-darf unternehmensintern gedeckt werden kann. Gegenüber der externen Beschaf-fung sind damit geringere Personalkosten für die unternehmensspezifische Einar-beitung verbunden. Allerdings muss unabhängig davon, ob das Personal intern oder extern beschafft wird, bei der Personalauswahl geprüft werden, inwieweit die Bewerber dem Anforderungsprofil aus der Personalbedarfsplanung entsprechen. Insbesondere bei der prozess- und der zyklusorientierten Strategie sollten Bewer-ber ausgewählt werden, für die Umweltschutz nicht nur eine erwünschte Haltung ist, sondern die damit auch eigene Interessen verbinden.

Die Personalbeschaffungsplanung verfügt über ein breites Spektrum an Personalauswahlverfahren (z.B. Fähigkeitstests, Interviews, Assessment-Center), durch die auch umweltorientierte Kenntnisse, Interessen sowie Werte und Einstellungen abgefragt werden können. Indikatoren für ein gesteigertes Umweltbewusstsein können dabei etwa Praktika oder Seminare im Umweltbereich sowie Engagement in Umweltschutzorganisationen oder umweltorientierte Freizeitaktivitäten sein (vgl. Remer/Sandholzer 1992, S. 522f.).

Analog zur Personalbeschaffungsplanung kann man die umweltorientierte Personalfreisetzung in interne und externe Maßnahmen unterteilen. Die interne Personalfreisetzung wenig umweltmotivierter Mitarbeiter lässt sich z.B. durch Arbeitszeitverkürzungen, hierarchischen Abstieg sowie horizontale Versetzungsmöglichkeiten in Bereiche, die weniger umweltsensibel sind, realisieren. Im Rahmen der externen Personalfreisetzung sind die Nichtverlängerung von Arbeitsverträgen oder vorzeitige Pensionierungen sowie Kündigungen als mögliche Maßnahmen zu nennen.

Der umweltorientierten Personalfreisetzungsplanung kommt je nach Wahl der umweltorientierten Strategie eine andere Bedeutung zu. Während wenig umweltorientierte Mitarbeiter bei der outputorientierten Strategie weitgehend ignoriert oder intern freigesetzt werden können, ist dies bei der prozess- oder zyklusorientierten Strategie nicht immer möglich. Da die Glaubwürdigkeit letztgenannter Strategie vom Verhalten jedes einzelnen Mitarbeiters abhängt, kann es notwendig sein, 'Quertreiber', die die erfolgreiche Umsetzung der umweltorientierten Strategie gefährden, zu entlassen.

2.3 Personalausbildungs- und -entwicklungsplanung

Unter Personalausbildung und -entwicklung (PAE) versteht man die Veränderung der Kenntnisse, Interessen, Werte und Einstellungen des Personals (vgl. Drumm/Scholz 1988, S. 162ff.). Personalausbildung und -entwicklung kann auch als Personalbeschaffung in anderer Form aufgefasst werden. Die Unternehmung greift hier nicht auf Fähigkeitspotenziale von außen zurück, sondern entwickelt die in den Unternehmungen benötigten Fähigkeiten selbst (vgl. Scholz 1994, S. 252f.).

Wie Tabelle 1 zeigt, lassen sich für die umweltorientierte PAE je nach Umweltpolitik und Ausrichtung unterschiedliche Stellenwerte und Aufgaben ableiten.[1]

---

[1] Vgl. hierzu im Folgenden insbesondere Riekhof 1989, S. 294ff.

Tab. 1: Optionen für die strategische Ausrichtung umweltorientierter Personalausbildung und -entwicklung (in Anlehnung an Proft 1996, S. 295, und Riekhof 1989, S. 294)

	interne Ausrichtung	externe Ausrichtung
offensiv	3) Umweltorientierte PAE als **Instrument der Strategieumsetzung**	4) Umweltorientierte PAE als **Quelle von Wettbewerbsvorteilen**
defensiv	1) Umweltorientierte PAE als **fallweise Trouble-shooting-Aktivität**	2) Umweltorientierte PAE **nach branchenüblichem Muster**

Im Folgenden werden die Personalausbildung und -entwicklung für die offensive und defensive Umweltpolitik separat beschrieben und dabei die in Tabelle 1 aufgeführten Optionen näher erläutert sowie tendenziell den vier idealtypischen Umweltschutzstrategien zugeordnet.

2.3.1 Defensive Umweltpolitik

Die umweltorientierte PAE nimmt bei defensiver (oder gar krimineller) Umweltpolitik nur einen untergeordneten Stellenwert ein. Umweltanforderungen werden von diesen Unternehmungen als Einschränkungen des betrieblichen Leistungsprozesses angesehen, die es entweder abzuwehren gilt oder die mit geringstmöglichen Mitteln zu erfüllen sind.

Bei der umweltorientierten PAE durch fallweise Trouble-shooting-Aktivitäten (Feld 1 in Tab. 1) liegt kein durchdachtes Konzept vor. Sie ist am ehesten für Unternehmungen mit abwehrorientierter Umweltschutzstrategie typisch. Nur wenn externe Forderungen nicht weiter ignoriert werden können, werden einige wenige Mitarbeiter mit dem notwendigsten Fachwissen ausgestattet. Die Personalausbildung und -entwicklung verkümmert zu einer Art „Feuerwehrfunktion" (Riekhof 1989, S. 294). Die Auswahl von Seminaren erfolgt oft aus Kostenüberlegungen oder nach anderen, eher zufälligen Kriterien.

Bei der umweltorientierten PAE nach branchenüblichem Muster (Feld 2 in Tab. 1) richtet sich der überwiegend defensive Blick auf die externen Wettbewerber. Die PAE-Maßnahmen versuchen, die Programme anderer Wettbewerber mit gleicher umweltorientierter Strategie zu kopieren. Unternehmensspezifische Strategien kommen bei diesen Seminaren nur selten zur Sprache. Die Grundphilosophie lautet „Wir tun nur das Nötigste, um nicht vom Standard abzuweichen!" und entspricht somit am ehesten der outputorientierten Umweltschutzstrategie.

Bei dieser Option konzentriert sich die Personalausbildung und -entwicklung lediglich auf die Aus- und Weiterbildung einiger weniger strategisch wichtiger Mitarbeiter (z.B. Experten für die zentralen und dezentralen Umweltschutzeinheiten). Im Vordergrund steht vor allem die Qualifizierung von Betriebsbeauftragten, die zum Zeitpunkt ihrer Ernennung die gesetzlich festgelegten Anforderungen oft noch nicht erfüllen. Die Bildungsaufgabe beschränkt sich weitgehend auf die Vermittlung umweltorientierten Fachwissens. Schwerpunkte sind End-of-Pipe-Technologien und umweltrechtliche Fragen (vgl. Antes 1991, S. 150).

2.3.2 Offensive Umweltpolitik

Bei einer offensiven Umweltpolitik reicht die Förderung bestimmten Fachwissens für einige wenige Mitarbeiter nicht mehr aus. Vielmehr müssen möglichst alle Mitarbeiter in Richtung eines verantwortlichen umweltverträglichen Handelns geschult werden.

Eine Option der PAE-Planung bei offensiver Umweltpolitik besteht in der umweltorientierten PAE als Instrument der Strategieumsetzung (Feld 3 in Tab. 1). Interne Orientierungsrichtlinie ist hier die Umsetzung der (offensiv ausgerichteten) umweltorientierten Unternehmensstrategie. Die Durchführung dieses Konzeptes erfordert ein hohes PAE-Know-how. Da die umweltorientierten PAE-Programme aus der strategischen Zielsetzung abgeleitet werden, wird das realisiert, was sich aus der umweltorientierten Strategie ergibt. Diese Option ist typisch für Unternehmungen, die eine prozessorientierte Strategie durchführen, stellt aber auch eine Alternative für Unternehmungen mit einer zyklusorientierten Strategie dar.

Letztere werden aber wohl noch häufiger eine PAE zum strategischen Wettbewerbsvorteil (Feld 4 in Tab. 1) nutzen. Diese Option ist vor allem dort sinnvoll, wo strategische Wettbewerbsvorteile vom Mitarbeiterpotenzial ausgehen. Dies kann z.B. bei Unternehmungen mit hoher Umweltbetroffenheit der Fall sein. Unterstützt wird diese Strategie durch eine umweltorientierte Unternehmenskultur, die versucht, die Mitarbeiter durch die Schaffung gemeinsamer Werte stärker an die Unternehmung zu binden (vgl. Abschn. 3.2.5).

Unabhängig von der gewählten Option lassen sich Ziele und Aufgaben einer umweltorientierten, offensiven Personalentwicklung wie folgt beschreiben:[2]

---

[2] Vgl. Kreikebaum 1993, S. 90, und Grothe-Senf 1993, S. 840.

– Förderung des umweltorientierten Fachwissens
– Ausbildung von Problemlösungskompetenz durch Stärkung der Kommunikationsfähigkeit und interdisziplinären Zusammenarbeit
– Förderung der Fähigkeit zur schnellen Einarbeitung in neuartige Problemstellungen
– Gewinnung von Verständnis für die umweltorientierten Wirkungen der Unternehmenstätigkeit und Offenheit gegenüber umweltorientierten Fragestellungen
– Ausbildung einer moralisch legitimierten Haltung gegenüber der Umwelt
– Stärkung der Handlungskompetenz.

Tab. 2: Maßnahmen umweltorientierter Personalausbildung und -entwicklung und damit verbundene Lernziele (in Anlehnung an Grothe-Senf 1993, S. 840ff., Hopfenbeck/Willig 1995, S. 203ff., und Proft 1996, S. 302)

Maßnahmen	Lernziele
Umweltorientierte, mehrstufige Vorträge und Seminare, Schulungen	Vermittlung von Fachwissen, Verdeutlichung von Wechselwirkungen zwischen Umwelt und Betrieb
Job Rotation	Verbesserung des Problembewusstseins für umweltorientierte, interdisziplinäre Fragen, handlungsorientiertes Lernen
Fragebögen[3], Protokolle, Arbeitsunterweisungen	Fachwissen, handlungsorientiertes Lernen
Juniorenfirma (für Auszubildende)	Verantwortungsbewusstes und selbstständiges Handeln, Kommunikationsfähigkeit usw.
Umweltorientierte Kleingruppenarbeiten: Umweltzirkel, Umwelt-Projektteams, Workshops, Fallstudien, Planspiele	fachliche Zusammenarbeit, Kreativität, Teamfähigkeit, Kommunikation, Handlungskompetenz
Exkursionen, Erlebnisseminare, Umweltrallyes, Bibliotheken, Schautafeln, Betriebszeitungen, Umweltquiz	Bereitschaft, sich mit Umweltfragen auseinander zu setzen

Um diese Aufgaben zur umweltorientierten Ausbildung und Entwicklung zu erfüllen, wird von Unternehmungen wie Bayer, Bosch, Henkel, Kunert, Schering u.a. eine Bandbreite von personalwirtschaftlichen Instrumenten eingesetzt (vgl. Tab. 2). Sie

---

[3] Fragebögen werden bei Unternehmungen als Leittext eingesetzt, um Auszubildende beim Umgang mit Gefahrstoffen zu schulen. Vgl. Hopfenbeck/Willig 1995, S. 204.

reichen von einfachen Unterweisungen bis hin zu gruppendynamischem Training. Die Auswahl der Maßnahmen kann in Abhängigkeit von den jeweiligen Anforderungs- und Fähigkeitsprofilen erfolgen. Wie schon bei der Personalbedarfsplanung erwähnt, ist allerdings zu beachten, dass Anforderungsprofile keine vollständige Prognose des zukünftigen Qualifikationsbedarfs leisten können. Nichtsdestotrotz ist es wichtig, Unternehmensentwicklungen und Fragen der Personalentwicklung stärker aufeinander abzustimmen. Damit lassen sich Schwachstellen kontinuierlich analysieren und beheben (vgl. Mühlemeyer 1996, S. 68). Von Bedeutung ist dabei, dass verschiedene Maßnahmen miteinander kombiniert werden, aufeinander aufbauen und in regelmäßigen Abständen wahrgenommen werden. Zudem erscheint es zweckmäßig, durchgeführte Schulungsmaßnahmen in einem Fähigkeitsprofil des einzelnen Mitarbeiters festzuhalten. So besitzt das Personalwesen eine stets aktuelle Übersicht über den Qualifikationsstand der Mitarbeiter (vgl. Butterbrodt/ Juhre 1997, S. 68).

2.4 Personaleinsatzplanung

Aufgabe der Personaleinsatzplanung ist die „zieladäquate[n], wechselseitige Zuordnung von Sachaufgaben und Mitarbeitern, entsprechend den Fähigkeiten der Mitarbeiter und Anforderungen der Sachaufgaben" (Drumm/Scholz 1988, S. 124). Je umweltsensibler bestimmte Sachaufgaben (bzw. Stellen) sind, umso eher müssen sie umweltorientierten Mitarbeitern anvertraut werden. Da die meisten umweltorientierten Sachaufgaben von den Mitarbeitern den Erwerb neuartiger Kenntnisse verlangen, sind Mitarbeiter, die niedrige Lernfähigkeit und geringen Lernwillen aufweisen, selten in der Lage, umweltsensible Stellen zu besetzen. Der Mangel an Lernfähigkeit macht es zuweilen schwierig, insbesondere älteren Mitarbeitern Aufgaben anzuvertrauen, die umweltorientiertes Fachwissen verlangen.

Bei der Zuordnung von Personal zu Stellen kann die Erstellung einer Aufgaben-/ Zuständigkeitsmatrix hilfreich sein. Sie ermöglicht eine klare Delegation von Aufgaben, Kompetenzen und Verantwortung (vgl. Ellringmann 1994, S. 80). Ein Beispiel einer solchen Aufgaben-/Zuständigkeitsmatrix im Rahmen eines offensiven, umweltorientierten Personalmanagements zeigt die Matrix der Wacker-Chemie in Tabelle 3. Die Aufgaben-/Zuständigkeitsmatrix wird i.d.R. besonders bei offensiver Umweltpolitik sinnvoll eingesetzt. Aber auch im Rahmen einer outputorientierten Strategie kann eine solche Matrix von Nutzen sein, wenn mehrere Betriebsbeauftragte in einer Unternehmung vorhanden sind. Mit der Aufgaben-/Zuständigkeitsmatrix werden dann die Kooperationsbeziehungen der Betriebsbeauftragten untereinander sowie die speziellen Aufgaben für jeden einzelnen Beauftragten festgelegt.

Tab. 3: Aufgaben-/Zuständigkeitsmatrix der Wacker-Chemie (Quelle: Ellringmann 1994, S. 79)

Aufgaben / Zuständigkeiten	Produktbereichsleiter	Betriebsleiter	UWS-Beauftr./UWS-Zentralstelle	Vertrieb/Marketing	Entwicklung	Qualitätssicherung/-prüfung	Produktion	Materialwirt./Einkauf	Technische Dienste	Labor	Montage	Rechnungswesen	Personalwesen
Wahrnehmen Betreiberpflichten	D	M	M										
Vertreten des Unternehmens gegenüber Behörden	D	M	D										
Bereitstellen Mittel für Umweltschutz	D	M	M										
Gewährleisten Rechtsicherheit	D	M	M	M	M	M	M	M	M	M	M	M	M
Beteiligen UWS-Betriebsbeauftragte an Entscheidungen	D	D	M	D	D	M	D	D	D	D	D	D	D
Berücksichtigen UWS bei Produktspezifikation	I	I	M	D		I							

D = Durchführungsverantwortung, M = Mitwirkung, I = Informationspflicht, UWS = Umweltschutz

3 Personalführung und Mitarbeitermotivation

In Abschnitt 1 wurde die psychische Prägung des Menschen als Ansatzpunkt für die Mitarbeitermotivation angesprochen. Darauf aufbauend sollen in diesem Abschnitt zunächst Anreizinstrumente auf ihre Eignung zur umweltorientierten Mitarbeitermotivation untersucht werden (Abschn. 3.1). In Abschnitt 3.2 werden dann drei verschiedene Motivationskonzepte vorgestellt und bezüglich des Umweltbezugs, vor allem ihrer Kompatibilität zu den Umweltschutzstrategien, konkretisiert. Diese Überlegungen berücksichtigen die Tatsache, dass es unterschiedliche Mitarbeitertypen gibt, die sich verschieden stark zum Umweltschutz motivieren lassen.

3.1 Umweltorientierte Anreizsysteme

Unter einem Anreizsystem versteht man die „Gesamtheit der von einem Individuum oder von einer Gruppe gewährten materiellen und immateriellen Zahlungen, die für den Empfänger einen subjektiven Wert ... besitzen" (Ackermann 1974, Sp. 156). Aus Sicht des Personalmanagements stellen Handlungsanreize neben der Kenntniserweiterung durch Aufklärungsmaßnahmen die wichtigste Einflussgröße auf das Mitarbeiterverhalten dar. Sie können die psychische Prägung der Mitarbeiter derart beeinflussen, dass ihre Handlungsabsichten mit den Vorgaben der Unternehmensführung übereinstimmen. Idealerweise sollen die Anreize den Mitarbeitern nicht ein unternehmenskonformes Verhalten aufzwingen, sondern sie vielmehr dazu motivieren, ihren Handlungsspielraum kreativ zu nutzen (vgl. Hopfenbeck/Willig 1995, S. 162).

3.1.1 Zielvorgaben und Bemessungsgrundlagen

Bei der Gestaltung von Anreizsystemen stellt sich zunächst die Frage, was mit dem Anreizsystem erreicht werden soll. Im Rahmen eines umweltorientierten Anreizsystems könnten beispielsweise folgende Ziele im Vordergrund stehen (vgl. Bennauer 1994, S. 341):

– die Förderung umweltorientierter Arbeitsergebnisse
– die Förderung umweltorientierter Mitarbeiterprofile (Fachkenntnisse, Interessen etc.)
– die Förderung umweltorientierten Leistungsverhaltens (Kooperation, Teamfähigkeit etc.).

Da diese Ziele allesamt Indikatoren für eine entsprechende Umweltmotivation sowie Leistungsbereitschaft und -fähigkeit darstellen, sollten sie möglichst parallel verfolgt werden. Zu ihrer Umsetzung ist es notwendig, sie genauer zu operationalisieren. Hierbei sind geeignete Unterziele und Bemessungsgrundlagen festzulegen. Als Unterziele, an denen die Zielerreichung der umweltorientierten Mitarbeitermotivation gemessen werden kann, sind etwa die im Folgenden aufgeführten betrieblichen Umweltschutzziele denkbar:[4]

– Einhaltung umweltrechtlicher Vorschriften und Auflagen
– Einhaltung innerbetriebliche Vorgaben zur Ressourcenschonung, zum Energiesparen, zur Vermeidung umweltgefährdender Substanzen etc.
– Verringerung des umweltbezogenen Risikopotenzials.

Welche Unterziele eine Unternehmung wählt, hängt stark von seinen spezifischen Umweltproblemen und der Wahl der umweltorientierten Strategie ab. Zur Messung obiger Ziele können ökologische Kennzahlensysteme genutzt werden, die u.a.

---

[4] Vgl. Butterbrodt/Juhre 1997, S. 66, oder Kreikebaum 1995, S. 558.

Rohstoff-, Energie- oder Emissionskennzahlen enthalten. Die Vorgabe und Kontrolle der Kennzahlen dient dann nicht nur zur Überprüfung der Umweltfreundlichkeit der Leistungserstellung, sondern regt darüber hinaus die Mitarbeiter zu umweltfreundlichem Handeln an. So lässt sich beispielsweise das umweltbezogene Verhalten eines Mitarbeiters in der Produktion anhand der Stoffeffizienz (= Produktoutput/Stoffinput) messen. Durch an die Stoffeffizienz gekoppelte Anreize kann der Mitarbeiter dann zu sparsamem Verbrauch von Ressourcen motiviert werden.

3.1.2 Betriebliche Anreizinstrumente

Nachdem zuvor die Zielgrößen und Bemessungsgrundlagen als Basis der umweltorientierten Anreizinstrumente dargestellt wurden, sollen nachfolgend Tendenzaussagen über den Nutzen bestimmter Anreizinstrumente zur umweltorientierten Mitarbeitermotivation getroffen werden. Tabelle 4 listet die wichtigsten Anreizinstrumente auf.

Der Umweltschutzgedanke lässt sich zwar in nahezu alle materiellen Anreizinstrumente einbeziehen. Am Beispiel der Erfolgs- und Kapitalbeteiligungen zeigt sich jedoch, dass es oft nur sehr schwer gelingt, geeignete umweltbezogene Bemessungsgrundlagen zu finden. Die verschiedenen Entlohnungsformen betrifft dieses Problem weniger. Hier stellt sich vielmehr die Frage, wie die Entlohnung gestaltet werden muss, damit die Anreizwirkung genügend lange anhält. Die Gewährung von Prämien ist zumeist der Erhöhung des Grundlohns vorzuziehen, da mit Prämien ständig neue Anreize für den Mitarbeiter verbunden sind. Allerdings sollten Prämien bei Mitarbeitern, deren Umweltbewusstsein von sich aus stark ausgeprägt ist, nur sparsam eingesetzt werden, da die Vergabe von Prämien die bereits vorhandene intrinsische Motivation abschwächen kann (vgl. Frey/Osterloh 1997, S. 310). Damit das betriebliche Vorschlagswesen und Wettbewerbe zu Sonderaktionen für Mitarbeiter geeignete Anreizinstrumente darstellen, sollten die Vorschläge von qualifizierten Umweltexperten ernsthaft geprüft und nicht sofort als untauglich verworfen werden.

Außer materiellen Anreizen sind auch immaterielle Anreize von Bedeutung. Umweltbezogene Aufstiegsmöglichkeiten eignen sich besonders, um bei den Mitarbeitern eine hohe intrinsische Motivation zu erzeugen. Darüber hinaus wird dadurch auch für andere Mitarbeiter signalisiert, dass umweltorientiertes Verhalten in Unternehmungen entsprechend honoriert wird. Einen ähnlichen Anreiz können Schulungsmaßnahmen darstellen, da entsprechende Kenntnisse i.d.R. Voraussetzungen für Aufstiegschancen sind. Die umweltorientierte Arbeitsplatzgestaltung lässt sich als Anreizinstrument zwar gut mit dem Umweltschutzgedanken verbinden (z.B. durch Aufstellen von Abfallcontainern), bietet aber kaum einen entsprechenden Anreiz, sondern wird oft als selbstverständlich angesehen. Dennoch sind solche organisatorischen Voraussetzungen wichtig, um Glaubwürdigkeit zu signalisieren.

Tab. 4: Betriebliche Anreizinstrumente (in Anlehnung an Proft 1996, S. 302f., und Seidel 1990, S. 339)

	materielle Anreize	immaterielle Anreize

positive Anreize (Belohnungen)	• Veränderung des Grundlohns
	
	• Prämienlohn
	
	• Erfolgs- und Kapitalbeteiligungen
	
	• Belohnungen im Rahmen des betrieblichen Vorschlagswesens
	
	• Wettbewerbe zu Sonderaktionen
		• Aufstiegsmöglichkeiten
		• Arbeitsplatzgestaltung
		• herausfordernde Aufgaben:
		  – job enlargement
		  – job enrichment
		  – job rotation
		  – Gruppenarbeit
		  – Zusammenarbeit mit qualifizierten Kollegen
		• Anerkennung
		• Möglichkeit zur Weiterbildung
		• Haushaltsberatung
		• Veröffentlichung von Vorschlägen im Rahmen des betrieblichen Vorschlagswesens

negative Anreize (Bestrafungen)	• Haftungsregelungen • Disziplinarmaßnahmen	• Freisetzungsmaßnahmen • Disziplinarmaßnahmen

Neben den positiven Anreizen spielen auch negative Anreize eine wichtige Rolle. Zwar ist es fraglich, ob sie bei unmotivierten Mitarbeitern zu umweltorientiertem Verhalten führen, sie machen aber das ernsthafte Interesse der Unternehmung am Umweltschutz deutlich und besitzen insofern für die motivierten Mitarbeiter eine wichtige Signalwirkung.

Wie bei den Entlohnungsformen als materiellen Anreizinstrumenten verdeutlicht, besteht bei der Gestaltung von Anreizsystemen die Gefahr, dass sie ein kurzfristiges Entscheidungsverhalten von Mitarbeitern begünstigen. Ein Anreizsystem sollte deshalb eine Kombination von strategischen und operativen Zielgrößen beinhalten. Kurzfristige Ziele könnten z.B. die Einhaltung bestimmter Grenzwerte oder die Verringerung des Abfallaufkommens sein. Daneben ist es etwa zweckmäßig, die

Verinnerlichung umweltorientierter Denk- und Verhaltensweisen der Mitarbeiter zu belohnen.

Es bleibt festzuhalten, dass verschiedene Anreizinstrumente geeignet sind – und auch entsprechend operationalisiert werden können –, um die Motivation zu umweltorientiertem Verhalten bei den Mitarbeitern zu steigern. Ein zielgerichteter Einsatz der Anreizinstrumente sollte allerdings der Tatsache Rechnung tragen, dass sich nicht jeder Mitarbeiter auf die gleiche Weise motivieren lässt.[5] Vor der Darstellung verschiedener Motivationskonzepte in Abschnitt 3.3 wird daher zunächst auf unterschiedliche Mitarbeitertypen eingegangen.

3.2 Soziologische Typisierung der Mitarbeiter

In der empirischen Sozialforschung gibt es eine Reihe von Ansätzen, die Menschen allgemein bzw. Mitarbeiter im Speziellen in verschiedene Typen einteilen. Eine für die weiteren Analysen gut geeignete Klassifikation unterscheidet folgende vier Mitarbeitertypen, die, anders als in der Originalquelle, hier (aufsteigend) bezüglich ihres Potenzials zur Motivation und zwar insbesondere aus dem Blickwinkel des umweltorientierten Personalmanagements aufgelistet sind:[6]

– Typ 1: der perspektivenlos Resignierte
– Typ 2: der ordnungsliebende Konventionalist
– Typ 3: der aktive Realist
– Typ 4: der nonkonforme Idealist.

Diese Mitarbeitertypen sind durch unterschiedliche Eigenschaften, Werte und Interessen gekennzeichnet, die im Folgenden kurz beschrieben werden.

Der *perspektivenlos Resignierte* (Typ 1) zeigt keinerlei gesellschaftspolitisches Engagement bzw. Bereitschaft, sich aktiv für eigene Interessen einzusetzen. Darüber hinaus ist er durch äußerst geringe Durchsetzungsfähigkeit, Eigeninitiative und Arbeitsleistung gekennzeichnet. Er weist ein sehr hohes Interesse an sozialer Sicherheit und eine hohe Anpassungsbereitschaft auf. Auf Grund dieser Eigenschaften werden Mitarbeiter dieses Typs in den meisten Fällen wohl eher geringes Interesse an Umweltschutzfragen haben.

Der *ordnungsliebende Konventionalist* (Typ 2) zeichnet sich ebenfalls durch ein geringes Interesse an gesellschaftlichen Änderungen und ein geringes gesell-

---

[5] Die meisten Motivationstheorien vernachlässigen das Vorliegen unterschiedlicher Mitarbeitertypen, so etwa auch die weithin bekannte Motivationstheorie von Herzberg, in der die Anreize personenunabhängig in Motivatoren und so genannte Hygienefaktoren eingeteilt werden. Wie im Folgenden gezeigt wird, stellt aber ein Anreiz für den einen Mitarbeitertyp einen Motivator, für einen anderen jedoch nur einen Hygienefaktor dar.

[6] Vgl. hier sowie im Folgenden zur Typbeschreibung Franz/Herbert 1987, S. 96ff.

schaftspolitisches Engagement aus. Außerdem weist er ein sehr hohes Interesse an sozialer Sicherheit auf. Anders als Typ 1 ist er jedoch zu einer hohen Arbeitsleistung bereit, zumindest dann, wenn sie mit erhöhter Bezahlung verbunden ist. Noch stärker als Typ 1 sucht er überdies Rückhalt in organisatorischen Vorgaben bzw. Regelungen. Dennoch ist zu vermuten, dass die Mehrheit der Mitarbeiter dieses Typs dem Umweltschutz nur wenig Bedeutung beimisst. Sie werden sich daher nur schwer zu selbstständigem, umweltorientiertem Verhalten motivieren lassen.

Der *aktive Realist* (Typ 3) zeichnet sich im Gegensatz zu den Typen 1 und 2 durch ein hohes Interesse an gesellschaftlichen Änderungen und ein hohes gesellschaftspolitisches Engagement aus. Er macht sein Engagement weniger von der Bezahlung abhängig und weist darüber hinaus hohe Eigeninitiative und Durchsetzungsfähigkeit auf. Auf der anderen Seite ist er jedoch weniger anpassungsbereit. Das skizzierte Wertgefüge lässt vermuten, dass auch der Umweltschutz einen hohen Stellenwert bei vielen Mitarbeitern dieses Typs einnimmt.

Der *nonkonforme Idealist* (Typ 4) weist ein sehr starkes Interesse für gesellschaftliche Änderungen auf und engagiert sich dementsprechend für die Umsetzung seiner Vorstellungen sehr stark bis fanatisch. Seine Anpassungsbereitschaft ist dabei noch geringer als bei Typ 3. Gleiches gilt für die Abhängigkeit seines Engagements von der Bezahlung. Seine hoch gesteckten Ideale führen häufig dazu, dass er mit den Vorgaben der Unternehmensleitung unzufrieden ist. Bezüglich des Umweltschutzes dürfte sein Engagement in vielen Fällen noch stärker ausgeprägt sein als bei Typ 3. Allerdings kann damit verbunden sein, dass er als 'Umweltschutz-Polizei' in Unternehmungen auftritt und den Blick für das Machbare verliert.

3.3 Konzepte zur Motivation unterschiedlicher Mitarbeitertypen

Im Rahmen der Mitarbeitermotivation lassen sich drei Konzepte unterscheiden:[7]

– weitgehende Akzeptanz des motivationalen Status quo (Konzept 1)
– Mobilisierung von Motivationsreserven (Konzept 2)
– Entwicklung neuer Motivationspotenziale (Konzept 3).

Bei Konzept 1 begnügen sich die Unternehmungen weitgehend mit dem Status quo der Mitarbeitermotivation. Als Vorteile des Konzepts sind der geringe Handlungsbedarf und Aufwand für die Unternehmungen anzusehen. Allerdings kann dieses Konzept zur Resignation und Fluktuation der Mitarbeiter (vor allem der Mitarbeitertypen 3 und 4) führen und hierdurch die Marktposition der Unternehmungen gefährden.

Ziel des Konzepts 2 ist die Mobilisierung bereits vorhandener Motivationsreserven. Hierzu werden zunächst die verschiedenen Mitarbeitertypen in einer Unter-

---

[7] Vgl. hier sowie im Folgenden zur Konzeptbeschreibung Franz/Herbert 1987, S. 99f.

nehmung analysiert. Für jeden Mitarbeitertyp werden Motivationsmaßnahmen festgelegt, die zur Nutzung der Motivationspotenziale und zur erhöhten Zufriedenheit der Mitarbeiter führen. Dabei ist zu bedenken, dass sich manche Mitarbeitertypen besser motivieren lassen als andere.

Bei Konzept 3 verlässt man sich nicht auf eine kleine Gruppe motivierter Mitarbeiter, sondern versucht, möglichst bei allen Mitarbeitern Wert- und Motivationspotenziale neu zu entwickeln. Dazu muss ein Organisations- und Lernklima geschaffen werden, dass bei den Mitarbeitern die Entwicklung von Werten fördert.

Die drei genannten Konzepte erfordern einen unterschiedlich hohen Zeitaufwand und sind mit unterschiedlich hohen Kosten verbunden. Ihre Eignung hängt von der gewählten umweltorientierten Strategie der Unternehmung ab. Eine tendenzielle Zuordnung zu den einzelnen Strategietypen zeigt Tabelle 5.

In den folgenden Unterabschnitten werden die Aufgabenschwerpunkte der drei Motivationskonzepte beschrieben, wobei z.T. nochmals Aspekte angesprochen werden, die bereits bei der umweltorientierten Personalausbildungs- und -entwicklungsplanung und den Anreizinstrumenten von Interesse waren. Zu beachten ist, dass die Motivationskonzepte nur theoretisch herausgearbeitete Idealtypen darstellen und daher insbesondere das zweite und dritte Motivationskonzept in der Praxis nur selten überschneidungsfrei auftreten. Der Hauptgrund dafür ist, dass sich die Mitarbeitertypen unterschiedlich gut motivieren lassen und daher für bestimmte Typen eine Mobilisierung der Motivationsreserven ausreicht, bei anderen dagegen erst neue Motivationspotenziale geschaffen werden müssen.

Tab. 5: Zuordnung der Motivationskonzepte zu den umweltorientierten Strategietypen

	abwehr-orientierte Strategie	output-orientierte Strategie	prozess-orientierte Strategie	zyklus-orientierte Strategie
weitgehende Akzeptanz des Status Quo	●	●	+	
Mobilisierung von Motivationsreserven		+	●	+
Entwicklung neuer Motivationspotenziale			+	●

Legende: ● = typische Ausprägung; + = denkbare Ausprägung

3.3.1 Weitgehende Akzeptanz des motivationalen Status Quo

Dieses Konzept ist vor allem bei defensiver Umweltpolitik adäquat. Da Umweltschutz nur einen geringen Stellenwert im Zielsystem der Unternehmung einnimmt,
ist die umweltbezogene Mitarbeitermotivation ebenfalls von untergeordneter Bedeutung. In Ausnahmefällen könnte dieses Konzept auch für Unternehmungen mit
prozessorientierter Strategie Anwendung finden, denn Umweltschutz hat zwar
einen hohen Stellenwert, könnte aber immer noch mit überwiegend technischen
Maßnahmen in Verbindung gebracht werden.

Für die Motivation zum umweltorientierten Verhalten stehen bei diesem Konzept
solche Maßnahmen im Vordergrund, die sich ohne großen Aufwand in das Be-
triebsgeschehen integrieren lassen und einen geringen Organisationsaufwand sowie
niedrige Kosten verursachen. Von der Grundidee entspricht dies gerade dem Prinzip der outputorientierten Strategie, die ebenfalls auf das Aufrechthalten bisheriger
Verhaltensweisen ausgerichtet ist. Im Vordergrund stehen dabei vor allem Instrumente wie das umweltorientierte betriebliche Vorschlagswesen, Wettbewerbe zu
Sonderaktionen oder Anerkennungen, durch die die gesamte Belegschaft zu spora-
dischen, kreativen Ideen motiviert werden kann (vgl. Jacobs 1994, S. 148ff.).

3.3.2 Mobilisierung von Motivationsreserven

Das Konzept 2 ist vor allem für Unternehmungen mit prozessorientierter Strategie
geeignet. Gerade wenn diese Strategie noch nicht fest verankert ist, sind verstärkte
Motivationsanstrengungen in Bezug auf die Mitarbeiter im Produktionsbereich
notwendig, da der Umweltschutzgedanke grundlegende Änderungen gegenüber
gewohnten Verhaltensweisen verlangt. Für Unternehmungen mit outputorientierter
Strategie ist dieses Motivationskonzept dann adäquat, wenn sie sich im Übergang
zur prozessorientierten Strategie befinden und motivierte, umweltorientierte Mitarbeiter bereits als Erfolgsfaktor betrachtet werden. Unternehmungen mit zyklusorientierter Strategie können auf dieses Motivationskonzept dagegen vor allem
dann zurückgreifen, wenn die umweltorientierte Mitarbeitermotivation noch einen
vergleichsweise geringen Stellenwert einnimmt oder sämtliche Mitarbeiter schon
von sich aus so stark motiviert sind, dass eine Mobilisierung ihrer Motivationsreserven zur Umsetzung der zyklusorientierten Strategie ausreicht.

Im Folgenden soll untersucht werden, durch welche Maßnahmen sich die bereits
vorhandenen Motivationspotenziale der jeweiligen Mitarbeitertypen mobilisieren
lassen, sodass diese sich möglichst umweltorientiert verhalten.[8]

Die Motivation des Typs 1 (der perspektivenlos Resignierte) zum umweltorientierten Verhalten gestaltet sich sehr schwierig. Seine äußerst gering ausgeprägte Ei-

---

[8] Vgl. zur Mobilisierung der Motivationsreserven allgemein Franz/Herbert 1987, S. 99.

geninititative, Durchsetzungsfähigkeit und das geringe Interesse an Arbeit sind Ausdruck für eine „instrumentelle Schonhaltung" (Franz/Herbert 1987, S. 99). Daher sollten für diesen Typ Mitarbeiter neben einer starken Führung und klar abgegrenzten Aufgaben mit begrenzter Eigenverantwortung häufige Kontrollen vorgesehen werden. Da der Mitarbeitertyp über ein schwaches Selbstbewusstsein verfügt, sind regelmäßige Rückmeldungen über den Erfolg des umweltbezogenen Handelns durch die Vorgesetzten wichtig. Materielle Anreize können Typ 1 möglicherweise dazu veranlassen, sich mit den zunächst unvertrauten umweltbezogenen Aufgaben überhaupt auseinander zu setzen und damit zu einem Kompetenzerleben führen, das die intrinsische Motivation weiter intensiviert (vgl. ansatzweise Frey/ Osterloh 1997, S. 313f.). Immaterielle Anreizinstrumente sind bei diesem Mitarbeitertyp auf Grund seines mangelnden Engagements dagegen weniger geeignet.

Typ 2 (der ordnungsliebende Konventionalist) benötigt ebenfalls eine starke Führung. Vorgaben und Anweisungen werden von ihm hingenommen und akzeptiert. Mitarbeiter dieses Typs brauchen deswegen klar abgesteckte Aufgabenbereiche mit begrenzter Eigenverantwortung. Da sie Interesse an erhöhter Bezahlung sowie an sozialer Sicherheit besitzen, empfiehlt sich der Einsatz eher materieller als immaterieller Anreizinstrumente. Dem Mitarbeitertyp 2 könnten im Rahmen einer outputorientierten Strategie die Aufgaben des Betriebsbeauftragten übertragen werden. Durch sein hohes Pflichtbewusstsein wird er die ihm übertragenen Aufgaben zuverlässig erfüllen, ohne die gegebenen Umstände anzuzweifeln bzw. zu hinterfragen.

Typ 3 (der aktive Realist) zeichnet sich durch eine geringere Anpassungsbereitschaft als Typ 2 aus. Bei ihm sollte daher besonders die Sensibilisierung für den Umweltschutz im Vordergrund stehen. Wenn er erst einmal von der Notwendigkeit des Umweltschutzes überzeugt ist, kann er ein wertvoller Mitarbeiter für die Umsetzung und aktive Unterstützung des Umweltgedankens werden. Dieser Mitarbeitertyp kann jedoch nur in einem langwierigen Prozess zu umweltorientiertem Verhalten animiert werden. Sporadische Schulungsmaßnahmen sind nicht ausreichend. Vielmehr sollte eine offene Kommunikation die intrinsische Motivation zur Kooperation steigern. Materielle Anreize, wie Prämien, sind bei diesem Mitarbeitertyp zwar kurzfristig Erfolg versprechend einsetzbar, sollten jedoch nur äußerst sparsam eingesetzt werden, da sie eher zu einem „Gefühl der Fremdsteuerung" (Frey/Osterloh 1997, S. 310) führen und dadurch die intrinsische Motivation verdrängen könnten. Die Unternehmung kann diesem Mitarbeitertyp konfliktträchtige umweltorientierte Aufgaben übertragen, da er sich gut behaupten kann und überdies i.d.R. als Koordinator geeignet ist. Im Rahmen einer zyklusorientierten Strategie könnte Typ 3 auf Grund seines hohen Engagements mit in die Arbeit von Planungs- oder Auditteams einbezogen werden und sich sogar für die Position des Teamleiters qualifizieren.

Wie Typ 3 spricht auch Typ 4 (der nonkonforme Idealist) auf eine weitgehende Delegation mit hoher Eigenverantwortung an, denn Mitarbeiter dieses Typs zeigen starkes Engagement für Ziele, mit denen sie sich persönlich identifizieren. Sie könnten im Rahmen der zyklusorientierten Strategie z.B. Mitglieder von Innovationsteams werden, da hierfür Spezialisten gefragt sind, die sich durch hohe Kreativität auszeichnen. Im Rahmen einer auf Identifikation ausgerichteten Kommunikation sollten sie ausführlich über die umweltorientierten Ziele der Unternehmung informiert werden. Neben Schulungsmaßnahmen empfiehlt es sich, verstärkt Kommunikationsmaßnahmen in der Unternehmung zu organisieren. Diese sollten noch viel umfassender als bei Typ 3 gestaltet werden, denn Typ 4 benötigt eine noch stärkere Identifikationsmöglichkeit mit seiner Arbeit als Typ 3. Der Charakter von Typ 4 bringt andererseits mit sich, dass er materielle Anreize noch eher als 'Fremdsteuerungsversuch' fehlinterpretiert.

Typ 3 und Typ 4 verkörpern die Mitarbeiter, die am leichtesten zu einem umweltorientierten, selbstständigen Verhalten motiviert werden können. Typ 2 neigt dagegen eher zu einer selbstzufriedenen Unterwerfung und Typ 1 zur Resignation. Für diese beiden letztgenannten Typen können die vorhandenen Motivationsreserven kaum mobilisiert werden. Stattdessen sollten verstärkt neue Motivationspotenziale entwickelt werden.

3.3.3 Entwicklung neuer Motivationspotenziale

Dieses Motivationskonzept zeichnet sich durch maximal mögliche Motivationsanstrengungen in Richtung eines umweltorientierten Verhaltens aus. Im Gegensatz zu Konzept 2 (Mobilisierung von Motivationsreserven) kommt es nicht auf Einzelmaßnahmen, sondern auf eine ganzheitliche Ausrichtung des Umweltschutzes in der Unternehmung an. Widersprüche müssen systematisch ausgeräumt und der Umweltschutz in alle Funktionsbereiche und Prozesse integriert werden. Das Konzept ist besonders geeignet für Unternehmungen mit zyklusorientierter Strategie, da sie auf die Mitwirkung aller Mitarbeiter angewiesen sind und die Umsetzung des Konzepts entscheidend von motivierten, umweltorientierten Mitarbeitern abhängt (vgl. ansatzweise Jacobs 1994, S. 210). Es baut auf der Tatsache auf, dass Unternehmungen die Wert- bzw. Motivationspotenziale ihrer Mitarbeiter langfristig ändern können (vgl. Franz/Herbert 1987, S. 100). Mitarbeiter des Typs 1 oder Typs 2 sollen ähnliche Einstellungen und Werte entwickeln, wie sie Typ 3 oder Typ 4 schon besitzen.

Ein zentraler Ansatzpunkt ist hierbei die Schaffung einer umweltfreundlichen Unternehmenskultur, die zur besseren Transparenz in schriftlich fixierten Leittexten oder Leitbildern manifestiert werden sollte. Mit ihr soll Umweltschutz glaubhaft als zentraler Wert der Unternehmung vermittelt werden. Die Unternehmenskultur soll den Mitarbeitern einen Orientierungsrahmen geben, der die Ungewissheit in

Entscheidungssituationen ausschließt (vgl. Jacobs 1994, S. 211f.). Ein weiterer
Ansatzpunkt für eine effiziente Motivation ist die langfristige Veränderung von
Werthaltungen der Mitarbeiter durch Erziehung. Dies kann einerseits durch Vorleben
von Werthaltungen und durch organisatorische Maßnahmen geschehen, andererseits
aber auch durch entsprechende Personalausbildungs- und -entwicklungskonzepte.

Zur konkreten Umsetzung dieses Motivationskonzepts ist zu überlegen, durch
welche spezifischen Maßnahmen die Motivationspotenziale bei den einzelnen
Mitarbeitertypen neu entwickelt werden können. Einen Ansatzpunkt für die Auswahl geeigneter Maßnahmen stellen die Stärken und Schwächen der jeweiligen
Mitarbeitertypen dar. Typ 3 und Typ 4 können selbst die Anforderungen der zyklusorientierten Strategie bei entsprechendem Fachwissen und bei Identifikation
mit dem Umweltschutz bereits weitgehend erfüllen. Im Rahmen dieses Konzeptes
sollten daher Maßnahmen für Typ 3 und Typ 4 so gestaltet sein, dass sie zu einer
verstärkten Identifikation mit dem Umweltschutz und der Unternehmenskultur
führen. Beide Mitarbeitertypen benötigen für eine entsprechende Identifikation
Mitwirkungsmöglichkeiten. Zusätzlich sollten sie so ausgebildet werden, dass sie
Erziehungs- und Motivationsaufgaben für Mitarbeiter des Typs 1 und des Typs 2
mit übernehmen können.

Die notwendigen Maßnahmen zur Entwicklung der Motivationspotenziale der
Mitarbeitertypen 3 und 4 sind den Maßnahmen für Konzept 2 sehr ähnlich. Wie
bereits mehrfach angedeutet, verfügen diese beiden Mitarbeitertypen bereits im
Ausgangszustand über vorteilhafte Eigenschaften. Ihre Identifikation mit den umweltorientierten Unternehmenszielen könnte jedoch weiter verbessert werden, was
im Rahmen des dritten Konzepts sowohl über die umweltorientierte Unternehmenskultur als auch über eine verstärkte Einbeziehung der Mitarbeiter erfolgen
kann. Beide Mitarbeitertypen werden durch eine verbesserte Identifikation mit
dem Umweltschutz und der umweltbezogenen Strategie noch stärker zum eigenständigen, umweltorientierten Handeln motiviert.

Bei Typ 1 und Typ 2 hingegen mangelt es vor allem an entsprechender Eigeninitiative, Durchsetzungsfähigkeit und der Bereitschaft, Verantwortung für die
Umwelt zu übernehmen. Typ 1 lässt sich zusätzlich durch eine sehr geringe
Arbeitsleistung charakterisieren. Es erscheint daher zweckmäßig, zunächst z.B.
durch Exkursionen und Erlebnisseminare die Bereitschaft zur Auseinandersetzung
mit Umweltfragen zu fördern. Schulungen für Typ 2 sollten zudem verstärkt auf
eine kritische Auseinandersetzung mit Problemen hinwirken, um seine 'blinde'
Akzeptanz ein wenig abzuschwächen. Bei Typ 1 kann durch Verbesserung der
Qualifikation das Selbstwertgefühl erhöht werden. Beide Mitarbeitertypen sollten
zu mehr Eigeninitiative motiviert werden, z.B. durch eine systematische, ständige
Erweiterung des Tätigkeits- und Entscheidungsspielraums. Insbesondere bei Typ 1

empfiehlt sich dabei eine besonders sorgfältige Vorgehensweise, da er bei Überforderung schnell resigniert.

Trotz aller Bemühungen werden Maßnahmen zur Entwicklung umweltorientierter Motivationspotenziale insbesondere bei Mitarbeitertyp 1 oft nicht fruchten. Er wird sich zwar der umweltorientierten Unternehmenskultur in einem gewissen Rahmen anpassen, dennoch wird auch sie seine 'instrumentelle Schonhaltung' kaum korrigieren können. Hier wäre notfalls zu überlegen, ob bei Mitarbeitern dieses Typs entsprechende Freisetzungsmaßnahmen ergriffen werden sollten.

Bei Typ 2 stellt sich weniger das Problem der Identifikation mit dem Umweltschutz als vielmehr die Frage, ob die umweltfreundliche Unternehmenskultur diesen Typ verstärkt zu einem eigenständigen, umweltorientierten Handeln motivieren kann. Jeder Mitarbeiter ist entwicklungsfähig, sodass auch Typ 2 durch eine umweltfreundliche Unternehmenskultur gefördert wird. Trotzdem ist es ein weiter Weg, wenn man diesen Typ zu einem 'aktiven Realisten' entwickeln möchte.

Umweltorientierung menschlichen Verhaltens

Das individuelle Verhalten jedes einzelnen Menschen wird vorrangig durch seine psychische Prägung bestimmt. Darunter versteht man alle Vorgänge, die zur Aufnahme und Verarbeitung von Informationen dienen, oder bildlich gesehen das, was im Kopf eines Menschen abläuft. Zur näheren Analyse der Vorgänge, die das menschliche Verhalten bestimmen, wird in Abbildung 1 die psychische Prägung in verschiedene Elemente aufgespalten und in ein Beziehungsgeflecht zu weiteren verhaltenssteuernden Einflussgrößen eingebettet. Das im Folgenden erläuterte Verhaltensmodell lässt sich als Analysegrundlage für eine Reihe menschlicher Verhaltenssituationen nutzen. Im Rahmen absatzwirtschaftlicher Untersuchungen dient es etwa zur Erklärung des Kaufverhaltens, in personalwirtschaftlichen Analysen lässt es sich bei der Erörterung des Mitarbeiterverhaltens bzw. der Mitarbeitermotivation nutzen.

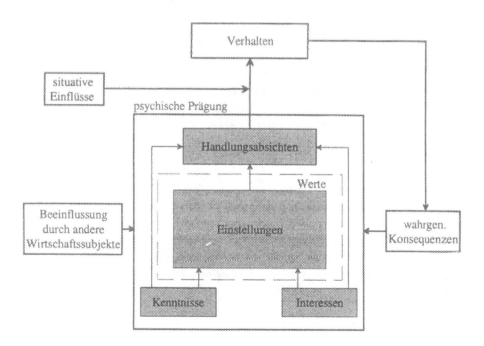

Abb.1: Einflussschema menschlichen Verhaltens

Kern der psychischen Prägung sind die Einstellungen. Die Einstellung gegenüber einem Sachverhalt oder einer Fragestellung lässt sich in die rational bewertende Einschätzung (kognitive Disposition) und die gefühlsbetonte Einschätzung (emotionale Disposition) unterteilen. Welchem Bereich bei der Einstellungsbildung ein höherer Stellenwert zukommt, hängt von der konkret zu beurteilenden Fragestellung ab. Im Rahmen der so genannten Dissonanzverarbeitung versucht der Mensch, Diskrepanzen zwischen emotionaler und kognitiver Disposition zu reduzieren.

Einstellungen beziehen sich immer auf ein Objekt, eine Maßnahme oder eine konkrete Fragestellung. Insofern lassen sie sich von Werten bzw. Werthaltungen abgrenzen, die als allgemeine Bewertungsmaßstäbe aufzufassen sind und quasi als „handlungsfernste kognitive Instanz" (Urban 1986, S. 373) den Rahmen für die Einstellung zu einer konkreten Fragestellung bilden.

Einstellungen und Werte werden durch zwei weitere, eigenständige Teile der psychischen Prägung bestimmt: Kenntnisse (synonym: Wissen) und Interessen. Das Wissen ist als Grundlage der kognitiven Disposition aufzufassen; es manifestiert sich in Faktenwissen sowie Wissen um Kausalzusammenhänge. Das Interesse spiegelt dagegen die Wichtigkeit bestimmter Aspekte für den Menschen wider. Vereinfacht kann es in Objekt- und Eigenschaftsinteressen unterteilt werden. Objektinteressen sind etwa der Besitz- oder Verwendungswunsch bestimmter Produkte. Eigenschaftsinteressen verdeutlichen dagegen die Wichtigkeit, die ein Mensch einer bestimmten Objekteigenschaft beimisst.

Einstellungen, Kenntnisse und Interessen beeinflussen gemeinsam die Handlungsabsichten. Hierzu zählen Kaufabsichten oder Verhaltensabsichten, wie etwa die Absicht zur getrennten Hausmüllsammlung oder zur Nutzung öffentlicher Verkehrsmittel. Die Handlungsabsichten bilden ihrerseits die Basis für tatsächliche Handlungen bzw. tatsächliches Verhalten, das jedoch nicht mehr Bestandteil der psychischen Prägung des Menschen ist.

Das skizzierte Modell der psychischen Prägung ist noch recht grob. Insbesondere kann jede einzelne Komponente durch eine Vielzahl unterschiedlicher Teilaspekte (Facetten) gekennzeichnet werden. So beruht das Interesse auf verschiedenen Bedürfnissen des Menschen, und das Wissen kann grob in Allgemeinwissen sowie spezielle Wissensbereiche unterteilt werden. Eine Facette, die in sämtlichen Bereichen der psychischen Prägung eine Rolle spielt, ist die Beschäftigung mit Umweltschutzaspekten. Diese Facette wird gemeinhin mit dem Begriff *Umweltbewusstsein* bezeichnet. Da die psychische Prägung des Menschen aus mehreren Elementen besteht, ist auch das Umweltbewusstsein ein mehrdimensionales Konstrukt. Soziologische Definitionen des Begriffs Umweltbewusstsein beinhalten daher die umweltorientierten Einstellungen, Werte und Handlungsabsichten sowie häufig auch das umweltorientierte Wissen.[1] Darüber hinaus erscheint es zweckmäßig, auch das umweltorientierte Interesse als Teil des Umweltbewusstseins anzusehen. Das für Aussenstehende zu beobachtende *umweltorientierte Verhalten* bleibt dagegen aus dem Konstrukt Umweltbewusstsein ausgegrenzt.[2]

Einer Untersuchung von Meffert und Bruhn zufolge lässt sich in den letzten beiden Jahrzehnten eine erhöhte Umweltsensibilisierung in der Bevölkerung feststellen. Das Erreichen eines hohen Niveaus bei den (positiven) umweltorientierten Einstellungen ist dabei eng mit dem gesteigerten umweltorientierten Interesse und dem verbesserten umweltorientierten Wissen verbunden (vgl. Meffert/Bruhn 1996, S. 634ff.). Letztgenannter Zusammenhang wird beispielsweise in empirischen Untersuchungen deutlich, die zwischen den umweltorientierten Einstellungen und der Nutzungsintensität umweltrelevanter Informationsquellen hohe Korrelationen ermitteln (vgl. Urban 1991, S. 179).

Mit der Steigerung des Umweltbewusstseins in der Bevölkerung ist gleichzeitig auch eine stärkere Umweltorientierung bei verschiedenen Verhaltensweisen verbunden (vgl. Meffert/Bruhn 1996, S. 638f.). Hieraus lässt sich allerdings nicht schlussfolgern, dass hohes Umweltbewusstsein bei einem einzelnen Individuum automatisch zu umweltorientiertem Verhalten führt. Gerade beim Umweltschutz sind zuweilen Divergenzen zwischen Absicht und tatsächlichem Verhalten zu beobachten. Sie begründen sich in der Hauptsache dadurch, dass das Umweltbewusstsein nur eine Facette der psychischen Prägung ist. Daneben existiert eine Vielzahl weiterer Facetten, die sich aus verschiedenen Bedürfnissen des Menschen (etwa nach Sicherheit, Anerkennung, Selbstverwirklichung oder Bequemlichkeit) ableiten. Einige dieser Facetten stehen dem Umweltbewusstsein konfliktär gegenüber, andere weisen statistisch gesehen positive Korrelationen auf.[3] Tatsächliche Entscheidungen des Menschen ergeben sich durch eine kognitive Abstimmung dieser verschiedenen Facetten im Rahmen der Einstellungsbildung.[4] Daher kann es vorkommen, dass ein Mensch sich selber als umweltbewusst einschätzt, aber in einer konkreten Entscheidungssituation andere Aspekte stärker gewichtet und sich dann nicht umweltfreundlich verhält. Auf diesen Sachverhalt weist auch die aus der umweltsoziologischen Forschung bekannte Low Cost-Hypothese hin, wonach „eine neue Umweltmoral auf breiter Basis und auf Dauer nur [dann überlebensfähig ist],

---

[1] Vgl. Preisendörfer/Franzen 1996 sowie Urban 1986 und 1991.

[2] Vgl. zu einem anderen Verständnis Meffert/Bruhn 1996, S. 638f.

[3] Für Letzteres ist die Verbindung zwischen Umweltorientierung und kritischer Einstellung zu Technik und Wissenschaft ein Beispiel. Sie ist zwar nicht für jeden Menschen zu beobachten, besteht aber zumindest im Durchschnitt der gesamten Bevölkerung. Vgl. Urban 1986, S. 374.

[4] Eine genauere Darstellung dieses Abstimmungsvorgangs liefern die Analysen der Lektion IX (Abschn. 2.2), die sich mit so genannten Einstellungsmodellen im Rahmen des Kaufentscheidungsprozesses beschäftigt.

wenn sie ihren Adressaten in Befolgung der auferlegten Pflichten keinen übermäßig hohen Preis abverlang[t]" (Diekmann 1996, S. 108; Ergänzung durch den Autor). Dabei ist der Begriff Preis nicht auf monetäre Größen beschränkt, sondern steht vielmehr für den zusätzlichen Aufwand bzw. allgemein für Einbußen bei anderen Bedürfnissen.

Neben der dargestellten Barriere, die sich aus dem Abwägungsprozess im Rahmen der Einstellungsbildung ergibt, bestehen noch weitere *Barrieren*, die als psychisch bedingte Erklärungsfaktoren der Divergenz zwischen Umweltbewusstsein und umweltorientiertem Verhalten dienen können. Hierunter fällt vor allem die Informationsbarriere auf Grund fehlenden umweltorientierten Wissens. Zwar ist objektiv betrachtet in diesem Fall eine Komponente des Umweltbewusstseins nicht genügend ausgeprägt und daher die Einordnung des Individuums als umweltbewusst fragwürdig. Dennoch kann das Individuum sich selber als umweltbewusst einschätzen, sei es, weil es dieses Manko nicht empfindet oder weil die anderen Komponenten der psychischen Prägung das fehlende Wissen bei der Beurteilung der Stärke des Umweltbewusstseins überkompensieren.

Zu den psychisch bedingten Barrieren kann überdies noch die Gewohnheitsbarriere gezählt werden, die eine gewisse Skepsis gegenüber neuartigen Verhaltensweisen widerspiegelt. Sie wirkt insbesondere beim Kaufverhalten, wenn das Kaufrisiko durch den Kauf bekannter Produkte verringert werden soll. Da die Umweltfreundlichkeit i.d.R. eine Vertrauenseigenschaft darstellt, die vom Konsumenten nicht überprüft werden kann, tritt diese Gewohnheitsbarriere oft gemeinsam mit einer weiteren Informationsbarriere auf.

Über die psychisch bedingten Divergenzen hinaus können auch situative Einflüsse für das Auseinanderklaffen zwischen Umweltbewusstsein und umweltorientiertem Verhalten verantwortlich sein (vgl. Abb. 1). So wird ein umweltbewusster Mensch mit dem PKW fahren, wenn er merkt, dass für bestimmte Strecken oder Zeiten umweltfreundliche Verkehrsmittel wie Bus oder Bahn nicht zur Verfügung stehen. Ähnliches gilt etwa auch für die Bereitschaft zur Trennung des Hausmülls, wenn keine entsprechenden Gefäße vorhanden sind oder der Platz zum Aufstellen verschiedener Abfallbehälter nicht ausreicht.

Die psychische Prägung des Menschen ist ständig äußeren Einflüssen ausgesetzt, was dazu führt, dass sich ihre Komponenten und damit verbunden auch das Verhalten der Individuen im Zeitablauf ändern. Ziel des Managements im Allgemeinen und des Umweltmanagements im Speziellen muss es daher sein, die psychische Prägung bestimmter Personenkreise entsprechend der unternehmerischen Vorstellungen zu beeinflussen. So lässt sich eine umweltorientierte Kaufverhaltensänderung bei den Konsumenten durch verschiedene Marketinginstrumente erreichen, die auf die einzelnen Komponenten der psychischen Prägung abzielen. Ein umweltorientiertes Mitarbeiterverhalten ist dagegen insbesondere vom Einsatz entsprechender Anreizinstrumente abhängig.

Die Beeinflussung der psychischen Prägung mit Hilfe bewusst eingesetzter unternehmerischer Instrumente sollte möglichst so angelegt sein, dass mit ihr eine längerfristige Verhaltensänderung einhergeht. Dabei ist insbesondere zu bedenken, dass das Verhalten auf die psychische Prägung zurückwirkt, da der Mensch die Konsequenzen seines Verhaltens wahrnimmt und diese Information bei neuerlichen Entscheidungen über gleiche oder ähnliche Sachverhalte verwendet. Aus diesem Grunde erscheint es beispielsweise zweckmäßig, Prämienzahlungen für vermiedenen Ausschuss explizit auf der Lohnabrechnung auszuweisen.

Mitarbeiterverzeichnis

Prof. Dr. Harald Dyckhoff

Lehrstuhl für Unternehmenstheorie, insbes. Umweltökonomie und industrielles Controlling, RWTH Aachen, 52056 Aachen

Harald Dyckhoff, Jg. 1951, studierte von 1971 bis 1978 zunächst Mathematik und Physik, daran anschließend Operations Research an der RWTH Aachen. An der FernUniversität Hagen promovierte er 1982 in Wirtschaftstheorie und habilitierte sich 1987 für Betriebswirtschaftslehre. Nach einer Professur an der Universität Essen wurde er 1988 auf den o.g. Lehrstuhl berufen, der bis 1996 der Industriebetriebslehre gewidmet war. Von 1994 bis 1996 war er Vorsitzender der Kommission Umweltwirtschaft im Verband der Hochschullehrer für Betriebswirtschaft e.V. Seine Hauptforschungsgebiete sind die Produktions- und Entscheidungstheorie, die industrielle Umweltökonomie sowie das Produktions- und Logistikcontrolling.

Dr. Dieta Lohmann

Hebborner Berg 4a, 51467 Gladbach

Dieta Lohmann, Jg. 1968, studierte von 1987 bis 1992 Anglistik, Russisch, Volkswirtschaftslehre an der Justus-Liebig-Universität Gießen und an der London School of Economics and Political Science. Von 1993 bis 1998 war sie wissenschaftliche Mitarbeitern am Lehr- und Forschungsgebiet Volkswirtschaftslehre der RWTH Aachen mit den Schwerpunkten Umwelt- und Industriepolitik. 1998 promovierte sie mit einer Arbeit zu umweltpolitischen Kooperationen zwischen Staat und Unternehmen aus Sicht der Neuen Institutionenökonomik. Seit 1999 ist sie wissenschaftliche Mitarbeiterin der Kontaktstelle des BMBF für sozioökonomische Forschung im 5. Europäischen Forschungsrahmenprogramm (Deutsches Zentrum für Luft- und Raumfahrt e.V., Projektträger des BMBF).

Dr. Uwe Schmid

Universität Stuttgart, Betriebswirtschaftliches Institut, Abteilung IV, Keplerstr. 17, 70174 Stuttgart

Uwe Schmid, Jg. 1961, war nach Abschluss seines Studiums der technisch orientierten Betriebswirtschaftslehre an der Universität Stuttgart im Jahre 1988 zunächst als wissenschaftlicher Mitarbeiter am Lehrstuhl für Allgemeine Betriebswirtschaftslehre und Betriebswirtschaftliche Planung in Stuttgart tätig. Seine Promotion zum Thema „Ökologiegerichtete Wertschöpfung in Industrieunternehmungen" schloss er im Jahre 1996 ab. Seit 1999 hat er die Leitung des Hochschulmanagements für die o.g. wissenschaftliche Hochschule inne. Als Habilitand am Betriebswirtschaftlichen Institut der Universität Stuttgart sind seine bevorzugten Forschungsgebiete die betriebliche Umweltökonomie und das Produktionsmanagement.

Prof. Mario Schmidt

Fachhochschule Pforzheim für Wirtschaft, Technik und Gestaltung, Tiefenbronner Str. 65, 75175 Pforzheim

Mario Schmidt, Jg. 1960, studierte von 1978 bis 1985 Physik in Freiburg und Heidelberg. Von 1985 bis 1989 war er wissenschaftlicher Mitarbeiter am ifeu-Institut für Energie- und Umweltschutz Heidelberg und von 1989 bis 1990 Referatsleiter bei der Hamburger Umweltbehörde. Danach baute er am ifeu-Institut eine Arbeitsgruppe zum Umweltmanagement und zur Ökobilanzierung auf und leitete dort die Entwicklung einer Standard-Software für Stoffstrommanagement. Er ist Berater zahlreicher Unternehmungen und Ministerien. 1999 übernahm er die Professur für ökologische Unternehmensführung an der FH Pforzheim.

Dr. Rainer Souren

Lehrstuhl für Unternehmenstheorie, insbes. Umweltökonomie und industrielles Controlling, RWTH Aachen, 52056 Aachen

Rainer Souren, Jg. 1966, studierte von 1986 bis 1991 Betriebswirtschaftslehre an der RWTH und ist seitdem wissenschaftlicher Mitarbeiter des o.g. Lehrstuhls. 1996 promovierte er mit einer produktionstheoretischen Arbeit zur betrieblichen Reduktionswirtschaft. 1997 erhielt er von der RWTH Aachen einen Lehrauftrag zur betrieblichen Umweltökonomie im Rahmen des Zusatzstudiums Umweltwissenschaften. Neben Umweltökonomie und Produktionstheorie bildet die Verpackungslogistik seinen derzeitigen Forschungsschwerpunkt. Seit November 1999 ist er Habilitationsstipendiat der Deutschen Forschungsgemeinschaft.

Literaturverzeichnis

Ackermann, K.-F. (1974): Anreizsysteme, in: Grochla, E./Wittmann, W. (Hrsg.): Handwörterbuch der Betriebswirtschaft, Bd. 1, 4. Aufl., Stuttgart, Sp. 156–163.

Ahn, H. (1997): Optimierung von Produktentwicklungsprozessen, Wiesbaden.

Ahn, H. (1998): Aufdeckung fundamentaler Oberziele als Controllingaufgabe – Grundsätzliche Überlegungen am Beispiel der Produktentstehung, in: Dyckhoff, H./Ahn, H.
(Hrsg.): Produktentstehung, Controlling und Umweltschutz, Heidelberg, S. 125–142.

Ahn, H./Meyer, C. (1999): Systematik vermeidungsorientierter Produktnutzungskonzepte –
Optimierung der Produktnutzung als Beitrag zum Umweltschutz, in: UmweltWirtschaftsForum, 7. Jg., H. 2, S. 62–65.

Antes, R. (1991): Organisation des Umweltschutzes, in: Personalführung, 24. Jg., S. 148–154.

Antes, R. (1996): Präventiver Umweltschutz und seine Organisation in Unternehmen, Wiesbaden.

Antes, R./Prätorius, G./Steger, U. (1992): Umweltschutz und Transportmittelwahl, in: Die
Betriebswirtschaft, 52. Jg., S. 735–757.

Arndt, H. K. (1997): Betriebliche Umweltinformationssysteme, Wiesbaden.

Aulinger, A. (1996): (Ko-)Operation Ökologie – Kooperationen im Rahmen ökologischer
Unternehmenspolitik, Marburg.

Ayres, R.U. (1978): Resources, Environment, and Economics – Applications of the Materi-
als/Energy Balance Principle, New York.

Ayres, R.U./Ayres, L.W. (1998): Accounting for Resources, 1, Cheltenham.

Ayres, R.U./Simonis, U.E. (1993): Industrieller Metabolismus, FS II 93–407, Wissenschafts-
zentrum Berlin.

Ayres, R.U./Simonis, U.E. (1994) (Hrsg.): Industrial Metabolism – Restructuring for Sustainable Development, Tokio, New York, Paris.

Balderjahn, I./Will, S. (1997): Umweltverträgliches Konsumentenverhalten – Wege aus einem
sozialen Dilemma, in: Marktforschung & Management, 41. Jg., H. 4, S. 140–145.

Balks, M. (1995): Umweltpolitik aus Sicht der Neuen Institutionenökonomik, Wiesbaden.

Bartmann, H. (1998): Anliegen und Aspekte der Ökologischen Ökonomie, in: Das Wirtschaftsstudium, 27. Jg., S. 275–280.

Baumgarten, H./Hidber, C./Steger, U. (1996): Güterverkehrszentren und Umwelt, Bern et al.

Behrendt, S. (1994): Entsorgungsgerechte Produktgestaltung, in: Hellenbrandt, S./Rubik,
F. (Hrsg.): Produkt und Umwelt, Marburg, S. 103–116.

Behrendt, S./Köplin, D./Kreibich, R./Rogall, H./Seidemann, T. (1996): Umweltgerechte
Produktgestaltung, Berlin et al.

Behrendt, S./Pfitzner, R. (1999): Nutzen- statt Produktverkauf?, in: UmweltWirtschaftsForum, 7. Jg., H. 2, S. 66–69.

Behrendt, S./Pfitzner, R./Kreibich, R./Hornschild, K. (1998): Innovationen zur Nachhaltigkeit – Ökologische Aspekte der Informations- und Kommunikationstechniken, Berlin, Heidelberg.

Bellmann, K. (1990): Langlebige Gebrauchsgüter – Ökologische Optimierung der Nutzungs-
dauer, Wiesbaden.

Bellmann, K. (1999) (Hrsg.): Betriebliches Umweltmanagement in Deutschland, Wiesbaden.

Bennauer, U. (1994): Ökologieorientierte Produktentwicklung – Eine strategisch-technolo-
gische Betrachtung der betriebswirtschaftlichen Rahmenbedingungen, Heidelberg.

Bierter, W. (1997): Öko-effiziente Dienstleistungen und zukunftsfähige Produkte, in: Bul-
linger, H.-J. (Hrsg.): Dienstleistungen für das 21. Jahrhundert, Stuttgart, S. 557–585.

Binswanger, H.C. (1994): Perspektiven für eine dauerhafte und umweltgerechte Entwicklung, in: Voss, G. (Hrsg.): Sustainable Development, Köln, S. 58–71.

Bischoff, E.E. (1997): Palletisation efficiency as a criterion for product design, in: OR
Spektrum, Vol. 19, S. 139–145.

Blaurock, K./Schneider, B. (1996): Öko-Bilanzierung in SAP R/3, in: CONTROLLING, 8.
Jg., S. 332–338.

Bleicher, K. (1996): Abschn. 1.2 'Integriertes Management als Bezugsrahmen', in: Eversheim, W./Schuh, G. (Hrsg.): Produktion und Management ('Betriebshütte') Teil 1,
7. Aufl., Berlin, Heidelberg, S. 1.11–1.19.

BMV (Bundesministerium für Verkehr) (1997): Verkehr in Zahlen 1997, Köln.

Böhlke, U. H. (1994): Rechnerunterstützte Analyse von Produktlebenszyklen – Entwicklung einer Planungsmethodik für das umweltökonomische Technologiemanagement, Aachen.

Bohne, E. (1982): Privatisierung des Staates – Absprachen zwischen Industrie und Regierung in der Umweltpolitik, in: Gessner, V./Winter, G. (Hrsg.): Jahrbuch für Rechts-
soziologie und Rechtstheorie, Bd. 8, Opladen, S. 266–281.

Bohne, E. (1988): Verwaltungshandeln (informal), in: Kimminich, O./von Lersner, H./Storm,
P.-C. (Hrsg.): Handwörterbuch des Umweltrechts, Bd. 2, Berlin, Sp. 1055–1069.

Bradel, A. (1995): Industriebetrieb und Verkehrsproblematik, Wiesbaden.

Braunschweig, A. (1988): Die Ökologische Buchhaltung als Instrument der städtischen Umweltpolitik, Grüsch.

Braunschweig, A./Müller-Wenk, R. (1993): Ökobilanzen für Unternehmungen, Bern.

Breier, S. (1997): Umweltschutzkooperationen zwischen Staat und Wirtschaft auf dem Prüfstand – Eine Untersuchung am Beispiel der Erklärung der deutschen Wirtschaft zur
Klimavorsorge, in: Zeitschrift für Umweltpolitik & Umweltrecht, 1, S. 131–142.

Bretzke, W.-R. (1998): "Make or buy" von Logistikdienstleistungen – Erfolgskriterien für
eine Fremdvergabe logistischer Dienstleistungen, in: Isermann, H. (Hrsg.): Logistik, 2. Aufl., Landsberg/Lech, S. 393–402.

Brinkmann, T./Ehrenstein, G.W./Steinhilper, R. (1996): Umwelt- und recyclinggerechte
Produktentwicklung, Bd. 1 und 2, Augsburg.

Brockhaus, M. (1996): Gesellschaftsorientierte Kooperationen im ökologischen Kontext –
Perspektiven für ein dynamisches Umweltmanagement, Wiesbaden.

Brösse, U. (1972): Ziele in der Regionalpolitik und in der Raumordnungspolitik – Ziel-
forschung und Probleme der Realisierung von Zielen, Berlin.

Bruhn, M. (1993): Chancen und Risiken des Ökosponsorings, in: Die Betriebswirtschaft,
53. Jg., S. 465–478.

BUND/Misereor (1996) (Hrsg.): Zukunftsfähiges Deutschland – Ein Beitrag zu einer global nachhaltigen Entwicklung, Studie des Wuppertal Instituts für Klima, Umwelt, Energie, Basel.

Bundesministerium des Innern (1976): Umweltbericht '76, Fortschreibung des Umweltprogramms der Bundesregierung, Stuttgart.

Bundesumweltministerium/Umweltbundesamt (1995): Handbuch Umweltcontrolling, München.

Butterbrodt, D./Juhre, D. (1997): Umsetzung von Umweltmanagementsystemen unter Qualitätsmanagementaspekten, in: Umweltwirtschaftsforum, 5. Jg., H. 2, S. 62–71.

Clausen, J. (1998): Umweltkennzahlen als Steuerungsinstrument für das nachhaltige Wirtschaften von Unternehmen, in: Seidel, E./Clausen, J./Seifert, E.K. (Hrsg.): Umweltkennzahlen, München, S. 33–70.

Clausen, J./Zundel, S. (1995): Freiwillige Selbstverpflichtungen – Versuch einer Neubewertung, in: IÖW/VÖW-Informationsdienst 2/95, S. 9–11.

Costanza, R./Cumberland, J./Daly, H./Goodland, R./Norgaard, R. (1997): An Introduction to Ecological Economics, Boca Raton (Fl.).

Daecke, S.M. (1995): Umweltethik als wirtschaftsethische Aufgabe, in: Daecke, S.M. (Hrsg.): Ökonomie contra Ökologie?, Stuttgart/Weimar, S. 11–30.

de Man, R. (1994). Erfassung von Stoffströmen aus naturwissenschaftlicher und wirtschaftswissenschaftlicher Sicht – Akteure, Entscheidungen und Informationen im Stoffstrommanagement, in: Enquête-Kommission „Schutz des Menschen und der Umwelt" (Hrsg.): Umweltverträgliches Stoffstrommanagement – Konzepte, Instrumente, Bewertung, Bd. 1, Bonn.

Demsetz, H. (1967): Toward a Theory of Property Rights, in: American Economic Review, Vol. 57, S. 347–359.

Detzel, A. et al. (1997): Recycling von Papier – Ansätze zur Modellierung des Gesamtsystems und zur Allokation von Umweltwirkung, in: Schmidt, M./Häuslein, A. (Hrsg.): Ökobilanzierung mit Computerunterstützung; Berlin/Heidelberg; S. 211–224.

Diekmann, A. (1996): Homo ÖKOnomicus – Anwendungen und Probleme der Theorie rationalen Handels im Umweltbereich, in: Diekmann, A./Jaeger, C.C. (Hrsg.): Umweltsoziologie, Opladen, S. 89–118.

Diekmann, A. (1998): Moral oder Ökonomie? – Zum Verhalten in Niedrigkostensituationen, in: Steinmann, H./Wagner, G.R. (Hrsg.): Umwelt und Wirtschaftsethik, Stuttgart, S. 233–247.

DIN EN ISO 14001:1996-10: Umweltmanagementsysteme – Spezifikation mit Anleitung zur Anwendung, Berlin.

Dinkelbach, W./Rosenberg, O. (1997): Erfolgs- und umweltorientierte Produktionstheorie, 2. Aufl., Berlin, Heidelberg.

Dowsland, W.B. (1995): Improving palletisation efficiency – the theoretical basis and practical application, in: International Journal of Production Research, Vol. 33, S. 2213–2222.

Drumm H.J./Scholz C. (1988): Personalplanung – Planungsmethoden und Methodenakzeptanz, Bern, Stuttgart.

Dyckhoff, H. (1992): Organische Integration des Umweltschutzes in die Betriebswirtschaftstheorie, in: Seidel, E. (Hrsg.): Betrieblicher Umweltschutz, Wiesbaden, S. 57–80.

Dyckhoff, H. (1993): Theoretische Grundlagen einer umweltorientierten Produktionswirtschaft, in: Wagner, G.R. (Hrsg.): Betriebswirtschaft und Umweltschutz, Stuttgart, S. 81–105.

Dyckhoff, H. (1994): Betriebliche Produktion – Theoretische Grundlagen einer umweltorientierten Produktionswirtschaft, 2. Aufl., Berlin, Heidelberg.

Dyckhoff, H. (1995): Umweltschutz – Ein Thema für die BWL?, in: Daecke, S.M. (Hrsg.): Ökonomie contra Ökologie?, Stuttgart, Weimar, S. 108–130.

Dyckhoff, H. (1996): Kuppelproduktion und Umwelt – Zur Bedeutung eines in der Ökonomik vernachlässigten Phänomens für die Kreislaufwirtschaft, in: Zeitschrift für angewandte Umweltforschung, 9. Jg., S. 173–187.

Dyckhoff, H. (1998a): Umweltmanagement, in: Berndt, R./Fantapie, C./Schuster, P. (Hrsg.): Springers Handbuch der Betriebswirtschaftslehre, Bd. 2, Berlin, Heidelberg, S. 389–431.

Dyckhoff, H. (1998b): Umweltschutz – Gedanken zu einer allgemeinen Theorie umweltorientierter Unternehmensführung, in: Dyckhoff, H./Ahn, H. (Hrsg.): Produktentstehung, Controlling und Umweltschutz, Heidelberg, S. 61–94.

Dyckhoff, H. (1999a): Ein Integrationsrahmen für das betriebliche Umweltmanagement, in: K. Bellmann (Hrsg.): Betriebliches Umweltmanagement in Deutschland, Wiesbaden, S. 99–130.

Dyckhoff, H. (1999b): Quantitative Nutzeffekte integrierter Bestands- und Tourenplanung, in: Logistikmanagement, 1. Jg., H. 1, S. 49–62.

Dyckhoff, H. (2000): Grundzüge der Produktionswirtschaft – Einführung in die Theorie betrieblicher Wertschöpfung, 3. Aufl., Berlin, Heidelberg.

Dyckhoff, H./Ahn, H. (1998) (Hrsg.): Produktentstehung, Controlling und Umweltschutz – Grundlagen eines ökologieorientierten F&E-Controlling, Heidelberg.

Dyckhoff, H./Ahn, H./Gießler, T. (1997): Produktentstehung in einer Kreislaufwirtschaft, in: Steger, U. (Hrsg.), Handbuch des integrierten Umweltmanagements, München, Wien, S. 197–215.

Dyckhoff, H./Finke, U. (1992): Cutting and Packing in Production and Distribution, Heidelberg.

Dyckhoff, H./Gießler, T. (1998): Produktentstehung und Umweltschutz, in: Dyckhoff, H./Ahn, H. (Hrsg.): Produktentstehung, Controlling und Umweltschutz, Heidelberg, S. 167–190.

Dyllick, T./Hummel, J. (1996): Integriertes Umweltmanagement – Ein Ansatz im Rahmen des St. Galler Management-Konzepts, IWÖ-Diskussionsbeitrag Nr. 35, Institut für Wirtschaft und Ökologie an der Hochschule St. Gallen.

Dyllick, T./Hummel, J. (1997): Integriertes Umweltmanagement im Rahmen des St. Galler Management-Konzepts, in: Steger, U. (Hrsg.): Handbuch des integrierten Umweltmanagements, München, S. 137–154.

Eckstein, W.E. (1997): Güterverkehrszentrum, in: Bloech, J./Ihde, G.B. (Hrsg.): Vahlens Großes Logistiklexikon, München, S. 352–356.

Ehrlenspiel, K. (1995): Integrierte Produktentwicklung, München.

Ekins, P. (1994): The Environmental Sustainability of Economic Processes – A Framework for Analysis, in: Bergh, Jeroen C.J.M. van den/Straaten, Jan van der (Hrsg.): Toward Sustainable Development, Washington, Covelo, S. 25–55.

Ellringmann, H. (1994): Strategisch verankern – Über die Integration von Umweltschutzbelangen im Topmanagement, in: UmweltMagazin, 23. Jg., H. 1, S. 78–80.

EMAS (1993): „Verordnung (EWG) Nr. 1836/93 des Rates vom 29. Juni 1993 über die freiwillige Beteiligung gewerblicher Unternehmen an einem Gemeinschaftssystem für das Umweltmanagement und die Umweltbetriebsprüfung".

Engelke, M. (1997): Qualität logistischer Dienstleistungen, Berlin.

Enquête-Kommission „Schutz des Menschen und der Umwelt" (1993): Verantwortung für die Zukunft – Wege zum nachhaltigen Umgang mit Stoff- und Materialströmen, Bundestagsdrucksache 12/8260, Bonn.

Enquête-Kommission „Schutz des Menschen und der Umwelt" (1994): Die Industriegesellschaft gestalten – Perspektiven für einen nachhaltigen Umgang mit Stoff- und Materialströmen, Bundestagsdrucksache 12/8260, Bonn.

Erlei, M./Leschke, M./Sauerland, D. (1999): Neue Institutionenökonomik, Stuttgart.

Eversheim, W. et al. (1999): Integrierter Umweltschutz – Ein strategischer Erfolgsfaktor, in: AWK Aachener Werkzeugmaschinen-Kolloquium (Hrsg.): Wettbewerbsfaktor Produktionstechnik, Aachen, S. 49–72.

Faber/Manstetten/Proops (1996): Ecological Economics – Concepts and Methods, Cheltenham, Brookfield.

Fichter, K. (1998a): Schritte zum nachhaltigen Unternehmen – Anforderungen und strategische Ansatzpunkte, in: Fichter, K./Clausen, J. (Hrsg.): Schritte zum nachhaltigen Unternehmen, Berlin et al., S. 3–26.

Fichter, K. (1998b): Umweltkommunikation und Wettbewerbsfähigkeit, Marburg.

Fietkau, H.-J./Pfingsten, K. (1995): Umweltmediation – Verfahrenseffekte und Urteilsperspektiven, in: Archiv für Kommunalwissenschaften, Bd. I, S. 55–70.

Fischer, H. et al. (1997): Umweltkostenmanagement, München, Wien, S. 76.

Fleig, J. (1997): Neue Produktkonzepte in der Kreislaufwirtschaft – Zur Nutzungsintensivierung und Lebensdauerverlängerung von Produkten, in: UmweltWirtschaftsForum, 5. Jg., H. 4, S. 11–17.

Franck, E./Bagschik (1999): Remanufacturing – Informationelle und organisatorische Voraussetzungen, in: Nagel, K./Erben, R.F./Piller, F.T. (Hrsg.): Produktionswirtschaft 2000, Wiesbaden, S. 421–443.

Frank, R.H. (1992): Die Strategie der Emotionen, München.

Franz, G./Herbert, W. (1987): Wertewandel und Mitarbeitermotivation, in: Harvard manager, 9. Jg., H. 9, S. 96–102.

Freeman, R. (1984): Strategic Management – A Stakeholder Approach, Marshfield.

Frei, M. (1999): Öko-effektive Produktentwicklung, Wiesbaden.

Freimann, J. (1996): Betriebliche Umweltpolitik, Bern et al.

Frey, B.S./Osterloh, M. (1997): Sanktionen oder Seelenmassage? Motivationale Grundlagen der Unternehmensführung, in: Die Betriebswirtschaft, 57. Jg., S. 307–321.

Frings, E. (1995): Ergebnisse und Empfehlungen der Enquête-Kommission „Schutz des Menschen und der Umwelt" zum Stoffstrommanagement, in: Schmidt, M./Schorb, A. (Hrsg.): Stoffstromanalysen in Ökobilanzen und Öko-Audits, Berlin, Heidelberg, S. 15–30.

Fritz, W. (1995): Umweltschutz und Unternehmenserfolg, in: Die Betriebswirtschaft, 55. Jg., S. 347–357.

Führ, M. (1994): Proaktives unternehmerisches Handeln – Unverzichtbarer Beitrag zum präventiven Stoffstrommanagement, in: Zeitschrift für Umweltpolitik & Umweltrecht, 17. Jg., H. 4, S. 445–472.

Gawel, E. (1993): Vollzugsunterstützung regulativer Umweltpolitik, in: Zeitschrift für Umweltpolitik & Umweltrecht, 16. Jg., H. 4, S. 461–475.

Gellrich, C./Karczmarzyk, A./Pfriem, R. (1998): Vom starren Umweltmanagement zum Total Environmental Management (TEM), in: UmweltWirtschaftsForum, 6. Jg., H. 1, S. 28–31.

Gierse, M. (1992): Belastung von Straßeninfrastruktur und Umwelt durch den Güterverkehr in der Bundesrepublik Deutschland, Frankfurt/Main et al.

Glance, N.S./Huberman, B.A. (1994): Das Schmarotzerdilemma, in: Spektrum der Wissenschaft, Mai, S. 36–41.

Gore, A. (1992): Wege zum Gleichgewicht – Ein Marshallplan für die Erde, Frankfurt/Main.

Götzelmann, F. (1992): Umweltschutzinduzierte Kooperationen der Unternehmung, Frankfurt/Main.

Gröner, S./Zapf, M. (1998): Unternehmen, Stakeholder und Umweltschutz, in: UmweltWirtschaftsForum, 6. Jg., H. 1, S. 52–57.

Großmann, P. (1986): Auswirkungen von Umweltbelastungen und umweltpolitischen Maßnahmen auf die Property-Rights-Struktur, München.

Grothe-Senf, A. (1993): Weiterbildungsprogramm Umweltschutz der Schering AG. „Global denken, lokal handeln", in: Personalführung, 26. Jg., S. 840–844.

Günther, E. (1994): Ökologieorientiertes Controlling, München.

Haasis, H.-D. (1996): Betriebliche Umweltökonomie, Berlin et al.

Haber, W. (1995): Ökosystem, in: Junkernheinrich, M./Klemmer, P./Wagner, G.R. (Hrsg.): Handbuch zur Umweltökonomie, Berlin, S. 193–198.

Hähre, S. et al. (1998): Kopplung von Flowsheeting-Modellen und Petri-Netzen zur Planung industrieller Stoffstromnetzwerke, in: UmweltWirtschaftsForum, 6. Jg., H. 2, S. 9–15.

Hallay, H. et al. (1989): Die Ökobilanz – Ein betriebliches Informationssystem, Schriftenreihe des Instituts für Ökologische Wirtschaftsforschung IÖW 27/89, Berlin.

Hansen, U. (1992): Umweltmanagement im Handel, in: Steger, U. (Hrsg.): Handbuch des Umweltmanagements, München, S. 733–755.

Hansen, U. (1993): Die ökologische Herausforderung als Prüfstein ethisch verantwortlichen Handelns, in: Wagner, G.R. (Hrsg.): Ökonomische Risiken und Umweltschutz, München, S. 109–128.

Hansen, U./Schrader, U. (1997): „Leistungs- statt Produktabsatz" für einen ökologischeren Konsum ohne Eigentum, in: Steger, U. (Hrsg.): Handbuch des integrierten Umweltmanagements, München, Wien, S. 87–110.

Hansjürgens, B. (1994): Erfolgsbedingungen für Kooperationslösungen in der Umweltpolitik, in: Wirtschaftsdienst, I, S. 35–42.

Hansmann, K.-W. (1998) (Hrsg.): Umweltorientierte Betriebswirtschaftslehre, Wiesbaden.

Harborth, H.-J. (1993): Dauerhafte Entwicklung statt globaler Selbstzerstörung, 2. Aufl., Berlin.

Hartkopf, G./Bohne, E. (1983): Umweltpolitik, Bd. 1: Grundlagen, Analysen, Perspektiven, Opladen.

Hartmann, W.D. (1998): Öko-Audit – Ein Dutzend Erfahrungen aus der Unternehmenspraxis, in: UmweltWirtschaftsForum, 6. Jg., H. 1, S. 32–36.

Hassan, A./Kostka, S. (1996): F&E – Schlüsselfunktion des Umweltschutzes in der chemischen Industrie, in: UmweltWirtschaftsForum, 4. Jg., H. 1, S. 4–10.

Hauff, V. (1987) (Hrsg.): Unsere gemeinsame Zukunft – Der Brundtland-Bericht der Weltkommission für Umwelt und Entwicklung, Greven.

Häuslein, A. et al. (1995): Umberto – ein Programm zur Modellierung von Stoff- und Energieflusssystemen, in: Haasis, H.-D. et al. (Hrsg.): Betriebliche Umweltinformationssysteme (BUIS), Marburg.

Hax, H. (1993): Unternehmensethik – Ordnungselement der Marktwirtschaft?, in: Zeitschrift für betriebswirtschaftliche Forschung, 45. Jg., S. 769–779.

Heijungs, R. (1994): A generic method for the identification of options for cleaner products, Ecological Economics Vol. 10, S. 69–81.

Heijungs, R. (1996): Identifikation of key issues for further investigation in improving the reliability of life cycle assessments, in: J. Cleaner Prod. Vol. 4, No. 3–4; S. 159–166.

Hennecke, H.-G. (1991): Informelles Verwaltungshandeln im Wirtschaftsverwaltungs- und Umweltrecht, in: Natur + Recht, H. 6, S. 267–275.

Henzler, H.A./Späth, L. (1993): Sind die Deutschen noch zu retten? Von der Krise in den Aufbruch, München.

Hillemacher, J. (1998): Auswirkungen des Kreislaufwirtschafts- und Abfallgesetzes (KrW-/AbfG) auf die Produktpolitik der Industriebetriebe, in: Dyckhoff, H./Ahn, H. (Hrsg.): Produktentstehung, Controlling und Umweltschutz, Heidelberg, S. 243–270

Hilty, L.M./Rautenstrauch, C. (1995): Betriebliche Umweltinformatik, in: Page, B./Hilty, L.M. (Hrsg.): Umweltinformatik, München, Wien, S. 295–312.

Hitzler, R. (1992): Ökologische Ideale – Zur Typisierung ideologischer Positionen, in: Zeitschrift für angewandte Umweltforschung, 5. Jg., S. 119–124.

Hoffmann-Riem, W. (1990): Verhandlungslösungen und Mittlereinsatz im Bereich der Verwaltung – Eine vergleichende Einführung, in: Hoffmann-Riem, W./Schmidt-Aßmann, E. (Hrsg.): Konfliktbewältigung durch Verhandlungen, Baden-Baden, S. 13–41.

Holler, M. (1992): Ökonomische Theorie der Verhandlungen, 3. Aufl., München.

Holzhey, M./Tegner, H. (1996): Selbstverpflichtungen – ein Ausweg aus der umweltpolitischen Sackgasse?, in: Wirtschaftsdienst, VIII, S. 425–430.

Homann, K. (1992): Marktwirtschaftliche Ordnung und Unternehmensethik, in: Unternehmensethik, Ergänzungsheft 1/92 der Zeitschrift für Betriebswirtschaft, Wiesbaden, S. 75–90.

Homann, K./Blome-Drees, F. (1992): Wirtschafts- und Unternehmensethik, Göttingen.

Homann, K./Pies, I. (1991): Wirtschaftsethik und Gefangenendilemma, in: Wirtschaftswissenschaftliches Studium, 20. Jg., S. 608–614.

Honnefelder, L. (1993): Welche Natur sollen wir schützen?, in: GAIA, 2. Jg., S. 253-264.

Hopfenbeck, W. (1990): Umweltorientiertes Management und Marketing, Landsberg.

Hopfenbeck, W./Willig, M. (1995): Umweltorientiertes Personalmanagement, Landsberg/Lech.

Houtman, J. (1998): Elemente einer umweltorientierten Produktionstheorie, Wiesbaden.

Huber, J. (1995): Nachhaltige Entwicklung durch Suffizienz, Effizienz und Konsistenz, in: Fritz, P./Huber, J./Levi, H.W. (Hrsg.): Nachhaltigkeit in naturwissenschaftlicher und sozialwissenschaftlicher Perspektive, Stuttgart, S. 31–46.

Huber, J. (1996): Nachhaltigkeit – Ein Entwicklungskonzept entwickelt sich ..., in: GAIA, 5. Jg., H. 2, S. 63–65.

Hüser, A. (1996): Marketing, Ökologie und ökonomische Theorie, Wiesbaden.

Hutchinson, A./Hutchinson, F. (1997): Environmental Business Management, London et al.

Ihde, G.B. (1991): Mehr Verkehr durch Just in time?, in: Zeitschrift für Verkehrswissenschaft, 62. Jg., S. 192–198.

Ihde, G.B./Dutz, E./Stieglitz, A. (1994): Möglichkeiten und Probleme einer umweltorientierten Konsumgüterdistribution, in: Marketing Zeitschrift für Forschung und Praxis, 16. Jg., S. 199–208.

International Organisation for Standardization ISO (1997): ISO 14.040 – Environmental management – Life Cycle Assessment – Principles and framework, Genf.

Isermann, H. (1991): Verpackungsplanung im Spannungsfeld zwischen ökologischen und ökonomischen Anforderungen an die Verpackung, in: OR Spektrum, Vol. 13, S. 173–188.

Isermann, H. (1998): Stauraumplanung, in: Isermann, H. (Hrsg.): Logistik, 2. Aufl., Landsberg/Lech, S. 245–286.

Isermann, H./Lieske, D. (1998): Gestaltung der Logistiktiefe unter Berücksichtigung transaktionskostentheoretischer Gesichtspunkte, in: Isermann, H. (Hrsg.): Logistik, 2. Aufl., Landsberg/Lech, S. 403–428.

Jacobs, R. (1994): Organisation des Umweltschutzes in Industriebetrieben, Heidelberg.

Janzen, H. (1996): Ökologisches Controlling im Dienste von Umwelt- und Risikomanagement, Stuttgart.

Johnson, M.R./Wang, M.H. (1995): Planning Product Disassembly for Material Recovery Opportunities, in: International Journal of Production Research, Vol. 33, S. 3119–3142.

Junkernheinrich, M./Klemmer, P./Wagner, G.R. (1995) (Hrsg.): Handbuch zur Umweltökonomie, Berlin.

Kaas, K.P. (1992): Marketing für umweltfreundliche Produkte, in: Die Betriebswirtschaft, 52. Jg., S. 473–487.

Kaas, K.P. (1993): Informationsprobleme auf Märkten für umweltfreundliche Produkte, in: Wagner, G.R. (Hrsg.): Betriebswirtschaft und Umweltschutz, Stuttgart, S. 29–43.

Kaas, K.P. (1994): Marketing im Spannungsfeld zwischen umweltorientiertem Wertewandel und Konsumentenverhalten, in: Schmalenbach-Gesellschaft – Deutsche Gesellschaft für Betriebswirtschaft e.V. (Hrsg.): Unternehmensführung und externe Rahmenbedingungen, Stuttgart, S. 93–112.

Kaas, T. et al. (1994): Stickstoffbilanz des Kremstales – Studie am Institut für Wassergüte und Abfallwirtschaft der TU Wien.

Kandler, J. (1983): Grundzüge einer Gesamtverkehrsplanung unter dem Gesichtspunkt des Umweltschutzes, in: Verkehrsannalen, 29. Jg., H. 2, S. 5–18.

Kaupp, M. (1998): City-Logistik als kooperatives Güterverkehrs-Management, Wiesbaden.

Keller, B. (1996): Unternehmensexterne ökologische Berichterstattung, München.

Kilimann, S. (1996): Entsorgungslogistik in der Kreislaufwirtschaft – Möglichkeiten der Übertragung und Anwendung versorgungslogistischer Methoden auf die Entsorgungslogistik, Dresden.

Kippes, S. (1995): Bargaining – Informales Verwaltungshandeln und Kooperation zwischen Verwaltungen, Bürgern und Unternehmen, Köln et al.

Kirchgeorg, M. (1995): Öko-Marketing, in: Tietz, B./Köhler, R./Zentes, J. (Hrsg.): Handwörterbuch des Marketing, 2. Aufl., Stuttgart, Sp. 1943–1954.

Kirchgeorg, M. (1999): Marktstrategisches Kreislaufmanagement, Wiesbaden.

Kirchgeorg, M./Rennings K. /Rentz, H./Siedhoff, K./Ventzke, R. (1993): Anforderungsprofile für Umweltmanager und Umweltökonomen, in: UmweltWirtschaftsForum, 1. Jg., H. 9, S. 74–76.

Kirchgeorg, M./Rennings, K./Rentz, H./Siedhoff, K./Ventzke, R. (1994): Anforderungsprofile für Umweltmanager und Umweltökonomen, in: Wirtschaftswissenschaftliches Studium, 23. Jg., S. 47–50.

Kloepfer, M. (1996): Umweltschutz zwischen Ordnungsrecht und Anreizpolitik – Konzeption, Ausgestaltung, Vollzug, in: Zeitschrift für angewandte Umweltforschung, 9. Jg., S. 56–66, S. 200–209.

Kloock, J. (1993): Neuere Entwicklungen betrieblicher Umweltkostenrechnungen, in: Wagner, G.R. (Hrsg.): Betriebswirtschaft und Umweltschutz, Stuttgart, S. 179–206.

Knaus, A./Renn, O. (1998): Den Gipfel vor Augen – Unterwegs in eine nachhaltige Zukunft, Marburg.

Kohlhaas, M./Praetorius, B. (1994): Selbstverpflichtungen der Industrie zur CO_2-Reduktion – Möglichkeiten der wettbewerbskonformen Ausgestaltung unter Berücksichtigung der geplanten CO_2-/Energiesteuer und Wärmenutzungsverordnung, Berlin.

Kossbiel, H./Spengler, T. (1992): Personalwirtschaft und Organisation, in: Frese, E. (Hrsg.): Handwörterbuch der Organisation, 3. Aufl., Stuttgart, Sp. 1949–1962.

Kraemer, B. (1997): Kreislaufwirtschaft mit „dualer" Produktstrategie, in: Office Management, 45. Jg., H. 1, S. 60–63.

Kraus, S. (1997): Distributionslogistik im Spannungsfeld zwischen Ökologie und Ökonomie, Nürnberg.

Kreibich, R. (1994): Ökologische Produktgestaltung und Kreislaufwirtschaft, in: UmweltWirtschaftsForum, 2. Jg., H. 5, S. 13–22.

Kreibich, R. (1997): Nachhaltige Entwicklung – Leitbild für Wirtschaft und Gesellschaft, in: UmweltWirtschaftsForum, 5. Jg., H. 2, S. 6–13.

Kreikebaum, H. (1993): Personelle Voraussetzungen des integrierten Umweltschutzes, in: Zeitschrift Führung und Organisation, 62. Jg., S. 85–90.

Kreikebaum, H. (1996): Die Organisation ökologischer Lernprozesse im Unternehmen, in: UmweltWirtschaftsForum, 4. Jg., H. 3, S. 4–8.

Krelle, W. (1992): Ethik lohnt sich auch ökonomisch – Über die Lösung einer Klasse von Nicht-Nullsummenspielen, in: Ergänzungsheft 1/92 der Zeitschrift für Betriebswirtschaft, Wiesbaden, S. 35–49.

Kruse, H.-J. (1991): Entwicklung und Einsatz eines PC-Programms für das Problem der Palettenbeladung mit Pharmaprodukten via Kartonverpackungen, in: OR Spektrum, Vol. 13, S. 242–248.

KrW-/AbfG, Gesetz zur Förderung der Kreislaufwirtschaft und Sicherung der umweltverträglichen Beseitigung von Abfällen (Deutsches 'Kreislaufwirtschafts- und Abfallgesetz'), 06.10.1994, BGBl. I, S. 2705–2728.

Kucharzewski, I. (1994): Vermittlungs- und Verhandlungsverfahren in der Abfallentsorgung – Amerikanische Erfahrungen – deutsche Perspektiven, Dortmund.

Kucharzewski, I. (1996): Vermittlungs- und Verhandlungsverfahren – Neue Instrumente in der Raumplanung – aufgezeigt am Beispiel der Abfallentsorgung, in: Akademie für Raumforschung und Landesplanung (Hrsg.): Räumliche Aspekte umweltpolitischer Instrumente, Forschungs- und Sitzungsberichte, Nr. 201, Hannover, S. 121–132.

Kunig, P. (1992): Verträge und Absprachen zwischen Verwaltung und Privaten, in: Deutsches Verwaltungsblatt, H. 18, S. 1193–1203.

Küpper, H.-U. (1988): Verantwortung in der Wirtschaftswissenschaft, in: Zeitschrift für betriebswirtschaftliche Forschung, 40. Jg., S. 318–339.

Küpper, H.-U. (1997): Controlling – Konzeption, Aufgaben und Instrumente, 2. Aufl., Stuttgart.

Lautenbach, S./Steger, U./Weihrauch, P. (1992): Evaluierung freiwilliger Branchenvereinbarungen (Kooperationslösungen) im Umweltschutz, in: Bundesverband der Deutschen Industrie (BDI) (Hrsg.): Freiwillige Kooperationslösungen im Umweltschutz, Köln, S. 1ff.

Leontief, W. (1966): Input-Output Economics, New York, Oxford.

Lohmann, D. (1999): Umweltpolitische Kooperationen zwischen Staat und Unternehmen aus Sicht der Neuen Institutionenökonomik, Marburg.

Loske, R. (1996): Klasse statt Masse – Eine zukunftsfähige Wirtschaft braucht eine bessere Infrastruktur, in: GAIA, 5. Jg., H. 2, S. 71–85.

Lübbe-Wolf, G. (1989): Das Kooperationsprinzip im Umweltrecht – Rechtsgrundsatz oder Deckmantel des Vollzugsdefizits?, in: Natur + Recht, H. 7, S. 295–302.

Majer, H. (1995): Ökologisches Wirtschaften – Wege zur Nachhaltigkeit in Fallbeispielen, Ludwigsburg/Berlin.

Majer, H. (1998): Das nachhaltige Unternehmen – Unveröffentlichtes Arbeitspapier des Instituts für Volkswirtschaftslehre und Recht der Universität Stuttgart, Stuttgart.

Maltry, G. (1994): Grundlagen des Umweltrechts, in: Beck, M. (Hrsg.): Umweltrecht, Würzburg, S. 17–31.

Manstetten, R. (1996): Zukunftsfähigkeit und Zukunftswürdigkeit – Philosophische Bemerkungen zum Konzept der Nachhaltigkeit, in: GAIA, 5. Jg., S. 291–298.

Matschke, M.J./Jaeckel, U.D./Lemser, B. (1996): Betriebliche Umweltwirtschaft, Herne, Berlin.

Matten, D. (1998a): Management ökologischer Unternehmensrisiken – Zur Umsetzung von sustainable development in der reflexiven Moderne, Stuttgart.

Matten, D. (1998b): Sustainable Development als betriebswirtschaftliches Leitbild – Hintergründe, Abgrenzungen, Perspektiven, in: Albach, H./Steven, M. (Hrsg.): Betriebliches Umweltmanagement, ZfB-Ergänzungsheft 1/98, Wiesbaden, S. 1–23.

Matten, D./Wagner, G.R. (1998): Konzeptionelle Fundierung und Perspektiven des Sustainable Development-Leitbildes, in: Steinmann, H./Wagner, G.R. (Hrsg.): Umwelt und Wirtschaftsethik, Stuttgart, S. 51–79.

Matzel, M. (1994): Die Organisation des betrieblichen Umweltschutzes, Berlin.

Maxwell, J. W. (1998): Designing Voluntary Agreements in Europe – Some Lessons from the U.S. EPA's 33/50 Program, ZEI Policy Paper B98-07.

Meffert, H. (1988): Ökologisches Marketing als Antwort der Unternehmen auf aktuelle Problemlagen der Umwelt, in: Brandt, A. et al. (Hrsg.): Ökologisches Marketing, Frankfurt, New York, S. 131–158.

Meffert, H. (1994): Marketing-Management, Wiesbaden.

Meffert, H./Bruhn, M. (1996): Das Umweltbewußtsein von Konsumenten, in: Die Betriebswirtschaft, 56. Jg., S. 631–648.

Meffert, H./Kirchgeorg, M. (1993): Das neue Leitbild Sustainable Development – der Weg ist das Ziel, in: Harvard Business Manager, Jg. 15, H. 2, S. 34–45.

Meffert, H./Kirchgeorg, M. (1994): Grundlagen des Umweltschutzes aus wettbewerbsstrategischer Perspektive, in: Hansmann, K.-W. (Hrsg.): Marktorientiertes Umweltmanagement, Wiesbaden, S. 21–57.

Meffert, H./Kirchgeorg, M. (1995): Ökologisches Marketing, in: UmweltWirtschaftsForum, 3. Jg., H. 1, S. 18–27.

Meffert, H./Kirchgeorg, M. (1996): Kreislaufspezifische Zielsysteme von Herstellern langlebiger Gebrauchsgüter, in: UmweltWirtschaftsForum, 4. Jg., H. 4, S. 6–12.

Meffert, H./Kirchgeorg, M. (1998): Marktorientiertes Umweltmanagement – Konzeption, Strategie, Implementierung mit Praxisfällen, 3. Aufl., Stuttgart.

Michaelis, P. (1999): Betriebliches Umweltmanagement, Herne, Berlin.

Minsch, J./Eberle, A./Meier, B./Schneidewind, U. (1996): Mut zum ökologischen Umbau – Innovationsstrategien für Unternehmen, Politik und Akteurnetze, Basel et al.

Möller, A. (1997): Berechnungsverfahren unter Umberto, in: Schmidt, M./Häuslein, A. (Hrsg.): Ökobilanzierung mit Computerunterstützung, Berlin, Heidelberg, S. 115–130.

Möller, A. (1998): Betriebliche Stoffstromanalysen, Bericht 212 des Fachbereichs Informatik der Universität Hamburg.

Möller, A. (2000): Grundlagen von stoffstrombasierten Betrieblichen Umweltinformationssystemen, Dissertation, Hamburg.

Möller, A./Rolf, A. (1995): Methodische Ansätze zur Erstellung von Stoffstromanalysen, in: Schmidt, M./Schorb, A. (Hrsg.): Stoffstromanalysen in Ökobilanzen und Öko-Audits, Berlin, Heidelberg, S. 33–58.

Möller, C. (1994): Zur Problematik des Dialogs zwischen Umweltverbänden, Industrie und Politik, in: Schriftenreihe des Deutschen Rates für Landespflege, H. 65, S. 101–107.

Mühlemeyer, P. (1996): Qualifikationsbedarfsanalysen im Umweltsektor, in: UmweltWirtschaftsForum, 4. Jg., H. 3, S. 66–71.

Müller-Wenk, R. (1978): Die ökologische Buchhaltung, Frankfurt, New York.

Murswiek, D. (1988): Freiheit und Freiwilligkeit im Umweltrecht, in: Juristen Zeitung, H. 21, S. 985–993.

Naujoks, G. (1995): Optimale Stauraumnutzung, Wiesbaden.

Neumayer, E. (1999): Weak versus Strong Sustainability – Exploring the Limits of Two Opposing Paradigms, Cheltenham, Northampton.

Nordsieck, F. (1934): Grundlagen der Organisationslehre, Stuttgart.

Nutzinger, H.G. (1995): Von der Durchflußwirtschaft zur Nachhaltigkeit – Zur Nutzung endlicher Ressourcen in der Zeit, in: Biervert, B./Held, M. (Hrsg.): Zeit in der Ökonomik, Frankfurt, New York, S. 207–235.

Nutzinger, H.G./Radke, V. (1995): Wege zur Nachhaltigkeit, in: Nutzinger, H.G. (Hrsg.): Nachhaltige Wirtschaftsweise und Energieversorgung, Marburg, S. 225–256.

o.V. (1993): Agenda 21 – Programme of Action for Sustainable Development, United Nations, New York.

Oenning, A. (1997): Theorie betrieblicher Kuppelproduktion, Heidelberg.

Oldiges, M. (1973): Staatlich inspirierte Selbstbeschränkungsabkommen der Privatwirtschaft, in: Wirtschaftsrecht, 1, S. 1–29.

Pfahl, G./Beitz, W. (1997): Konstruktionslehre, 4. Aufl., Berlin et al.

Pfohl, H.-C. (1996): Logistiksysteme, 5. Aufl., Berlin et al.

Pfohl, H.-C./Hoffmann, A./Stölzle, W. (1992): Umweltschutz und Logistik – Eine Analyse der Wechselbeziehungen aus betriebswirtschaftlicher Sicht, in: Journal für Betriebswirtschaft, 42. Jg., S. 86–103.

Pfriem, R. (1995): Unternehmenspolitik in sozial-ökologischen Perspektiven, Marburg.

Pfriem, R./Schwarzer, C. (1996): Ökologiebezogenes organisationales Lernen, in: UmweltWirtschaftsForum, 4. Jg., H. 3, S. 10–16.

Pies, I./Blome-Drees, F. (1993): Was leistet die Unternehmensethik?, in: Zeitschrift für betriebswirtschaftliche Forschung, 45. Jg., S. 748–768.

Porter, M.E. (1988): Wettbewerbsstrategien, 5. Aufl., Frankfurt.

Poundstone, W. (1992): Prisoner's Dilemma, New York et al.

Prätorius, G. (1992): Umweltschutz als Standortfaktor, in: Steger, U. (Hrsg.): Handbuch des Umweltmanagements, München, S. 145–163.

Preisendörfer, P./Franzen, A. (1996): Der schöne Schein des Umweltbewußtsein, in: Diekmann, A./Jaeger, C.C. (Hrsg.): Umweltsoziologie, Opladen, S. 219–244.

Proft, N. (1996): Ökologieorientierte Personalentwicklung im (offensiven) Umweltmanagement, in: Malinsky, A.H. (Hrsg.): Betriebliche Umweltwirtschaft, Wiesbaden, S. 291–305.

Radermacher, F.J. (1997): Informationsgesellschaft und nachhaltige Entwicklung: Was sind die vor uns liegenden Herausforderungen?, in: Geiger, W. et al. (Hrsg.): Umweltinformatik '97: 11. Internationales Symposium der Gesellschaft für Informatik (GI), Straßburg 1997, Marburg, S. 27–43.

Rat von Sachverständigen für Umweltfragen (1996): Umweltgutachten 1996 – Zur Umsetzung einer dauerhaft-umweltgerechten Entwicklung, Stuttgart.

Rautenstrauch, C. (1999): Betriebliche Umweltinformationssysteme, Berlin, Heidelberg.

Reese, J. (1993): Just-in-Time-Logistik – Ein umweltgerechtes Prinzip?, in: Albach, H. (Hrsg.): Betriebliches Umweltmanagement 1993, Ergänzungsheft 2/93 der Zeitschrift für Betriebswirtschaft, Wiesbaden, S. 139–154.

Remer, A./Sandholzer, U. (1992): Ökologisches Management und Personalarbeit, in: Steger, U. (Hrsg.): Handbuch des Umweltmanagements, München, S. 511–536.

Renn, O./Kastenholz, H.G. (1996): Ein regionales Konzept nachhaltiger Entwicklung, in: GAIA, 5. Jg., H. 2, S. 86–102.

Rennings, K./Brockmann, K.L./Koschel, H./Bergmann, H./Kühn; I. (1997): Nachhaltigkeit, Ordnungspolitik und freiwillige Selbstverpflichtung, Heidelberg.

Richter, R. (1990): Sichtweise und Fragestellungen der Neuen Institutionenökonomik, in: Zeitschrift für Wirtschafts- und Sozialwissenschaften, 110. Jg., S. 571–591.

Richter, R./Furubotn, E. (1996): Neue Institutionenökonomik – Eine Einführung und kritische Würdigung, Tübingen.

Riekhof, H.-C. (1989): Die Personalentwicklung strategisch ausrichten – Von der Problemlösung im Einzelfall zum strategischen Wettbewerb, in: Zeitschrift Führung und Organisation, 58. Jg., S. 293–300.

Ritter, E.-H. (1990): Das Recht als Steuerungsmedium im kooperativen Staat, in: Staatswissenschaften und Staatspraxis, S. 50–88.

Rivett, P. (1991): Ethical Questions in Environmental Planning, in: OMEGA, Vol. 19, S. 325–331.

Rüdiger, C. (1998): Controlling und Umweltsschutz, in: Dyckhoff, H./Ahn, H. (Hrsg.): Produktentstehung, Controlling und Umweltschutz, Heidelberg, S. 271–298.

Schaltegger, S./Sturm, A. (1994): Ökologieorientierte Entscheidungen in Unternehmen, 2. Aufl., Bern et al.

Scharpf, F. W. (1991): Die Handlungsfähigkeit des Staates am Ende des 20. Jahrhunderts, in: Politische Viertel-Jahresschrift, 32, S. 621–634.

Schauenberg, B. (1991) (Hrsg.): Wirtschaftsethik, Wiesbaden.

Scherhorn, G./Reisch, L./Schrödl, S. (1997): Wege zu nachhaltigen Konsummustern – Marburg.

Schmid, U. (1996): Ökologiegerichtete Wertschöpfung in Industrieunternehmungen – Industrielle Produktion im Spannungsfeld zwischen Markterfolg und Naturbewahrung, Frankfurt/Main et al.

Schmid, U. (1997): Produzieren im Zeichen ökologischer Nachhaltigkeit, in: UmweltWirtschaftsForum, 5. Jg., H. 2, S. 21–28.

Schmid, U. (1998): Das Anspruchsgruppen-Konzept, in: Das Wirtschaftsstudium, 27. Jg., S. 1062–1066.

Schmid, U. (1999a): Ökologisch nachhaltiges Management, in: Wirtschaftswissenschaftliches Studium, 28. Jg., S. 285–291.

Schmid, U. (1999b): Perspektiven eines ökologisch nachhaltigen Managements, in: Bellmann, K. (Hrsg.): Betriebliches Umweltmanagement in Deutschland, Wiesbaden, S. 191-229.

Schmidt, M. (1995): Die Modellierung von Stoffrekursionen in Ökobilanzen, in: Schmidt, M./Schorb, A. (Hrsg.): Stoffstromanalysen in Ökobilanzen und Öko-Audits, Berlin, Heidelberg, S. 97–117.

Schmidt, M. (1996): Stoffstromanalysen als Basis für ein Umweltmanagementsystem im produzierenden Gewerbe, in: Haasis, H.-D. et al. (Hrsg.): Umweltinformationssysteme in der Produktion, Marburg, S. 67–80.

Schmidt, M. (1998a): Betriebliches Stoffstrommanagement zwischen Ökonomie und Ökologie, in: Schmidt, M./Höpfner, U. (Hrsg.): 20 Jahre ifeu-Institut, Braunschweig, Wiesbaden, S. 423–432.

Schmidt, M. (1998b): Verkehrsvermeidung und Globalisierung – Widerspruch oder Chance?, in: UmweltWirtschaftsForum, 6. Jg., H. 2, S. 77–79.

Schmidt, M./Frings, E. (1999): Verkehr im Umweltmanagement, Anleitung zur betrieblichen Erfassung verkehrsbedingter Umwelteinwirkungen, Umweltbundesamt Berlin.

Schmidt, M./Häuslein, A. (1997) (Hrsg.): Ökobilanzierung mit Computerunterstützung, Berlin, Heidelberg.

Schmidt, M./Kopfmüller, J./Knörr, W./Heiss, K. (1991): Umweltauswirkungen des Güterverkehrs in der Bundesrepublik Deutschland, Bericht des Instituts für Energie- und Umweltforschung Heidelberg e.V. (ifeu-Bericht Nr. 61), Heidelberg.

Schmidt, M./Schorb, A. (1996): Ökobilanzen – Zahlenbasen für den betrieblichen Umweltschutz, in: Spektrum der Wissenschaft, Mai, S. 94–101.

Schmidt-Bleek, F. (1994): Wieviel Umwelt braucht der Mensch? MIPS – Das Maß für ökologisches Wirtschaften, Berlin.

Schmitz, G./Schmieden, U. (1998): Umweltorientierte Produktgestaltung und Qualitätsunsicherheit der Nachfrager, in: Dyckhoff, H./Ahn, H. (Hrsg.): Produktentstehung, Controlling und Umweltschutz, Heidelberg, S. 211–241.

Schneider, D. (1985): Allgemeine Betriebswirtschaftslehre, 2. Aufl., München.

Schneider, D. (1993): Betriebswirtschaftslehre, Bd. 1: Grundlagen, München/Wien.

Schneidewind, U. (1998): Die Unternehmung als strukturpolitischer Akteur: Kooperatives Schnittmengenmanagement im ökologischen Kontext, Marburg.

Schobert, R. (1980): Positionierungsmodelle, in: Diller. H. (Hrsg.): Marketingplanung, München, S. 145–161.

Scholz, C. (1994): Personalmanagement, 4. Aufl., München.

Schreiner, M. (1996): Umweltmanagement in 22 Lektionen, 4. Aufl., Wiesbaden.

Schreyögg, G./Noss, C. (1995): Organisatorischer Wandel – Von der Organisationsentwicklung zur lernenden Organisation, in: Die Betriebswirtschaft, 55. Jg., S. 169–185.

Schröder, H.H. (1999): Technologie- und Innovationsplanung, in: Corsten, H./Reiß, M. (Hrsg.): Betriebswirtschaftslehre, 3. Aufl., München, Wien, S. 985–1114.

Schwarz, E. J. (1994): Unternehmensnetzwerke im Recycling-Bereich, Wiesbaden.

Seidel, E. (1990): Zur Organisation des betrieblichen Umweltschutzes, in: Zeitschrift Führung und Organisation, 59. Jg., S. 334–341.

Siegwart, H. (1974): Produktentwicklung in der industriellen Unternehmung, Bern, Stuttgart.

Simon, H. (1988): Management strategischer Wettbewerbsvorteile, in: Zeitschrift für Betriebswirtschaft, 58. Jg., S. 461–480.

Simon, M./Dowie, T. (1993): Quantitative assessment of design recyclability, Technical Report 8 (DDR/TR8), Department of Mechanical Engineering, Design & Manufacture, Manchester Polytechnic, Manchester.

Smith, A. (1776): Der Wohlstand der Nationen, (deutsche Übertragung) München 1978.

Souren, R. (1996): Theorie betrieblicher Reduktion, Heidelberg.

Souren, R. (2000): Betriebliche Logistik im Spannungsfeld zwischen Ökonomie und Ökologie, in: Arnold, D./Isermann, H./Kuhn, A./Tempelmeier, H. (Hrsg.): Handbuch Logistik in der Reihe Hütte, Bd. 4, Berlin et al., Kap. D.4.1.

Souren, R./Rüdiger, C. (1998): Produktionstheoretische Grundlagen der Stoff- und Energiebilanzierung, in: Dyckhoff, H./Ahn, H. (Hrsg.): Produktentstehung, Controlling und Umweltschutz, Heidelberg, S. 299–326.

Specht, G. (1996): Produkt-Lebensphasenansatz und umweltorientierte Produkt- und Prozeßplanung, in: thema Forschung, o.Jg., H. 2, S. 120–127.

Specht, G./Beckmann, C. (1996): F&E-Management, Stuttgart.

Spelthahn, S./Schlossberger, U./Steger, U. (1993): Umweltbewusstes Transportmanagement, Bern et al.

Spengler, T. (1998): Industrielles Stoffstrommanagement, Betriebswirtschaftliche Planung und Steuerung von Stoff- und Energieströmen in Produktions unternehmen, Berlin.

Staehle, W. H. (1994): Management, 7. Aufl., München.

Staehle, W.H./Nork, M.E. (1992): Umweltschutz und Theorie der Unternehmung, in: Steger, U. (Hrsg.): Handbuch des Umweltmanagements, München, S. 67–82.

Stahel, W.R. (1997a): Innovation braucht Nachhaltigkeit, in: Backhaus, K./Bonus, H. (Hrsg.): Die Beschleunigungsfalle oder der Triumph der Schildkröte, 2. Aufl., Stuttgart, S. 67–92.

Stahel, W.R. (1997b): Umweltverträgliche Produktkonzepte, in: UmweltWirtschaftsForum, 5. Jg., H. 4, S. 4–10.

Stahlmann, V. (1994): Umweltverantwortliche Unternehmensführung, München.

Staudt, E./Kunhenn, H./Schroll, M./Interthal, J. (1997): Die Verpackungsverordnung – Auswirkungen eines umweltpolitischen Großexperiments, Arbeitsbericht des Instituts für Angewandte Innovationsforschung der Ruhr-Universität Bochum, Bochum.

Steffenhagen, H. (1994): Marketing – Eine Einführung, 3. Aufl., Stuttgart et al.

Steffenhagen, H. (1999): Eine austauschtheoretische Konzeption des Marketing-Instrumentariums als Beitrag zu einer allgemeinen Marketing-Theorie, Arbeitsbericht des Instituts für Wirtschaftswissenschaften (RWTH), Nr. 99/07, Aachen.

Steger, U. (1992) (Hrsg.): Handbuch des Umweltmanagements, München.

Steger, U. (1993): Umweltmanagement, 2. Aufl., Frankfurt/Main et al.

Steger, U. (1997) (Hrsg.): Handbuch des integrierten Umweltmanagements, München.

Steger, U./Spelthahn, S. (1998): Ökologische Rahmenbedingungen für den Gütertransport, in: Isermann, H. (Hrsg.): Logistik, 2. Aufl., Landsberg/Lech, S. 165–178.

Steger, U./Winter, M. (1996): Strategische Früherkennung zur Antizipation ökologisch motivierter Marktveränderungen, in: Die Betriebswirtschaft, 56. Jg., S. 607–629.

Steinhilper, R. (1988): Produktrecycling im Maschinenbau, Berlin et al.

Steinmann, H./Löhr, A. (1995): Unternehmensethik als Ordnungselement in der Marktwirtschaft, in: Zeitschrift für betriebswirtschaftliche Forschung, 47. Jg., S. 143–174.

Steinmann, H./Schreyögg, G. (1997): Management, 4. Aufl., Wiesbaden.

Steinmann, H./Wagner, G.R. (1998) (Hrsg.): Umwelt und Wirtschaftsethik, Stuttgart.

Steinmann, H./Zerfaß, A. (1993): Privates Unternehmertum und öffentliches Interesse, in: Wagner, G.R. (Hrsg.): Betriebswirtschaft und Umweltschutz, Stuttgart, S. 3–26.

Stephan, G./Ahlheim, M. (1996): Ökonomische Ökologie, Berlin et al.

Sterr, T. (1998): Stoffstrommanagement, in: UmweltWirtschaftsForum, 6. Jg., H. 2, S. 3–5.

Steven, M. (1994): Just-in-Time und Umweltschutz, in: CIM Management, 10. Jg., H. 5, S. 54–58.

Steven, M./Schwarz, E.J./Letmathe, P. (1997): Umweltberichterstattung und Umwelterklärung nach der EG-Öko-Audit-Verordnung, Berlin et al.

Stitzel, M. (1994): Arglos in Utopia? – Die Literatur zum Umweltmanagement bzw. zur ökologisch orientierten Betriebswirtschaftslehre, in: Die Betriebswirtschaft, 54. Jg., S. 95–116.

Stitzel, M./Kirschten, C. (1997): Best practice-Organisationsgestaltung und Personalmanagement, in: Steger, U. (Hrsg.): Handbuch des integrierten Umweltmanagements, München, S. 179–195.

Stölzle, W. (1993): Umweltschutz und Entsorgungslogistik, Berlin.

Stölzle, W. (1995): Logistik im Versorgungsbereich, in: Lutz, U. et al. (Hrsg.): Betriebliches Umweltmanagement, Loseblattsammlung, Kennziffer 0401, Teil 8, Berlin et al.

Stornebel, K./Tammler, U. (1995): Quality Function Deployment als Werkzeug des Umweltmanagement, in UmweltWirtschaftsForum, 3. Jg., H. 4, S. 3–8.

Strebel, H. (1980): Umwelt und Betriebswirtschaft, Berlin.

Strebel, H./Schwarz, E. (1998) (Hrsg.): Kreislauforientierte Unternehmenskooperationen: Stoffstrommanagement durch innovative Verwertungsnetze, München, Wien.

Susskind, L./Cruikshank, J. (1987): Breaking the Impasse – Consensual Approaches to Resolving Public Disputes, New York.

Tarara, J. (1997): Ökologieorientierte Informationsinstrumente in Unternehmen, Wiesbaden.

Teichert, V. (1997): Öko-Dienstleistungen, in: Das Wirtschaftsstudium, 26. Jg., S. 124–126.

Terhart, K. (1986): Die Befolgung von Umweltschutzauflagen als betriebswirtschaftliches Entscheidungsproblem, Berlin, München.

Thoma, L. (1995): City-Logistik, Wiesbaden.

Töpfer, K. (1993): Umweltschutz und Unternehmung, in: Wittmann, W. et al. (Hrsg.): Handwörterbuch der Betriebswirtschaft, 5. Aufl., Stuttgart, Sp. 4259–4271.

Troja, M. (1997): Zulassungsverfahren, Beschleunigung und Mediation – Ansätze zur Verbesserung konfliktträchtiger Verwaltungsentscheidungen im Umweltbereich, in: Zeitschrift für Umweltpolitik & Umweltrecht, H. 3, S. 317–342.

Trommsdorf, V. (1975): Die Messung von Produktimages für das Marketing – Grundlagen und Operationalisierung, Köln et al.

Türck, R. (1991): Das ökologische Produkt, 2. Aufl., Ludwigsburg.

UBA (Umweltbundesamt) (1991): Verkehrsbedingte Luft- und Lärmbelastungen, Texte 40/91, Berlin.

Ulrich, P. (1996): Unternehmensethik und „Gewinnprinzip", in: Nutzinger, H.G. (Hrsg.): Wirtschaftsethische Perspektiven III, Berlin, S. 137–171.

Ulrich, P.; Fluri, E. (1992): Management, 6. Aufl., Bern, Stuttgart.

UNCTAD (1995): United Nations Conference on Trade and Development – Incentives and disincentives for the adoption of sustainable development by transnational corporations, Genf.

Urban, D. (1986): Was ist Umweltbewußtsein? Exploration eines mehrdimensionalen Einstellungskonstrukts, in: Zeitschrift für Soziologie, 15. Jg., S. 363–377.

Urban, D. (1991): Die kognitive Struktur von Umweltbewußtsein – Ein kausalanalytischer Modelltest, in: Zeitschrift für Sozialpsychologie, 22. Jg., S. 166–180.

Van der Voet, E. (1996): Substances from cradle to grave – Development of a methodology for the analysis of substance flows through the economy and the environment of a region, Doctoral thesis, Leiden.

VDI (1993), VDI-Richtlinie 2243 – Blatt1: Konstruieren recyclinggerechter technischer Produkte, Düsseldorf.

Victor, P. A. (1972): Pollution , Economy and Environment, London.

Wagner, G.R. (1990): „Unternehmensethik" im Lichte der ökologischen Herausforderung, in: Czap, H. (Hrsg.): Unternehmensstrategien im sozio-ökonomischen Wandel, Berlin, S. 295–316.

Wagner, G.R. (1993) (Hrsg.): Betriebswirtschaft und Umweltschutz, Stuttgart.

Wagner, G.R. (1997): Betriebswirtschaftliche Umweltökonomie, Stuttgart.

Wagner, G.R./Storck, C. (1993): Umweltbedingte Unternehmenschancen und -risiken der Logistikkonzeption, in: Pfohl, H.-C. (Hrsg.): Ökologische Herausforderungen an die Logistik in den 90er Jahren, Berlin, S. 1–36.

Wallner, H.P. (1998): Industrielle Ökologie – Mit Netzwerken zur nachhaltigen Entwicklung?, in: Strebel, H./Schwarz, E. (Hrsg.): Kreislauforientierte Unternehmenskooperationen, München, Wien, S. 81–121.

Walther, G. (2000): Ein Basisindikator für komplexe ökologische Zusammenhänge? – Einsatzbereiche des MIPS-Konzeptes innerhalb des Life Cycle Assessments nach ISO 14.040 ff., Diplomarbeit, Braunschweig.

WCED – World Commission on Environment and Development (1987): Our Common Future (The Brundtland-Report), Oxford, New York.

Weber, J. (1999): Einführung in das Controlling, 8. Aufl., Stuttgart.

Wegner, G. (1994): Marktkonforme Umweltpolitik zwischen Dezisionismus und Selbststeuerung, Tübingen.

Weimann, J. (1991): Umweltökonomik, 2. Aufl., Berlin et al.

Weimann, J. (1996): Umweltökonomik, in: von Hagen, J./Börsch-Supran, A./Welfens, P.J.J. (Hrsg.): Springers Handbuch der Volkswirtschaftslehre, Bd. 1: Grundlagen, Berlin, Heidelberg, S. 305–346.

Weizsäcker, E.U. von/Lovins, A.B./Lovins, L.H. (1995): Faktor Vier: Doppelter Wohlstand – Halbierter Naturverbrauch, München.

Welford, R. (1996): Corporate Environmental Management, London.

Welford, R. (1997): Hijacking Environmentalism – Corporate Responses to Sustainable Development, London.

Werder, A.v./Nestler, A. (1998): Organisation des Umweltschutzes im Mittelstand, Wiesbaden.

Wicke, L./Haasis, H.-D./Schafhausen, F./Schulz, W. (1992): Betriebliche Umweltökonomie, München.

Wicke, L./Knebel, J. (1997): Umweltbezogene Selbstverpflichtungen der Wirtschaft – Chancen und Grenzen für Umwelt, (mittelständische) Wirtschaft und Umweltpolitik, in: Wicke, L./Knebel, J./Braeseke, G. (Hrsg.): Umweltbezogene Selbstverpflichtungen der Wirtschaft – umweltpolitischer Erfolgsgarant oder Irrweg?, Bonn, S. 1–50.

Williamson, O.E. (1987): The Economic Institutions of Capitalism, New York, London.

Wittig, R. (1993): Ökologie, in: Kuttler, W. (Hrsg.): Handbuch zur Ökologie, Berlin, S. 233–235.

Wunderer, R./Grunwald, W. (1980): Führungslehre, Bd. 1, Berlin, New York.

Zahn, E./Schmid, U. (1996): Produktionswirtschaft I – Grundlagen und operatives Produktionsmanagement, Stuttgart.

Zilleßen, H./Barbian, T. (1992): Neue Formen der Konfliktregelung in der Umweltpolitik, in: Aus Politik und Zeitgeschichte, Beilage zur Wochenzeitung Das Parlament, Bd. 39–40, S. 14–23.

Zinn, K.G. (1995): Wie umweltverträglich sind unsere Bedürfnisse?, in: Daecke, S.M. (Hrsg.): Ökonomie contra Ökologie?, Stuttgart, Weimar, S. 31–62.

Zukunftskommission der Friedrich-Ebert-Stiftung (1998) (Hrsg.): Wirtschaftliche Leistungsfähigkeit, sozialer Zusammenhalt, ökologische Nachhaltigkeit: Drei Ziele – Ein Weg, Bonn.